Springer-Lehrbuch

Hans-Jörg Hoitsch · Volker Lingnau

Kosten- und Erlösrechnung

Eine controllingorientierte
Einführung

6., überarbeitete Auflage

Mit 105 Abbildungen

 Springer

Professor em. Dr. Hans-Jörg Hoitsch
Universität Mannheim
Lehrstuhl für Produktionswirtschaft und Controlling
Schloss
68131 Mannheim
hj.hoitsch@freenet.de

Professor Dr. Volker Lingnau
Technische Universität Kaiserslautern
Lehrstuhl für Unternehmensrechnung und Controlling
Erwin-Schrödinger Straße
67663 Kaiserslautern
lingnau@controlling-lehrstuhl.de

ISSN 0937-7433

ISBN 978-3-540-73771-1 6. Auflage Springer Berlin Heidelberg New York
ISBN 978-3-540-21174-7 5. Auflage Springer Berlin Heidelberg New York

Bibliografische Information der Deutschen Nationalbibliothek
Die Deutsche Nationalbibliothek verzeichnet diese Publikation in der Deutschen National-
bibliografie; detaillierte bibliografische Daten sind im Internet über http://dnb.d-nb.de abrufbar.

Springer ist ein Unternehmen von Springer Science+Business Media

springer.de

Herstellung: LE-TₑX Jelonek, Schmidt & Vöckler GbR, Leipzig
Umschlaggestaltung: WMX Design GmbH, Heidelberg

SPIN 12095704   43/3180YL - 5 4 3 2 1 0   Gedruckt auf säurefreiem Papier

Vorwort zur sechsten Auflage

Für die sechste Auflage haben wir uns zu einer stärkeren strukturellen Überarbeitung des Buches entschlossen, die auf den Erfahrungen an Universitäten und Fachhochschulen sowie Verwaltungs- und Wirtschaftsakademien aufbaut. Augenfällig ist zunächst die Aufteilung in drei Hauptteile, die insbesondere die inhaltliche Zusammengehörigkeit der Ausführungen zur Grenzplankostenrechnung unterstreichen soll. Darüber hinaus betonen wir nun stärker die Wirtschaftlichkeitskontrolle als eigenständige Aufgabe einer controllingorientierten Kosten- und Erlösrechnung, was zu entsprechenden Verschiebungen bei den Modulen geführt hat. Des Weiteren haben wir die Ausführungen zu Erlösplanung und -kontrolle sowie zur Ergebnisplanung und -kontrolle jeweils in einem Modul zusammengefasst. Das Modul „Plankalkulation" wurde aufgeteilt. Die Kalkulation in der Grenzplankostenrechnung wird nun zusammen mit der Erlöskalkulation im Modul „Kosten- und Erlösrechnung als Informationsversorgungsinstrument für operative Entscheidungen" behandelt, die Prozesskostenkalkulation wurde in das Modul „Prozesskostenrechnung" integriert und der Überblick über andere Kalkulationsverfahren findet sich nun im Modul „Alternative Ausgestaltungsformen der KER". Inhaltlich haben wir den aktuellen Stand der Diskussion in der Kostenrechnung berücksichtigt, der insbesondere das Thema der Konvergenz von externem und internem Rechnungswesen umfasst.

Das im selben Verlag erschienene Arbeitsbuch *Lingnau, V. / Schmitz, H.: Kosten- und Erlösrechnung. Das Arbeitsbuch, 4. Auflage, Berlin usw. 2005* stellt weiterhin eine ausgezeichnete Ergänzung des Lehrbuches dar. Die Zuordnung der Aufgaben zu der neuen Modulstruktur des Lehrbuches findet sich auf der Internetpräsenz von Lehr- und Arbeitsbuch unter http://www.ker-online.de. Dort gibt es auch andere aktuelle Informationen und (hoffentlich wenige!) Druckfehlerkorrekturen sowie die Abbildungen zum Download. Hervorragend bewährt hat sich auch die Nutzung der interaktiven Lern- und Simulationssoftware „Joker", die - für nicht kommerzielle Nutzung kostenlos – unter http://joker.ker-online.de erhältlich ist.

Für kritisch-konstruktive Anregungen zur weiteren Verbesserung des Buches danken wir insbesondere Frau Dipl.-Hdl. Manuela Faller und

Herrn Dr. Patrick Gerling. Durch engagierte und kompetente Unterstützung haben sich besonders Frau Dipl.-Psych. Carmen Kühn, Herr
Dipl.-Wirtsch.-Ing. Michael Hoogen und Frau Christel Klemens um
die Erstellung dieser Auflage verdient gemacht. Die Zusammenarbeit
mit dem Springer-Verlag war wiederum sehr angenehm - auch dies
sei dankbar erwähnt.

Über Anregungen, Hinweise, Kritik (und ggf. auch Lob!) freuen wir
uns. Am einfachsten sind diese zu richten an:
Lingnau@Controlling-Lehrstuhl.de.

Mannheim und Kaiserslautern im September 2007

Hans-Jörg Hoitsch und Volker Lingnau

Aus dem Vorwort zur vierten Auflage

Die mit der dritten Auflage eingeführte neue Struktur des Buches ist
erfreulicherweise sehr positiv aufgenommen worden. Gut bewährt
hat sich auch das zugrundeliegende und zugegebenermaßen an-
spruchsvolle Konzept, eine controllingorientierte Einführung in die
Kosten- und Erlösrechnung zu geben, die sich von „klassischen" Ein-
führungen mit ihrem Schwerpunkt auf der Kostenverrechnung unterscheidet. Wir haben dennoch in dieser Auflage einige Änderungen
vorgenommen, die wesentlich auf konstruktive Anregungen von
Studierenden zurückgehen. Insbesondere sind hier folgende Punkte
zu nennen: Die Behandlung der Abgrenzung zwischen Aufwand und
Kosten, die wir bislang konventionell an den Anfang des Buches gestellt hatten, findet sich nun in Modul 11 im Rahmen der Abgrenzung zwischen Finanzbuchhaltung und Kostenrechnung. Dadurch
konnte die Behandlung des Zusammenhangs zwischen Kosten und
Produktionsfaktoren in das erste Modul verlagert werden. Im zweiten
Modul haben wir einen stärkeren Bezug zur Entscheidungstheorie
hergestellt und so auch eine bessere Integration von Kostenzurechnungsprinzipien und entscheidungsrelevanten Informationen erreicht.
Der Stand der Diskussion über wiederbeschaffungswertorientierte
Abschreibungen wurde im fünften Modul berücksichtigt. Schließlich

haben wir uns entschlossen, eine weitere neue Bezeichnung einzuführen: Die bislang sprachlich nicht sinnvoll zu unterscheidenden „Istkosten der Plankostenrechnung" werden nun als „Referenz-Istkosten" bezeichnet. Wir hoffen, dass auch dies der Klarheit dient.

Mannheim und Kaiserslautern im März 2002

Hans-Jörg Hoitsch und Volker Lingnau

Aus dem Vorwort zur dritten Auflage

Für die dritte Auflage wurde aufbauend auf den Erfahrungen mit den beiden ersten Auflagen eine vollständige Überarbeitung vorgenommen. Das Konzept dieses Buches, eine controllingorientierte Einführung in den aktuellen Stand der Kosten- und Erlösrechnung zu bieten, hat sich bewährt und wurde daher nicht nur beibehalten, sondern weiterentwickelt. Im Vordergrund steht damit nach wie vor nicht das „Wie", sondern das „Warum" der Kosten- und Erlösrechnung.

Der bisherige „kaskadenartige" Aufbau wurde von Leserinnen und Lesern mit Vorkenntnissen überwiegend begrüßt, bereitete Anfängern jedoch Probleme. Der Stoff ist daher nunmehr in 13 Module gegliedert, wobei bisher an mehreren Stellen des Buches behandelte Sachverhalte zusammengeführt wurden. Hierdurch und durch die den Modulen vorangestellten Lernziele wird die gezielte Vor- und Nachbereitung der einzelnen Lerninhalte (hoffentlich) erleichtert.

Sprachlich wurden zu Gunsten der Verständlichkeit einige „heilige Kühe" der Kostenrechnungsterminologie geopfert, die im Wesentlichen historisch begründet sind. Mit der traditionellen Kostenrechnung vertraute Leserinnen und Leser werden daher sicher über Bezeichnungen wie Abschreibungskosten oder tertiäre Kosten stolpern.

Um insbesondere Leserinnen und Lesern ohne Vorkenntnisse den Zugang zum Stoff zu erleichtern, wurden „Intuitivbeispiele" in den Text aufgenommen. Ausdrücklich beanspruchen diese nicht für sich, in jedem Fall einhundertprozentig exakt zu sein.

Mannheim, im August 1999   Hans-Jörg Hoitsch
                                Volker Lingnau

Aus dem Vorwort zur ersten Auflage

Gerade die Diskussion der jüngeren Zeit zeigt deutlich, dass an die
Kosten- und Erlösrechnung zunehmend höhere Anforderungen gestellt werden. Als Controllinginstrument muss sie den wachsenden
Informationsbedürfnissen der Unternehmungsführung in einer sich
ständig verändernden Umwelt nachkommen.

Die Controllingorientierung der Kosten- und Erlösrechnung, beglei-
tet von einer sprunghaft verlaufenden Weiterentwicklung der Stan-
dard-Software für die Kosten- und Erlösrechnung, hat zu einer deut-
lichen Schwerpunktverschiebung der Aufgaben der Kosten- und Erlösrechnung geführt. Nicht mehr die exakte Abrechnung von Kosten
und Erlösen innerhalb eines möglichst geschlossenen Systems des
Rechnungswesens steht im Vordergrund, sondern die Informationsversorgung von Führungsprozessen im Rahmen der betriebswirtschaftlichen Planung und Kontrolle. Um die Erfüllung dieser Aufgaben müssen sich nicht nur Unternehmungen bemühen, die erstmals
ein System der Kosten- und Erlösrechnung implementieren. Um ihre
Wettbewerbsfähigkeit zu sichern, müssen auch Unternehmungen, die
bereits mit einer Kosten- und Erlösrechnung arbeiten, deren Moder-
nisierung betreiben. Ein leistungsfähiges System der Kosten- und Erlösrechnung soll letztlich auf allen Managementebenen und in allen
Fachabteilungen ein deutliches Kosten- und auch Erlösbewusstsein
schaffen.

Mit dem vorliegenden Lehrbuch sollen Studenten der Wirtschafts-
wissenschaft und verwandter Disziplinen sowie Betriebspraktiker,
die sich in ihrem Aufgabenbereich mit Kosten- und Erlösproblemen
befassen müssen (dazu sollten Führungspersonen in allen Funktionsbereichen und auf allen Führungsebenen einer Unternehmung
zählen), in ein zeitgemäßes Kosten- und Erlösdenken eingeführt
werden. Eine Vielzahl einführender Lehrbücher zur Kosten- und Erlösrechnung stellt den Abrechnungsaspekt in den Mittelpunkt. Faszi-

niert von der Abrechnungstechnik eines Betriebsabrechnungsbogens oder einer Zuschlagskalkulation begreifen viele Anfänger in diesem Bereich gar nicht die eigentlichen Zwecke der Kosten- und Erlösrechnung. Gerade diese werden im vorliegenden Lehrbuch zuerst vermittelt. Erst an zweiter Stelle steht die Darstellung der Abrechnungstechnik, ohne die ein System der Kosten- und Erlösrechnung nicht funktionsfähig ist. Somit soll ein Überblick über den derzeitigen Stand des Gesamtgebietes der Kosten- und Erlösrechnung vermittelt werden, wobei auch abzusehende zukünftige Weiterentwicklungen einbezogen werden.

Mannheim, im Juli 1995   Hans-Jörg Hoitsch

Inhaltsübersicht

Teil A: Grundlagen einer controllingorientierten Kostenrechnung 1

1. Lernmodul: Rechnungswesen, Unternehmungsführung und Controlling 1
2. Lernmodul: Kostentheoretische Grundlagen 37

Teil B: Operative Planungs- und Kontrollrechnung 76

3. Lernmodul: Grundlagen der Kostenplanung in der Grenzplankostenrechnung 76
4. Lernmodul: Planung der Faktormengen in der Grenzplankostenrechnung 109
5. Lernmodul: Planung der Kosten von innerbetrieblichen Leistungen in der Grenzplankostenrechnung 148
6. Lernmodul: Kostenkontrolle in der Grenzplankostenrechnung 174
7. Lernmodul: Erlösplanung und -kontrolle in der Grenzplankostenrechnung 208
8. Lernmodul: Kosten- und Erlösrechnung als Informationsversorgungsinstrument für operative Entscheidungen 235
9. Lernmodul: Kurzfristige Erfolgsrechnung in der Grenzplankostenrechnung 277

Teil C: Erweiterungen und Ergänzungen der Grenzplankostenrechnung 316

10. Lernmodul: Prozesskostenrechnung 316
11. Lernmodul: Kosten- und Erlösrechnung als Informationsversorgungsinstrument für strategische Entscheidungen 350
12. Lernmodul: Alternative Ausgestaltungsformen der Kosten- und Erlösrechnung 374

Inhaltsverzeichnis

Vorwort.. V

Inhaltsübersicht... XI

Inhaltsverzeichnis.. XIII

Abbildungsverzeichnis.. XXI

Abkürzungs- und Symbolverzeichnis.................................. XXV

**Teil A: Grundlagen einer controllingorientierten
Kostenrechnung... 1**

**1. Lernmodul: Rechnungswesen, Unternehmungsführung und
Controlling.. 1**
  1.1 Management und Rechnungswesen................................... 2
  1.2 Unternehmungsführung nach betriebswirtschaftlichen
     Zielen... 7
     1.2.1 Liquidität, Erfolg, Erfolgspotenzial...................... 7
     1.2.2 Teilbereiche des betrieblichen Rechnungswesens.... 11
       1.2.2.1 Grundlegende Systematik............................... 11
       1.2.2.2 Liquiditätsrechnungen.................................... 12
       1.2.2.3 Erfolgsrechnungen... 14
     1.2.3 Kosten und Produktionsfaktoren............................ 22
     1.2.4 Zusammenfassende Abgrenzung der
       Rechnungsgrößen.. 30
  1.3 Management und Controlling... 33
  Kontrollfragen... 35

2. Lernmodul: Kostentheoretische Grundlagen 37
  2.1 Entscheidungsrelevante Informationen............................ 37
  2.2 Kostendimensionen... 41
  2.3 Simultane Kostenzurechnung nach dem
     Entscheidungsprinzip.. 44

2.4 Sukzessive Kostenzurechnung 49
  2.4.1 Grundüberlegungen 49
  2.4.2 Einflussgrößenorientierte Ermittlung der
        Periodenkosten 51
    2.4.2.1 Kostenkategorien und Kosteneinflussgrößen 51
    2.4.2.2 Systematik von Kosteneinflussgrößen 56
  2.4.3 Einflussgrößenorientierte Zurechnung der
        Periodenkosten 65
    2.4.3.1 Verursachungsprinzip 66
    2.4.3.2 Beanspruchungsprinzip 70
  2.4.4 Zurechnung der Periodenkosten nach dem
        Durchschnittsprinzip 71
Kontrollfragen 74

Teil B: Operative Planungs- und Kontrollrechnung 76

3. Lernmodul: Grundlagen der Kostenplanung in der
   Grenzplankostenrechnung 76
  3.1 Strukturelle Voraussetzungen für die Kostenplanung 77
    3.1.1 Periodenplanung und Abstimmung mit der
          Unternehmungsplanung 77
    3.1.2 Erstellung eines Kostenartenplans 78
    3.1.3 Erstellung eines Kostenstellenplans 81
    3.1.4 Bezugsgrößenartenplanung 84
    3.1.5 Erstellung eines Kostenträgerplans 88
    3.1.6 Personelle und psychologische Voraussetzungen 89
  3.2 Grundlagen der periodenweisen Kostenplanung 90
    3.2.1 Bezugsgrößenmengenplanung
          (Beschäftigungsplanung) 90
    3.2.2 Planung der Faktorpreise für primäre Kosten 92
    3.2.3 Planung der Faktormengen 94
Kontrollfragen 107

4. Lernmodul: Planung der Faktormengen in der
   Grenzplankostenrechnung 109
  4.1 Planung der Personalkosten 110
  4.2 Planung der Werkstoffkosten 115

4.3 Planung der Betriebsmittelkosten 118
    4.3.1 Planung der Energiekosten 118
    4.3.2 Planung der Werkzeugkosten 120
    4.3.3 Planung der Reparatur- und
          Instandhaltungskosten 121
    4.3.4 Planung der Abschreibungskosten 122
4.4 Planung der Kapitalkosten 127
    4.4.1 Grundlagen 127
    4.4.2 Anlagevermögen 129
    4.4.3 Umlaufvermögen 131
4.5 Planung sonstiger Kosten 135
    4.5.1 Verschiedene Gemeinkosten 136
    4.5.2 Sondereinzelkosten 143
Kontrollfragen 147

5. **Lernmodul: Planung der Kosten von innerbetrieblichen
   Leistungen in der Grenzplankostenrechnung 148**
   5.1 Planung der Beschäftigung der Hilfskostenstellen 149
   5.2 Planung der sekundären Kosten 151
   5.3 Exkurs: Planung der tertiären Kosten 163
   5.4 Planung von Kalkulationssätzen 167
   Kontrollfragen 173

6. **Lernmodul: Kostenkontrolle in der
   Grenzplankostenrechnung 174**
   6.1 Grundlagen der Kostenkontrolle 175
   6.2 Kontrolle der Faktorpreise 185
   6.3 Erfassung der Referenz-Istkosten 186
       6.3.1 Erfassung der primären Referenz-Istkosten 187
       6.3.2 Erfassung der sekundären und tertiären Referenz-
             Istkosten 191
   6.4 Bestimmung der Sollkosten 193
   6.5 Ermittlung und Analyse von Kostenabweichungen 199
   Kontrollfragen 206

7. **Lernmodul: Erlösplanung und -kontrolle in der
   Grenzplankostenrechnung 208**
   7.1 Erlöstheoretische Grundlagen 209

7.1.1 Erlöse und Produkte 209
7.1.2 Erlöszurechnung 216
    7.1.2.1 Verbunderscheinungen (Einzel-/Gemeinerlöse) 217
    7.1.2.2 Erlöszurechnung nach dem Kontraktprinzip 218
    7.1.2.3 Erlöseinflussgrößen 220
7.2 Erlösplanung 223
    7.2.1 Grundlagen der Erlösplanung 223
    7.2.2 Planung der Einzelerlöse 225
    7.2.3 Planung der Gemeinerlöse 226
7.3 Grundlagen der Erlöskontrolle 230
Kontrollfragen 234

8. Lernmodul: Kosten- und Erlösrechnung als
   Informationsversorgungsinstrument für operative
   Entscheidungen 235
8.1 Relevante Kosten, Erlöse und Ergebnisse 235
    8.1.1 Relevante Informationen für
           Faktorkonstellation 1 237
    8.1.2 Relevante Informationen für
           Faktorkonstellation 2 238
    8.1.3 Relevante Informationen für
           Faktorkonstellation 3 242
8.2 Kostenkalkulation in der Grenzplankostenrechnung 243
8.3 Planerlöskalkulation 251
8.4 Informationsversorgung der operativen
     Programmplanung 252
8.5 Informationsversorgung der Break-Even-Analyse 260
    8.5.1 Grundlagen 260
    8.5.2 Einproduktbetrachtung 261
    8.5.3 Mehrproduktbetrachtung 263
8.6 Informationsversorgung der Planung von Preisen und
     Preisgrenzen 264
    8.6.1 Planung optimaler Preise 264
    8.6.2 Planung von Preisuntergrenzen 267
    8.6.3 Planung von Preisobergrenzen 272
Kontrollfragen 275

**9. Lernmodul: Kurzfristige Erfolgsrechnung in der
Grenzplankostenrechnung** **277**
9.1 Ergebnisplanung 278
9.1.1 Grundlagen der Ergebnisplanung 278
9.1.2 Verfahren der Ergebnisermittlung 280
9.1.2.1 Gesamtkostenverfahren 280
9.1.2.2 Umsatzkostenverfahren 283
9.1.3 Ergebnisplanung in der
Deckungsbeitragsrechnung 285
9.1.3.1 Einstufige Deckungsbeitragsrechnung 285
9.1.3.2 Mehrstufige Deckungsbeitragsrechnung 288
9.2 Ergebniskontrolle 292
9.2.1 Ergebniskontrolle in der Artikelergebnisrechnung. 292
9.2.1.1 Grundlagen 292
9.2.1.2 Durchführung 295
9.3 Abstimmung der Kosten- und Erlösrechnung mit der
Finanzbuchhaltung 300
9.3.1 Abgrenzung von Rechnungsgrößen 300
9.3.2 Organisatorische Lösungen 305
Kontrollfragen 314

**Teil C: Erweiterungen und Ergänzungen der
Grenzplankostenrechnung** **316**

10. Lernmodul: Prozesskostenrechnung **316**
10.1 Grundlagen der Prozesskostenrechnung 317
10.2 Tätigkeitsanalyse 320
10.3 Teilprozessbildung 321
10.4 Hauptprozessbildung 328
10.5 Plankalkulation in der Prozesskostenrechnung 335
10.6 Schwächen und Stärken der Prozesskostenrechnung 346
Kontrollfragen 348

**11. Lernmodul: Kosten- und Erlösrechnung als
Informationsversorgungsinstrument für strategische
Entscheidungen** **350**
11.1 Strategische Planung und deren Informationsbedarf 351
11.2 Strategieorientierte Finanz- und Investitionsrechnung 352

11.3 Strategieorientierte Bilanz-, Gewinn- und
     Verlustrechnung 354
11.4 Strategieorientierte Kosten-, Erlös- und
     Ergebnisrechnung 355
     11.4.1 Strategische Ausrichtung der Kostenrechnung ... 355
     11.4.2 Erfahrungskurve und Kostensenkungs-
            potenziale 358
     11.4.3 Lebenszykluskostenrechnung 361
     11.4.4 Zielkostenrechnung 364
     11.4.5 Prozesskostenrechnung 367
     11.4.6 Beurteilung der strategieorientierten Kosten-,
            Erlös- und Ergebnisrechnung 370
Kontrollfragen 373

12. Lernmodul: Alternative Ausgestaltungsformen der
    Kosten- und Erlösrechnung 374
    12.1 Kriterien der Systematisierung 375
         12.1.1 Sachumfang der zugerechneten Kosten und
                Erlöse 375
         12.1.2 Zeitbezug der zugerechneten Kosten und Erlöse 376
    12.2 Systeme der Kosten- und Erlösrechnung in Theorie
         und Praxis 377
         12.2.1 Vollkostenrechnung auf Istkostenbasis 378
                12.2.1.1 Grundlagen 378
                12.2.1.2 Preisermittlung bei öffentlichen Aufträgen . 380
         12.2.2 Teilkostenrechnung auf Istkostenbasis 381
         12.2.3 Vollplankostenrechnung 383
         12.2.4 Teilplankostenrechnung 384
                12.2.4.1 Dynamische Grenzplankostenrechnung 385
                12.2.4.2 Relative Einzelkosten- und
                         Deckungsbeitragsrechnung 386
                12.2.4.3 Kombinierte Grenz-/Voll-/Prozessplankosten-
                         und Deckungsbeitragsrechnung 396
    12.3 Alternative Kalkulationsverfahren 398
         12.3.1 Divisionskalkulation 399
         12.3.2 Äquivalenzziffernkalkulation 400
         12.3.3 Kuppelkalkulation 402
         12.3.4 Zuschlagskalkulation 403
Kontrollfragen 407

Literaturverzeichnis 409

Glossar 412

Stichwortverzeichnis 432

Abbildungsverzeichnis

Abb. 1-1: Management als informationsverarbeitender Entschei-
dungsprozess 3
Abb. 1-2: Unternehmung und Unternehmungsprozesse 6
Abb. 1-3: Vermögens- und Kapitalpositionen 11
Abb. 1-4: Liquide Mittel als Gegenstand der Finanzrechnung 12
Abb. 1-5: Netto-Finanzumlaufvermögen als Gegenstand der
Finanzierungsrechnung 14
Abb. 1-6: Reinvermögen als Gegenstand der GuV 15
Abb. 1-7: Entscheidungen im Realgüterbereich 18
Abb. 1-8: Produktionsfaktoren 24
Abb. 1-9: Faktorarten und Kostenarten 29
Abb. 1-10: Primäre und sekundäre Kosten 30
Abb. 1-11: Zusammenfassende Abgrenzung der
Rechnungsgrößen 31
Abb. 1-12: Erfolgsziel und betriebliches Rechnungswesen 32

Abb. 2-1: Kostenwirkung und Kostenzurechnung 42
Abb. 2-2: Beispiel für dreidimensionale Kostenzurechnung 45
Abb. 2-3: Beispiele für sachbezogene Bezugsobjekthierarchien 47
Abb. 2-4: Variable und fixe Kosten 52
Abb. 2-5: Perioden- und Durchschnittskostenverläufe 53
Abb. 2-6: Grenzkostenverläufe 54
Abb. 2-7: Systematik der Kosteneinflussgrößen 57
Abb. 2-8: Kapazitätskombination 60
Abb. 2-9: Kostenkategorien in Abhängigkeit von der
Beschäftigung 61
Abb. 2-10: Beschäftigungsvariable und -fixe Kostenverläufe 63
Abb. 2-11: Kostenkategorien im Zusammenhang 73

Abb. 3-1: Kostenartenplan für primäre Kostenarten 81
Abb. 3-2: Kostenstellenplan 83
Abb. 3-3: Systematik der Bezugsgrößenarten 88
Abb. 3-4: Arten von Kostenträgern 89

Abb. 3-5: Zahlenbeispiele zu Perioden-, Durchschnitts- und
Grenzkosten... 97
Abb. 3-6: Kostenauflösung bei Kombinationskostenarten........... 100
Abb. 3-7: Kostenverläufe bei Mischkostenarten.......................... 101
Abb. 3-8: Kostenauflösung bei Mischkostenarten....................... 103

Abb. 4-1: Personalkosten.. 111
Abb. 4-2: Ermittlung des Sozialzuschlags auf Lohn.................... 113
Abb. 4-3: Sozialkosten auf Lohn.. 114
Abb. 4-4: Sozialkosten auf Gehalt.. 115
Abb. 4-5: Kapitalkosten auf Anlagevermögen............................. 130
Abb. 4-6: Planung von Kapitalkosten auf Umlaufvermögen........ 135
Abb. 4-7: Versicherungskosten... 139
Abb. 4-8: Einzelwagnisse.. 141

Abb. 5-1: Simultanitätsproblem.. 150
Abb. 5-2: Innerbetriebliche Leistungsverrechnung im BAB........ 153
Abb. 5-3: Simultanitätsproblem der ibL....................................... 155
Abb. 5-4: Kostenplan einer Hilfskostenstelle in einer
(reinen) GPKR... 159
Abb. 5-5: Gemeinkostenplanung in der GPKR............................ 162
Abb. 5-6: Planung tertiärer Kosten... 164
Abb. 5-7: Kostenplan einer Hauptkostenstelle in einer
parallelen Grenz- und Vollplankostenrechnung................... 169
Abb. 5-8: Kalkulationssätze in der GPKR.................................... 170

Abb. 6-1: Abweichungen höherer Ordnung.................................. 177
Abb. 6-2: Planung und Kontrolle in der
Grenzplankostenrechnung.. 180
Abb. 6-3: Kosteneinflussgrößen und Abweichungsanalyse......... 183
Abb. 6-4: Abweichungsaufspaltung.. 184
Abb. 6-5: Kontrolle bei indirekten Bezugsgrößen....................... 197
Abb. 6-6: Kostenstellen-Soll-Ist-Vergleich/BAB........................ 201

Abb. 7-1: Kontraktprinzip... 219

Abb. 7-2: Systematik der Erlöseinflussgrößen 221
Abb. 7-3: Planung der Einzelerlöse 226
Abb. 7-4: Planung der Gemeinerlöse 229
Abb. 7-5: Erlös-Abweichungsaufspaltung 231
Abb. 7-6: Einzelerlöskontrolle 231
Abb. 7-7: Gemeinerlöskontrolle 232

Abb. 8-1: Strategische und operative Entscheidungen 236
Abb. 8-2: Plankalkulation in der GPKR 244
Abb. 8-3: Plankalkulation (Artikel 64332) – Grenz- und
         Vollplan- kostenrechnung (Teil 1) 248
Abb. 8-4: Plankalkulation (Artikel 64332) - Grenz- und
         Vollplankostenrechnung (Teil 2) 249
Abb. 8-5: Plankalkulation (Artikel 64333) – Grenz- und
         Vollplan-kostenrechnung (Teil 1) 250
Abb. 8-6: Plankalkulation (Artikel 64333) - Grenz- und
         Vollplankostenrechnung (Teil 2) 251
Abb. 8-7: Erlöskalkulation 252
Abb. 8-8: Beschäftigungskoeffizient und Kapazität 253
Abb. 8-9: Informationsversorgung aus der KER sowie
         Prognoserechnung 253
Abb. 8-10: Engpassrechnung 255
Abb. 8-11: Engpass-Deckungsbeiträge 256
Abb. 8-12: Grafische Lösung bei einem Engpass 259
Abb. 8-13: Break-Even-Analyse mit Erlös-Kosten-Modell 262
Abb. 8-14: Break-Even-Analyse mit Deckungsbeitrags-Modell ... 263
Abb. 8-15: Optimaler Verkaufspreis 266
Abb. 8-16: Arten von Preisuntergrenzen 268

Abb. 9-1: Gesamtkostenverfahren 282
Abb. 9-2: Gesamtkostenverfahren in Kontenform 283
Abb. 9-3: Plan-Artikelergebnisrechnung 287
Abb. 9-4: Stufenweise Fixkostendeckungsrechnung 290
Abb. 9-5: Bezugsobjekthierarchie für Fixkosten 291
Abb. 9-6: Artikelergebnisplanungs- und -kontrollrechnung 299
Abb. 9-7: Zusammenhänge zwischen Ertrag und Erlös bzw.
         Aufwand und Kosten 305

Abb. 9-8: Tabellarische Abstimmung der Finanzbuchhaltung
    mit der Kosten- und Erlösrechnung 310
Abb. 9-9: Verbindungen zwischen KER und
    Finanzbuchhaltung 312

Abb. 10-1: Tätigkeitsanalyse 322
Abb. 10-2: Teilprozesse in der Kostenstelle Einkauf 325
Abb. 10-3: lmi-Kosten, lmn-Kosten, Leerkosten 326
Abb. 10-4: Teilprozesse in der Kostenstelle Eingangslager 330
Abb. 10-5: Teilprozesse in der Kostenstelle Qualitätssicherung ... 331
Abb. 10-6: Hauptprozess Material bereitstellen 332
Abb. 10-7: Tätigkeiten, Teilprozesse und Hauptprozesse 334
Abb. 10-8: Typische Hauptprozesse im Überblick 336
Abb. 10-9: Prozesskalkulation und Grunddatenverwaltung 341
Abb. 10-10: Kombinierte Grenz-/Voll-/Prozessplankalkulation
    (Artikel 64332) 344
Abb. 10-11: Kombinierte Grenz-/Voll-/Prozessplankalkulation
    (Artikel 64333) 345

Abb. 11-1: Langfristige Kostensenkungspotenziale 359
Abb. 11-2: Kostenerfahrungskurve 360
Abb. 11-3: Lebenszykluskosten 363

Abb. 12-1: Kosten- und Erlösrechnungssysteme 377
Abb. 12-2: LSP-Kalkulationsschema 380
Abb. 12-3: Systemarchitektur der REKR 388
Abb. 12-4: Mehrstufige Deckungsbeitragsrechnung auf
    Einzelkostenbasis 394
Abb. 12-5: Kalkulationsverfahren 399
Abb. 12-6: Summarische Lohnzuschlagskalkulation 404

Abkürzungs- und Symbolverzeichnis

Es werden hier die wichtigsten Abkürzungen und Symbole angegeben. Allgemein gilt: Große Buchstaben kennzeichnen periodenbezogene Größen, kleine Buchstaben einheitenspezifische Größen.

α	Planeinsatzfaktor
β	Bezugsgrößenart
AV	Anlagevermögen
AW	Anschaffungswert
B / b	Bezugsgrößenmenge („Beschäftigung")
BAB	Betriebsabrechnungsbogen
BDE	Betriebsdatenerfassung
BE	Betriebsergebnis
BEA	Break-Even-Analyse
BEP	Break-Even-Point
BG	Bezugsgrößenart
DB / db	Deckungsbeitrag
E€	Einheits – Euro (1 €/€)
E / e	Erlös
EK	Einzelkosten
F-h	Fertigungsstunden
F-min	Fertigungsminuten
GK	Gemeinkosten
GPKR	Grenzplankostenrechnung
GuV	Gewinn- und Verlustrechnung
H/B-Stoffe	Hilfs- und Betriebsstoffe
HP	Hauptprozess
i	Zinssatz
ibL	innerbetriebliche Leistungsverrechnung
J	Joule (Maßeinheit für die Energie)
K / k	Kosten
K'	Grenzkosten
kalk.	kalkulatorisch
KAP	Kapazität

KER	Kosten- und Erlösrechnung
kg	Kilogramm
kJ	Kilojoule
KoSt	Kostenstelle
KT	Kostenträger
kWh	Kilowattstunde
l	Liter
lmi	leistungsmengeninduziert
lmn	Leistungsmengenneutral
LSP	Leitsätze für die Preisbildung aufgrund von Selbstkosten
M-h	Maschinenstunden
MJ	Mitarbeiterjahre
M-min	Maschinenminuten
MT	Mitarbeitertage
ND	Nutzungsdauer
p	Preis
PI	Preisindex
POG	Preisobergrenze
PPS	Produktionsplanung und -steuerung
prim.	primär
PUG	Preisuntergrenze
R / r	Produktionsfaktormenge
REKR	Relative Einzelkosten- und Deckungsbeitragsrechnung
R-h	Rüststunden
R-min	Rüstminuten
s	Kostensenkungsprozentsatz
SEK	Sondereinzelkosten
sek.	sekundär
SG	Seriengröße
SIV	Soll-Ist-Vergleich
Stk.	Stück
t	Tonne oder Zeitraum
T€	Tausend Euro

tert.	tertiär
TIKER	Teilkosten- u. Teilerlösrechnung auf Istkosten- u. Teilerlösbasis
TP	Teilprozess
TPKER	Teilkosten- und Teilerlösrechnung auf Plankosten- und Planerlösbasis
UE	Umsatzerlöse
UV	Umlaufvermögen
VAB	Vertriebsabrechnungsbogen
VD	Verfügbarkeitsdauer
VIKER	Vollkosten- u. Vollerlösrechnung auf Istkosten- u. Isterlösbasis
VPKER	Vollkosten- u. Vollerlösrechnung auf Plankosten- u. Planerlösbasis
VPÖA	Verordn. über die Preisbildung bei öffentlich Aufträgen
Vt	Vertriebs(bereich)
VV	Verwaltung und Vertrieb
Vw	Verwaltung(sbereich)
WBW	Wiederbeschaffungswert
x	Anzahl der Kostenträgereinheiten/Produktionsmenge
Z	Kosteneinflussgrößenmenge
z	Zuschlagssatz

ausschließlich als hochgestellte Indizes verwendete Symbole

(i)	Istwerte
(p)	Planwerte
(s)	Sollwerte
(ri)	Referenz-Istwerte

ausschließlich als tiefgestellte Indizes verwendete Symbole

a	Absatz(menge)
Bb	Betriebsbereitschaft
e	empfangende Kostenstelle
E	Engpass oder Einstand(spreis)
EM	Einzelmaterial
f	fix
F	Fertigung(skosten)
ges	gesamt
H	Herstell(kosten)
i	Kostenstelle
j	Produktart
k	Faktorart, Materialart
l	liefernde Kostenstelle
M	Material(kosten)
N	Netto oder Nebenprodukt bei Kuppelkalkulation
n	Index für Perioden der Nutzungsdauer
p	proportional
P	Produktion(smenge)
proz	Prozess
q	sekundäre Kostenart
S	Selbst(kosten)
V	Verkaufspreis (p_V) oder Verbrauchskoeffizient (r_V)
v	Variabel
VV	Verwaltungs- und Vertriebs(kosten)

Teil A: Grundlagen einer controllingorientierten Kostenrechnung

1. Lernmodul

Rechnungswesen, Unternehmungsführung und Controlling

Lernziele:

Nach dem Studium dieses Lernmoduls sollten Sie insbesondere folgende Punkte verstanden haben:

- die Bedeutung und die Funktionen des betrieblichen Rechnungswesens,

- die Gründe für die Existenz unterschiedlicher Teilbereiche des Rechnungswesens,

- die Systematik der Rechnungsgrößen,

- den Zusammenhang von Produktionsfaktoren und Kosten.

Sie fahren – jenseits jeglichen ökologischen Gewissens – mit dem Auto zur Uni. In einem Artikel haben Sie gelesen, dass durch wirtschaftliche Fahrweise bis zu 30 % der Kosten eingespart werden können und wollen nun wissen, wie hoch Ihr persönliches Einsparpotenzial ist. Hierfür müssen Sie die Kosten bei wirtschaftlicher Fahrweise mit den tatsächlich anfallenden Kosten vergleichen. Aber, wie hoch sind diese Kosten? Da Sie ein ordentlicher Mensch sind und über Ihre „Finanzen" Buch führen, finden Sie für die letzte Woche folgende Einträge unter „Auto": Tanken 50 €, Kfz-Steuer 95,68 €. Hat in dieser Woche die Nutzung des Autos 145,68 € gekostet? Für die vorletzte Woche gibt es keine Einträge unter „Auto" – sind Sie in dieser Zeit etwa kostenlos Auto gefahren? Vor drei Wochen hatten Sie eine Begegnung mit einer Mauer, die den

Wert ihres Autos schlagartig um 500 € verringert hat; die Beule haben Sie allerdings nicht reparieren lassen. Müssen Sie den Wertverlust in Ihrem Kostenvergleich berücksichtigen? Macht es einen Unterschied, ob die Beule repariert ist oder nicht? Außerdem fahren Sie mit Ihrem Auto ja nicht nur zur Uni. Welche Kosten werden denn eigentlich allein durch die Fahrten zur Uni verursacht? Offensichtlich ist es gar nicht so einfach, die Frage nach den Kosten der Fahrt zur Uni zu beantworten. Ebenso wenig ist es ohne Weiteres möglich zu sagen, wie hoch die Kosten bei wirtschaftlicher Nutzung sein dürfen. Dieses Buch beschäftigt sich damit, wie man diese und ähnliche Fragen zufriedenstellend beantworten kann.

1.1 Management und Rechnungswesen

In jeder Unternehmung[i] müssen ständig **Entscheidungen** getroffen werden, um die angestrebten **Ziele** zu erreichen. Die entsprechenden Entscheidungsträger werden als **Manager** bezeichnet. Diese Funktion ist so bedeutsam, dass Management und das Treffen von Entscheidungen häufig sogar synonym verwendet werden. Hierbei ist unter einer Entscheidung nicht die bloße Auswahl zwischen Alternativen zu verstehen. Vielmehr ist eine Entscheidung ein **Prozess**, der aus mehreren Phasen besteht. Alle Phasen sind dabei durch die Verarbeitung von **Informationen** gekennzeichnet, sodass Entscheidungsprozesse als Informationsverarbeitungsprozesse verstanden werden können, in denen Informationen gewonnen, verarbeitet und weitergegeben werden. Eine vereinfachte Darstellung zeigt Abb. 1-1.

---

[i]   Die Begriffe Unternehmen, Unternehmung und Betrieb werden hier nicht weiter unterschieden.

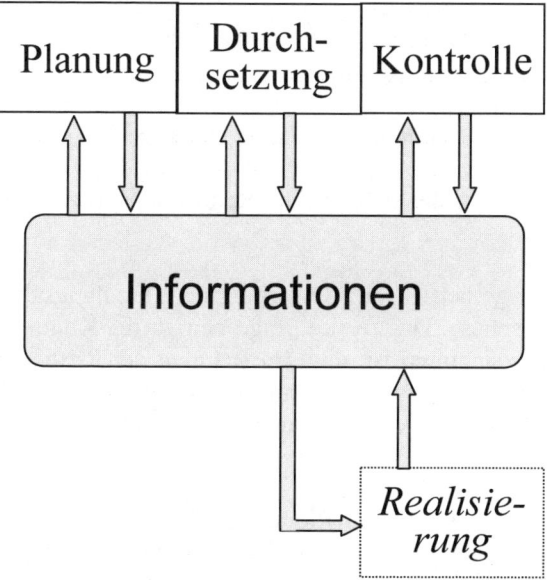

Abb. 1-1:   Management als informationsverarbeitender Entscheidungsprozess

In der **Planungsphase** werden die angestrebten **Ziele** festgelegt und
mögliche **Handlungsalternativen** zur Zielerreichung erarbeitet. Diese werden dann in Bezug auf ihre Eignung zur Zielerreichung **bewertet**. Die Planungsphase endet mit der Auswahl der durchzufüh-
renden Handlungsalternative (**Entschluss**). Es folgt die Phase der
Durchsetzung, in der die Durchführung der gewählten Handlungsalternative veranlasst und so der **Realisationsprozess** ausgelöst wird.[i]
Parallel zum Realisationsprozess läuft die **Kontrollphase**, in der die
geplanten und die realisierten Größen miteinander verglichen und
Abweichungen analysiert werden. Ggf. notwendig werdende Anpas-

---

[i]   Der Durchsetzungsphase kommt besondere Bedeutung bei arbeitsteiligen
Prozessen zu, in denen Planung und Realisierung von verschiedenen Personen durchgeführt werden.

sungsentscheidungen lösen einen weiteren Entscheidungsprozess aus.

Hierbei interessieren insbesondere zwei Fragen:

1. Welche Handlungsalternative ist die geeignetste?

2. Entsprach der tatsächliche Realisationsprozess dem geplanten?

Die erste Frage betrifft die Bewertung der Handlungsalternativen in der Planungsphase. Die zweite Frage betrifft die Kontrollphase, wobei zu berücksichtigen ist, dass im Rahmen der Realisation zumeist weitere Entscheidungsprozesse stattfinden, sodass ein umfangreiches System miteinander verknüpfter Entscheidungsprozesse entstehen kann.

Ein großer Teil der Informationen für betriebliche Entscheidungsprozesse stammt aus dem betrieblichen Rechnungswesen. Hier werden wirtschaftliche Sachverhalte **zahlenmäßig abgebildet**. Dabei kann es sich sowohl um zeit**punkt**bezogene Sachverhalte (z. B. Anzahl der Mitarbeiter am 31. 12.) als auch um zeit**raum**bezogene Sachverhalte (z. B. Lohnzahlungen im Monat Januar) handeln. Zeitpunktbezogene Sachverhalte werden auch als **Bestandsgrößen**, zeitraumbezogene Sachverhalte als **Stromgrößen** bezeichnet.

In Anlehnung an die oben gestellten zentralen Fragen, können drei grundlegende **Funktionen** des betrieblichen Rechnungswesens unterschieden werden: **Planung, Dokumentation** und **Kontrolle**.[i] Durch die Planungsfunktion werden zukünftig angestrebte Sachverhalte zahlenmäßig erfasst, z. B. der geplante Stromverbrauch für das nächste Jahr (**Plangrößen**). Durch die Dokumentationsfunktion werden diejenigen Sachverhalte zahlenmäßig erfasst, die sich ereignet

---

[i]   Diese werden auch als Aufgaben oder Zwecke des Rechnungswesens bezeichnet. Zum Teil wird in Bezug auf Planung und Kontrolle auch von Entscheidungsunterstützung und Entscheidungsbeeinflussung gesprochen. In dieser Schrift steht die entscheidungsunterstützende Funktion von Planung **und** Kontrolle im Zentrum der Ausführungen.

haben (**Istgrößen**). Die Dokumentationsfunktion ist daher **vergangenheitsorientiert.** Im Rahmen der Kontrollfunktion werden Ist- und Plangrößen verglichen, um durch die Analyse der **Abweichungsursachen** zukünftige Abweichungen zu vermeiden. Hieraus wird deutlich, dass diese drei Funktionen nicht unabhängig voneinander betrachtet werden können. Die Kontrollfunktion ist nur dann zu erfüllen, wenn sowohl Plan- als auch Istgrößen vorliegen.[i] Plangrößen sind ohne Aussage, wenn nicht im Rahmen der Kontrolle mögliche Abweichungen zwischen Ist- und Plangrößen analysiert werden. Schlagwortartig ausgedrückt: Planung ohne Kontrolle ist unsinnig, Kontrolle ohne Planung ist unmöglich!

Die Abbildung der betrieblichen Sachverhalte durch Zahlen hat zur Folge, dass die **Realität** im Rechnungswesen nicht vollständig, sondern lediglich **gefiltert** dargestellt wird. Es ist daher von besonderer Bedeutung, den für die jeweilige Entscheidungssituation passenden Filter zu verwenden.

Hierzu können zunächst grob Entscheidungsprozesse in zwei Bereichen einer Unternehmung unterschieden werden: **Leistungsbereich** und **Finanzbereich.** Die typischen Abläufe in diesen Bereichen lassen sich stark vereinfacht, wie im folgenden Schaubild (Abb. 1-2) dargestellt, beschreiben: Die Unternehmung beschafft sich zunächst Geldmittel (**Nominalgüter**) von den Eigentümern (Eigenkapital) oder von Nichteigentümern (Fremdkapital). Als Geldgeber kommen auch staatliche Stellen (Subventionen, Zuschüsse) in Betracht. Mit den Geldmitteln werden dann die für die Leistungserstellung benötigten **Realgüter** beschafft (z. B. Arbeitskräfte, Maschinen, Rohstoffe). Durch Einsatz dieser Realgüter erfolgt die betriebliche Leistungserstellung (Produktion). Darüber hinaus werden sog. **öffentliche Güter** für die Leistungserstellung eingesetzt. Für diese existiert kein (Markt-)Preis, da niemand von ihrem Konsum ausgeschlossen werden kann (z. B. Rechtssicherheit, sozialer Friede, saubere Luft). Die erzeugten Leistungen sind wiederum Realgüter (Produkte), aber

---

[i] Es sei hier angemerkt, dass es auch andere Formen der Kontrolle als den Plan-Ist-Vergleich gibt, z. B. den Vergleich der eigenen Istgrößen mit den Istgrößen der Branchenbesten (Benchmarking).

auch öffentliche Güter (z. B. Beitrag zum sozialen Frieden durch Angebot von Ausbildungsplätzen). Die Produkte werden verkauft und der Verkaufserlös fließt der Unternehmung in Form von Geldmitteln zu. Diese Geldmittel werden dazu benutzt, um an den Staat Steuern und Abgaben, an die Fremdkapitalgeber Zinsen und Tilgungsbeträge sowie an die Eigenkapitalgeber Gewinne zu zahlen. Außerdem können damit weitere Produktionsfaktoren beschafft werden. Überschüssige Geldmittel werden auf den Geld- und Kapitalmärkten angelegt, wodurch es später wiederum zum Zufluss von Geldmitteln in die Unternehmung kommt.

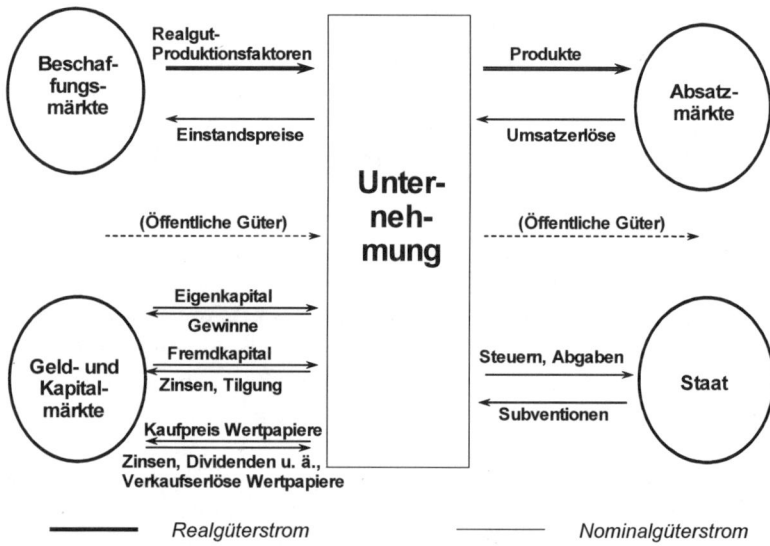

Abb. 1-2:   Unternehmung und Unternehmungsprozesse

Beschaffung, Produktion und Absatz betreffen Realgüter (**Realgüterstrom**) und werden auch als **leistungswirtschaftliche** Prozesse bezeichnet. Die Zu- und Abflüsse von Geld (**Nominalgüterstrom**) werden auch als **finanzwirtschaftliche** Prozesse bezeichnet. Hierbei können rein finanzwirtschaftliche Prozesse (im unteren Teil) sowie finanzwirtschaftliche Prozesse, die durch leistungswirtschaftliche Prozesse veranlasst sind (im oberen Teil) unterschieden werden. Alle leistungs- und finanzwirtschaftlichen Prozesse werden vom betrieblichen Rechnungswesen erfasst. Nicht erfasst werden dagegen die Zu- und Abflüsse von öffentlichen Gütern.[i]

1.2 Unternehmungsführung nach betriebswirtschaftlichen Zielen

1.2.1 Liquidität, Erfolg, Erfolgspotenzial

Aufgabe des Managements ist es, durch **Entscheidungen** die leistungs- und finanzwirtschaftlichen Prozesse so zu steuern, dass die betrieblichen **Ziele** möglichst optimal erreicht werden, wobei die Zielerreichung sowohl durch Fehlplanung als auch durch mangelnde Planumsetzung (Realisation) gefährdet sein kann. An dieser Stelle kann keine vertiefende Analyse von Unternehmungszielen erfolgen. Vielmehr können hier nur Unternehmungsziele angesprochen werden, deren Zielerreichung im Zusammenhang mit Informationen aus dem betrieblichen Rechnungswesen gemessen werden kann.

Nach der zeitlichen Reichweite und den zugrundeliegenden Maßgrößen kann man drei grundlegende betriebswirtschaftliche Ziele (Formalziele) unterscheiden: Sicherstellung der **Liquidität,** Maximierung von **Erfolg** und Aufbau von **Erfolgspotenzial.**

Unter **Liquidität** wird die Fähigkeit der Unternehmung verstanden, zu jedem Zeit**punkt** ihre Zahlungsverpflichtungen in vollem Umfang fristgerecht erfüllen zu können. Unternehmungen werden zwar nicht gegründet, um liquide zu sein, die Liquidität ist jedoch eine unabdingbare Nebenbedingung zur Erreichung weiterer Unternehmungsziele, da das bei Zahlungsunfähigkeit (**Illiquidität**) einzuleitende In-

---

[i] Die Frage, welchen Wert diese öffentlichen Güter haben, ist daher mithilfe des betrieblichen Rechnungswesens nicht zu beantworten. An diesem Punkt setzen weitergehende Konzepte eines „sustainability accounting" an, auf die in dieser Einführung jedoch nicht weiter eingegangen werden kann.

solvenzverfahren[i] grundsätzlich die Befriedigung der Gläubiger durch Verwertung des Vermögens der Unternehmung und damit deren Ende vorsieht (§ 1 InsO).

Die Maximierung von **Erfolg** (Ergebnis, Gewinn) ist traditionell das **zentrale Ziel** der Unternehmungsführung.[ii] Im Gegensatz zur Liquidität ist der Erfolg eine zeit**raum**bezogene Größe. Betrachtet man den (in Geldeinheiten bewerteten) Wertzuwachs einer Periode („Erträge", z. B. Umsatzerlöse, vereinnahmte Zinsen) auf der einen Seite und die (in Geldeinheiten bewertete) Wertminderung dieser Periode auf der anderen Seite („Aufwendungen", z. B. Lohnzahlungen, verausgabte Zinsen), so stellt die Differenz den Erfolg dar. Von einem „Wert" spricht man immer dann, wenn der entsprechende Vermögensgegenstand jetzt oder in Zukunft noch genutzt werden kann. Damit wird deutlich, dass die Beschaffung von Produktionsfaktoren zwar zu einem Abfluss von Geld führt, keinesfalls jedoch etwa zu einer Wertminderung in Höhe dieses Nominalgüterstroms. Man sagt auch, die **Beschaffung** ist **nicht erfolgswirksam**.[iii]

---

[i] Vgl. z. B. § 92 II AktG: „Wird die Gesellschaft zahlungsunfähig, so hat der Vorstand ohne schuldhaftes Zögern ... die Eröffnung des Insolvenzverfahrens ... zu beantragen."

[ii] Da der Erfolg prinzipiell den Inhabern der Unternehmung (Anteilseigner, Eigenkapitalgeber, Shareholder) zusteht, wird kontrovers diskutiert, ob bei Verfolgung dieses Ziels die Interessen anderer Anspruchsgruppen (Stakeholder, z. B. Arbeitnehmer oder Anwohner) angemessen berücksichtigt werden. Noch klarer tritt diese Kontroverse in der aktuell dominierenden Variante der Erfolgsorientierung zutage, die eine Maximierung des Marktwertes des Eigenkapitals (Shareholder-Value) – d. h. bei börsennotierten Unternehmungen insbesondere eine Steigerung des Aktienkurses – zum Ziel hat.

[iii] Es handelt sich hier um reine „Tauschvorgänge", da z. B. beim Kauf von Rohstoffen lediglich Geld gegen Vorräte getauscht wird, ohne dass damit eine Wertminderung oder -erhöhung verbunden wäre. Erst der Einsatz der Rohstoffe zur Produktion ist erfolgswirksam und führt zu Aufwendungen. Zu diesen grundsätzlichen Fragen des Rechnungswesens s. z. B. Lingnau 2006.

Als **Grundbedingung** für die Erreichung des Erfolgsziels müssen die zugrundeliegenden Handlungen die Forderung der wirtschaftlichen Zweckmäßigkeit (**Wirtschaftlichkeit**) erfüllen.[i] Die Wirtschaftlichkeit von Handlungen kann anhand folgender „Zweckmäßigkeitsgrundsätze" beurteilt werden: Beim **Maximumprinzip** soll mit gegebenen Mitteln („Input", z. B. Produktionsfaktoren) ein maximal möglicher Zweck („Output", z. B. betriebliche Leistungserstellung) erreicht werden. Beim **Minimumprinzip** soll ein bestimmter Zweck mit minimal möglichem Mitteleinsatz erreicht werden.[ii] Maximum- und Minimumprinzip ist gemein, dass bei beiden Wirtschaftlichkeit als ein **optimales** Verhältnis von Zweck zu Mitteln definiert ist, welches in der Realität zumeist nicht bekannt ist, so dass eine Handlung niemals als „wirtschaftlich" bezeichnet werden könnte.

Alternativ zur Formulierung in Form eines Zweck-Mittel-Verhältnisses, kann Wirtschaftlichkeit auch als **Soll-Ist-Relation** formuliert werden. Hierbei kann sowohl der tatsächliche (Ist-)Mitteleinsatz zur Erreichung eines bestimmten Zweckes betrachtet werden, als auch der tatsächlich erreichte (Ist-)Zweck bei einem bestimmten Mitteleinsatz. In jedem Fall erfolgt ein Vergleich mit einer vorgegebenen, als wirtschaftlich erstrebenswert angesehenen Sollgröße.[iii] Wirtschaftlich zweckmäßig ist eine Handlung damit dann, wenn der Quotient aus Soll- und Istgröße gleich 1 ist. Der Vorteil dieser Formulierung besteht darin, dass eine konkrete Vorgabe von Wirtschaftlichkeit erfolgt. Allerdings verschiebt sich das Problem auf die Vorgabe der „richtigen" Sollgröße.

Erfolg und Liquidität dürfen nicht gleichgesetzt werden. So kann innerhalb eines Zeit**raumes** (z. B. ein Jahr) durchaus ein positiver Erfolg (Gewinn) erzielt werden. Innerhalb oder am Ende dieses Zeit-

---

[i]   Zur Bedeutung der Wirtschaftlichkeit s. ausführlich Eichhorn 2005.

[ii] Insbesondere bei dieser Formulierung wird noch einmal die Problematik deutlich, dass der zu minimierende Mitteleinsatz nur die vom Rechnungswesen auch erfassten Mittel berücksichtigt, der Einsatz öffentlicher Güter mithin nicht berücksichtigt wird.

[iii] Dieser Vergleich wird häufig als Benchmarking bezeichnet.

raumes kann jedoch zu einem bestimmten Zeit**punkt** Illiquidität auftreten. Für die Liquiditätssituation der Unternehmung ist daher entscheidend, zu welchen Zeit**punkten** innerhalb dieses Jahres die entsprechenden **Zahlungen** auftreten. Beide Zielgrößen müssen daher gleichzeitig berücksichtigt werden. Dabei kann es bei kurzfristiger Betrachtung **Zielkonflikte** geben. So erhöht ein hoher Kassenbestand im Vergleich zu einer langfristigen Geldanlage zwar die Liquidität, führt jedoch auch zu einem geringeren Erfolg. Langfristig kann die Liquidität jedoch nur durch die Erzielung von Erfolgen gesichert werden.

Diese Überlegungen zeigen, dass für die Verfolgung der Ziele „Erfolg" bzw. „Liquidität" unterschiedliche Informationen wichtig sind. Man könnte auch sagen, dass die Realität einmal durch den Erfolgsund einmal durch den Liquiditätsfilter betrachtet wird.

Die mithilfe des betrieblichen Rechnungswesens unmittelbar messbaren Ziele Liquidität und Erfolg standen im Rahmen der Unternehmungsführung traditionell im Mittelpunkt des Interesses. Aufgrund wachsender Komplexität der Umwelt und einer damit verbundenen Steigerung der Unsicherheit über das zukünftige unternehmerische Umfeld gewinnt die dritte Zielgröße, das nicht geldmäßig ausdrückbare Erfolgspotenzial einer Unternehmung, jedoch zunehmend an Bedeutung. Das **Erfolgspotenzial** einer Unternehmung kann als Gesamtheit nachhaltig wirksamer Wettbewerbsvorteile (z. B. fortschrittliche Technologie, hohe Produktqualität, hohe Mitarbeitermotivation, guter Kundenservice usw.) charakterisiert werden. Diese müssen rechtzeitig aufgebaut werden, um in **nachfolgenden** Perioden positive **Erfolge** (Gewinne) erzielen zu können. Kurzfristig können jedoch zwischen Erfolgspotenzial und Erfolg, genauso wie zwischen Liquidität und Erfolg, durchaus konfliktäre Zielbeziehungen auftreten. Ohne Aufbau von Erfolgspotenzialen gibt es jedoch in der Zukunft keinen Erfolg, genauso wie ohne Erzielung von Erfolgen in der Zukunft die Liquidität gefährdet ist.

1.2.2 Teilbereiche des betrieblichen Rechnungswesens

1.2.2.1 Grundlegende Systematik

Die im Folgenden zu behandelnden **Teilbereiche** des betrieblichen Rechnungswesens können anhand einer groben Gliederung der einer Unternehmung zur Verfügung stehenden Mittel (**Kapital**, Passiva) und deren Verwendung (**Vermögen**, Aktiva), wie in Abb. 1-3 dargestellt, systematisiert werden.

Aktiva	Passiva
Anlagevermögen	Eigenkapital
Umlaufvermögen	Fremdkapital
- Liquide Mittel	- Rückstellungen
- Forderungen	- Verbindlichkeiten
- sonstiges Umlaufvermögen	

Abb. 1-3:   Vermögens- und Kapitalpositionen

Das **Anlagevermögen** setzt sich aus immateriellen Vermögensgegenständen (z. B. Patente), Sachanlagen (z. B. Maschinen) und Finanzanlagen (z. B. Beteiligungen an anderen Unternehmen) zusammen. **Liquide Mittel** (Bargeld und Sichtguthaben) sowie **Forderungen** (Zahlungsansprüche des Unternehmens) bilden das **Finanzumlaufvermögen**. Das **sonstige Umlaufvermögen** besteht aus Vorräten, Wertpapieren und sonstigen Vermögensgegenständen (z. B. Schadensersatzansprüche). **Verbindlichkeiten** sind Zahlungsverpflichtungen des Unternehmens, bei denen Höhe und Zeitpunkt der Fälligkeit feststehen (z. B. Kredite). **Rückstellungen** können grob als „Eventualverbindlichkeiten" angesehen werden, bei denen Höhe und / oder Zeitpunkt der Fälligkeit (noch) nicht eindeutig feststehen (z. B. Verpflichtungen aus zugesagten Betriebsrenten).

1.2.2.2 Liquiditätsrechnungen

Um das **Liquiditätsziel** verfolgen zu können, müssen alle Sachverhalte berücksichtigt werden, welche die **Zahlungskraft** der Unternehmung beeinflussen. **Finanz-** und **Finanzierungsrechnungen** bilden das liquiditätsorientierte Teilsystem des betrieblichen Rechnungswesens. Als zukunftsbezogene **Planungs**rechnungen dienen sie der Prognose von Zahlungsüber- oder Zahlungsunterdeckungen und damit der Aufrechterhaltung des finanziellen Gleichgewichts. Als vergangenheitsbezogene **Ist**rechnungen dienen sie zur Dokumentation (Rechenschaftslegung) und Kontrolle der Liquidität.

Finanzrechnungen filtern diejenigen wirtschaftlichen Sachverhalte heraus, die eine Veränderung des Bestandes an Bargeld und Sichtguthaben (**liquide Mittel**) zur Folge haben (s. Abb. 1-4). Die Stromgrößen, die derartige Veränderungen bewirken, werden als **Ein-** und **Auszahlungen** bezeichnet und folgendermaßen definiert:

Einzahlung: Zunahme der liquiden Mittel

Auszahlung: Abnahme der liquiden Mittel

Aktiva	Passiva
Anlagevermögen	Eigenkapital
Umlaufvermögen	Fremdkapital
- Liquide Mittel	- Rückstellungen
- Forderungen	- Verbindlichkeiten
- sonstiges Umlaufvermögen	

Abb. 1-4:   Liquide Mittel als Gegenstand der Finanzrechnung

Die Differenz von Ein- und Auszahlungen einer Periode wird allgemein als **Cash Flow** bezeichnet. Dieser kann sowohl **direkt** in der

Finanzrechnung als auch **indirekt** mithilfe der Bilanz-, Gewinn- und Verlustrechnung ermittelt werden.[i] Werden nur solche Ein- und Auszahlungen berücksichtigt, die auf **leistungswirtschaftliche** Prozesse zurückzuführen sind, spricht man vom **Leistungs-Cash-Flow**. Im Vergleich mit anderen Bereichen der Unternehmung wird so die **Quelle** eines erwirtschafteten Zahlungsüberschusses oder -defizits deutlich. Dieser Leistungs-Cash-Flow darf jedoch nicht mit dem Erfolg verwechselt werden. Dies wird insbesondere bei der Betrachtung **langfristig** nutzbarer Vermögensgegenstände deutlich: So fließen z. B. die **Auszahlungen** in der Periode der Anschaffung einer Maschine in Höhe des Kaufpreises in den **Cash Flow** ein, die Nutzung der Maschine in den Folgeperioden hat dagegen keine Auswirkungen auf den Cash Flow. Im Rahmen der **Erfolgsermittlung** ist dies genau umgekehrt: Die Anschaffungsauszahlung selbst wird nicht berücksichtigt, nur der in den Perioden der Nutzung eintretende **Wertverlust** („**Abschreibungen**") wird berücksichtigt.

Finanzierungsrechnungen sind eng verwandt mit Finanzrechnungen, berücksichtigen jedoch auch **Kreditvorgänge**. Herausgefiltert werden damit diejenigen Sachverhalte, die eine Veränderung des Bestandes an liquiden Mitteln zuzüglich Forderungen und abzüglich Verbindlichkeiten, d. h. des **Netto-Finanzumlaufvermögens**, zur Folge haben (s. Abb. 1-5).

---

[i] Vgl. Coenenberg 2003, S. 611 f.

Aktiva	Passiva
Anlagevermögen	Eigenkapital
Umlaufvermögen	Fremdkapital
- Liquide Mittel	- Rückstellungen
- Forderungen	- Verbindlichkeiten
- sonstiges Umlaufvermögen	

Abb. 1-5: Netto-Finanzumlaufvermögen als Gegenstand der Finanzierungsrechnung

Die Stromgrößen, die derartige Veränderungen bewirken, werden als **Einnahmen** und **Ausgaben** bezeichnet und folgendermaßen definiert:[i]

Einnahmen: Zunahme des Netto-Finanzumlaufvermögens

Ausgaben: Abnahme des Netto-Finanzumlaufvermögens

Während die **Finanzrechnung** die **aktuelle** Liquidität abbildet, stellt die **Finanzierungsrechnung** je nach Fristigkeit der einbezogenen Forderungen und Verbindlichkeiten auf eine Abbildung der **mittel- bis langfristigen** Liquiditätssituation ab.

1.2.2.3 Erfolgsrechnungen

Zunächst gilt es zu prüfen, inwieweit die bisher behandelten Finanzgrößen auch zur **Erfolgsmessung** geeignet sind. Betrachtet man die gesamte Lebensdauer einer Unternehmung, so ergibt sich (im einfachsten Fall) aus der Differenz zwischen den liquiden Mitteln bei Gründung und bei Auflösung der Unternehmung der **Total**erfolg der Unternehmung. Zur Ermittlung einzelner **Perioden**erfolge ist diese

---

[i] In Literatur und Praxis finden sich auch hiervon abweichende Definitionen.

Betrachtung dagegen nicht geeignet, da hierfür diejenigen Sachverhalte herausgefiltert werden müssen, die zu **Wertminderungen** oder **Wertzuwächsen** in der betrachteten **Periode** führen.

Handelt es sich bei den betrachteten Werten ausschließlich um Positionen des Netto-Finanzumlaufvermögens, so werden Wertzuwachs und Wertminderung durch die Rechnungsgrößen Einnahmen und Ausgaben erfasst. Diese **rein finanzwirtschaftlich** bedingten Veränderungen des Netto-Finanzumlaufvermögens stellen den **Finanzierungserfolg der Periode** dar.

Allgemein sind nur solche Sachverhalte **erfolgswirksam**, die das **Eigenkapital** verändern. Dies ist gleichbedeutend damit, dass der als **Reinvermögen** bezeichnete Bestand an Anlagevermögen plus Umlaufvermögen minus Fremdkapital sich verändert (s. Abb. 1-6). Daraus wird auch deutlich, dass sich Wertminderung und Wertzuwachs sowohl auf Realgüter als auch auf Nominalgüter beziehen können. Die Stromgrößen, die derartige Veränderungen bewirken, werden als **Erträge** und **Aufwendungen** bezeichnet und folgendermaßen definiert:

Ertrag   (Erträge): Zunahme des Reinvermögens (Wertzuwachs)

Aufwand (Aufwendungen): Abnahme des Reinvermögens (Wertminderung)

Aktiva	Passiva
Anlagevermögen	Eigenkapital
Umlaufvermögen	Fremdkapital
- Liquide Mittel	- Rückstellungen
- Forderungen	- Verbindlichkeiten
- sonstiges Umlaufvermögen	

Abb. 1-6:   Reinvermögen als Gegenstand der GuV

Aufwendungen und Erträge sind Rechnungsgrößen der **Gewinn-und Verlustrechnung (GuV)**. Diese ermittelt für eine bestimmte Abrechnungsperiode alle Wertminderungen und Wertzuwächse für die gesamte Unternehmung.[i] Grundsätzlich gilt dabei, dass Erträge und Aufwendungen in der betrachteten oder einer anderen Periode zu Einnahmen bzw. Ausgaben führen müssen. In der GuV werden damit sowohl die leistungswirtschaftlich als auch die finanzwirtschaftlich bedingten Ab- und Zuflüsse von Geld **periodengerecht** erfasst. Aufwendungen und Erträge kann man deshalb auch als **periodisierte, erfolgswirksame Zahlungen** bezeichnen.[ii]

Die **GuV** ist neben der **Bilanz** der Hauptbestandteil des nach Ablauf einer Abrechnungsperiode erstellten **Jahresabschlusses**. Dieser wird aus der **Finanzbuchhaltung**[iii] abgeleitet und hat aufgrund seiner Vergangenheitsorientierung in erster Linie eine **Dokumentationsfunktion**. Er richtet sich hauptsächlich an Informationsempfänger außerhalb der Unternehmungsführung, wie z. B. Kapitalgeber, Kunden, Lieferanten, Arbeitnehmer, Staat, die in der Regel keine sonstigen Informationsquellen bezüglich der Unternehmung haben. Diese **externen** Adressaten sollen einen Einblick in die Vermögens-, Finanz- und Erfolgslage der Unternehmung erhalten. Nach dem primären Adressatenkreis wird dieser Teil des betrieblichen Rechnungswesens deshalb als **externes Rechnungswesen** bezeichnet. Zur Gestaltung des externen Rechnungswesens und der Erstellung des Jahresabschlusses sind umfangreiche handels- und steuerrechtliche Vorschriften zu beachten.

Der „Aufwands- und Ertragsfilter" liefert allerdings ein Abbild der Realität, das für die Beurteilung der **Wirtschaftlichkeit** betrieblicher

---

[i] Dabei wird grundsätzlich davon ausgegangen, dass Produktion und Lagerung von Gütern erfolgsneutral sind, weil hier lediglich Produktionsfaktoren in Produkte umgewandelt werden. Da die bei der Produktion eingesetzten Produktionsfaktoren jedoch unter der Bezeichnung „Herstellungskosten" als Aufwand erfasst werden, werden die entstandenen und gelagerten Güter in gleicher Höhe als Ertrag erfasst.

[ii] Man spricht deshalb auch von einer „pagatorischen" Rechnung.

[iii] Gleichbedeutend ist die Bezeichnung „Finanzbuchführung".

Handlungen und damit für die Unterstützung betrieblicher Entscheidungsprozesse (Planung und Kontrolle) nur bedingt geeignet ist:

- Die **gesetzlichen Bestimmungen** stellen einen Kompromiss aus den unterschiedlichen Interessen der **externen** Adressaten dar. Der Informationsbedarf der Unternehmungsführung spielt in diesem Zusammenhang praktisch keine Rolle, da diese ja auch über andere Informationsmöglichkeiten verfügt. Aus diesem Grunde kann man Erträge auch vollständiger als „aufgrund gesetzlicher Bestimmungen ermittelten Wertzuwachs" und Aufwendungen als „aufgrund gesetzlicher Bestimmungen ermittelte Wertminderung" definieren.

- Das externe Rechnungswesen arbeitet aufgrund der dominierenden **Dokumentationsfunktion** mit **Istgrößen**. Die Planungs- und die Kontrollfunktion werden daher nicht erfüllt.

- Das **Gliederungsschema** der GuV gibt nur einen groben Anhalt, in welchem Umfang der Erfolg durch den betrieblichen Leistungserstellungsprozess erwirtschaftet wurde oder aus anderen Quellen stammt.

- Die Ermittlung des **Periodenerfolges** ist das zentrale Ziel. Hierzu ist in erster Linie die **Höhe** der einzelnen Aufwands- und Ertragspositionen von Interesse, nicht jedoch deren **Detailstruktur**. Insbesondere wird nicht deutlich, von welchen **Einflussgrößen** der Periodenerfolg in welcher Weise abhängt. Die Kenntnis gerade dieser Einflüsse (z. B. veränderte Produktions- und Absatzmengen oder veränderte Fertigungsverfahren) ist jedoch für betriebliche Entscheidungen von außerordentlicher Bedeutung.

Funktionsbereich	Entscheidung über / Planung und Kontrolle von...
Beschaffung	• ...Eigenerstellung und Fremdbezug von Vorprodukten • ...Bestellmengen
Produktion	• ...Produktionsverfahren • ...Auftragsgrößen • ...Bearbeitungsreihenfolgen
Absatz	• ...Verkaufspreisforderungen • ...Verkaufsprovisionen
gesamter Real-güterbereich	• ...Produktions- und Absatzprogramm

Abb. 1-7:   Entscheidungen im Realgüterbereich

In Abb. 1-7 sind beispielhaft **Entscheidungen** aus dem **Realgüter-bereich** der Unternehmung angeführt, bei denen die **GuV** zur Informationsversorgung **ungeeignet** ist. Dies ist insbesondere deshalb der Fall, weil Erträge und Aufwendungen sich nur auf die Rechnungsperiode, nicht aber auf einzelne Entscheidungsobjekte (z. B. Produkteinheiten) beziehen.

Von Ihren BWL-Noten beeindruckt, bittet Ihre Tante Sie um Hilfe bei der Führung ihrer Bäckerei „Frisch & Knackig GmbH", die nur zwei Produkte herstellt: Bio-Sahnetorten und „normale" Weizenbrötchen. Ihre Tante hat konkret zwei Fragen: 1) „Soll ich lieber vorgebackene Brötchen aus der Groß-bäckerei fertig backen oder wie bisher die Brötchen komplett selbst machen?" 2) „Stelle ich meine Brötchen und Torten eigentlich zu teuer her?". „Du brauchst also Informationen zur Unterstützung der Verfahrenswahl und zur Wirtschaftlichkeits-kontrolle.", stellen Sie fest und greifen sich die aktuelle GuV, aus der Sie folgende Informationen für das abgelaufene Geschäftsjahr entnehmen (alle Werte in Tausend Euro): Umsatzerlöse 150, Materialaufwand 30, Personalaufwand 50, Abschreibungen 60. Damit sind Sie leider bei der Antwort auf die Fragen noch nicht wesentlich weiter gekommen, da Sie in der GuV insbesondere nicht erkennen können, welche Aufwendungen für welche Produkte entstanden sind. Als Nächstes arbeiten Sie deshalb die Buchungsbelege durch. Dadurch gelingt es Ihnen immerhin festzustellen, dass 80 Umsatzerlöse aus dem Verkauf von Brötchen resultierten und 70 aus dem Verkauf der Torten. Beim Material können Sie die Zutaten ebenfalls eindeutig zuordnen: jeweils 10 für beide Produkte. Der Rest entfällt auf Stromkosten. Beim Personalaufwand und den Abschreibungen müssen Sie aber endgültig passen: Den Belegen ist nicht zu entnehmen, für welche Produkte die Aufwendungen entstanden sind. Außerdem ist ein Teil der Abschreibungen durch steuerrechtliche Vorschriften verzerrt, da es sich um steuerliche Sonderabschreibungen handelt. Aber es kommt noch schlimmer: Sie finden nicht den geringsten Hinweis, ob die in der GuV dokumentierten Aufwendungen angemessen waren oder nicht – an Planung und Kontrolle ist damit nicht zu denken. „Die Fragen sind nicht zu beantworten", seufzen Sie. Da Sie mit diesem Ergebnis Ihrer Tante natürlich nicht unter die Augen treten können, bleibt Ihnen nichts anderes übrig, als weiter zu lesen...

Zur Informationsversorgung derartiger Entscheidungen fehlt damit noch ein Filter, der die **leistungswirtschaftlichen** Prozesse in der Form abbildet, wie sie vom Management **beeinflusst** bzw. gesteuert werden können. Durch die Gegenüberstellung der im leistungswirtschaftlichen Bereich erfolgenden Wertzuwächse mit den dort erfolgenden Wertminderungen, ist es dann auch möglich, den durch die betriebliche Leistungserstellung erzielten Erfolg zu ermitteln. Der verwendete Filter müsste damit – unabhängig von gesetzlichen Bestimmungen – **leistungsbezogene Veränderungen des Reinvermögens** erfassen. Die Stromgrößen, die solche Veränderungen bewirken, werden als **Erlöse** und **Kosten** bezeichnet und können folgendermaßen definiert werden:[i]

Erlös: bewertete, leistungsbezogene Gütererstellung und -verwertung

Kosten: bewerteter, leistungsbezogener Gütereinsatz

An Stelle der Bezeichnung „Erlös" ist auch noch die Bezeichnung „**Leistung**" gebräuchlich. Im normalen Sprachgebrauch, aber auch im naturwissenschaftlich-technischen Bereich, wird „Leistung" jedoch rein **mengenmäßig** gebraucht. Dem soll auch hier gefolgt werden. Danach ist die **Leistung** die **mengenmäßige** Ausbringung einer Periode. Die verkauften Mengen werden mit den Verkaufspreisen multipliziert (bewertet). Das Produkt aus Preis und Menge ist dann der Erlös als wertmäßige Größe.

Erlöse und Kosten sind Rechnungsgrößen der Kosten- und Erlösrechnung (KER), die aufgrund des management**internen** Adressatenkreises zum **internen Rechnungswesen** zählt. Die KER arbeitet mit kürzeren Abrechnungszeiträumen (meist Wochen oder Monaten) als das externe Rechnungswesen. In der KER wird der Einsatz von Produktionsfaktoren und die damit verbundene Erstellung und Verwertung von Gütern (Produkten) erfasst. Bei **Gütererstellungen** handelt es sich um Lagerbestandserhöhungen an unfertigen und fertigen Erzeugnissen (Halb-, Fertigfabrikate) sowie um aktivierte innerbetriebliche Leistungen (z. B. selbsterstellte Anlagen). Für erstellte Güter fallen **Verrechnungserlöse** an.[ii] Von **Güterverwertung** spricht man, wenn Absatzleistungen am Markt verwertet werden. Für Absatzleistungen werden **Umsatzerlöse** erzielt. Umsatzerlöse umfassen grob gesprochen alle Einnahmen, die aus der Verwertung der Absatzleistungen resultieren.

---

[i]   Es handelt sich hierbei um die am weitesten verbreitete Definition. Insbesondere in der Literatur gibt es jedoch auch andere Definitionen (s. Modul 12).

[ii] Häufig werden diese auch als „kalkulatorische" Erlöse bezeichnet.

Teilbereiche der KER werden in der Praxis häufig auch als **Betriebsbuchhaltung** bzw. **Betriebsabrechnung** bezeichnet. An dieser Stelle soll jedoch bereits deutlich darauf hingewiesen werden, dass in einem controllingorientierten internen Rechnungswesen **nicht** der Abrechnungsaspekt, sondern der **Informationsversorgungsaspekt** im Mittelpunkt steht. Begriffe wie Betriebsbuchhaltung oder Betriebsabrechnung sollten – obwohl in der Praxis nach wie vor verwendet – aus diesem Grunde vermieden werden.

Der oben definierte, sog. **wertmäßige Kostenbegriff** ist durch drei zwingende Merkmale gekennzeichnet:

- Bewerteter, leistungsbezogener **Gütereinsatz**: Ein Gütereinsatz liegt immer dann vor, wenn das betrachtete Gut[i] entweder während des Einsatzes durch Umwandlung oder Umformung untergeht (mengenmäßiger Verbrauch), oder während des Einsatzes eine Wertminderung erleidet, selbst aber erhalten bleibt (wertmäßiger Verbrauch). Kosten bedeuten daher letztlich immer eine Verringerung des Wertes der leistungsbezogen eingesetzten Güter.

- Bewerteter, **leistungsbezogener** Gütereinsatz: Nur Güter, die zum Zwecke der Erstellung oder Verwertung der betrieblichen Leistungen eingesetzt werden, sind relevant.[ii] Hierzu zählen auch Gütereinsätze zur Aufrechterhaltung der **Betriebsbereitschaft**. Durch diese werden die Voraussetzungen für die eigentliche Leistungserstellung geschaffen (z. B. Einsatz von Energie, um die Werkshalle zu beleuchten und zu beheizen).

- **Bewerteter**, leistungsbezogener Gütereinsatz: Die leistungsbezogen eingesetzte Gütermenge muss durch Multiplikation mit Preisen in Geldgrößen ausgedrückt werden, um die dimensions-

---

[i] Es kann sich dabei um ein Sachgut, eine Arbeits- oder Dienstleistung oder um ein immaterielles Gut (z. B. Patent) handeln.

[ii] Die Abgrenzung kann im Einzelfall schwierig sein. Pragmatisch kann man eine „Betriebszweckvermutung" zugrunde legen und nur diejenigen Gütereinsätze aussondern, die offensichtlich nicht leistungsbezogen sind.

verschiedenen Gütermengen (z. B. Liter, kg, Stunden) addierbar zu machen.

Da der **Gütereinsatz** das **entscheidende** Begriffsmerkmal ist, bleibt der wertmäßige Kostenbegriff hinsichtlich der zur Bewertung heranzuziehenden **Preise unbestimmt**. Je nach Zweck der Rechnung können unterschiedliche Preise (z. B. historische Anschaffungspreise, prognostizierte Wiederbeschaffungspreise) gewählt werden. Daraus lässt sich erkennen, dass der wertmäßige Kostenbegriff mehrdeutig ist.

Die wertmäßige Definition der **Erlöse** zeichnet sich wie bei den wertmäßigen Kosten durch eine **Offenheit der Preiskomponente** des Erlösbegriffs aus. Je nach Zweck der Rechnung können auch hier Plan- oder Istpreise zur Bewertung gewählt werden.

Erlöse und Kosten bestimmen den Zielerreichungsgrad des **Erfolges,** der in Erfüllung des eigentlichen Zweckes (Sachziel) der Unternehmung, der Erstellung und Verwertung der eigentlichen oder typischen betrieblichen Leistung, erwirtschaftet wird.[i] Die Differenz zwischen Erlösen und Kosten einer Periode wird als **Betriebsergebnis** oder **kurzfristiger Erfolg** bezeichnet. Ein positives Ergebnis kennzeichnet einen Betriebsgewinn, ein negatives einen Betriebsverlust. Auf die Mengeneinheit eines Produktes bezogen, bezeichnet man den Erfolg als **Produkt-** oder **Artikelergebnis.**

1.2.3 Kosten und Produktionsfaktoren
Nach dem wertmäßigen Kostenbegriff sind Kosten **bewerteter leistungsbezogener Gütereinsatz.** Die für die betriebliche Leistungserstellung eingesetzten Güter werden als **Produktionsfaktoren** bezeichnet. Die Abb. 1-8 zeigt eine für Zwecke der Kostenrechnung geeignete Zusammenstellung der Produktionsfaktoren.[ii]

---

[i] Die Kosten- und Erlösrechnung wird daher auch als Bindeglied zwischen Sach- und Formalzielen bezeichnet.

[ii] Vgl. Hoitsch 1993, S. 3 ff.

Nach der **Wiederholbarkeit** des Gütereinsatzes werden Repetier-
und Potenzialfaktoren unterschieden (s. Abb. 1-8). **Repetierfaktoren**
werden bei ihrem Einsatz sofort verbraucht und stehen danach nicht
mehr zur Verfügung. Deshalb werden sie auch als **Verbrauchs-
faktoren** bezeichnet. **Potenzialfaktoren** stehen mit ihrem Leistungsvermögen (ihrer Kapazität) dagegen langfristig, d. h. über mehrere Perioden, zur Verfügung und können während dieser Zeit wiederholt genutzt werden. Deshalb werden sie auch als **Nutzungsfak-
toren** bezeichnet.

Repetierfaktoren können weiter nach dem **verbrauchenden Objekt** untergliedert werden. Der Verbrauch kann entweder dadurch erfolgen, dass die Repetierfaktoreinheiten in die **erstellte Leistung** direkt eingehen (outputorientierte Repetierfaktoren, z. B. Rohstoffe),
oder dadurch, dass ein **Potenzialfaktor** Repetierfaktoreinheiten verbraucht (prozessorientierte Repetierfaktoren, z. B. Stromverbrauch
durch eine Maschine).

Produktionsfaktoren							
Potenzialfaktoren (Nutzungsfaktoren)					**Repetierfaktoren** (Verbrauchsfaktoren)		
menschliche Arbeitsleistung (personale Potenzialfaktoren)		Betriebsmittel (sachliche [materielle] und immaterielle Potenzialfaktoren)		Zusatzfaktoren	Werkstoffe		Energie (prozess-orientierter Repetierfaktor)
physische Arbeitsleistung	geistige Arbeitsleistung	materielle Betriebsmittel	immaterielle Betriebsmittel		output-orientierte Werkstoffe	prozess-orientierte Werkstoffe	
• Leistung im Fertigungs-lohn • Leistung im Hilfslohn	• dispositive Leistung von Gehalts-empfängern • Objektbezo-gene Leis-tung von Gehalts-empfängern	• Grundstücke • Gebäude • Einrich-tungen • Maschinen	• Rechte • Patente • Lizenzen	• fremdbezo-gene Dienst-leistungen (von Banken, Versicher-ungen usw.) • Geldkapital • indirekte Unterstüt-zungsleis-tungen des Staates • Umweltbe-anspruchung	• Rohstoffe • Hilfsstoffe • Vorprodukte (Halbzeuge, -fabrikate, Fremd-, Normteile, Baugruppen) • Handels-waren	• Betriebs-stoffe	• Strom • Wasser • Gas • Pressluft • Wärme (Dampf, Heißwasser)

Abb. 1-8: Produktionsfaktoren

Zu den Repetierfaktoren, die in die Produkte substanziell eingehen, zählen die **outputorientierten Werkstoffe**. Dazu gehören **Rohstoffe** (ungeformte Ausgangsstoffe z. B. aus Metall, Holz), **Hilfsstoffe** (Nebenbestandteile, die in das Produkt eingehen, aber wertmäßig wenig bedeutend sind – wie Schrauben, Nieten, Schweißmaterial), **Vorprodukte** sowie **Handelswaren** (Sachgüter, die ohne Bearbeitung weiterverkauft werden). Die Vorprodukte können weiter untergliedert werden in **Halbzeuge** (handelsüblich vorgeformte Rohstoffe wie Bleche, Profile, usw.), **Halbfabrikate** (vorgefertigte Teile wie Guss- oder Schmiedestücke), **Fremdteile** (fremdbezogene Fertigteile und Aggregate wie z. B. Kfz-Batterien, -Reifen, Normteile) und **Baugruppen** (aus mehreren Teilen bestehende Gegenstände wie z. B. Vorderachse, Lenkung, Motor).

Zu den Repetierfaktoren, die **nicht** in das Produkt eingehen, aber zur Durchführung des Produktionsprozesses oder zur Aufrechterhaltung der Betriebsbereitschaft benötigt und von Potenzialfaktoren verbraucht werden, zählen **prozessorientierte Werkstoffe** wie **Betriebsstoffe** (Treibstoffe, Schmiermittel, Reinigungsstoffe, Werkzeuge usw.) und **Energie** in jeder Form.

Sowohl bei Werkstoffen als auch bei Energie liegt also ein mengenmäßiger Verbrauch vor. Die Anzahl der eingesetzten Mengeneinheiten wird durch die Eigenschaften des zugrundeliegenden Prozesses (Leistungserstellung, Aufrechterhaltung der Betriebsbereitschaft) bestimmt.

Potenzialfaktoren können in **Betriebsmittel** und **menschliche Arbeitsleistung** unterteilt werden. Ihre Einsatzdauer (Nutzbarkeitsdauer) kann von vorneherein feststehen (z. B. Anmietung einer Lagerhalle für sechs Monate), oder aber unbestimmt sein (z. B. Kauf einer Maschine), sodass es einer eigenständigen Entscheidung über das Einsatzende (Verkauf oder Verschrottung der Maschine) bedarf. Die Einsatzbeginnentscheidung kann in beiden Fällen – anders als bei den Repetierfaktoren – mit der Beschaffungsentscheidung gleichgesetzt werden. Von diesem Zeitpunkt an erleiden die Potenzialfaktoren allein durch Zeitablauf einen Wertverlust. Während dies bei materiellen oder immateriellen Betriebsmitteln eindeutig ist, nimmt die **menschliche Arbeitsleistung** als Produktionsfaktor eine Sonderstellung ein. Der Potenzialfaktorcharakter der „**geistigen** menschlichen Arbeitsleistung" ist unzweifelhaft. Der „Wertverlust" wird durch das Gehalt quantifiziert. Die „**physische** menschliche Arbeitsleistung" wird im Gegensatz dazu **in der Praxis** wie ein Repetierfaktor behandelt. Man bezieht sie auf kleinste Zeiteinheiten (Stunden, Minuten), die im Leistungserstellungsprozess oder für die Aufrechterhaltung der Betriebsbereitschaft verbraucht und so jedes Mal erneut eingesetzt werden müssen (z. B. 2 Minuten Bearbeitungszeit pro Produkteinheit).

Zusatzfaktoren nehmen wiederum eine Sonderstellung ein. Die Einsatzmenge der oben angesprochenen Produktionsfaktoren lässt sich grundsätzlich mit eindeutig abgrenzbaren Mengengrößen erfassen. Bei Repetierfaktoren ist dies unproblematisch; so können z. B. Werkstoffverbräuche durch Gewichtsgrößen oder Stückangaben und Energieverbräuche mithilfe von kWh-(Strom), m^3-(Wasser) oder kJ-(Wärme)Größen gemessen werden. Bei Potenzialfaktoren ist dies schon schwieriger. Hier muss die Frage beantwortet werden, wie die Menge der eingesetzten Leistungsfähigkeit und damit letztlich auch die Leistungsfähigkeit selbst gemessen werden kann.[i] Für die menschliche Arbeitsleistung und die eingesetzte Maschinenkapazität erfolgt die Messung zumeist in Form von Stundenangaben (Fertigungs- bzw. Maschinenstunden), für Grundstücks- und Gebäudekapazitäten in Form von m^2- und m^3-Größen. Den Zusatzfaktoren liegen dagegen meist überhaupt keine Mengengrößen zugrunde. Hierzu zählen **fremdbezogene Dienstleistungen** von Dienstleistungsunternehmungen (Banken, Versicherungen, Speditionen, Handwerksbetriebe, Beratungs- und Wirtschaftsprüfungsgesellschaften, Werbeagenturen usw.), **Geldkapital** (betriebsnotwendiges Kapital) in Form von Eigen- und Fremdkapital,[ii] **indirekte Unterstützungsleistungen des Staates** in Form bereitgestellter Infrastruktur des Staates (Bund, Länder, Gemeinden) sowie die **Umweltbeanspruchung** durch die

---

[i]   Diese Problematik wird ausführlich in Modul 2 behandelt.

[ii] Die „Menge" des Produktionsfaktors Geldkapital wird bereits in Geldeinheiten gemessen, sodass zwischen Menge und Wert kein Unterschied besteht (vgl. hierzu auch die diesbezüglichen Ausführungen in Modul 4).

Unternehmung. Nach ihrem Charakter können Zusatzfaktoren sowohl Potenzial- als auch Repetierfaktoren sein. Kapital und Infrastrukturleistungen des Staates wären z. B. typische Potenzialfaktoren, die Dienstleistungen einer Spedition zur Auslieferung von Fertigprodukten wiederum wären typische Repetierfaktoren.

Durch die Multiplikation (**Bewertung**) der eingesetzten Produktionsfaktor**mengen** mit Produktionsfaktor**preisen** werden die unterschiedlichen mengenmäßigen Dimensionen der **Produktionsfaktorarten** in einheitliche Wertgrößen (Kosten) umgeformt. Die Art der eingesetzten Produktionsfaktoren ist Grundlage für die Unterteilung der Kosten in **Kostenarten** (s. Abb. 1-9).

Unterteilt man die Unternehmung in einzelne **Teilbereiche** und betrachtet den dort erfolgenden **Produktionsfaktoreinsatz**, so wird deutlich, dass zumeist nur ein Teil dieser Produktionsfaktoren von **außerhalb** der Unternehmung stammt, ein anderer Teil dagegen von **anderen** Teilbereichen geliefert wird, die ihrerseits Produktionsfaktoren zur Erzeugung dieser **innerbetrieblichen Leistung** eingesetzt haben (s. Abb. 1-10).

Hierzu zählen z. B. eigenerzeugte Energie, Eigenreparaturen und -instandhaltungen, innerbetrieblicher Transport, Sozialleistungen (z. B. Werksküche, Betriebssport), Planungs-, Steuerungs- und Kontrollleistungen usw. Würde man daher jeglichen Produktionsfaktoreinsatz unterschiedslos berücksichtigen, käme es auf Unternehmungsebene zu **Mehrfacherfassungen**. Man unterscheidet deshalb nach der **Herkunft** der Produktionsfaktoren die Kostenkategorien **primäre** Kosten (**extern** bezogene Produktionsfaktoren) und **sekundäre** Kosten (**intern** bezogene Produktionsfaktoren). So führt z. B. der von einem Energieversorgungsunternehmen fremdbezogene Strom in dem verbrauchenden Teilbereich (z. B. in der Produktion) zu **primären** Stromkosten, der in der Unternehmung selbst erzeugte Strom dagegen zu **sekundären** Stromkosten.[i]

---

[i] Sekundäre Kosten werden oft auch als „kalkulatorische Kosten" bezeichnet.

Faktorart	Kostenart
Menschliche Arbeitsleistung:	**Personal- und Sozialkosten** (Arbeitskosten):
• Leistung im Fertigungslohn	• Fertigungslöhne (+ Sozialkosten)
• Leistung im Hilfslohn	• Hilfslöhne (+ Sozialkosten)
• geistige Arbeitsleistung	• Gehälter (+ Sozialkosten)
	• Unternehmerlohnkosten
Betriebsmittel:	**Betriebsmittelkosten:**
• materielle Betriebsmittel	• Abschreibungskosten (außer bei Grundstücken)
• immaterielle Betriebsmittel	• Kosten für Fremdrechte
Werkstoffe:	**Werkstoffkosten:**
• Roh-, Hilfs- und Betriebsstoffe	• Roh-, Hilfs- und Betriebsstoffkosten
• Vorprodukte	• Vorproduktkosten bei Fremdbezug
• Handelswaren	• Handelswareneinsatz
Energie:	**Energiekosten:**
• Strom	• Stromkosten
• Wasser	• Wasserkosten
• Wärme	• Wärmekosten
Zusatzfaktoren:	**Verschiedene Kostenarten:**
• fremdbezogene Dienstleistungen	• **Dienstleistungskosten** (z. B. Versicherungskosten [bei nicht versicherten Risiken: Wagniskosten], Reparatur- und Instandhaltungskosten [nur bei Fremdleistung], Prüfungs- und Beratungskosten, Frachtkosten [bei Speditionsleistung], Pacht, Miete [wenn Eigentümer Raum zur Verfügung stellt: Eigenmietkosten], Werbekosten, Beiträge)
• Geldkapital	• **Kapitalkosten** = Zinskosten
• Indirekte Unterstützungsleistungen des Staates	• **Kostensteuern** (z. B. Grund-, Kfz-Steuer)
• Umweltbeanspruchung	• **Abgaben, Gebühren**
	• **Soziale** (externe) **Kosten** (werden in Kostenrechnung nicht berücksichtigt).

Abb. 1-9:   Faktorarten und Kostenarten

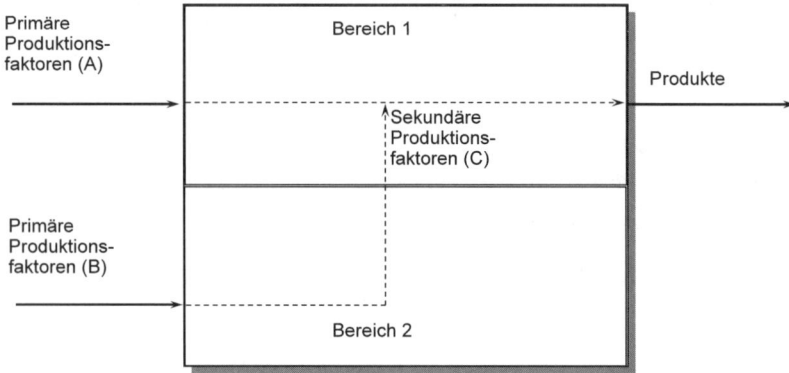

(A)→ Primäre Kosten in Bereich 1, (B)→ Primäre Kosten in Bereich 2
(C)→ Sekundäre Kosten in Bereich 1

Abb. 1-10:   Primäre und sekundäre Kosten

1.2.4 Zusammenfassende Abgrenzung der Rechnungsgrößen

Abschließend sollen die bisherigen Abgrenzungen noch einmal zusammenfassend grafisch und beispielhaft dargestellt werden.[i] Die folgende Abb. 1-11 zeigt die wichtigsten Rechnungsgrößen und damit Begriffe des betrieblichen Rechnungswesens im Gesamtzusammenhang. Dabei bilden die **Balken** die jeweiligen **Stromgrößen,** die eckigen Klammern die Bezeichnung der **Salden** (Differenzen) **der Stromgrößen** und die runden Klammern die **Bestandsgrößen** ab, die durch die Stromgrößen verändert werden.

---

[i]   Vgl. Haberstock 2005, S. 16 ff.

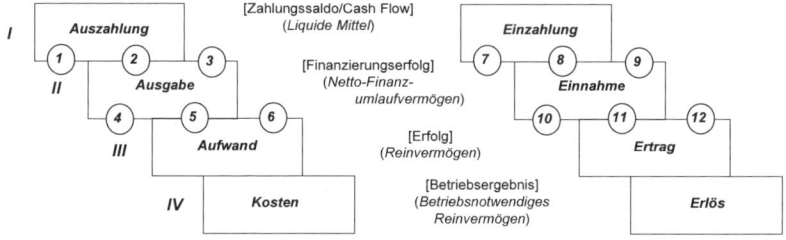

I : Ebene der Finanzrechnung
II : Ebene der Finanzierungsrechnung
III : Ebene der Gewinn- und Verlustrechnung
(Finanzbuchhaltung)
IV : Ebene der Kosten-, Erlös- und Ergebnisrechnung
(Kurzfristige Erfolgsrechnung)

Abb. 1-11: Zusammenfassende Abgrenzung der Rechnungsgrößen

Beispiele für Geschäftsvorfälle nach Abb. 1-11:

1. Rückzahlung eines Darlehens

2. Bareinkauf von Rohstoffen

3. Zieleinkauf von Rohstoffen

4. Kauf einer Maschine

5. Entstehung einer Zahlungsverpflichtung

6. Abschreibungen

7. Auszahlung eines Darlehens

8. Barverkauf von Produkten

9. Zielverkauf von Produkten

10. Vereinnahmte Umsatzsteuer

11. Entstehung eines Zahlungsanspruchs

12. Auflösung einer Rückstellung

Einen bisher nicht behandelten Teilbereich des betrieblichen Rechnungswesens stellt die **Investitionsrechnung** dar. Sie beruht wie die Finanzrechnung auf den Rechnungsgrößen Ein- und Auszahlungen, konzentriert sich jedoch nicht auf die Liquidität als Stichtagsgröße, sondern auf die wirtschaftliche **Vorteilhaftigkeit** einer **Anlagenanschaffung.** Investitionsrechnungen sind **mehrperiodische** Planungs- und Kontrollrechnungen, in denen die zeitliche Struktur der Zahlungsströme durch Diskontierung (Abzinsung) auf den Beginn bzw. Aufzinsung auf das Ende des Planungshorizonts in die Kalküle der sogenannten dynamischen Verfahren der Investitionsrechnung einfließt.[i] Neben den dynamischen Verfahren der Investitionsrechnung werden in der Praxis häufig einperiodische statische Verfahren der Investitionsrechnung eingesetzt. Diese beruhen auf Kosten- und Erlösgrößen und verzichten auf eine Diskontierung.

Einen zusammenfassenden Überblick über die Erfassung des Erfolges im betrieblichen Rechnungswesen gibt noch einmal Abb. 1-12.

Teilbereich	Zeitumfang	Sachumfang
Finanzrechnung	Totalerfolg	gesamte Unternehmung
Investitions- rechnung	Totalerfolg	einzelne Betriebsmittel
Finanzierungs- rechnung	Periodenerfolg	gesamter Finanzbereich
GuV	Periodenerfolg (1 Jahr)	gesamte Unternehmung
KER	Periodenerfolg (beliebig)	Leistungsbereich - beliebige Teilbereiche - beliebige Leistungen

Abb. 1-12: Erfolgsziel und betriebliches Rechnungswesen

---

[i] Vgl. Kruschwitz 2005, S. 46 ff.

1.3 Management und Controlling

Die bisher angestellten Überlegungen haben deutlich gemacht, dass die Qualität von **Entscheidungen** in starkem Maße von den verarbeiteten **Informationen** abhängt. Es ist jedoch unmöglich, bei jeder Entscheidung **alle** Informationen über **alle** möglichen Alternativen zu berücksichtigen. Genau dies wird jedoch von der „klassischen" Betriebswirtschaftslehre vorausgesetzt, die für ihre Betrachtungen einen „Modellmenschen", den **homo oeconomicus**, unterstellt, der außerdem nur ökonomische Ziele kennt, deren maximale Erfüllung er anstrebt.

Da die kognitiven Fähigkeiten des Menschen, d. h. die Kapazität zur Informationsgewinnung und -verarbeitung in der Realität jedoch begrenzt sind,[i] wird der **Entscheidungsprozess** von den Entscheidungsträgern **vereinfacht**, indem zum einen nur eine stark eingeschränkte, individuelle Auswahl von Informationen verwendet wird und zum anderen für die Bewertung häufig einfache Heuristiken („Faustregeln") angewandt werden.[ii] Dies gilt insbesondere für Wissensbereiche, in denen der Entscheidungsträger kein Experte ist. Wird für eine Entscheidung derartiges bereichsfremdes (sekundäres) Wissen benötigt, ist die Erreichung betrieblicher Ziele aufgrund der kognitiven Beschränkungen der Entscheidungsträger gefährdet. Da Manager typischerweise keine Rechnungswesen-Experten sind, gilt dies in besonderem Maße für die Verwendung von Informationen und Verfahren aus diesem Bereich.

Es ist jedoch möglich, den Entscheidungsprozess zu **unterstützen**, indem den Entscheidungsträgern z. B. aufeinander abgestimmte **standardisierte Verfahrensweisen** zur Verfügung gestellt oder „Sekundärwissexperten" zur Seite gestellt werden. Dies ist Aufgabe des **Controllings**.[iii]

---

[i] Vgl. Simon 1997, S. 92 ff.

[ii] Vgl. Cyert / March 1995, S. 114 ff., 155 ff.

[iii] In Literatur und Praxis gibt es eine Vielzahl anderer Sichtweisen des Controllings, auf die hier nicht näher eingegangen werden kann.

Ihre Tante überlegt, einen neuen Backofen anzuschaffen und bittet Sie, sich ihre bisherigen Berechnungen einmal anzuschauen. Sehr detailliert finden sich Berechnungen über die Periodenkapazität in Form der maximal in dem Ofen zu backenden Anzahl unterschiedlicher Brötchen und Torten. Als Sie Ihre Begeisterung kundtun, wehrt Ihre Tante bescheiden ab: „Naja, vom Bäckerhandwerk verstehe ich halt was." Weniger begeistert sind Sie von der betriebswirtschaftlichen Analyse: Zur Ermittlung der Vorteilhaftigkeit der Investition hat Ihre Tante einfach Kosten pro Brötchen ermittelt, indem sie den Kaufpreis für den Ofen durch die zuvor ermittelten Kapazitätszahlen dividiert hat. Das Ergebnis ist ernüchternd: Die Kosten pro Brötchen liegen bei 10 Euro! „Aber Tante, so kannst du das doch nicht machen! Dein Ofen hält doch sicher länger als ein Jahr, da musst du schon einmal zumindest die Anschaffungskosten auf die gesamte Nutzungsdauer verteilen." Noch ehe Sie mit Ihren investitionsrechnerischen Ausführungen fortfahren können, unterbricht Ihre Tante Sie mit den Worten: „Ich fand das gar nicht so schlecht. Schließlich habe ich von kaufmännischen Dingen keine Ahnung." „Kein Problem", hören Sie sich sagen, „du brauchst dringend einen Controller, der dir dieses sekundäre Wissen zur Verfügung stellt. Das mache selbstverständlich ich."

Kontrollfragen

1. Aus welchen Phasen setzt sich der Entscheidungsprozess zusammen?

2. Was sind Bestands- bzw. Stromgrößen?

3. Welche Funktionen hat das betriebliche Rechnungswesen?

4. Was versteht man unter leistungs- bzw. finanzwirtschaftlichen Prozessen?

5. Erläutern Sie die drei grundlegenden betrieblichen Ziele.

6. Welche Sachverhalte erfasst die Finanzrechnung?

7. Definieren Sie die Rechnungsgrößen der Finanzrechnung.

8. Was ist der Cash Flow?

9. Grenzen Sie Leistungs-Cash-Flow und Erfolg voneinander ab.

10. Welche Sachverhalte erfasst die Finanzierungsrechnung?

11. Definieren Sie die Rechnungsgrößen der Finanzierungsrechnung.

12. Inwieweit sind Finanzgrößen auch zur Erfolgsmessung geeignet?

13. Erläutern Sie folgende Aussage: „Anschaffungsausgaben sind nicht erfolgswirksam."

14. Welche Sachverhalte erfasst die GuV?

15. Definieren Sie die Rechnungsgrößen der GuV.

16. Warum sind die Informationen des externen Rechnungswesens nur bedingt für betriebliche Entscheidungen geeignet?

17. Nennen Sie Beispiele für Entscheidungen aus dem Realgüterbereich, für die die GuV zur Informationsversorgung ungeeignet ist.

18. Welche Sachverhalte erfasst die Kosten- und Erlösrechnung (KER)?

19. Definieren Sie die Rechnungsgrößen der KER.

20. Warum ist der Leistungsbegriff als Gegenbegriff zu Kosten problematisch?

21. Unterscheiden Sie Gütererstellung und Güterverwertung.

22. Durch welche zwingenden Merkmale ist der wertmäßige Kostenbegriff gekennzeichnet?

23. Unterscheiden Sie Repetier- und Potenzialfaktoren.

24. Was zählt zu den ouputorientierten Werkstoffen?

25. Was sind prozessorientierte Werkstoffe?

26. Welche Besonderheit weist der Produktionsfaktor „menschliche Arbeitsleistung" auf?

27. Was sind Zusatzfaktoren?

28. Was versteht man unter der Bewertung von Produktionsfaktormengen?

29. Unterscheiden Sie primäre und sekundäre Kosten.

30. Was sind Istkosten bzw. Isterlöse?

31. Systematisieren Sie nach Zeit- und Sachumfang, wie der Erfolg in den einzelnen Teilbereichen des betrieblichen Rechnungswesens erfasst wird.

32. Welche Eigenschaften kennzeichnen den „homo oeconomicus"?

33. Welche Funktion hat das Controlling?

34. Warum liegt das Hauptarbeitsgebiet des Controllings im betrieblichen Rechnungswesen?

	2. Lernmodul
	Kostentheoretische Grundlagen

Lernziele:

Nach dem Studium dieses Lernmoduls sollten Sie insbesondere folgende Punkte verstanden haben:

- den Zusammenhang zwischen Entscheidungen und relevanten Informationen,

- die grundsätzliche Entscheidungsabhängigkeit von Kosten,

- die Gründe für die Existenz verschiedener Kostenzurechnungsprinzipien,

- den Zusammenhang von Kapazität und Beschäftigung,

- den Zusammenhang von Periodenkosten, Kosteneinflussgröße und Kosten pro Kostenträgereinheit.

2.1 Entscheidungsrelevante Informationen

Sie (*Entscheidungsträger*) wollen in den Urlaub fahren (*Entscheidungssituation*). Nun stehen Sie vor dem Entscheidungsproblem, wie Sie dies (jenseits jeglichen ökologischen Gewissens) „möglichst günstig" (*Ziel*) realisieren können: mit dem Auto oder mit der Bahn (*Handlungsalternativen*). Aufgrund Ihrer fundierten betriebswirtschaftlichen Kenntnisse wählen Sie für die Konkretisierung Ihres Ziels natürlich nicht etwa Zahlungsgrößen, sondern die jeweils anfallenden Kosten (*Entscheidungskriterium*). Welche Kosten entscheidungsrelevant sind und welche nicht, hängt u. a. davon ab, ob Sie schon ein Auto oder eine Bahncard haben (*Umweltsituation*). Wenn Sie schon ein Auto haben, sind nur die zusätzlich anfallenden Kosten relevant (Benzin, Öl, kilometerabhängiger Verschleiß).

Die unabhängig von der Urlaubsfahrt anfallenden Kosten sind dagegen irrelevant (Steuer, Versicherung, zeitbedingter Wertverlust). Wollen Sie sich dagegen extra nur für die Urlaubsfahrt ein Auto kaufen, sind alle Kosten entscheidungsrelevant. Ähnlich sieht es bei den Bahnkosten aus: Wenn Sie ohnehin schon eine Bahncard haben, sind deren Kosten für Ihre Entscheidung irrelevant und nur der (ermäßigte) Reisepreis ist relevant. Kaufen Sie sich aber extra nur für die Reise eine Bahncard, so sind nun deren Kosten ebenfalls relevant. Da schon bei der Entscheidungsfindung feststeht, welche Umweltsituationen vorliegen (*Entscheidung unter Sicherheit*), müssen Sie natürlich für Ihren konkreten Fall auch nur die für Ihre Situation zutreffenden Ausprägungen berücksichtigen. Für jede Kombination von *Handlungsalternative* (Auto, Bahn) und *Umweltsituation* (Auto vorhanden / nicht vorhanden, Bahncard vorhanden / nicht vorhanden), können Sie mithilfe Ihres *Entscheidungskriteriums* eine Bewertung vornehmen und erhalten das *Ergebnis* für diese Kombination (Kosten). Die Auswahl der optimalen Alternative ist bei einer Entscheidung unter Sicherheit mit nur einem Ziel unproblematisch: Sie wählen die Handlungsalternative mit den minimalen Kosten. Wollen Sie zusätzliche Ziele oder zukünftige Umweltsituationen berücksichtigen, wird die Angelegenheit allerdings komplizierter.[i]

Nach der Rückkehr aus dem Urlaub (*Realisationsphase*), in den Sie mit dem Auto gefahren sind, stellen Sie fest, dass Sie höhere Kosten hatten, als geplant. Bei Ihrer Abweichungsanalyse (*Kontrollphase*) kommt heraus, dass Sie insgesamt mehr Kilometer zurückgelegt haben als geplant und, dass der Anteil innerstädtischer Strecken höher war als geplant. Damit lässt sich ein großer Teil des höheren Benzinverbrauchs erklären. Die restliche Abweichung ist darauf zurückzuführen, dass Sie deutlich „rasanter" gefahren sind, als Sie dies bei der Planung zugrunde gelegt hatten.

---

[i] Eine anschauliche Einführung in diese und andere Fragen der Entscheidungstheorie findet sich z. B. bei Rehkugler / Schindel 1990.

Eine wichtige Aufgabe des Controllings besteht darin, die für die jeweilige Entscheidungssituation passenden Informationen für alle Phasen des Entscheidungsprozesses herauszufiltern.[i] Diese allgemeine Aufgabe soll im Folgenden für Entscheidungen im Realgüterbereich unter Sicherheit mit dem (einzigen) Ziel der Maximierung des Periodengewinns detaillierter untersucht werden.

Um einen Entschluss fundiert treffen zu können, ist es zunächst notwendig, die für die jeweiligen Handlungsalternativen und Umweltzustände passenden Entscheidungskriterien zur Präzisierung des angestrebten Ziels zu formulieren. Diese Informationen über Handlungsalternativen, Umweltzustände und Entscheidungskriterien werden **entscheidungsrelevante** Informationen genannt. Sie sind geeignet, den **Entschluss** zu **beeinflussen**. Informationen, die den Entschluss **nicht** beeinflussen können, bezeichnet man als **entscheidungsirrelevant**. Zumeist wird der erste Wortteil weggelassen, sodass nur von relevanten und irrelevanten Informationen gesprochen wird.

Im Rahmen der hier untersuchten Thematik sind Informationen darüber relevant, welche Auswirkungen der Entschluss für eine Handlungsalternative auf die Erreichung des Erfolgsziels hat. Dementsprechend sind Erlöse[ii] und Kosten, die durch eine bestimmte Handlungsalternative anfallen (oder wegfallen), relevante Informationen für diesen Entscheidungsprozess, d. h. **relevante Erlöse** und **relevante Kosten**. Diese stellen das **Entscheidungskriterium** dar. Die Bewertung der Handlungsalternativen erfolgt also mit den relevanten Kosten und Erlösen.

Dabei muss berücksichtigt werden, dass vielfach sowohl direkte als auch indirekte Kosten- oder Erlöswirkungen einer Entscheidung existieren, da in einem Unternehmen täglich unzählige, vielfach voneinander abhängige Entscheidungen getroffen werden. So sind z. B. Beschaffungsentscheidungen die Folge von Produktionsentscheidun-

---

[i]   S. hierzu die diesbezüglichen Ausführungen in Modul 1.

[ii]   Die weiteren Ausführungen in diesem Modul beschränken sich auf kostentheoretische Überlegungen. Die speziellen Probleme im Bereich erlöstheoretischer Überlegungen sind Gegenstand von Modul 7.

gen. Auch diese **nachgelagerten Wirkungen** müssen berücksichtigt werden.[i]

Für die **Kontrolle** ist es notwendig, die bei der Planung unterstellten Kostenwirkungen mit den bei der Realisierung der ausgewählten Handlungsalternative tatsächlich eingetretenen Kostenwirkungen zu vergleichen. In der Praxis stellt sich dabei das Problem, dass bei der Vielzahl von Entscheidungsprozessen eine individuelle Erfassung und Kontrolle der Kostenwirkungen für jede einzelne Entscheidung nicht möglich ist. Die Kontrolle erfolgt vielmehr in der Art, dass die angefallenen Kosten geeigneten **Kontrollobjekten** zugerechnet werden. Diese Vorgehensweise hat zur Konsequenz, dass auch in der Planungsphase eine Zurechnung der Kostenwirkungen auf entsprechende **Planungsobjekte** erfolgen muss, um eine Kontrolle überhaupt durchführen zu können. Planungs- und Kontrollobjekte sowie die angewandten Zurechnungsprinzipien müssen dabei identisch sein. Man unterscheidet daher auch nicht mehr zwischen Planungs- und Kontrollobjekten, sondern fasst beide unter der Bezeichnung **Bezugsobjekt** zusammen.

Ein mit Ihnen befreundetes Paar hat eine strikte Aufgabentrennung vorgenommen: „Er" plant die Autokosten, „Sie" kontrolliert. Die bisherigen Ergebnisse sind unbefriedigend. So ergab sich für den ersten Monat folgendes Ergebnis: Planung 0,28 € / km, Kontrolle: 183,60 € / Monat. Planungs- und Kontrollobjekt sind nicht identisch, sodass eine Kontrolle nicht möglich ist. Mit viel Mühe gelingt es Ihnen, Planungs- und Kontrollobjekt anzugleichen, indem Sie ermitteln, dass die Beiden im letzten Monat 1.000 km gefahren sind, womit sich 280 € an Plankosten ergeben. Leider ist immer noch keine aussagekräftige Kontrolle möglich, da „Er" seinen Planwert

---

[i] Ein Beispiel hierfür wären die Betriebskosten von (öffentlichen) Schwimmbädern, die bei der Entscheidung über den Bau oftmals nicht (vollständig) berücksichtigt wurden.

aus einer Tabelle hat, in der die „Gesamtkosten" pro Kilometer inklusive Wertverlust, Versicherung etc. angegeben sind. „Sie" hat dagegen die mit den jeweiligen Preisen multiplizierten Verbräuche (Benzin, Öl, etc.) des Monats zugrunde gelegt. Damit sind zwei unterschiedliche Zurechnungsprinzipien zur Anwendung gelangt.

2.2 Kostendimensionen[i]

Kosten „fallen nicht vom Himmel", sie sind das Ergebnis menschlicher Handlungen, also der Realisationsphase des Entscheidungsprozesses. In der **Planungsphase** ist es das Ziel, die **Kostenwirkungen** (und damit Erfolgswirkungen) der zur Auswahl stehenden Handlungsalternativen zu ermitteln. Man könnte auch sagen, dass die Kosten dem Bezugsobjekt Handlung zugerechnet werden. Da Handlungen jedoch typischerweise nicht isoliert, sondern im Verbund mit anderen Handlungen stattfinden, ist es nicht ohne weiteres möglich, die Wirkungen einer einzigen Handlung zu ermitteln. Für die Kontrollphase verschärft sich dieses Problem noch, da man den eingesetzten Faktormengen nicht „ansieht", auf welche Handlung ihr Einsatz zurückzuführen ist. So kann man zwar z. B. anhand von Tankquittungen problemlos die getankte und damit die zuvor verbrauchte Menge sowie den Preis ermitteln; diese **Wirkung** lässt sich aber nicht den dem Verbrauch zugrundeliegenden Handlungen (zurückgelegte Strecke, gewählter Gang, Geschwindigkeit, Beschleunigungsvorgänge, Reifendruck, Ölsorte,...) zurechnen, sodass z. B die Frage, wie sich denn die Wahl eines Leichtlauföls (Handlung) auf den Benzinverbrauch ausgewirkt hat, nicht zu beantworten ist, da alle Handlungen gemeinsam den beobachteten Verbrauch bewirkt haben.

Für die praktische Anwendung ist es daher unumgänglich, geeignete Bezugsobjekte für die Planung und Kontrolle der Kosten zu finden. Die Kostenwirkungen können hierzu in mehreren Dimensionen betrachtet werden: Zeit-, Raum-, Leistungs- sowie Produktionsfaktordimension. In diesem Zusammenhang können folgende Fragen ge-

---

[i] Die nachfolgenden Ausführungen sind eine überarbeitete und erweiterte Fassung von Lingnau 2000.

stellt werden: Für welchen Zeitraum fallen die Kosten an (ehe sie –
z. B. aufgrund von Kündigungsfristen – durch eine neue Entscheidung verändert werden können)? Für welchen Bereich fallen die
Kosten an (z. B. Abteilung)? Für welche Leistungen fallen die Kosten an (z. B. eine Produkteinheit)? Für welche Produktionsfaktoren
fallen die Kosten an (z. B. Energie)? Allgemein stellt sich die Frage
nach der **Kostenwirkung** damit wie folgt: Für welches Bezugsobjekt
fallen diese Kosten an?

Dreht man diese Fragen um, geht es nicht mehr um die **Wirkung** einer bestimmten Handlungsalternative, sondern um die **Zurechnung**
der Kostenwirkungen mehrerer Handlungsalternativen auf das betrachtete Bezugsobjekt (s. Abb. 2-1): Wie hoch sind die Kosten für
einen bestimmten Zeitraum, für einen bestimmten Bereich, für eine
bestimmte Leistung, für eine bestimmte Produktionsfaktorart? Man
kann die Kostendimensionen damit auch als Bezugsobjekte interpretieren, denen Kosten zugerechnet werden: Zeiträume (z. B. Kosten
pro Monat)[i], Bereiche (z. B. Kosten pro Abteilung), betriebliche
Leistungen (z. B. Kosten pro Produkteinheit) oder Produktionsfaktoren (z. B. Kosten pro kWh). Die Zurechnung von Kosten auf Produktionsfaktoren ist gleichbedeutend mit der **Bewertung** der eingesetzten Faktormenge. In den anderen Fällen wird die (bewertete) Faktor-
menge auf das jeweilige Bezugsobjekt zugerechnet. Allgemein stellt
sich die Frage nach der **Kostenzurechnung** damit wie folgt: Wie
hoch sind die Kosten für dieses Bezugsobjekt?

	Bekannte Größe	Unbekannte Größe
Kostenwirkung	Kosten	Bezugsobjekt
Kostenzurechnung	Bezugsobjekt	Kosten

Abb. 2-1:   Kostenwirkung und Kostenzurechnung

---

[i] Die bei den Rechengrößen Ertrag und Aufwand sowie Erlös und Kosten
erfolgende Periodisierung stellt damit eine Zurechnung auf das Bezugsobjekt Zeitraum (z. B. 1 Jahr) dar.

Darüber hinaus muss beachtet werden, dass alle hier betrachteten Entscheidungsprozesse – und damit auch deren Kosten – letztendlich die Erstellung (und Verwertung) von Gütern zum Ziel haben. So ergeben sich **Entscheidungsketten**, die von einer Gütererstellungs- oder -verwertungsentscheidung ausgehen. Diese „Initialentscheidung" kann z. B. die Entscheidung über die Annahme eines Auftrages für ein Standardprodukt sein, oder die Entscheidung, eine neue Produktart in das Programm aufzunehmen. **Faktoreinsatz** und **Güterentstehung** sind **gekoppelte Wirkungen** dieser Entscheidung. Anschaulich gesprochen, handelt es sich bei Faktoreinsatz und Leistungserstellung um zwei Seiten derselben Medaille.

Durch die bisherigen Ergebnisse etwas ernüchtert, bittet Ihre Tante Sie, zunächst einmal zu ermitteln, „was ein Brötchen eigentlich kostet." „Du möchtest also eine Zurechnung auf das Bezugsobjekt betriebliche Leistungen vornehmen.", sagen Sie mehr zu sich selbst. Mit ungebrochenem Eifer gehen Sie ans Werk und stellen fest, dass einige Produktionsfaktoren (z. B. das Mehl) direkt für jedes einzelne Brötchen verbraucht werden. Weitere Produktionsfaktorverbräuche fallen zwar nicht für jedes einzelne Brötchen an, weisen aber einen (indirekten) Zusammenhang mit der produzierten Brötchenmenge auf. Dies gilt z. B. für die Wartung des Ofens, die alle 1000 Betriebsstunden zu erfolgen hat: Je mehr Brötchen produziert werden, desto öfter muss die Wartung erfolgen. Leider ist jedoch der größte Teil der eingesetzten Faktormengen unabhängig von der Brötchenmenge; so z. B. das Gehalt der Verkaufshilfe.

Durch unauffällige Beobachtungen stellen Sie fest, dass die Verkaufshilfe während ihrer vierstündigen Arbeitszeit drei unterschiedliche Tätigkeiten verrichtet: Bedienen, Aufräumen, Warten. Das Aufräumen dauert täglich rund eine Stunde. Der Anteil von Bedien- und Wartezeiten schwankt, füllt in der Summe aber immer die restlichen drei Stunden aus. Eine weitere Analyse der Zeiten für die Bedienung zeigt, dass die Länge der täglichen Bedienzeit sowohl von der Zahl der ver-

kauften Brötchen und Torten abhängt (pro Brötchen sind
dies im Schnitt 20 Sekunden, pro Torte 1 Minute) als auch von
der Anzahl der Bedienvorgänge, da bei jedem Kunden ein bestimmter Zeitanteil (z. B. für Begrüßung und Kassieren) unabhängig von der gekauften Menge anfällt.
Betriebswirtschaftlich können Sie die Kosten für das Mehl
nach dem Entscheidungsprinzip, die (anteiligen) Kosten für die
Wartung nach dem Verursachungsprinzip und die auf die bröt-
chenabhängigen Anteile der Bedienzeit entfallenden Gehaltskosten nach dem Beanspruchungsprinzip auf ein Brötchen zurechnen. Die restlichen Kosten, die gar keinen Bezug zur Anzahl der Brötchen haben (z. B. für Aufräum- und Wartezeiten),
können Sie nur mithilfe des Durchschnittsprinzips auf die einzelnen Brötchen verteilen, indem Sie diese Kosten z. B. durch
die Anzahl der Brötchen dividieren.

2.3 Simultane Kostenzurechnung nach dem Entschei-dungsprinzip

Nach dem Entscheidungsprinzip dürfen dem Bezugsobjekt betriebliche Leistungen (Produkte oder Produktbündel) nur diejenigen Faktormengen zugerechnet werden, für die sich Faktoreinsatz und Entstehung der Leistung auf eine gemeinsame Entscheidung zurückführen lassen.[i] Faktormengen, deren Einsatz z. B. auf einer Entscheidung beruhte, die mehrere Produkte betraf, dürfen damit auch nur der
Gesamtheit dieser Produkte zugerechnet werden.

Durch die Entscheidung ist auch der **räumlich-organisatorische**
(Verantwortungs-)Bereich des Faktoreinsatzes festgelegt. In den
meisten Fällen ergibt sich dieser Bereich aus der organisatorischen
Zugehörigkeit des Entscheidungsträgers. Entscheidet z. B. der Abtei-
lungsleiter über den Faktoreinsatz, so können die eingesetzten Fak-

---

[i]   Die Überlegungen zum Entscheidungsprinzip sind wesentlich durch die
      Arbeiten von *Paul Riebel* geprägt worden, der dies in seiner Interpreta-
      tion als Identitätsprinzip bezeichnet (vgl. Riebel 1994, S. 765). Das Iden-
      titätsprinzip ist Gegenstand von Modul 12.

tormengen in der Regel der Abteilung nach dem Entscheidungsprinzip zugerechnet werden.

Die Bindungsdauer der Entscheidung bestimmt, über welchen **Zeitraum** der Faktoreinsatz stattfindet, bevor über ihn durch eine weitere Entscheidung erneut disponiert werden kann oder muss.

Das Entscheidungsprinzip führt also **gleichzeitig** zu einer **dreidimensionalen Zurechnung** von Produktionsfaktoren in Form eines „Bezugsobjektwürfels" (s. Abb. 2-2), wie auch das Beispiel auf der folgenden Seite zeigt:

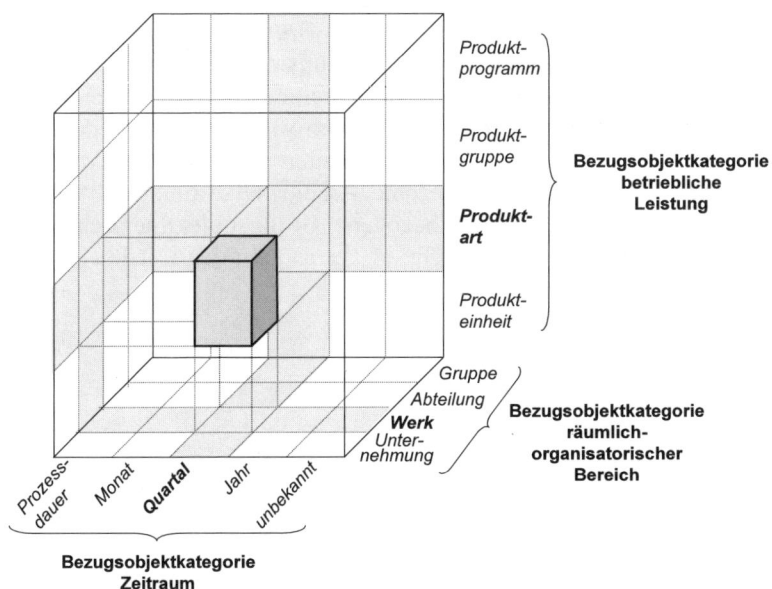

Abb. 2-2:   Beispiel für dreidimensionale Kostenzurechnung[i]

---

[i]   Dieser Bezugsobjektwürfel entspricht dem aus der Wirtschaftsinformatik bekannten OLAP-Würfel (vgl. z. B. Totok 1998).

Die Werksleitung stellt für den Verkaufsstart eines neuen Produktes für drei Monate eine zusätzliche Bürokraft mit einem monatlichen Gehalt von 1.200 € ein. Mit Abschluss des Arbeitsvertrages ist gleichzeitig die Zurechnung zu den Bezugsobjekten nach dem Entscheidungsprinzip bestimmt. Die Gehaltskosten sind der neuen **Produktart**, einem Zeitraum von **drei Monaten** und dem räumlich-organisatorischen Bereich **Werk** in einer Höhe von 3.600 € zuzurechnen. Eine Aufteilung auf einzelne Monate ist mit dem Entscheidungsprinzip nicht zu vereinbaren, da nicht dreimal eine Entscheidung für einen Monat, sondern einmal eine Entscheidung für drei Monate getroffen wurde.

Zwischen den einzelnen Bezugsobjekten einer Kategorie bestehen Über- und Unterordnungsverhältnisse. Ordnet man die Bezugsobjekte entsprechend an, so entstehen **Bezugsobjekthierarchien**. Mögliche sachbezogene Bezugsobjekthierarchien für das Beispiel zeigt Abb. 2-3.[i] Hierbei sind selbstverständlich weitere Untergliederungen möglich. So könnten die Produkteinheiten noch in Produktmodule und die Gruppen noch in einzelne Arbeitsplätze unterteilt werden. Analog kann auch eine zeitbezogene Bezugsobjekthierarchie aufgebaut werden: ein Jahr besteht aus vier Quartalen mit jeweils drei Monaten usw.[ii]

---

[i]   Vgl. Riebel 1994, S. 37 ff. und S. 179.

[ii] Vgl. Riebel 1994, S. 94.

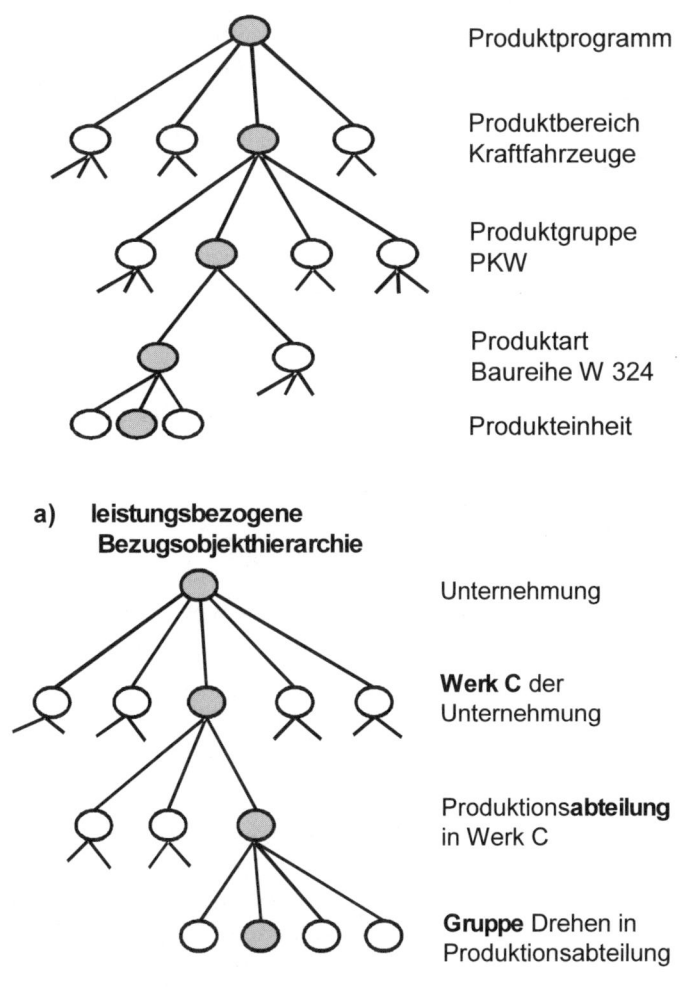

Produktprogramm

Produktbereich
Kraftfahrzeuge

Produktgruppe
PKW

Produktart
Baureihe W 324

Produkteinheit

a) leistungsbezogene Bezugsobjekthierarchie

Unternehmung

Werk C der Unternehmung

Produktions**abteilung** in Werk C

Gruppe Drehen in Produktionsabteilung

b) räumlich-organisatorische Bezugsobjekthierarchie

Abb. 2-3:   Beispiele für sachbezogene Bezugsobjekthierarchien

Die nach dem Entscheidungsprinzip einem Bezugsobjekt zurechenbaren Kosten werden als **Entscheidungs-Einzelkosten** bezeichnet. Die übrigen Kosten stellen für dieses Bezugsobjekt **(echte) Ent-**

scheidungs-Gemeinkosten dar,[i] die ihm nach dem Entscheidungsprinzip nicht zugerechnet werden dürfen. Im Beispiel sind also die
3.600 € Entscheidungs-**Einzelkosten** der **Produktart**, des **Quartals**
und des **Werks**. Sie sind dagegen **echte** Entscheidungs-**Gemeinkosten** für die hierarchisch niedrigeren Bezugsobjekte **Produkteinheit**,
Abteilung und **Monat**.

Grundsätzlich erfolgt die Zurechnung immer zu der niedrigsten Hie-
rarchieebene, zu der eine Zurechnung nach dem Entscheidungsprinzip möglich ist. Werden die Kosten (z. B. aus Wirtschaftlichkeitsgründen) einer höheren Ebene als eigentlich möglich zugerechnet, so
spricht man auf dieser Ebene von **unechten Entscheidungs-Gemeinkosten**, da es sich eigentlich um Entscheidungs-Einzelkosten
einer hierarchisch untergeordneten Ebene handelt. Ein Beispiel wäre
die Zurechnung verbrauchter Hilfsstoffe auf die Produkt**art**, obwohl
mit entsprechendem Erfassungsaufwand eine Zurechnung auf die
Produkt**einheiten** nach dem Entscheidungsprinzip möglich wäre.

Die Definition der Entscheidungs-**Einzelkosten** hat deutlich gemacht, dass diese immer nur für ein **bestimmtes Bezugsobjekt** Einzelkosten darstellen.[ii] Für die Interpretation der Entscheidungs-Einzelkosten ist es daher zwingend notwendig, auch das entsprechende
Bezugsobjekt mit anzugeben.

Das Entscheidungsprinzip ermöglicht es somit grundsätzlich,[iii] eine
eindeutige, umkehrbare Beziehung zwischen Kosten und Bezugsobjekten herzustellen, da Kosten nur in dem Umfang den Bezugsobjekten zugerechnet werden, wie es der Kostenwirkung einer Handlungsalternative für dieses Bezugsobjekt entspricht. Die allgemeine Frage
„Was kostet uns Produkt XY?" lässt sich damit für die Anwendung

---

[i]   Zur Unterscheidung von echten und unechten Entscheidungs-Gemein-
     kosten siehe den nächsten Absatz.

[ii] Aus diesem Grunde werden sie insbesondere im Zusammenhang mit den
     Überlegungen *Riebels* auch als relative Einzelkosten bezeichnet.

[iii] Die Schwierigkeiten, die damit verbunden sind, werden in Modul 12 be-
     handelt.

des Entscheidungsprinzips folgendermaßen präzisieren: „Welcher Faktoreinsatz ist der **Entscheidungskette direkt** zuzurechnen, die von der Initialentscheidung, Produkt XY zu produzieren, ausgelöst wurde?" Das Entscheidungsprinzip ist damit eine eindeutige, aus der Realität ableitbare, Zuordnungsvorschrift, durch die ein **direkter funktionaler Zusammenhang** zwischen zuzurechnendem Faktoreinsatz und betrieblicher Leistung hergestellt wird.[i]

2.4 Sukzessive Kostenzurechnung

2.4.1 Grundüberlegungen

Die Anwendung des Entscheidungsprinzips stößt auf diverse praktische Probleme.[ii] Für praktische Anwendungen ist es daher nötig, die Kostenzurechnung zu vereinfachen. Dies geschieht in zweierlei Weise.

Zunächst werden **Zeiträume** und **räumlich-organisatorische Bereiche** nicht mehr als eigenständige Bezugsobjekte betrachtet. Die Produktionsfaktoren werden in der Periode ihres Einsatzes erfasst, wobei als Periode üblicherweise ein (Geschäfts-)Jahr betrachtet wird, ohne dass die Bindungsdauer der Faktoreinsatzentscheidung explizit berücksichtigt wird. Des Weiteren werden die Produktionsfaktoren in dem **Bereich** erfasst, in dem der Einsatz stattfindet (**Kostenstelle**), ohne dass hierarchische Beziehungen zwischen den Kostenstellen berücksichtigt werden.

In einem weiteren Schritt wird dann eine Zurechnung von Periodenkosten auf **betriebliche Leistungen** vorgenommen, wobei (wiederum) nur **eine Hierarchiestufe** zumeist in Form der Produkteinheit betrachtet wird. Diese wird in der Terminologie der Kostenrechnung als **Kostenträger(einheit)** bezeichnet.

---

[i] Dies ergibt sich aus der Definition einer Funktion als Zuordnungsvorschrift, die jedem Element x aus einer Menge D eindeutig ein Element y aus einer Menge W zuordnet.

[ii] Diese werden in Modul 12 erörtert.

Für die Zurechnung der Periodenkosten auf Kostenträgereinheiten wird also nicht mehr auf einzelne Entscheidungen Bezug genommen, vielmehr werden diese durch **funktionale Abhängigkeiten** (einflussgrößenorientierte Prinzipien) oder Verteilungsschlüssel (Durchschnittsprinzip) ersetzt. Unproblematisch ist die Zurechnung damit immer dann, wenn ein **direkter** funktionaler Zusammenhang zwischen Höhe der Periodenkosten und Kostenträgereinheiten besteht, sodass diese Kosten dem Bezugsobjekt Kostenträgereinheit als **Einzelkosten** zugerechnet werden können.[i] Für die Gemeinkosten besteht dagegen kein direkter funktionaler Zusammenhang. Um die Problematik der Zurechnung von Gemeinkosten auf Kostenträger zu lösen, muss die Frage „Was kostet uns Produkt XY?" daher in zwei Fragen aufgespalten werden: „Wie hoch sind die Periodenkosten?" und: „Welcher Anteil an den Periodenkosten kann Produkt XY zugerechnet werden?"

Die Ermittlung der Periodenkosten einer Kostenstelle ist nicht nur die notwendige Voraussetzung für die Zurechnung von Kosten auf Kostenträgereinheiten, sondern sie hat auch eine eigenständige Bedeutung. Diese Kosten werden den Kostenstellenverantwortlichen als **Zielgröße** vorgegeben.[ii] Hierdurch wird zum einen die allgemeine Zielgröße „Maximierung des Gewinns" konkretisiert, zum anderen muss für die Vielzahl betriebswirtschaftlicher „Alltagsentscheidungen" keine explizite Bewertung von Handlungsalternativen mehr vorgenommen werden, sondern es bleibt der Kostenstellenleitung im Rahmen ihrer Kompetenzen überlassen, **wie** sie das vorgegebene Ziel erreicht. Auch die Kontrolle wird dadurch vereinfacht, da nicht

---

[i] Da hier nur eine Hierarchiestufe in Form der Kostenträgereinheit betrachtet wird, existieren Einzel- und Gemeinkosten auch nur in Bezug auf diese, sind also grundsätzlich Kostenträgereinzelkosten und Kostenträgergemeinkosten. Sie unterscheiden sich von den entsprechenden Entscheidungseinzelkosten dadurch, dass funktionale Zusammenhänge auch dann berücksichtigt werden, wenn Leistungserstellung und Faktoreinsatz auf unterschiedliche Initialentscheidungen zurück zu führen sind.

[ii] Dieser Vorgang wird allgemein als Budgetierung bezeichnet.

die unzähligen einzelnen Handlungsalternativen selbst, sondern nur deren Wirkung, d. h. die angefallenen Kosten kontrolliert werden.[i]

2.4.2 Einflussgrößenorientierte Ermittlung der Periodenkosten

Für eine einflussgrößenorientierte Kostenermittlung[ii] müssen zunächst die unabhängigen Variablen der Periodenkostenfunktion identifiziert werden. D. h. es müssen diejenigen Parameter ermittelt werden, die einen Einfluss auf die Höhe der Periodenkosten haben. Die unabhängigen Variablen werden daher betriebswirtschaftlich als **Kosteneinflussgrößen** bezeichnet.[iii] Bei den Einzelkosten sind dementsprechend die Kostenträgereinheiten selbst die (einzige) Kosteneinflussgröße.

2.4.2.1 Kostenkategorien und Kosteneinflussgrößen

Betrachtet man eine spezifische Einflussgröße, so können alle Kosten in Bezug auf diese Einflussgröße in zwei Kategorien eingeteilt werden: Kosten, deren Höhe mit der Einflussgröße variiert (**variable Kosten**), und solche, deren Höhe unabhängig von der Ausprägung der Kosteneinflussgröße ist (**fixe Kosten**). Einen Überblick über mögliche Kosteneinflussgrößen und die daraus resultierenden variablen und fixen Kosten gibt Abb. 2-4.

Die Kategorie der **variablen** Periodenkosten kann weiter danach differenziert werden, **wie** der funktionale Zusammenhang zwischen Periodenkosten und Kosteneinflussgröße beschaffen ist. Diesbezüglich unterscheidet man dann zwischen **proportionalen** (linear variablen), **progressiven** (überproportionalen), **degressiven** (unterproportionalen) und **regressiven** sowie **sprungfixen** Kosten. Die Abb. 2-5 zeigt Beispiele für derartige Kostenverläufe in Abhängigkeit von einer Kosteneinflussgröße. Hierbei werden, wie in der KER allgemein üb-

---

[i]   Auf diese Form der Unterstützung von Planung und Kontrolle wird ausführlich in Teil B eingegangen.

[ii] Es gibt auch andere Formen der Ermittlung von Periodenkosten (z. B. Schätzung, Ableitung aus Vergangenheitswerten) die jedoch für Planungs- und Kontrollzwecke wenig geeignet sind.

[iii] Vgl. Schweitzer / Küpper 1997, S. 231 ff.

lich, mit K die Periodenkosten und mit k die **durchschnittlichen** Kosten pro Einheit der Kosteneinflussgröße z (z. B. Kosten pro Stück, Kosten pro Grad Celsius) bezeichnet.

Kosteneinfluss-größe	Kostenkategorie	Beispiel
Auftragsgröße (z. B. Bestellmenge)	mengenvariabel	Zinskosten Eingangslagerbestand
	mengenfix	Telefonkosten
Auftragszahl (z. B. Anzahl Bestellungen)	auftragszahlvariabel	Telefonkosten
	auftragszahlfix	Gehaltskosten Einkaufsleiter
Intensität (Menge/Zeiteinheit)	intensitätsvariabel	Werkzeugkosten
	intensitätsfix	Heizenergiekosten
Außentemperatur	temperaturvariabel	Heizenergiekosten
	temperaturfix	Lohnkosten

Abb. 2-4:   Variable und fixe Kosten

Die durchschnittlichen Kosten pro Einheit ermittelt man durch Division der Periodenkosten durch die Kosteneinflussgrößenmenge pro Periode. Wenn von Interesse ist, wie sich die Kosten bei Veränderung der Einflussgrößenmenge um **eine Einheit** verhalten, so ist die **Ableitung** der Kostenfunktion an der betrachteten Stelle zu bilden. Man erhält dadurch die **Grenzkosten**. Die Grenzkosten stellen damit den Zuwachs der gesamten Periodenkosten dar, der durch die jeweils letzte Einflussgrößeneinheit verursacht wird. Sie beziehen sich auf eine Einflussgrößeneinheit und entsprechen der Zunahme (Abnahme) der gesamten Periodenkosten bei Erhöhung (Verringerung) der Einflussgrößenmenge um diese eine Einheit. Abb. 2-6 zeigt die zu den Kostenverläufen der Abb. 2-5 gehörigen Grenzkostenverläufe.

Periodenkosten   Durchschnittskosten

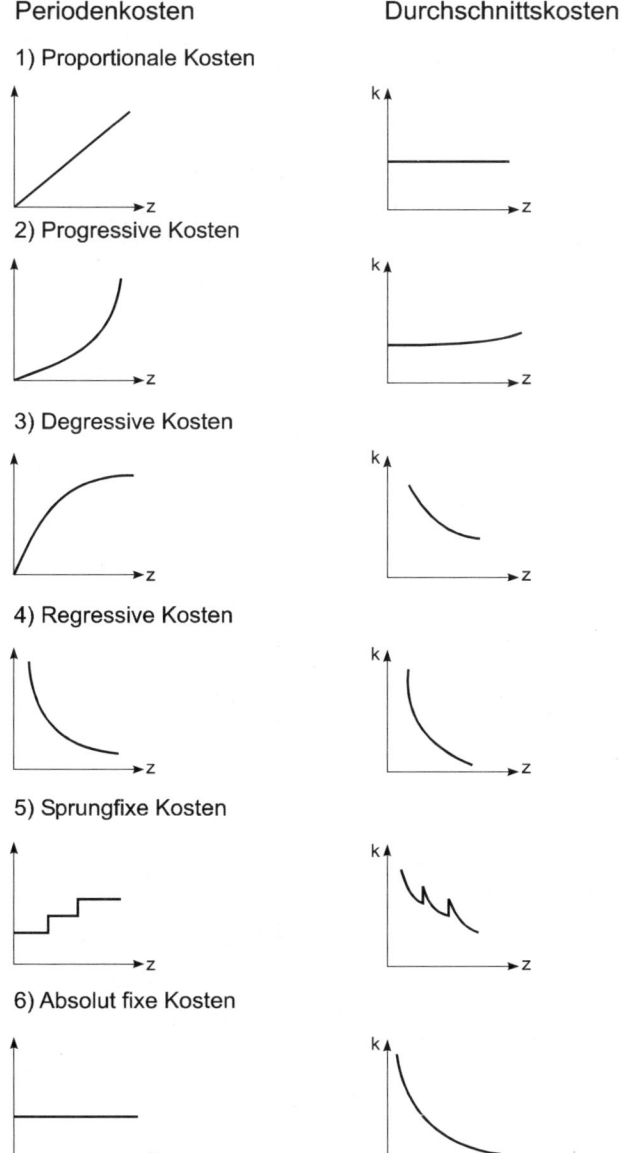

Abb. 2-5:   Perioden- und Durchschnittskostenverläufe

1) Proportionale Kosten
(gleiche Höhe wie
Durchschnittskosten)

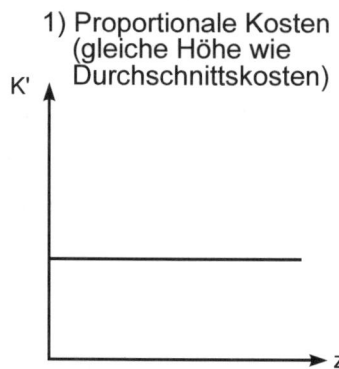

2) Progressive Kosten

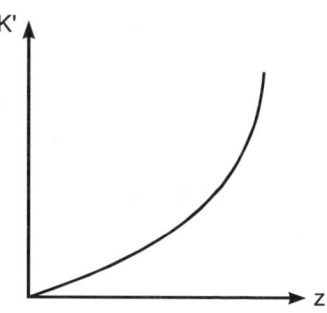

3) Degressive Kosten

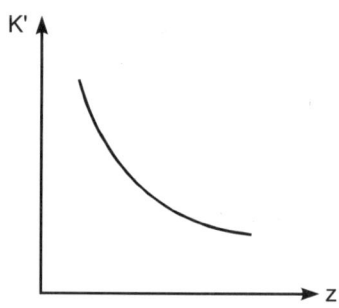

4) Regressive Kosten
(negativ)

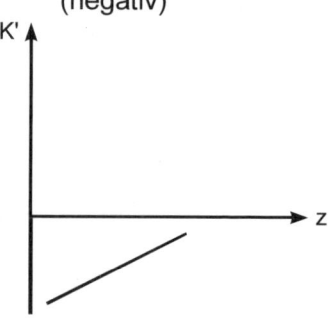

5) Sprungfixe Kosten

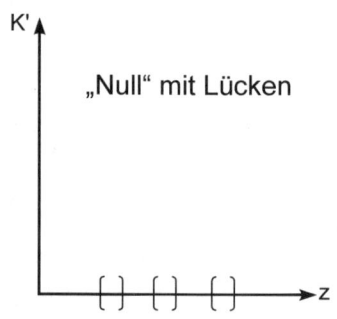

6) Fixe Kosten

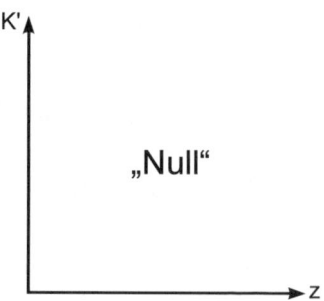

Abb. 2-6:   Grenzkostenverläufe

Zusammenfassend wurden folgende Kostenkategorien in Abhängigkeit der Einflussgrößenmenge pro Periode beschrieben:

- Gesamte Periodenkosten (Gesamtkosten bzw. Vollkosten) = Summe aus den Periodenkosten und variable Periodenkosten:

$$K = K_f + K_v \tag{2.1}$$

- Gesamte Durchschnittskosten = Quotient aus den gesamten Periodenkosten und der Einflussgrößenmenge pro Periode:

$$k = \frac{K}{Z} \tag{2.2}$$

- Gesamte Durchschnittskosten = Summe aus den fixen Durchschnittskosten und den variablen Durchschnittskosten:

$$k = k_f + k_v \tag{2.3}$$

wobei: $k_f = \dfrac{K_f}{Z}$ (2.4)

und: $k_v = \dfrac{K_v}{Z}$ (2.5)

- Grenzkosten = erste Ableitung (Steigungsmaß) der gesamten Periodenkosten:

$$K' = \frac{dK}{dZ} \tag{2.6}$$

2.4.2.2 Systematik von Kosteneinflussgrößen

Um die funktionalen Abhängigkeiten zu ermitteln, müssten für alle betrieblichen Bereiche, in denen Kosten anfallen (**Kostenstellen**), die dort erfolgenden Leistungserstellungsprozesse detailliert analysiert werden. So müssten für jeden einzelnen Arbeitsschritt und jede Kosteneinflussgröße funktionale Beziehungen zwischen Input (eingesetzte Mengen an Produktionsfaktoren) und Output (entstandene Mengen an Erzeugnissen) in Form einer **Produktionsfunktion** ermittelt werden.[i] Bei der großen Zahl unterschiedlicher Arbeitsgänge, die zudem untereinander vielfältige Verbindungen aufweisen, ist dies jedoch praktisch kaum zu realisieren. Die einmal erfassten Zusammenhänge müssten darüber hinaus bei den zahlreichen Produktänderungen und -neueinführungen ständig aktualisiert werden.

Insbesondere für die praktische Anwendung ist es daher von Bedeutung, die Anzahl der berücksichtigten Kosteneinflussgrößen möglichst klein zu halten.[ii] Dies ist für diejenigen Kosteneinflussgrößen unproblematisch, zwischen denen **funktionale Beziehungen** bestehen. Sind diese funktionalen Beziehungen bekannt, so reicht die Erfassung **einer** Kosteneinflussgröße, um auch die Wirkungen der anderen Kosteneinflussgrößen abzubilden (Gesetz der Austauschbarkeit der Maßgrößen). Wenn keine funktionalen Beziehungen vorhanden sind, muss eine **Auswahl** der zu berücksichtigenden Kosteneinflussgrößen getroffen werden. Zumeist erfolgt eine Beschränkung auf unternehmungsinterne Einflussgrößen, da die Unternehmung auf externe Einflussgrößen nicht durch Entscheidungen einwirken kann. Als weiteres Kriterium kann z. B. der Kostenanteil herangezogen werden, der auf die jeweilige Kosteneinflussgröße zurückzuführen ist. Eine für die praktische Anwendung der KER geeignete Systematik der Kosteneinflussgrößen zeigt Abb. 2-7, die im Folgenden erläutert werden soll.

---

[i] Zu den verschiedenen Arten von Produktionsfunktionen vgl. Hoitsch 1993, S. 278 ff.

[ii] Vgl. Schweitzer / Küpper 1997, S. 267 ff.

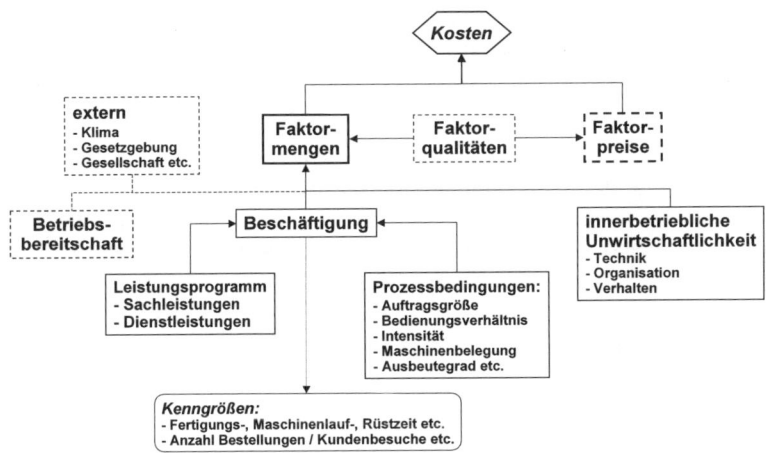

Abb. 2-7: Systematik der Kosteneinflussgrößen

Schon aus der Definition des Kostenbegriffs geht hervor, dass **Faktormengen** und **Faktorpreise** als Hauptkosteneinflussgrößen anzusehen sind. Die **Qualität** der Produktionsfaktoren ist eine wichtige **indirekte Kosteneinflussgröße**, da sie über die Faktormengen und Faktorpreise die Höhe der Kosten beeinflusst (z. B. schlechtere Werkstoffqualität hat einen geringeren Faktorpreis, dafür erhöht sich der Ausschuss, was zu einer höheren Faktormenge führt). Auf die Faktormengen wirken weitere Kosteneinflussgrößen ein.

Die unternehmungs**externen** Kosteneinflussgrößen werden in der Regel nicht gesondert erfasst. Zu ihnen gehören die klimatischen Bedingungen (z. B. Temperatur, Luftfeuchtigkeit), die gesetzlichen Regelungen (z. B. Arbeitsrecht) aber auch gesellschaftliche Entwicklungen (z. B. zunehmendes ökologisches Bewusstsein). Diese externen Größen können durchaus einen erheblichen Einfluss auf die Höhe der Kosten haben. Niedrige Außentemperaturen führen z. B. zu höheren Heizkosten, strengere Arbeitsschutzbestimmungen zu höheren Betriebsmittelkosten und eine gesellschaftlich geforderte Verwendung ökologisch unbedenklicher Werkstoffe kann zu höheren Werkstoffkosten führen.

Die unternehmungs**internen** Kosteneinflussgrößen können in die drei Kategorien **Betriebsbereitschaft**, **Beschäftigung** und **innerbetriebliche Unwirtschaftlichkeit** unterteilt werden. Die ersten beiden Kategorien beziehen sich auf die **maximale Leistungsfähigkeit** des betrachteten Bereiches. Diese wird als **Kapazität** bezeichnet. Der Zustand der **Betriebsbereitschaft** ist erreicht, wenn die maximale Leistungsfähigkeit in vollem Umfang zur Verfügung steht. Um diesen Zustand zu erreichen und aufrecht zu erhalten, müssen Potenzial- und Repetierfaktoren eingesetzt werden. Dieser Faktoreinsatz erfolgt unabhängig davon, ob bzw. in welchem Umfang die zur Verfügung stehende Leistungsfähigkeit anschließend genutzt wird. Der Umfang der **genutzten Leistungsfähigkeit** wird als **Beschäftigung** bezeichnet.

Von besonderer Bedeutung für die Höhe der Betriebsbereitschaftskosten ist die Anzahl der Potenzialfaktoren. Da über diese nur auf Basis investitionsrechnerischer Überlegungen sinnvoll entschieden werden kann, wird für die Kostenrechnung von einem **konstanten** Potenzialfaktorbestand für die betrachtete Periode ausgegangen. Für die zur Erreichung und Aufrechterhaltung der Einsatzfähigkeit der Potenzialfaktoren notwendigen Faktoreinsätze wird ebenfalls unterstellt, dass diese vor Beginn der Planungsperiode feststehen und während der Planungsperiode nicht verändert werden. Aus beiden Annahmen ergibt sich eine **konstante Betriebsbereitschaft** und damit auch **konstante Kosten der Betriebsbereitschaft**. Eine Unterteilung in betriebsbereitschaftsvariable und betriebsbereitschaftsfixe Periodenkosten findet nicht statt.

Zur Untersuchung der Kosteneinflussgröße **Beschäftigung** muss zunächst geklärt werden, was unter der (maximalen) Leistungsfähigkeit eines Bereiches zu verstehen ist. Die maximale Leistungsfähigkeit (Kapazität) wird durch die maximale Leistungsfähigkeit der verfügbaren Potenzialfaktoren bestimmt. Es ist allerdings nur in einfachen Fällen möglich, die Kapazität der gesamten Unternehmung mit **einer** Größe zu erfassen, da typischerweise eine Vielzahl von Potenzialfaktoren mit unterschiedlicher Leistungsfähigkeit eingesetzt wird, um verschiedenartige Leistungen hervorzubringen.[i] Aus diesem Grunde wird die Unternehmung in Teilbereiche (**Kostenstellen**) unterteilt, in denen (nahezu) gleichartige Potenzialfaktoren eingesetzt werden. Selbst für noch so kleine Teilbereiche ist es jedoch typisch, dass für Leistungserstellung und Aufrechterhaltung der Betriebsbereitschaft eine **Kombination** von Potenzialfaktoren, insbesondere von Betriebsmittel- und Personalkapazitäten, eingesetzt wird. Auch die Kapazität einer Kostenstelle setzt sich daher zumeist aus mehreren Teilkapazitäten zusammen. Dementsprechend gibt es z. B. eine Personal- und eine Maschinenkapazität. Diese können ggf. weiter unterteilt werden. Grundsätzlich kann also für jeden Potenzialfaktor eine Kapazität ermittelt werden.

Hierfür eignet sich entweder das maximal mögliche **Volumen des Prozesses**, durch den der Potenzialfaktor beansprucht wird (z. B. kWh, Anzahl Bestellungen), oder die maximal mögliche **Einsatzzeit** des Potenzialfaktors (z. B. Maschinenstunden, Fertigungsstunden). Wird ein Potenzialfaktor durch mehrere Prozesse mit unterschiedlichen Messgrößen beansprucht, ist die Kapazität prinzipiell nicht mehr durch eine einzige Größe zu messen, sondern nur durch eine Kombination der Teilkapazitäten.

Folgendes einfaches Beispiel soll dies verdeutlichen:

In einer Fertigungskostenstelle sind die Mitarbeiter gleichzeitig für die Materialbeschaffung zuständig. Die Kapazität für diesen Prozess kann mit der Kenngröße „Anzahl der Bestellpositionen" erfasst werden und beträgt 384 Bestellpositionen pro Tag. Die Kapazität für den Fertigungsprozess beträgt 32 Fertigungsstunden pro Tag. Bei 384 Bestellpositionen wird die Bestellkapazität voll genutzt, es verbleibt keine Kapazität mehr für den Fertigungsprozess und umgekehrt. Die Gesamtkapazität der Kostenstelle liegt daher auf einer durch diese Punkte gebildeten „Isokapazitätsgeraden" (s. a. Abb. 2-8).

---

[i] Vgl. Kilger / Pampel / Vikas 2007, S. 112 ff.

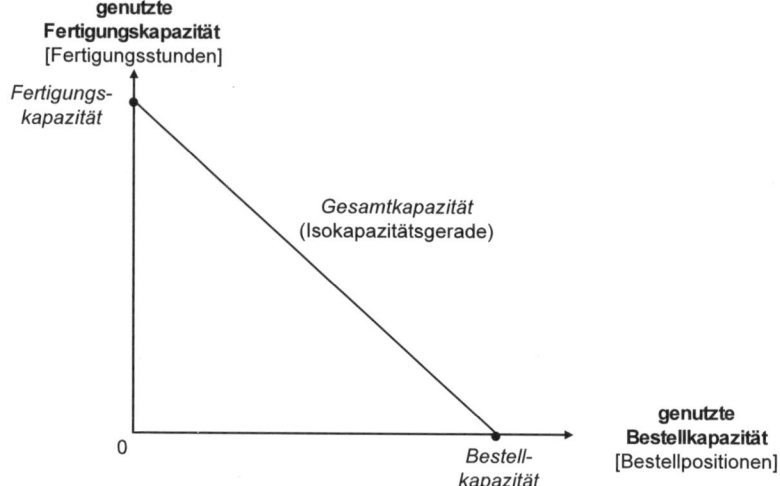

genutzte
Fertigungskapazität
[Fertigungsstunden]

Fertigungs-
kapazität

Gesamtkapazität
(Isokapazitätsgerade)

0

Bestell-
kapazität

genutzte
Bestellkapazität
[Bestellpositionen]

Abb. 2-8:   Kapazitätskombination

Wird die zur Verfügung stehende Kapazität **genutzt**, fallen neben den Betriebsbereitschaftskosten **zusätzliche** Kosten in Abhängigkeit vom Umfang der genutzten Leistungsfähigkeit (Beschäftigung) an. Man unterscheidet dementsprechend in Bezug auf die Kosteneinflussgröße Beschäftigung **beschäftigungsvariable** und **beschäftigungsfixe** Kosten. Zu den Letzteren zählen die Betriebsbereitschaftskosten. Ist die Beschäftigung kleiner als die Kapazität, so wird ein Teil der Kapazität nicht genutzt. Dieser Teil wird **Leerkapazität** genannt und entspricht der Differenz von maximaler Leistungsfähigkeit (Kapazität) und genutzter Leistungsfähigkeit (Beschäftigung). Die für die Leerkapazität anfallenden Kosten heißen **Leerkosten**. Die Beschäftigung kann demgemäß auch als **Nutzkapazität** interpretiert werden. Die auf diese entfallenden Kosten werden als **Nutzkosten** bezeichnet (vgl. Abb. 2-9). Zu beachten ist in diesem Zusammenhang, dass lediglich die **Zusammensetzung** (nicht aber die Höhe!) der beschäftigungsfixen Kosten von der **Beschäftigung** abhängt, sodass die Nutzkosten auch als beschäftigungs**induzierte** Kosten bezeichnet werden können. Diesen Zusammenhang soll folgendes Beispiel noch einmal verdeutlichen:

Die fixen Kosten eines computergesteuerten Bearbeitungszentrums betragen 12.000 €/Monat. Die monatliche Kapazität liegt bei 320 Stunden (Zwei-Schicht-Betrieb). Im Monat Januar wird das Bearbeitungszentrum 288 Stunden genutzt (Kapazitätsauslastung 90%), im Februar nur 224 Stunden (Kapazitätsauslastung 70%). Die beschäftigungsfixen Kosten betragen selbstverständlich in beiden Monaten 12.000 €. Im Januar entfallen jedoch 90% = 10.800 € auf genutzte Kapazität, im Februar dagegen nur 70% = 8.400 €. Diese Kosten sind damit **fixe Nutzkosten**. Der Rest von 1.200 € im Januar und 3.600 € im Februar entfällt auf nicht genutzte **Leerkapazität** und stellt daher **Leerkosten** dar.

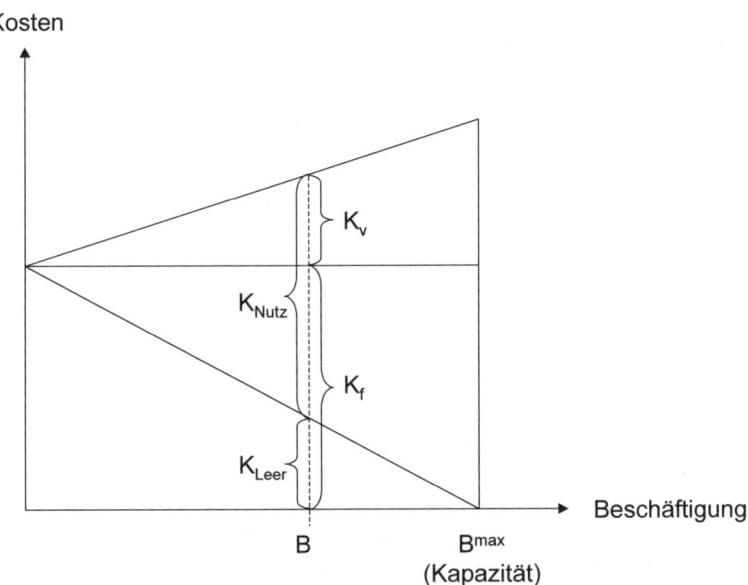

Abb. 2-9: Kostenkategorien in Abhängigkeit von der Beschäftigung

Die Beschäftigung ergibt sich aus der art- und mengenmäßigen Zusammensetzung der von dem betrachteten Bereich erbrachten Leistungen (**Leistungsprogramm**) sowie aus den Entscheidungen, wie dieses Programm realisiert werden soll (**Prozessbedingungen**). So kann z. B. bei bestimmten Produktionsprozessen die **Fertigungszeit** verkürzt werden, indem man die **Intensität**, d. h. die Ausbringung

pro Zeiteinheit, erhöht. Unterschiedliche Faktoreinsatzmengen werden auch durch verschiedene **Ausbeutegrade** (Verhältnis verwert-
bare zu bearbeiteter Menge bzw. ausgebrachte zu eingesetzter Menge), unterschiedliche **Auftragsgrößen**, verschiedene **Bedienungsverhältnisse** (Maschinenlaufzeit zur menschlichen Arbeitszeit an der
Maschine) und unterschiedliche **Maschinenbelegungen** (Zuordnung
von Aufträgen zu Maschinen) bedingt.

Für die Messung der Beschäftigung gelten die gleichen Überlegungen, die bereits zur Messung der Kapazität angestellt wurden.
In Bezug auf die gesamte Unternehmung ist die **Beschäftigung** daher in der Regel ein **komplexes gedankliches Konstrukt**, das weder
direkt beobachtet noch zahlenmäßig erfasst werden kann. Beobachtbar und messbar sind nur „Beschäftigungssymptome" in Form von
Kenngrößen für einzelne Bereiche.[i] Diese Kenngrößen werden betriebswirtschaftlich als **Bezugsgrößen** bezeichnet. Sie sind damit ein
Maßstab für die Höhe der beschäftigungs**variablen Kosten** und der
Nutzkosten.

In Abb. 2-10 werden einige **Beispiele** für die unterschiedlichen Kostenverläufe in Abhängigkeit von der **Kosteneinflussgröße Beschäftigung** angeführt. Wie, in welchen Fällen und aus welchen Gründen
bestimmte Kostenverläufe entstehen, kann hier nicht näher erläutert
werden. Dies beschreibt und erklärt die **Produktions- und Kostentheorie**.[ii] Sie zeigt, dass hierfür in erster Linie entscheidend ist, wie
sich eine Unternehmung an eine Variation der Produktions- und/oder
Absatzmenge anpasst. So wird hier zwischen zeitlicher, intensitätsmäßiger, quantitativer und kombinierter Anpassung unterschieden.
Nach dieser **Theorie der Anpassungsformen**[iii] ergeben sich beispielsweise bei zeitlicher Anpassung proportionale, bei intensitäts-

---

[i] Die Beschäftigung ist formal mit dem makroökonomischen Konstrukt
     der Konjunktur als „Gesamtheit der wirtschaftlichen Aktivitäten" ver-
     gleichbar. Auch die Konjunktur kann nicht direkt, sondern nur über Kon-
     junkturindikatoren gemessen werden.

[ii] Vgl. Hoitsch 1993, S. 275 ff.

[iii] Vgl. Hoitsch 1993, S. 293 ff.

mäßiger Anpassung zuerst degressive, dann progressive und bei quantitativer Anpassung sprungfixe Kostenverläufe.

Kostenkategorie	Beispiel
• proportionale Kosten	• Rohstoff-, Vorproduktkosten
	• Akkord-Fertigungslöhne
• progressive Kosten	• Energiekosten bei intensitätsmäßiger Anpassung oberhalb des Optimums
	• Werkzeugkosten bei intensitätsmäßiger Anpassung oberhalb des Optimums
• degressive Kosten	• Rohstoffkosten bei Inanspruchnahme kontinuierlicher Mengenrabatte (Preis sinkt bei steigender Einkaufsmenge)
	• Personalkosten, wenn Lerneffekte auftreten
• regressive Kosten (kommen selten vor)	• Kühl-Energiekosten bei Tiefkühlschränken
	• Warmhalte-Energiekosten in Gießereien
• Sprungfixe Kosten	• Anlauf-Energiekosten bei Fertigungsanlagen
	• Löhne für Vorarbeiter
• absolut fixe Kosten	• Abschreibungskosten für Gebäude
	• Zinskosten für Anlagevermögen

Abb. 2-10: Beschäftigungsvariable und -fixe Kostenverläufe

Wird die Leistungsfähigkeit eines Potenzialfaktors von mehreren Prozessen genutzt, so ist auch für die Messung der genutzten Leistungsfähigkeit (Beschäftigung) grundsätzlich für jeden Teilprozess ein geeigneter Teilbeschäftigungsmaßstab (Bezugsgröße) zu finden. Für den Fall, dass sich bei Änderungen des Leistungsprogramms die Kapazitätsnutzung von einigen Teilprozessen im gleichen Verhältnis ändert, gilt für diese wiederum das Gesetz der Austauschbarkeit der Maßgrößen, sodass dann eine Bezugsgröße zur Messung dieser Teilbeschäftigungen ausreicht. Gilt dies für **alle** Bezugsgrößen in einer Kostenstelle, spricht man von **homogener Kostenverursachung**, da dann auch alle eingesetzten Faktorarten ein konstantes Verhältnis zueinander aufweisen. In diesem Fall reicht **eine** Bezugsgröße zur **Beschäftigungsmessung** für die gesamte Kostenstelle aus. Die Menge der eingesetzten Produktionsfaktoren hängt dann nur vom **Leistungsprogramm** ab; d. h., die **Prozessbedingungen**, mit denen dieses Leistungsprogramm realisiert wird, sind **konstant**.[i]

Für den Fall, dass sich **nicht alle** Bezugsgrößen bei Änderungen des Leistungsprogramms im gleichen Verhältnis ändern, kann die Gesamtbeschäftigung der Kostenstelle nicht mehr durch eine gemeinsame Bezugsgröße gemessen werden. Man spricht in diesem Fall von **heterogener Kostenverursachung**. Bei heterogener Kostenverursachung hängt die Menge der eingesetzten Produktionsfaktoren nicht mehr allein vom Leistungsprogramm ab; d. h., die **Prozessbedingungen**, mit denen dieses Leistungsprogramm realisiert wird, **schwanken**. Für jede[ii] schwankende Prozessbedingung muss in diesem Fall eine zusätzliche Bezugsgröße zur Messung der entsprechenden Teilbeschäftigung eingesetzt werden.[iii]

Um der Beantwortung der Frage, was die Fahrt zur Uni mit dem Auto kostet, näher zu kommen, wollen Sie ermitteln, wie hoch der Benzinverbrauch Ihres Autos ist. Diesen messen Sie, wie allgemein üblich, in Liter pro 100 Kilometer. In betriebswirtschaftlicher Betrachtung ist dies wie folgt zu analysieren: Als Bezugsgröße haben Sie die gefahrene Strecke gewählt. Weil der beschäftigungsvariable Verbrauch jedoch von einer Vielzahl von Einflussgrößen (Geschwindigkeit, Gang, Luftdruck der Reifen etc.) abhängt, müssten die Prozessbedin-

---

[i]   Vgl. Kilger / Pampel / Vikas 2007, S. 116 ff.

[ii] In der Praxis muss dabei selbstverständlich zwischen Nutzen und Aufwand der erzielbaren Genauigkeit abgewogen werden.

[iii] Zur Bezugsgrößenplanung bei heterogener Kostenverursachung vgl. a. Modul 3.

gungen alle konstant sein (homogene Kostenverursachung), da Sie nur **eine** Bezugsgröße zur Messung der Beschäftigung verwendet haben. Konstante Prozessbedingungen sind in der Realität offensichtlich jedoch nicht der Fall, da der Verbrauch pro 100 km z. B. auch von den „Prozessbedingungen" gewählter Gang, Reifenluftdruck und Fahrstil abhängt (heterogene Kostenverursachung). Wird nur die gefahrene Strecke als Bezugsgröße verwendet, stellt dies also eine Vereinfachung dar, die mit einer entsprechenden Ungenauigkeit „erkauft" wird. Aus diesem Grunde sind auch die Prozessbedingungen bei der Ermittlung von Normverbräuchen genau festgelegt, sodass z. B. für die nach dem „Neuen Europäischen Fahrzyklus" ermittelten Verbrauchswerte homogene Kostenverursachung gilt. Für andere Prozessbedingungen ergeben sich entsprechend abweichende Verbrauchswerte pro 100 Kilometer.

Die nicht berücksichtigten internen Kosteneinflussgrößen werden zusammenfassend als **innerbetriebliche Unwirtschaftlichkeit** interpretiert. Diese ist Ausdruck für jenen Teil der Periodenkosten, der sich bei wirtschaftlichem Verhalten hätte vermeiden lassen. Die Gründe für die innerbetriebliche Unwirtschaftlichkeit können in den Bereichen Technik (z. B. Maschinenstörungen), Organisation (z. B. Wartezeiten aufgrund fehlenden Materials) und Verhalten der Mitarbeiter (z. B. „Bummelei") liegen.

Zur Planung und Kontrolle der Kosten müssen die Auswirkungen der Kosteneinflussgrößen auf die Kosten sichtbar gemacht werden. **Ex ante,** damit man ihre Auswirkungen schon **im Voraus** überblicken und möglichst positiv beeinflussen kann. **Ex post,** damit man **Abweichungen** nach **Ursachen, Entstehungsort** und **Verantwortung** identifizieren kann.

2.4.3 Einflussgrößenorientierte Zurechnung der Periodenkosten

Will man in einem weiteren Schritt eine Zurechnung von Periodenkosten auf die Bezugsgröße betriebliche Leistungen vornehmen, muss zwischen **Kosteneinflussgrößenmenge** und dem betrachteten Anteil der **Periodenkosten** einerseits sowie zwischen **Kostenträgereinheiten** und **Kosteneinflussgrößenmenge** andererseits jeweils ein funktionaler Zusammenhang bestehen. Untersucht man die Kosteneinflussgrößen im Hinblick auf mögliche funktionale Zusammenhänge zum Kostenträger, stellt man fest, dass sich derartige Zusammenhänge praktisch nur für die Einflussgröße Beschäftigung finden lassen. Die **Beschäftigung** stellt deshalb in der Kostenrechnung die **zentrale Kosteneinflussgröße** dar. Die funktionalen Abhängigkeiten können damit formelhaft wie folgt dargestellt werden:

Beschäftigung-Kosten-Funktion: $\qquad\qquad K = f(B)$ (2.7)

Kostenträger-Beschäftigung-Funktion: $\qquad\quad B = g(x)$ (2.8)

Der **indirekt funktionale** Zusammenhang zwischen Kostenträgereinheiten und Kosten wird durch Verkettung der einzelnen Funktionen zur Kostenträger-Kosten-Funktion abgebildet:

$$K = f(g(x))$$ (2.9)

2.4.3.1 Verursachungsprinzip

Nach dem **Verursachungsprinzip** können einer Kostenträgereinheit die Kosten der bei Entstehung dieser Mengeneinheit **zusätzlich eingesetzten** Produktionsfaktoren zugerechnet werden. Die Frage „Was kostet uns Produkt XY?" kann damit bei Anwendung des Verursachungsprinzips folgendermaßen präzisiert werden: „Welche Faktormengen werden insgesamt zusätzlich eingesetzt, wenn eine **zusätzliche** Mengeneinheit von Produkt XY produziert wird?"

Dementsprechend ergeben sich die nach dem **Verursachungsprinzip** zurechenbaren Kosten durch die **Grenzkosten**[i] der Kostenträger-Kosten-Funktion. Aus betriebswirtschaftlicher Sicht wird allerdings nicht eine infinitesimal kleine Änderung der Kostenträgermenge, sondern eine Änderung um eine Mengeneinheit betrachtet.

Die **Kostenträgergrenzkosten** entsprechen der ersten Ableitung dieser Funktion und stellen deren Steigung dar. Die Ermittlung der Kostenträgergrenzkosten erfolgt durch Bildung der Beschäftigungs-

---

[i] Man spricht daher auch vom Marginalprinzip.

grenzkosten und der Grenzbeschäftigung (sukzessive Kostenzurechnung):

$$K'(x) = \frac{dK}{dx} = \frac{dK}{dB} \cdot \frac{dB}{dx} \qquad (2.10)$$

Formel (2.10) macht deutlich, dass die Ableitung der Beschäftigung-Kosten-Funktion dK/dB ebenfalls zu Grenzkosten führt. Diese **Beschäftigungsgrenzkosten** entsprechen der Veränderung der Periodenkosten bei Änderung der **Bezugsgrößenmenge** um eine Einheit. Die Ableitung der Kostenträger-Beschäftigung-Funktion dB/dx ergibt die **Grenzbeschäftigung**, die der Veränderung der Bezugsgrößenmenge bei Änderung der Kostenträgermenge um eine Einheit entspricht.

Im Falle einer **linearen Beschäftigung-Kosten-Funktion** ergeben sich konstante Beschäftigungsgrenzkosten, die genauso hoch sind wie die entsprechenden variablen Durchschnittskosten $k_v(B)$. Die variablen Periodenkosten verhalten sich damit **proportional** zur Beschäftigung (vgl. Formel (2.11)). Dies ist gleichbedeutend damit, dass die Grenzfaktoreinsatzmenge R'(B) konstant ist und in Form eines (konstanten) **Verbrauchskoeffizienten** $r_V(B)$ ausgedrückt werden kann (vgl. Formel (2.12)). Jede Bezugsgrößeneinheit „verursacht" dann gleich hohe Faktoreinsätze und damit Kosten.

$$K'(B) = \frac{K_v(B)}{B} = k_v(B) = k_p(B) = \text{const.} \qquad (2.11)$$

$$k_p(B) = r_V(B) \cdot p \qquad (2.12)$$

Bei einer **linearen Kostenträger-Beschäftigung-Funktion** ist die Kostenträger-Grenzbeschäftigung konstant und kann damit in Form eines (konstanten) **Beschäftigungskoeffizienten** $b(x)$ ausgedrückt werden. Für jede Kostenträgereinheit fällt die gleiche Menge an Bezugsgrößeneinheiten an (vgl. Formel (2.13)).

$$B'(x) = \frac{B(x)}{x} = b(x) = \text{const.} \qquad (2.13)$$

Unter diesen Bedingungen ist auch die Kostenträger-Kosten-Funktion linear, sodass sich **konstante Kostenträgergrenzkosten** ergeben, die wiederum genauso hoch sind, wie die beschäftigungsvariablen Kostenträgerdurchschnittskosten $k_v(x)$. Die variablen Kosten verhalten sich damit **proportional** zur Kostenträgermenge (vgl. Formel (2.14)).

$$K'(x) = k_v(B) \cdot b(x) = k_v(x) = k_p(x) = const. \tag{2.14}$$

In der Kostenrechnung wird grundsätzlich von einer derartigen linearen Kostenträger-Kosten-Funktion ausgegangen. Die variablen Kosten liegen dann in der Form **proportionaler Kosten** vor, sodass häufig in Literatur und Praxis von proportionalen Kosten als Gegenbegriff zu fixen Kosten gesprochen wird. Empirische Untersuchungen haben gezeigt, dass die Annahme einer linearen Kostenträger-Kosten-Funktion in der Praxis meist mit hinreichender Genauigkeit zutrifft.[i]

Sind z. B. der Energieverbrauch pro Maschinenstunde (Verbrauchskoeffizient) einer Maschine und die Bearbeitungszeit der auf dieser Maschine bearbeiteten Produkte (Beschäftigungskoeffizient) bekannt, so können die Energiekosten den Produkten im Verhältnis der Bearbeitungszeiten nach dem **Verursachungsprinzip** zugerechnet werden. Es liegt hier eine **indirekt funktionale Beziehung** vor. Ist ferner bekannt, dass jeweils nach einer bestimmten Anzahl von Betriebsstunden eine Wartung der Maschine erfolgt, für die üblicherweise (planmäßige) Wartungskosten in bestimmter Höhe anfallen, so können diese Wartungskosten über einen Wartungskostensatz pro Maschinenstunde ebenfalls den bearbeiteten Produkten im Verhältnis der Bearbeitungszeiten nach dem Verursachungsprinzip zugerechnet werden. Es liegt hier eine **normalisierte (geplante) indirekt funktionale Beziehung** vor.

Den Zusammenhang zwischen Beschäftigung, Bezugsgröße, Grenzkosten und Verursachungsprinzip soll folgendes Beispiel noch einmal verdeutlichen:

---

[i] Vgl. Kilger / Pampel / Vikas 2007, S. 123 ff.

In der Kostenstelle „Drehen" der Maschinenbau GmbH wurde festgestellt, dass die Fertigungszeit eine geeignete Bezugsgröße ist, da sich der größte Teil der beschäftigungsvariablen Kosten proportional zu diesem „Beschäftigungssymptom" verhält. Für den Monat Februar beträgt die Plankapazität $B^{(max)}$ = 200 Fertigungsstunden (F-h). Bei einer Planbeschäftigung von 170 F-h fallen insgesamt 118.100 € an Plankosten an. Von diesen verhalten sich 20.910 € proportional zur Fertigungszeit. Man erhält damit beschäftigungsvariable Plankosten in Höhe von 20.910 €. Dies entspricht beschäftigungsvariablen Beschäftigungsdurchschnittskosten von $k_v(B)$ = 20.910 : 170 = 123 €/F-h, die gleich den Beschäftigungsgrenzkosten sind. Die Beschäftigung-Kosten-Funktion lautet daher: $K(B) = 123 B + 97.190$. Für Produktart 4711 fallen planmäßig b(x) = 30 Minuten Bearbeitungszeit pro Stück (Beschäftigungskoeffizient) in der Kostenstelle Drehen an. Dies entspricht der Kostenträger-Beschäftigung-Funktion $B(x) = 0,5 x$. Durch Verkettung ergibt sich die Kostenträger-Kosten-Funktion $K(x) = 123 * 0,5 x + 97.190$. Die einer Produkteinheit nach dem Verursachungsprinzip zuzurechnenden Kostenträgergrenzkosten (=beschäftigungsvariablen Kostenträgerdurchschnittskosten) betragen $K'(x) = dK/dx = dK/dB * dB/dx = k_v(x) = 123$ €/F-h * 0,5 F-h/Stück = 61,50 €/Stück.

Zusammenfassend kann festgestellt werden, dass das **Verursachungsprinzip** die Zurechnung von **Kostenträgergrenzkosten** auf die Kostenträgereinheiten ermöglicht. Bei einer linearen Kostenträger-Kosten-Funktion entsprechen diese den beschäftigungsvariablen Kostenträgerdurchschnittskosten. Die Gesamtkosten reduzieren sich um diese Kosten, wenn die Kostenträgereinheit wegfällt. Es können somit die Kostenkategorien **Einzelkosten** und **beschäftigungsvariable Gemeinkosten** nach dem Verursachungsprinzip auf die Kostenträgereinheiten zugerechnet werden. Die beschäftigungsfixen Kosten dürfen den Kostenträgereinheiten **nicht** zugerechnet werden.[i] Formal ist dies auch daran zu erkennen, dass die Ableitung der (konstanten) Fixkostenfunktion immer gleich null ist.

---

[i] Diese Überlegung wurde bereits 1899 durch einen Aufsatz in der Deutschen Metallindustriezeitung von *Eugen Schmalenbach* in die betriebswirtschaftliche Diskussion eingeführt. Damals studierte er im 2. (!) Semester an der Handelshochschule Leipzig.

2.4.3.2 Beanspruchungsprinzip

Nach dem **Beanspruchungsprinzip** können einer Kostenträgerein-heit die Kosten der bei Entstehung dieser Mengeneinheit **zusätzlich genutzten** Produktionsfaktoren zugerechnet werden. Dies sind neben den beschäftigungsvariablen Kosten auch die fixen Nutzkosten. Die Frage „Was kostet uns Produkt XY?" kann damit bei Anwendung des Beanspruchungsprinzips folgendermaßen präzisiert werden: „Welche Faktormengen werden insgesamt zusätzlich **genutzt**, wenn eine **zusätzliche** Mengeneinheit von Produkt XY produziert wird?".

Dementsprechend ergeben sich die nach dem **Beanspruchungsprin-zip** zurechenbaren Kosten durch die **Grenzkosten** der Kostenträger-**Nutz**kosten-Funktion (Kostenträgergrenznutzkosten):

$$K'_{Nutz}(x) = \frac{dK_{Nutz}}{dx} = \frac{dK_{Nutz}}{dB} \cdot \frac{dB}{dx} \qquad (2.15)$$

Analog zu den Ausführungen in Bezug auf das Verursachungsprin-zip, kann auch hier von linearen Funktionen ausgegangen werden. Die Beschäftigungsgrenznutzkosten sind dann konstant und genauso hoch wie die Durchschnitts-Nutzkosten k_{Nutz} (B). Dies ist gleichbe-deutend damit, dass die Grenzfaktornutzmenge $R'_{Nutz}(B)$ konstant ist und in Form eines (konstanten) **Nutzungskoeffizienten** $r_{Nutz}(B)$ ausgedrückt werden kann (vgl. Formel (2.16)). Jede Bezugs-größeneinheit beansprucht dann gleich hohe Faktormengen und da-mit Kosten. Der Nutzungskoeffizient kann auch als Summe von Verbrauchs- und **Betriebsbereitschaftskoeffizient** $r_{Bb}(B)$ ausge-drückt werden. Letzterer entspricht der auf eine Beschäftigungsein-heit entfallenden Faktormenge, die zur Aufrechterhaltung der Be-triebsbereitschaft eingesetzt wird.

$$K'_{Nutz}(B) = k_p(B) + \frac{K_f}{B^{max}} = \left(k_p(B) + \frac{K_f}{B^{max}} \right) = k_{Nutz}(B) =$$
$$= r_{Nutz}(B) \cdot p = \left(r_V(B) + r_{Bb}(B) \right) \cdot p = const. \qquad (2.16)$$

Aufgrund der linearen Kostenträger-Beschäftigung-Funktion erhält man auch konstante Kostenträger-Grenznutzkosten, die genauso hoch sind, wie die Kostenträgerdurchschnittsnutzkosten $k_{Nutz}(x)$ (vgl. Formel (2.17)). Jede Kostenträgereinheit beansprucht also gleich hohe Faktormengen und damit Kosten.

$$K'_{Nutz}(x) = k_{Nutz}(B) \cdot b(x) = k_{Nutz}(x) = const. \tag{2.17}$$

In Fortsetzung des Beispiels zum Verursachungsprinzip können einer Produkteinheit nach dem Beanspruchungsprinzip folgende Kosten zugerechnet werden:

$$K'_{Nutz}(x) = \left(123 + \frac{97.190}{200} \right) \cdot 0,5 = 304,48 \frac{\text{€}}{\text{Stk.}}.$$

Bei der Interpretation der nach dem Beanspruchungsprinzip zugerechneten Kosten muss beachtet werden, dass die Kosten **nicht** in Höhe der einer Produkteinheit zugerechneten Nutzkosten sinken, wenn diese Produkteinheit nicht produziert wird. Lediglich der beschäftigungsvariable Anteil der Nutzkosten fällt weg. Bei dem beschäftigungsfixen Anteil ändert sich dagegen nur die Zusammensetzung. Die fixen Nutzkosten der wegfallenden Produkteinheit werden zu Leerkosten, die Höhe der fixen Kosten bleibt jedoch unverändert.

Zusammenfassend kann festgestellt werden, dass das **Beanspruchungsprinzip** die Zurechnung von Kostenträgergrenz**nutz**kosten auf die Kostenträgereinheiten ermöglicht. Bei einer linearen Kostenträger-Kosten-Funktion entsprechen diese den beschäftigungs**induzierten** Kostenträgerdurchschnittskosten. Es können somit die Kostenkategorien Einzelkosten, beschäftigungsvariable Gemeinkosten und beschäftigungsfixe Nutzkosten nach dem Beanspruchungsprinzip auf die Kostenträgereinheiten zugerechnet werden. Die **Leerkosten** dürfen den Kostenträgereinheiten dagegen **nicht** zugerechnet werden.

2.4.4 Zurechnung der Periodenkosten nach dem Durchschnittsprinzip

Will man auch solche Kosten auf eine Kostenträgereinheit zurechnen, für welche die vorgenannten Zurechnungsprinzipien nicht angewandt werden können, so muss man sich mit dem **Durchschnitts-**

prinzip behelfen. Nach dem Durchschnittsprinzip lautet die zentrale Fragestellung: „Wie wird der gesamte Faktoreinsatz anteilig auf eine Mengeneinheit von Produkt XY verteilt?" Dieser Durchschnitt ist kein statistischer Mittelwert, sondern eine statistische **Beziehungszahl**, mit deren Hilfe die Kosten auf die Kostenträgereinheiten verteilt werden.

Solche Beziehungszahlen sind häufig andere Kosten, insbesondere Einzelkosten. Wählt man z. B. die Kosten von Rohstoffen und Vorprodukten (Einzelmaterialkosten) als Beziehungszahl für die Zurechnung der Gemeinkosten von Materialkostenstellen wie Eingangslager oder Einkauf (Materialgemeinkosten), so wird unterstellt, dass alle Produkte dasselbe Verhältnis von Einzelmaterial- und Materialgemeinkosten aufweisen. Hierbei liegen der Zurechnung von Kosten auf Kostenträgereinheiten Plausibilitätsüberlegungen zugrunde, so z. B. die Überlegung, dass die Höhe der Materialgemeinkosten „irgend etwas" mit der Höhe der Einzelmaterialkosten zu tun hat. Das Durchschnittsprinzip kommt in dieser Form als **Plausibilitätsprinzip** zur Anwendung.

Werden die Kosten nach Maßgabe der marktmäßigen **Belastbarkeit** der jeweiligen Produkte verteilt, wird das Durchschnittsprinzip in Form des **Tragfähigkeitsprinzips** angewandt. So können die Kosten z. B. im proportionalen Verhältnis zu den Verkaufspreisen der Produkteinheiten auf diese verteilt werden. Auf diese Weise werden allerdings erlösstarke Produkte und damit Unternehmungsbereiche bestraft und die Motivation für eine wirtschaftliche Unternehmungsführung wird geradezu abgebaut. Im Rahmen der Dokumentationsfunktion, z. B. für die Bewertung von fertigen und unfertigen Erzeugnissen in der Bilanz, kann die Anwendung des Tragfähigkeitsprinzips durchaus vertretbar sein. Für Planungs- und Kontrollzwecke der Kostenrechnung ist es, wie das Durchschnittsprinzip insgesamt, eindeutig abzulehnen.

Den Zusammenhang zwischen den einzelnen Kostenkategorien veranschaulicht abschließend Abb. 2-11. Die Summe von Einzel- und Gemeinkosten, von variablen und fixen Kosten sowie von Nutz- und Leerkosten ergibt dabei immer die Gesamtkosten. Diese werden also

lediglich nach unterschiedlichen Kriterien in jeweils zwei disjunkte
Teilmengen aufgespalten.

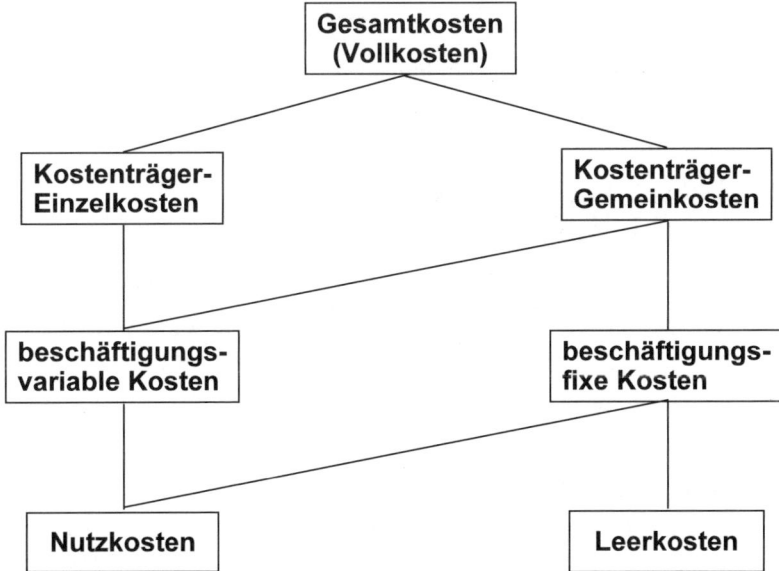

Abb. 2-11:   Kostenkategorien im Zusammenhang

Kontrollfragen

1. Was sind relevante Informationen?
2. Nennen Sie die Bezugsobjekte für Kosten.
3. Erläutern Sie das Entscheidungsprinzip.
4. Geben Sie ein Beispiel für eine mehrdimensionale Kostenzurechnung.
5. Geben Sie Beispiele für Bezugsobjekthierachien.
6. Was sind Entscheidungs-Einzelkosten?
7. Was sind echte und unechte Entscheidungs-Gemeinkosten?
8. Wie lässt sich die allgemeine Frage: „Was kostet uns Produkt XY?", bei Anwendung des Entscheidungsprinzips präzisieren?
9. Was ist ein(e) Kostenträger(einheit)?
10. Worin unterscheiden sich Kostenträgereinzelkosten und Kostenträgergemeinkosten?
11. Was versteht man unter Kosteneinflussgrößen?
12. Was versteht man (allgemein) unter variablen und fixen Kosten?
13. Nennen Sie Beispiele für variable und fixe Kosten.
14. Was sind Grenzkosten?
15. Erläutern sie die Systematik der Kosteneinflussgrößen.
16. Was versteht man unter Kapazität?
17. Warum wird die Betriebsbereitschaft üblicherweise nicht als eigenständige Kosteneinflussgröße berücksichtigt?
18. Welche Probleme ergeben sich bei der Messung der Kapazität?
19. In welchen Fällen liegt die Kapazität auf einer Isokapazitätsgeraden?
20. Was versteht man unter der Beschäftigung?
21. Was versteht man unter beschäftigungsvariablen Kosten?
22. Welche Bedeutung hat die Kapazität in Bezug auf Nutz- und Leerkosten?

23. Wie unterscheiden sich beschäftigungsvariable und beschäftigungsinduzierte Kosten?

24. Aus welchen Bestandteilen setzt sich die Beschäftigung zusammen?

25. Was sind Bezugsgrößen?

26. Was versteht man unter homogener Kostenverursachung?

27. Welche Konsequenzen hat heterogene Kostenverursachung?

28. Welche funktionalen Abhängigkeiten müssen gegeben sein, um Gemeinkosten auf Kostenträgereinheiten zurechnen zu können?

29. Was besagt das Verursachungsprinzip?

30. Was versteht man unter dem Verbrauchskoeffizienten?

31. Welche Auswirkungen hat eine lineare Kostenträger-Kosten-Funktion?

32. Welche Kostenkategorien können nach dem Verursachungsprinzip auf Kostenträgereinheiten zugerechnet werden?

33. Was besagt das Beanspruchungsprinzip?

34. Was versteht man unter dem Nutzungskoeffizienten?

35. Was versteht man unter dem Betriebsbereitschaftskoeffizienten?

36. Welche Kostenkategorien können nach dem Beanspruchungsprinzip auf Kostenträgereinheiten zugerechnet werden?

37. Was muss bei der Interpretation dieser Kosten beachtet werden?

38. Erläutern Sie Plausibilitäts- und Tragfähigkeitsprinzip.

39. Warum ist das Durchschnittsprinzip für die Informationsversorgung von Planung und Kontrolle ungeeignet?

40. Stellen Sie die Kostenkategorien im Zusammenhang dar.

Teil B: Operative Planungs- und Kontrollrechnung

3. Lernmodul

Grundlagen der Kostenplanung in der Grenzplankostenrechnung

Lernziele:

Nach dem Studium dieses Lernmoduls sollten Sie insbesondere folgende Punkte verstanden haben:

- die Bedeutung des Unterschieds zwischen direkten und indirekten Bezugsgrößenarten,

- die Konsequenzen eines linearen Gesamtkostenverlaufs,

- die unterschiedlichen Vorgehensweisen bei der Kostenauflösung.

Die bisherigen Überlegungen haben gezeigt, dass eine einflussgrößenorientierte **Ermittlung** von Periodenkosten grundsätzlich geeignet ist, sowohl relevante Informationen in Bezug auf die **Zielgröße** zur Verfügung zu stellen, als auch als **Basis** für die einflussgrößenorientierte **Zurechnung** von Kosten auf Kostenträgereinheiten zu dienen. Eine spezifische Ausgestaltungsform der Kostenrechnung, die diese Anforderungen erfüllt, ist die **Grenzplankostenrechnung,**[i] (GPKR) deren Aufbau im Folgenden dargestellt werden soll und die im Weiteren als „Referenzsystem" dient. Nach der Darstellung der Voraussetzungen, die grundsätzlich für die Kostenplanung erfüllt sein müssen, werden die Planungsschritte erläutert, die für jede Planungsperiode erneut durchgeführt werden müssen.

---

[i] Die Konzeption der Grenzplankostenrechnung geht im Wesentlichen auf die Arbeiten von *Wolfgang Kilger* zurück (vgl. Kilger / Pampel / Vikas 2007).

3.1 Strukturelle Voraussetzungen für die Kostenplanung

Zur Kostenplanung sind folgende organisatorische und personelle Voraussetzungen zu erfüllen:

- Festlegung der Planungsperiode und der Abrechnungs- bzw. Kontrollperiode

- Abstimmung der Kostenplanung (Informationsbeschaffung und -versorgung) mit der Unternehmungsplanung (Informationsverwendung)

- Erstellung eines Kostenartenplans

- Erstellung eines Kostenstellenplans

- Bezugsgrößenartenplanung

- Erstellung eines Kostenträgerplans

- personelle und psychologische Voraussetzungen

3.1.1 Periodenplanung und Abstimmung mit der Unternehmungsplanung

In der Grenzplankostenrechnung erfolgt keine spezielle Zurechnung zu zeitraumbezogenen Bezugsgrößen,[i] sondern es wird wie in der operativen Unternehmungsplanung in der Regel eine **Planungsperiode** von einem Jahr unterstellt und alle Kosten werden auf diese Periode bezogen (z. B. 120.000 € Werkzeugkosten pro Jahr). Für die Kontrolle im Rahmen operativer Entscheidungen ist dieser Zeitraum jedoch zu lang. Als **Abrechnungs-** und **Kontrollperiode** wird daher meist ein Monat herangezogen. Um die zur Durchführung der Kontrolle benötigten Planwerte für einen Monat zu erhalten, werden die Jahres-Plankosten durch zwölf dividiert. Man erhält so die Plankosten pro Durchschnittsmonat (im Beispiel wären dies 10.000 € planmäßige Werkzeugkosten pro Durchschnittsmonat).

---

[i] Vgl. hierzu die Ausführungen zur sukzessiven Kostenzurechnung in Modul 2.

Die **Abstimmung der Kostenplanung** (Informationsbeschaffung und -versorgung) mit der Unternehmungsplanung (Informationsverwendung) bezieht sich nicht nur auf den zeitlichen Horizont (Planungshorizont), sondern auch auf die quantitativen Inhalte. Dabei wird die Auffassung des Controllings bestätigt, dass zwischen Planung und Kontrolle und der Informationsversorgung wechselseitige Beziehungen bestehen (siehe hierzu Abb. 1-1). Aus der operativen und strategischen Planung müssen folgende Informationen für die Kostenplanung bereitgestellt werden:

- (vorläufiges) Produktions- und Absatzprogramm (ohne Optimierung, da diese nur mit Plankosteninformationen möglich ist)

- Betriebsmittel- und Personalkapazitäten

- Produktionsverfahren und (vorläufige) Seriengrößen

- Organisationsplan mit (Kosten-)Verantwortungsbereichen

3.1.2 Erstellung eines Kostenartenplans

Die Erstellung eines **Kostenartenplans** betrifft die Gliederung der primären Kostenarten nach Produktionsfaktorarten und der sekundären Kostenarten nach innerbetrieblichen Leistungen. Mithilfe des Kostenartenplanes kann die Frage: „Welche Kosten fallen in welcher Höhe in der Periode insgesamt an?" eindeutig beantwortet werden.

Die Gliederung der primären Kostenarten hat nach der Art der eingesetzten Produktionsfaktoren zu erfolgen. Dabei sind folgende Grundsätze zu beachten:

- Grundsatz der Reinheit

- Grundsatz der Einheitlichkeit

Der Grundsatz der **Reinheit** verlangt, dass für den Inhalt **einer** primären Kostenart nur **eine** Produktionsfaktorart bestimmend sein darf. Danach schafft man so genannte „saubere Kostenarten", denen man die anfallenden primären Kosten zweifelsfrei zuordnen kann (z. B. Lohnkosten, Energiekosten usw.). „Unsaubere Kostenarten" wären solche, bei denen auch andere Kriterien, z. B. Kostenstellengesichtspunkte, in die Gliederung einfließen (z. B. Raumkosten, Schlossereikosten).

Der Grundsatz der **Einheitlichkeit** verlangt, dass die Zurechnung der Kosten (Kontierung) aufgrund der vorliegenden Belege durch eindeutige und einheitliche Kontierungsvorschriften zweifelsfrei und schnell erfolgen kann. Hierbei muss auch klar sein, ob es sich bei einer Kostenart um **Einzel-** oder **Gemeinkosten** handelt. Die Unterteilung in Einzel- und Gemeinkosten ist von Bedeutung, da Einzelkosten den Kostenträgern direkt zugerechnet werden können, während dies für Gemeinkosten nur über die Kostenstellen mithilfe indirektfunktionaler Beziehungen möglich ist.[i] Im Wesentlichen handelt es sich bei Kostenträgereinzelkosten um folgende Kostenarten:

- Fertigungslöhne – auch als Einzellohnkosten, Lohneinzelkosten oder Einzellöhne bezeichnet

- Fertigungsmaterial (Rohstoff- und Vorproduktkosten, auch bei Fremdbezug von Vorprodukten) – auch als Einzelmaterialkosten oder Materialeinzelkosten bezeichnet

Neben Einzel- und Gemeinkosten werden üblicherweise noch so genannte Sondereinzelkosten (SEK) erfasst. Diese sind Einzelkosten eines bestimmten Auftrages, wie z. B. Forschungs- und Entwicklungs-, Konstruktions-, Fertigungs-, Verkaufs- und Versandauftrages, werden aber nach dem Durchschnittsprinzip der einzelnen Kostenträgereinheit (Mengeneinheit) zugerechnet. Dazu zählen:

- SEK der Forschung/Entwicklung/Konstruktion: Entwicklungs- und Versuchskosten der F&E- und Konstruktionsabteilungen

- SEK der Fertigung: Spezialwerkzeuge, Vorrichtungen, Formen, Modelle, Schablonen, Mess- und Prüfgeräte usw.

- SEK des Vertriebs: Verpackung, Frachten, Transportversicherungen, Ausfuhrzölle, Außenhandelsfinanzierungskosten, Vertreter- bzw. Verkaufsprovisionen usw.

SEK werden folgendermaßen berechnet:

---

[i] Vgl. hierzu die Ausführungen zu den Kostenzurechnungsprinzipien in Modul 2.

$$\frac{Auftragseinzelkosten\ [z.\ B.\ 500\ \text{\euro}]}{Auftragsgr\"o\beta e\ [z.\ B.\ 20\ St\"uck]} = SEK\ [25\ \text{\euro}/St\"uck]$$

Die Grundsätze der Reinheit und der Einheitlichkeit werden durch einen einheitlichen **Kostenartenplan** erfüllt, der entsprechend kommentiert jedem kontierenden Mitarbeiter zur Verfügung stehen muss. Die Abb. 3-1 zeigt ein Beispiel für einen solchen Kostenartenplan. In der Praxis lehnen sich betriebsindividuelle Kostenartenpläne häufig an die Gliederungsempfehlungen der Kontenrahmen (z. B. Industriekontenrahmen [IKR] oder Gemeinschaftskontenrahmen der Industrie [GKR]) an.[i]

1   Personalkosten
11   Löhne und Gehälter
110 Fertigungslöhne
1101 Akkordlohn
1102 Zeitlohn
1109 Zusatzlöhne für Akkordarbeit
111 Hilfslöhne
1111 Hilfslöhne für Vorarbeiter
1112 Hilfslöhne für Rüsten
1113 Hilfslöhne für Transport- und Lagerarbeiter
1114 Hilfslöhne für Reinigungsarbeiten
112 Lohnzulagen und Mehrarbeitszuschläge für Arbeiter
115 Gehälter
116 Gehaltszulagen und Mehrarbeitszuschläge für Angestellte

12   Sozialkosten
121 Gesetzliche Sozialabgaben für Arbeiter
122 Gesetzliche Sozialabgaben für Angestellte

129 Freiwillige Sozialleistungen

2   Werkstoffkosten
21   Fertigungsmaterial
211 Grauguss
212 Stahl
213 Zukaufteile

22   Gemeinkostenmaterial
221 Hilfsstoffe
222 Betriebsstoffe (ohne Brennstoffe und Energie)
223 Reparaturmaterial
224 Verpackungsmaterial

3   Betriebsmittelkosten
31   Energiekosten
311 Feste Brenn- und Treibstoffe
312 Flüssige Brenn- und Treibstoffe
313 Gasförmige Brenn- und Treibstoffe
314 Fremdbezogene elektrische Energie
315 Fremdbezogene Wärmeenergie
316 Fremdbezogenes Wasser

32   Werkzeugkosten

---

[i] Vgl. zu diesen Götzinger / Michael 1993, S. 248 ff.

321 Handwerkzeuge
322 Messwerkzeuge

33 Fremde Reparaturen, Instandhaltungen
331 Reparatur- und Instandhaltungsleistungen für Grundstücke und Gebäude
332 Reparatur- und Instandhaltungsleistungen für Maschinen und Anlagen

34 Abschreibungskosten
341 Abschreibungen für Gebäude
342 Abschreibungen für Maschinen und Anlagen

4 Kapitalkosten
401 Kapitalkosten auf Anlagevermögen
402 Kapitalkosten auf Umlaufvermögen

5 Kostensteuern, Gebühren, Beiträge und Versicherungsprämien
51 Steuern
5110 Grundsteuer
5120 Kraftfahrzeugsteuer
52 Gebühren und Abgaben
53 Beiträge
5301 Beitrag IHK
5302 Beitrag Arbeitgeberverband
54 Versicherungsprämien
5401 Kraftfahrzeugversicherung
5402 Feuerversicherung
5403 Betriebshaftpflichtversicherung

5404 Betriebsunterbrechungsversicherung

6 Fremdmieten, Verkehrs-, Büro-, Werbekosten und dergleichen
61 Fremdmieten
6101 Raummieten
6102 Mieten für Maschinen und Anlagen
62 Bürokosten
621 Kommunikationskosten
622 Büromaterial, Drucksachen
623 Bücher und Zeitschriften
64 Transport- und Reisekosten
641 Fremder Personentransport
642 Reisespesen und Übernachtungskosten
643 Bewirtungs- und Repräsentationskosten
644 Fremder Gütertransport
65 Beratungsleistungen
66 Aufsichtsratskosten
67 Werbekosten
671 Werbemittel
672 Vertreterprovision

7 Sonstige Kalkulatorische Kosten
701 Wagniskosten
702 Unternehmerlohnkosten

8 Sondereinzelkosten
801 Sondereinzelkosten der Fertigung
802 Sondereinzelkosten des Vertriebs

Abb. 3-1:   Kostenartenplan für primäre Kostenarten

3.1.3 Erstellung eines Kostenstellenplans

Wie für die Kostenartengliederung, so sind auch für die Gliederung der Unternehmung in Kostenstellen, d. h. zur Aufstellung eines **Kostenstellenplans**, einige Punkte zu beachten:

- Jede Kostenstelle muss ein selbstständiger Verantwortungsbereich sein, um eine leistungsfähige Kostenkontrolle zu gewährleisten. Um Abgrenzungsprobleme zu vermeiden, soll sie möglichst auch eine räumliche Einheit sein.

- Für jede Kostenstelle müssen sich geeignete Bezugsgrößen finden lassen.

- Die Kosten müssen sich eindeutig, einheitlich, genau und gleichzeitig einfach den Kostenstellen als Kontierungseinheit zurechnen lassen (Kontierung).

Eine praktische Methode zur Bestimmung des Feinheitsgrades der Kostenstelleneinteilung besteht darin, zuerst den Betrieb relativ detailliert in Kostenstellen zu zergliedern. Danach fasst man Kostenstellen in den einzelnen Unternehmungsbereichen, deren Kostenstruktur ähnlich ist, wieder zusammen und bildet aus Wirtschaftlichkeitsgründen (Abrechnungskosten!) größere Einheiten. Während im Industriebetrieb der Fertigungsbereich erfahrungsgemäß fein gegliedert wird (z. B. bis auf Maschinenebene), bilden im Beschaffungs-, Vertriebs- und Verwaltungsbereich meist die Abteilungen gleichzeitig auch die Kostenstellen.

In einer organisatorischen Gliederung der Unternehmung nach betrieblichen Funktionsbereichen (Tätigkeitsbereichen) unterscheidet man zwischen folgenden Kosten**bereichen**, die Zusammenfassungen von Kosten**stellen** darstellen:

- Technischer Leitungsbereich (z. B. Technische Leitung, Produktionsleitung, Arbeitsvorbereitung, Produktionsplanung und -steuerung)

- Forschungs- und Entwicklungsbereich (z. B. Labor, Konstruktion, Versuchsabteilung, Patentstelle)

- Allgemeiner Bereich (z. B. Stromversorgung, Reparatur- und Instandhaltungsstellen, Innerbetrieblicher Transport, Sozialstellen)

- Materialbereich (z. B. Einkauf, Materialprüfung, Werkstofflager)

- Fertigungsbereich (z. B. Gießerei, Mechanische Fertigung, Montage)

- Verwaltungsbereich (z. B. Geschäftsführung, Stabsstellen, Rechnungswesen, Personalwesen, Organisation/EDV)

- Vertriebsbereich (z. B. Fertigwarenlager, Verkauf, Versand, Werbung, Marketing)

Häufig wird der Fertigungsbereich auch als **direkter** Bereich, die übrigen Bereiche werden zusammenfassend als **indirekte** Bereiche bezeichnet.

Die Abb. 3-2 zeigt als Beispiel einen Kostenstellenplan für einen mittelständischen Industriebetrieb:

Technischer Leitungsbereich
100   Technische Leitung
101   Arbeitsvorbereitung
102   Produktionsplanung und
        -steuerung

**Forschungs- und Entwicklungs-
bereich**
103   Konstruktion und Entwicklung
104   Maschinenlabor

Allgemeiner Bereich
200   Grundstücke und Gebäude
201   Sozialdienst
202   Stromversorgung
203   Reparaturabteilung
204   Innerbetrieblicher Transport
205   PKW-Dienst
206   LKW-Dienst

Materialbereich
300   Einkauf
301   Rohstoff- und Zukaufteile-La-
        ger
302   Hilfs-, Betriebsstoff- und Er-
        satzteillager
303   Werkzeugausgabe

Fertigungsbereich
400   Meisterbereich I

401   CNC-Drehmaschinen
402   Bearbeitungszentrum 1
403   Bearbeitungszentrum 2
404   CNC-Karusselldrehmaschinen
500   Meisterbereich II
501   NC-Bohrmaschinen
502   CNC-Bohrwerke
503   CNC-Fräsmaschinen
504   CNC-Schleifmaschinen
600   Meisterbereich III
601   Schweißerei
602   Härterei
603   Montage

Verwaltungsbereich
800   Kaufmännische Leitung
801   Finanzbuchhaltung
802   Kosten- und Erlösrechnung
803   Personalabteilung
804   Organisation und EDV

Vertriebsbereich
900   Verkaufsleitung
901   Marketing
902   Werbung
903   Fakturierung
904   Fertigwarenlager
905   Verpackung und Versand

Abb. 3-2:   Kostenstellenplan

Nach Art der Beziehung zu den Kostenträgern unterscheidet man folgende Gruppen von Kostenstellen:

- Hauptkostenstellen (auch: Endkostenstellen, Primärkostenstellen)

- Hilfskostenstellen (auch: Vorkostenstellen, Sekundärkostenstellen, Allgemeine Kostenstellen, Nebenkostenstellen)

Hilfskostenstellen sind alle Kostenstellen, die (innerbetriebliche) Leistungen für andere Kostenstellen erbringen. Es kann lediglich eine indirekte Beziehung zwischen Kostenträgermenge und Beschäftigung der Hilfskostenstelle bestehen (z. B. innerbetrieblicher Transport, innerbetriebliche Energieerzeugung).

Zu den **Hauptkostenstellen** zählen alle Kostenstellen, die keine (innerbetriebliche) Leistungen für andere Kostenstellen erbringen. Bei diesen wird eine direkte Beziehung zwischen Kostenträgermenge und Beschäftigung der (Haupt-)Kostenstelle unterstellt (Forschungs- und Entwicklungs-, Material-, Fertigungs-, Verwaltungs-, Vertriebsstellen).

3.1.4 Bezugsgrößenartenplanung

Der Grundsatz der Kostenstellenbildung, dass für jede Kostenstelle geeignete Bezugsgrößen gefunden werden müssen, erfordert eine simultane Planung der Kostenstelleneinteilung und der Bezugsgrößenarten. Bei der **Bezugsgrößenartenplanung** muss beachtet werden, dass Bezugsgrößen für die Anwendung des Verursachungsprinzips zwei Funktionen erfüllen müssen. Zum einen müssen die Bezugsgrößen in der Kostenstelle die Messung der Beschäftigung erlauben (**Kontrollfunktion**). Wird diese Funktion erfüllt, spricht man von **direkten** Bezugsgrößen. Direkte Bezugsgrößen sind damit ein Maßstab des Kostenanfalls, zu dem alle variablen Kosten (**homogene** Kostenverursachung) bzw. ein Teil der variablen Kosten (**heterogene** Kostenverursachung) einer Kostenstelle eine funktionale Beziehung aufweisen. Neben dieser Kontrollfunktion sollen Bezugsgrößen auch eine **Kalkulationsfunktion** erfüllen, indem die Inanspruchnahme von Bezugsgrößeneinheiten (z. B. Fertigungsminuten) durch die einzelnen Kostenträger ermittelt werden kann. Erfüllt die Bezugsgröße diese doppelte Funktion, können dem Kostenträger die beschäftigungsvariablen Kosten nach dem Verursachungsprinzip zugerechnet werden. Derartige Bezugsgrößen finden sich fast ausschließlich in den Fertigungshauptkostenstellen. Direkte Bezugsgrößen in Hilfskostenstellen erfüllen zwar die Kontrollfunktion, da Hilfskostenstellen jedoch keine Leistung am Kostenträger erbringen, kann es auch keine Inanspruchnahme von Bezugsgrößeneinheiten durch die Kostenträger geben, sodass die Kalkulationsfunktion nicht erfüllt wird. Direkte Bezugsgrößen in Hilfskostenstellen können allerdings zur Weiterverrechnung der Kosten an diejenigen Kostenstellen verwendet werden, welche die innerbetriebliche Leistung empfangen.

Wenn die Beschäftigung nicht direkt gemessen werden kann, müssen **indirekte** Bezugsgrößen verwendet werden, die entweder aus Kostengrößen oder aus den Bezugsgrößen anderer Kostenstellen abgeleitet werden. Bei aus Kosten abgeleiteten Bezugsgrößen (z. B. Einzelmaterialkosten, Herstellkosten) spricht man auch von **Hilfsbezugsgrößen**. Diese Hilfsbezugsgrößen erfüllen nicht die Kontrollfunktion und ermöglichen daher auch nur eine vereinfachte, nicht verursachungsgerechte Kalkulation, da das tatsächliche Verhältnis zwischen (Hilfs-)Bezugsgröße und (nicht messbarer) Beschäftigung unbekannt ist. Für die Kalkulation wird ein proportionales Verhältnis unterstellt, sodass hier das Durchschnittsprinzip angewendet wird. Hilfsbezugsgrößen werden insbesondere in **Haupt**kostenstellen indirekter Bereiche verwendet (Material-, Vertriebs- und Verwaltungsstellen).

Eine Ableitung aus Bezugsgrößen anderer Kostenstellen erfolgt in **Hilfs**kostenstellen, in denen keine direkte Beschäftigungsmessung möglich ist. Der Wert der von den empfangenden Kostenstellen benötigten (innerbetrieblichen) Leistung wird in der liefernden Kostenstelle als Bezugsgröße angesetzt. Die Bezugsgröße hat hier die Einheit „**Euro Deckung Grenzkosten**". Dies bedeutet, dass die bei der Erstellung der innerbetrieblichen Leistung anfallenden Grenzkosten denjenigen Kostenstellen belastet werden, die diese Leistung in Anspruch nehmen.[i] Die anfallenden Grenzkosten werden also von den empfangenden Kostenstellen „**gedeckt**". Diese indirekten Bezugsgrößen erfüllen lediglich eine vereinfachte Kontrollfunktion. Die Verwendung indirekter Bezugsgrößen in großen Teilen der Unternehmung war der Ansatzpunkt für eine Weiterentwicklung der

---

[i] Dies erfolgt im Rahmen der Planung sekundärer Kosten (s. Modul 5).

Grenzplankostenrechnung in Form der Prozesskostenrechnung, die in Modul 10 behandelt wird.

Lassen sich weder direkte noch indirekte Bezugsgrößen finden (z. B. für Bereiche mit stark kreativ geprägten Leistungen), erfolgt eine **starre Budgetierung**. Dies bedeutet, dass Kosten nicht geplant, sondern in einer bestimmten Höhe der Kostenstelle zugeteilt werden.

Im Folgenden sollen einige Beispiele für direkte und indirekte Bezugsgrößenarten angeführt werden.

Direkte Bezugsgrößenarten

- in **Fertigungs**hauptkostenstellen (mit Kalkulationsfunktion)

  – Fertigungsstunden: für arbeitszeitabhängige Kosten der Produktion (z. B. Fertigungslöhne, Sozialkosten)

  – Rüststunden: für arbeitszeitabhängige Kosten von Umrüst- bzw. Umbauprozessen

  – Maschinenstunden: für maschinenzeitabhängige Kosten (z. B. Reparatur-, Energie-, Werkzeugkosten)

  – Produkteinheiten: für (Kostenträger-)Einzelkosten (z. B. Rohstoff- und Vorproduktkosten)

- in **Hilfs**kostenstellen (ohne Kalkulations-, aber mit Weiterverrechnungsfunktion)

  – Kilowattstunden: für Kosten der (eigenen) Stromversorgung

  – 10^6 Kilojoule: für Kosten der (eigenen) Wärmeerzeugung

  – m^3 Wasser: für Kosten der (eigenen) Wasserversorgung

  – Kilogrammmeter bzw. Tonnenkilometer: für Kosten des innerbetrieblichen Transports

Indirekte Bezugsgrößenarten

- aus Kostengrößen abgeleitet (Hilfsbezugsgrößen)

  – Einzelmaterialkosten: für Kosten der Materialstellen

  – Herstellkosten: für Kosten der Verwaltungs- und Vertriebs-stellen

- aus Bezugsgrößen anderer Kostenstellen abgeleitet

  – € Deckung Stromkosten: für innerbetriebliche Stromerzeu-gungsstelle

  – € Deckung Wärmekosten: für innerbetriebliche Wärme-erzeugungsstelle

  – € Deckung Transportkosten: für innerbetriebliche Transport-stelle

Beim Ansatz direkter Bezugsgrößenarten in den Kostenstellen muss untersucht werden, ob sich **alle** variablen Kosten verursachungs-gerecht einer einzigen Bezugsgrößenart zurechnen lassen (**homogene** Kostenverursachung) oder ob zur verursachungsgerechten Zurech-nung mehrere Bezugsgrößenarten (**heterogene** Kostenverursachung) erforderlich sind.

Beim Auftreten von schwankenden Prozessbedingungen durch z. B. wechselnde Seriengrößen und gleichzeitig wechselnde Bedienungs-verhältnisse bei der Herstellung bestimmter Kostenträger in einer Fertigungskostenstelle müssten zur verursachungsgerechten Planung und Kontrolle aller Kostenarten in dieser Fertigungskostenstelle die folgenden drei Bezugsgrößenarten angesetzt werden:

- Fertigungsstunden: zur Zurechnung der arbeitszeitabhängigen Kosten der laufenden Produktion

- Rüststunden: zur Zurechnung der arbeitszeitabhängigen Kosten der Umbau- bzw. Umrüstprozesse

- Maschinenstunden: zur Zurechnung der maschinenzeitabhängi-gen Kosten der laufenden Produktion

Die Abb. 3-3 zeigt zusammenfassend eine Systematik der Bezugsgrößenarten in der GPKR.

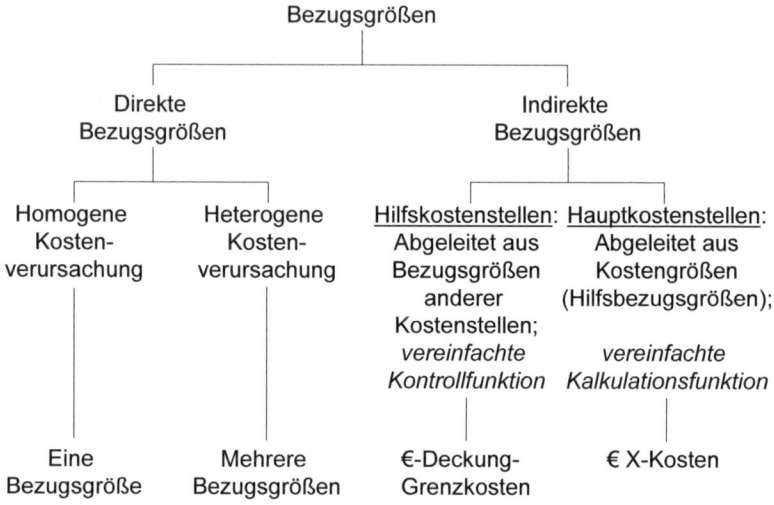

Abb. 3-3:   Systematik der Bezugsgrößenarten

Die gesamte Bezugsgrößensystematik konzentriert sich in der GPKR
auf die Zurechnung beschäftigungsvariabler Kostenbestandteile. Die
beschäftigungsfixen Kosten werden in der GPKR als (Betriebsbereit-
schafts-)Kosten der Planungsperiode den jeweiligen Bezugsgrößen-
arten einer Kostenstelle unabhängig von der Bezugsgrößen**menge**
zugerechnet.

3.1.5 Erstellung eines Kostenträgerplans

Wie für Kostenarten, Kostenstellen und deren Bezugsgrößenarten
Gliederungen geplant werden (Kostenarten-, Kostenstellen-, Bezugs-
größenartenplan), so wird auch die Erstellung eines **Kostenträger-
plans** erforderlich, der mit einem Nummernsystem auszustatten ist.
Die folgende Abbildung 3-4 zeigt eine Übersicht über die Arten von
Kostenträgern.

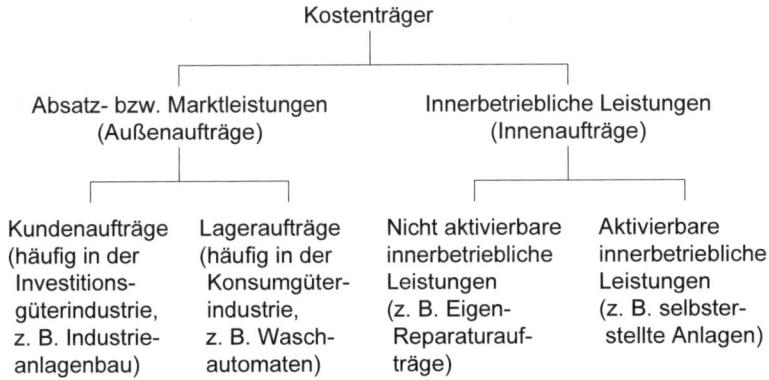

Abb. 3-4:   Arten von Kostenträgern

3.1.6 Personelle und psychologische Voraussetzungen

Als **personelle** und **psychologische Voraussetzungen** der Kostenplanung sind folgende Aspekte zu beachten:

- enge und vertrauensvolle Zusammenarbeit zwischen Kostenplanern und Kostenstellenleitern

- Kostenplanungsergebnisse sind von Kostenstellenleitern zu testieren

- Neueinführung der Kostenplanung mithilfe unternehmungsexterner Berater

- Unterstützung der Kostenplanung durch Unternehmungsführung

- intensive innerbetriebliche Ausbildung der Mitarbeiter und Führungskräfte auf dem Gebiet der Plankostenrechnung nach dem Grundsatz: Controlling bedeutet Führungsunterstützung und nicht „Gängelung" der Kostenstellenleiter und ihrer Mitarbeiter

- Anspannungsgrad der Kostenvorgaben (Wirtschaftlichkeitsgrad) sollte so bemessen sein, dass die Kostenvorgaben ohne Überbeanspruchung der Arbeitskräfte und Betriebsmittel bei zumutbarer Anstrengung auf lange Sicht eingehalten werden können.

3.2 Grundlagen der periodenweisen Kostenplanung

3.2.1 Bezugsgrößenmengenplanung (Beschäftigungsplanung)

Im Gegensatz zu den bislang behandelten vorbereitenden Tätigkeiten erfolgt die Bezugsgrößen**mengen**planung in jeder Periode. In ihr muss für jede Bezugsgrößen**art** die Höhe der Bezugsgrößen**menge** pro Periode (Planungsperiode, in der Regel Jahreszwölftel) festgelegt werden. Ist die geplante Produktions- und Absatzmenge bekannt und ist darüber hinaus bekannt, wie stark jede einzelne Produkteinheit die Kostenstelle beansprucht (Kostenträger-Grenzbeschäftigung), so lässt sich für jede Bezugsgrößenart die Bezugsgrößenmenge einer **Haupt**kostenstelle formal wie folgt bestimmen:

$$B^{(p)} = \sum_j \int_0^{x_j^{(p)}} B_j^{'(p)} dx_j \qquad (3.1)$$

$B^{(p)}$: Planbeschäftigung

$B_j^{'(p)}$: Kostenträger-Grenzbeschäftigung für Produktart j

x_j :   Produktions- / Absatzmenge für Produktart j

Bei der Annahme einer linearen Beschäftigung-Kosten-Funktion ergibt sich eine konstante Kostenträger-Grenzbeschäftigung (Beschäftigungskoeffizient), sodass die Ermittlung der Plan-Beschäftigung sich wie folgt vereinfacht:

$$B^{(p)} = \sum_j b_j^{(p)} \cdot x_j^{(p)} + B_F^{(p)} \qquad (3.2)$$

$b_j^{(p)}$: Beschäftigungskoeffizient für Produktart j (z. B. in F-h/Stück)

$B_F^{(p)}$: Kostenträgerfixe Planbeschäftigung

Die sich formal ergebende Integrationskonstante $B_F^{(p)}$ ist inhaltlich so zu interpretieren, dass diese Bezugsgrößenmenge auch dann anfällt, wenn kein einziges Produkt in der Kostenstelle bearbeitet wird. Dies könnte dann der Fall sein, wenn eine Hauptkostenstelle auch innerbetriebliche Leistungen zur Aufrechterhaltung der Betriebsbereitschaft erbringt. Bei der Kostenstellenplanung versucht man jedoch, solche Überschneidungen zu vermeiden, sodass in der Praxis, wie auch im weiteren Verlauf dieser Schrift, davon auszugehen ist, dass diese kostenträgerfixe Beschäftigung gleich null ist.

Beispiel:

Fertigungskostenstelle 421 mit einer einzigen Bezugsgrößenart (Fertigungsstunden) bearbeitet Produkt A und B. A benötigt in 421 1,5 Stunden pro Stück, B 3 Stunden pro Stück. Im Produktionsprogramm des Jahres sollen von A 2.000 Stück und von B 5.000 Stück hergestellt werden.

Lösung:

1,5 F-h/Stk x 2.000 Stk/J + 3 F-h/Stk x 5.000 Stk/J = 3.000 F-h/J + 15.000 F-h/J = Planbezugsgrößenmenge (Planbeschäftigung) = 18.000 F-h/J = 1.500 F-h/Jahreszwölftel (= Monat)

Da im Produktionsplan die Engpässe in der Unternehmung bereits berücksichtigt sind, nennt man dieses Verfahren der Beschäftigungsplanung „**Engpassplanung**".

In den **Hilfs**kostenstellen ist eine derartige Vorgehensweise nicht möglich, da diese ja gerade dadurch gekennzeichnet sind, dass **keine** Kostenträger-Beschäftigung-Funktion existiert. Für die Ermittlung der Planbeschäftigung der Hilfskostenstellen muss vielmehr zunächst der Bedarf an innerbetrieblicher Leistung in allen Kostenstellen bekannt sein, die diese Leistung empfangen; die Planung der Faktormengen muss also bereits abgeschlossen sein. Um diese zeitliche Abfolge zu berücksichtigen, wird die Beschäftigungsplanung für Hilfskostenstellen in Modul 5 dargestellt.

Liegt kein Absatz- und Produktionsprogramm für die Periode vor, oder erfolgt keine Abstimmung zwischen Unternehmungsplanung und Plankostenrechnung, kann die **Kapazität** der Haupt- oder Hilfskostenstelle als Maß für die Planbeschäftigung herangezogen werden. Dieses Verfahren wird als „**Kapazitätsplanung**" bezeichnet.

3.2.2 Planung der Faktorpreise für primäre Kosten

Nach der Planung der Beschäftigung kann mit der eigentlichen Planung der Kosten begonnen werden, die entsprechend dem wertmäßigen Kostenbegriff ein Produkt aus Planmengen an Produktionsfaktoren und deren Planpreisen darstellen. Demgemäß kann die Planung von Faktorpreisen und Faktormengen prinzipiell getrennt erfolgen.

Schwierigkeiten bereiten allerdings Kostenarten, die sich nicht oder nur mit hohem Erfassungsaufwand in eine Mengen- und eine Preiskomponente zerlegen lassen. Hier wird eine künstliche Aufteilung in Mengen- und Preiskomponente vorgenommen, indem diese in den Kostenstellen als €-Budgetbeträge (Mengenkomponente) mit dem Planpreis „Einheits-€" [E€] geplant werden. Dabei handelt es sich hauptsächlich um Dienstleistungskosten für den Einsatz von Zusatzfaktoren (z. B. Versicherungen) sowie Abschreibungskosten.

Ein weiteres Problem bei der Preisplanung stellen **innerbetriebliche Leistungen** dar. Die Frage des „richtigen" Preises für diese sekundären Kostenarten wird in der Literatur kontrovers diskutiert. Bei einer kostenorientierten Preisplanung ist für die Informationsversorgung der operativen Planung und Kontrolle das **Verursachungsprinzip** anzuwenden. Danach dürfen einem Bezugsobjekt (hier: verbrauchte Menge von innerbetrieblichen Leistungen in einer Kostenstelle) nur diejenigen Kosten zugerechnet werden, die durch dieses Bezugsobjekt zusätzlich entstehen (hier: die proportionalen Kosten, die bei der Erstellung dieser Menge in der liefernden Kostenstelle anfallen). Die sich hieraus ergebenden Konsequenzen für die Preisplanung werden ausführlich in Modul 5 erörtert.

Der Einsatz der Plankostenrechnung als Informationsversorgungsinstrument der Planung und Kontrolle erfordert, dass der Planungszeitraum, für den Faktorpreise festgelegt werden, mit jenem der Informationsverwendung (Planung und Kontrolle) übereinstimmt. Zur Informationsversorgung der operativen Planung und Kontrolle wird deshalb in der Regel eine jährliche Planungsperiode unterstellt.

Die Planung der Faktorpreise soll anschließend für folgende Kostenarten überblicksartig dargestellt werden:

- Personalkosten

- Werkstoffkosten[i]

- Abschreibungs- und Kapitalkosten

- Energiekosten

Für den Bereich der **Personalkosten** (Löhne, Gehälter, Sozialkosten) werden die geltenden Tariflöhne (Stundenlöhne) und Tarifgehälter (Monatsgehälter) der Kostenplanung zugrunde gelegt. Treten während der Planungsperiode Tarifänderungen (z. B. Lohn- und Gehaltserhöhungen) auf, so wird mithilfe eines EDV-Standardprogramms die Kostenplanung auf die neuen Tarife umgerechnet. Ergebnisse der Faktorpreisplanung für den Einsatz der menschlichen Arbeitsleistung sind **Planlohntabellen** und **Plangehaltslisten** für alle Mitarbeiter in allen Kostenstellen der Unternehmung. Für Sozialkosten in Form geplanter gesetzlicher Sozialabgaben und freiwilliger Sozialleistungen wird in einer Sonderrechnung ein pauschaler Prozentsatz, der **kalkulatorische Sozialzuschlag**, häufig getrennt nach Lohn und Gehalt, ermittelt und in einer eigenen Kostenart den geplanten Löhnen bzw. Gehältern zugeschlagen.

Für die Planung der Preiskomponente von **Werkstoffkosten** kommen drei Preissysteme in Frage: Einkaufs-, Einstands- und Verbrauchspreissystem. Am häufigsten wird das **Einstandspreissystem** eingesetzt. Einstandspreise setzen sich aus dem fakturierten[ii] Einkaufspreis zuzüglich außerbetrieblicher Beschaffungskosten (Transport-, Versicherungs-, Verpackungskosten) zusammen, sofern Letztere gesondert in Rechnung gestellt werden. Im Rahmen der Preisplanung werden die Einstandspreise für die Planungsperiode mithilfe von Prognoseverfahren (Durchschnittsbildung, Trendrechnung, Ex-

---

[i]   Diese Kosten**art** wird häufig auch als Materialkosten bezeichnet, muss jedoch streng von den Kosten des Material**bereichs** unterschieden werden, die sich aus den Materialgemeinkosten (=Kosten der Materialkosten**stellen**) sowie den Einzelmaterialkosten zusammensetzen und (ebenfalls) als Materialkosten bezeichnet werden. Aus diesem Grunde wird hier die Bezeichnung Werkstoffkosten für die Kosten**art** vorgezogen.

[ii]   fakturieren = in Rechnung stellen

ponentielle Glättung) vorhergesagt und in einer **Planpreisliste** festgelegt. Häufig liegen langfristige Rahmen-Lieferverträge vor, in denen die zukünftigen Preise bereits vertraglich festgelegt wurden. Bei
allen von außen bezogenen Produktionsfaktoren erfordert die Preisplanung solide Marktkenntnisse des Einkäufers, der die Planpreise zu
testieren hat.

Bei der Planung von **Abschreibungs-** und **Kapitalkosten** für von
außen bezogene **Betriebsmittel** bilden die Einstandspreise[i] die **Mengenkomponente**. Abschreibungskosten lassen sich nicht in eine
Mengen- und eine Preiskomponente zerlegen, sodass der Einstandspreis als €-Budgetbetrag (Mengenkomponente) mit dem Planpreis
„Einheits-€" [E€] bewertet wird. Bei den Kapitalkosten stellt der
kalkulatorische Zinssatz den Preis dar, mit dem die Mengenkomponente, das aus dem Einstandspreis ermittelte gebundene Kapital, bewertet wird.

In das Planpreissystem können auch **Energiekosten** für fremdbezogene Energie, wie Strom, Wärme (Dampf), Gas und Wasser, einbezogen werden. Auch hier liegen langfristige Tarifverträge vor, in
denen feste Perioden-Grundpreise für die bereitgehaltene Leistung
und Arbeitspreise pro Mengeneinheit der gelieferten Leistung
($€/kWh$, $€/10^6$ kJ, $€/m^3$) festgelegt sind.

3.2.3 Planung der Faktormengen

Die Grenzplankostenrechnung (GPKR) ist dadurch gekennzeichnet,
dass sie eine konsequente planmäßige Trennung der Vollkosten der
Planungsperiode in beschäftigungsfixe und -variable Bestandteile
vornimmt. Diese Trennung erfolgt grundsätzlich auf Basis der einzusetzenden Faktor**mengen**.

Zunächst werden die Plankosten in Kostenträgereinzelkosten und
-gemeinkosten getrennt. Die Planeinzelkosten werden aufgrund der
vorhandenen Kostenträger-Kosten-Funktion direkt pro Kostenträ-

---

[i] Bei Betriebsmitteln können außer den Einkaufspreisen beispielsweise
noch innerbetriebliche Transportkosten, Kosten für die Herstellung von
Fundamenten und Installationskosten hinzukommen.

gereinheit geplant und können als proportionale Kosten und damit Grenzkosten direkt den Kostenträgereinheiten zugerechnet werden. Die Plangemeinkosten werden in den Kostenstellen in Abhängigkeit von der Beschäftigung aufgrund der Beschäftigung-Kosten-Funktion geplant. Die beschäftigungsvariablen Anteile können dann entsprechend der Kostenträger-Beschäftigung-Funktion[i] über Plankalkulationssätze den Kostenträgereinheiten zugerechnet werden.[ii] Aus Gründen der Zweckmäßigkeit (einfachere Kontrolle, einfachere Kostensatzbildung, einfachere Planung von Sozialkosten)[iii] werden allerdings die Fertigungslöhne, die als Einzellöhne Kostenträgereinzelkosten darstellen, in die Gemeinkostenplanung der Fertigungsstellen einbezogen.

Im Rahmen der Planung der Gemeinkosten erfolgt kostenartenweise die Planung der primären Gemeinkosten für die vorgesehene Planbeschäftigung. Dabei ist getrennt für jede Bezugsgrößenart in der Kostenstelle die Einsatz**menge** an Produktionsfaktoren in Abhängigkeit von der Beschäftigung zu planen. Hierbei ist eine planmäßige Auflösung in beschäftigungsvariable und -fixe Bestandteile vorzunehmen. Für die einzelnen Schritte der Kostenplanung lassen sich aufgrund vielfältiger produktionsfaktor-, produkt-, betriebs- und branchenspezifischer Besonderheiten kaum allgemeingültige Regeln aufstellen.[iv] Die Ausführungen zur Kostenplanung beschränken sich daher auf die Erörterung grundlegender Zusammenhänge und die Darstellung repräsentativer Beispiele.

Die Zuordnung zu den Kostenkategorien der beschäftigungsfixen und -variablen Kosten ist bei einigen primären Kostenarten relativ einfach. Einige Kostenträger-Gemeinkostenarten werden voll den fixen Kosten zugeordnet (z. B. Zinskosten auf Anlagevermögen, Versicherungskosten für Gebäude, Gehaltskosten für Führungspersonal). Andere, wie z. B. Hilfsstoffkosten können praktisch immer in voller

---

[i]   Vgl. Modul 2.

[ii] Vgl. Modul 5.

[iii] Vgl. hierzu Kilger / Pampel / Vikas 2007, S. 203.

[iv] Vgl. Haberstock 2004, S. 233 f.

Höhe den variablen Kosten zugeordnet werden. Für die Planung dieser rein variablen Kosten muss der funktionale Zusammenhang zwischen Bezugsgröße und Verbrauchsmenge bekannt sein. Die Ermittlung derartiger Zusammenhänge verlangt umfassende technische und kostentheoretische Kenntnisse und ist daher nur in enger Zusammenarbeit von Technikern und Kaufleuten möglich.

In der Konzeption der Grenzplankostenrechnung wird bei beschäftigungsvariablen Kosten grundsätzlich von einem proportionalen Zusammenhang zwischen Bezugsgröße und Verbrauchsmenge ausgegangen.[i] Die Annahme eines proportionalen Zusammenhangs hat für die Kostenrechnung den enormen Vorteil, dass der Verbrauch pro Bezugsgrößeneinheit, der **Verbrauchskoeffizient**, konstant, d. h. unabhängig von der Beschäftigung ist. Damit sind auch die proportionalen Kosten pro Bezugsgrößeneinheit (proportionaler Kostensatz) konstant. Die beschäftigungsvariablen Kosten fallen also als proportionale Kosten an[ii] und die Grenzkosten sind damit gleich den durchschnittlichen variablen Kosten. Die Konsequenzen dieser Annahme im Vergleich mit anderen Kostenverläufen sind beispielhaft in Abb. 3-5 dargestellt.

---

[i]   Siehe hierzu die Ausführungen in Modul 2.

[ii]   Die Bezeichnungen proportionale Kosten und variable Kosten werden daher in der Grenzplankostenrechnung synonym gebraucht.

Kostenkategorie	Beschäf-tigung B [F-h / Monat]	Gesamte Perioden-kosten K(B) [€ / Monat]	Durch-schnitts-kosten k(B) [€ / F-h]	Beschäftigungs-Grenzkosten K'(B) [€ / F-h]
1) Proportionale Periodenkosten	10	300	30	30
	20	600	30	30
	30	900	30	30
	40	1200	30	30
	50	1500	30	30
2) Degressive Peri-odenkosten	10	300	30	30
	20	560	28	26
	30	780	26	22
	40	960	24	18
	50	1100	22	14
3) Progressive Pe-riodenkosten	10	300	30	30
	20	640	32	34
	30	1020	34	38
	40	1440	36	42
	50	1900	38	46
4) Regressive Peri-odenkosten	10	300	30	30
	20	220	11	-8
	30	160	5,32	-6
	40	120	3	-4
	50	100	2	-2
5) Sprungfixe Peri-odenkosten	10	300	30	0
	20	300	15	0
	30	300	10	0
	40	600	15	-
	50	600	12	0
	60	600	10	0
	70	900	12,8	-
	80	900	11,2	0
	90	900	10	0
6) Fixe Perioden-kosten	10	300	30	0
	20	300	15	0
	30	300	10	0
	40	300	7,5	0
	50	300	6	0

Abb. 3-5:   Zahlenbeispiele zu Perioden-, Durchschnitts- und Grenzkosten[i]

Ist der Verbrauchskoeffizient einmal ermittelt, lassen sich für jede beliebige Beschäftigung die variablen Kosten einer Kosten**art** durch einfache Multiplikation von Verbrauchskoeffizient, Faktorpreis und

---

[i]   Vgl. Haberstock 2005, S. 36 ff.

Beschäftigung ermitteln. Diese Kosten werden als proportionale **Sollkosten** bezeichnet. Bis zur Kapazitätsgrenze (maximale Beschäftigung) haben die proportionalen Sollkosten einen linearen Verlauf. Die proportionalen **Plan**kosten sind dementsprechend nur ein Punkt auf der Kurve der proportionalen Sollkosten, den man durch Multiplikation von Verbrauchskoeffizient, Faktorpreis und **Plan**beschäftigung erhält.

Bei den meisten Kostenträger-Gemeinkostenarten ist eine eindeutige Zuordnung jedoch nicht ohne weiteres möglich. Für diese muss eine **Kostenauflösung** vorgenommen werden. Da die Bezugsgrößenmenge (Beschäftigung) nur in den Kostenentstehungs- und Kostenverantwortungsbereichen (Kostenstellen) gemessen werden kann, ist eine Kostenauflösung auch nur dort möglich. Hierzu gibt es viele Verfahren, auf die hier nicht eingegangen werden kann.[i] Soll die Kostenrechnung als Controllinginstrument eine Informationsversorgung der Planung und Kontrolle ermöglichen, so kann nur eine planmäßige Kostenauflösung zum Ziel führen.

Im Rahmen der **planmäßigen Kostenauflösung** wird in jeder Kostenstelle und für jede Kostenart gesondert entschieden, welcher Anteil den beschäftigungsfixen und welcher den beschäftigungsvariablen Kosten planmäßig zuzurechnen ist. Dabei wird nicht so sehr darauf geachtet, wie sich die Kosten in Fortschreibung der empirischen Kostenverläufe aufgrund von Vergangenheitsdaten verhalten **werden**, sondern wie sie sich aufgrund bestimmter unternehmerischer Entscheidungen verhalten **sollten**. Demnach wird die planmäßige Kostenauflösung durch zukunftsgerichtete Dispositionen und damit auch durch den zeitlichen Planungshorizont beeinflusst. Der Planungshorizont sollte sinnvollerweise mit dem Planungshorizont der operativen Planung und Kontrolle übereinstimmen, für welche die Kostenrechnung die Informationsversorgung übernimmt.

Für so genannte **Kombinationskostenarten**, bei denen der fixe Faktoreinsatz **unabhängig** vom variablen Faktoreinsatz erfolgt, ist die Kostenauflösung relativ leicht vorzunehmen. Kombinationskostenar-

---

[i]   Vgl. Kilger / Pampel / Vikas 2007, S. 276 ff.

ten treten z. B. bei Energiekosten auf, wenn für den Produktionsprozess eine bestimmte Dauertemperatur aufrecht erhalten werden muss. Die fixen Kosten entstehen hier durch den Energieverbrauch zum Ausgleich der Wärmeverluste. Wichtige technische Größe für die Planung der fixen Kostenanteile ist in diesen Fällen der Wirkungsgrad, der angibt, wieviel Prozent der zugeführten Energie genutzt werden können. Der Wert dieses eigenständigen, konstanten Faktorverbrauchs multipliziert mit dem Planpreis entspricht der Kurve der fixen Sollkosten. Eine gesonderte Berechnung der fixen Plankosten entfällt, da die fixen Sollkosten für jede Beschäftigung gleich hoch sind, sodass die fixen Sollkosten den fixen Plankosten entsprechen. Da ohne diesen fixen Verbrauch gar keine Leistungserstellung stattfinden könnte, spricht man auch von den Kosten der Aufrechterhaltung der Betriebsbereitschaft oder verkürzt nur von den **Kosten der Betriebsbereitschaft**.

Zusätzlich zu diesem ständig anfallenden Energieverbrauch entsteht ein durch die Produktion bedingter Verbrauch. Sollen in einem Ofen z. B. Teile geschmolzen werden, so kann die hierfür benötigte **zusätzliche** Energie aus den physikalischen Eigenschaften der Teile errechnet werden (Schmelzpunkt, spezifische Wärmekapazität etc.). Man erhält so den Verbrauchskoeffizienten. Durch Multiplikation des bewerteten Verbrauchskoeffizienten mit der Planbeschäftigung werden dann die proportionalen Plankosten ermittelt, die wiederum einen Punkt auf der Kurve der proportionalen Sollkosten darstellen. Die Addition von fixem und proportionalem Anteil liefert die vollen Plankosten, die dementsprechend auf der Kurve der vollen Sollkosten liegen. Diese Zusammenhänge verdeutlichen nochmals Abb. 3-6 und Formel (3.3).

$$K_{ges}^{(p)} = R_{ges}^{(p)} \cdot p^{(p)} = (R_p^{(p)} + R_f^{(p)}) \cdot p^{(p)} = (r_V^{(p)} \cdot B^{(p)} + R_f^{(p)}) \cdot p^{(p)} \quad (3.3)$$

$R_{ges}^{(p)}$: gesamte Plan-Faktoreinsatzmenge

$R_p^{(p)}$: proportionale Plan-Faktoreinsatzmenge

$R_f^{(p)}$: fixe Plan-Faktoreinsatzmenge

$r_V^{(p)}$: Plan-Verbrauchskoeffizient

$p^{(p)}$: Plan-Faktorpreis

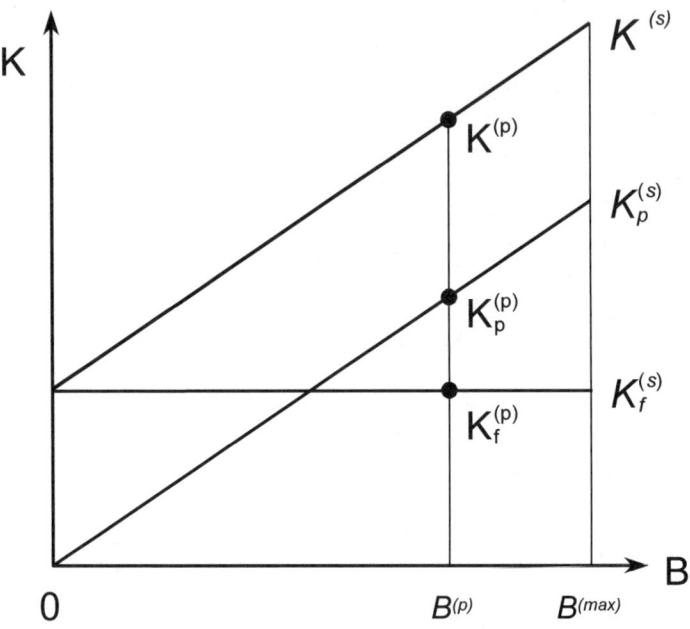

$K^{(p)}$: volle Plankosten $K^{(s)}$: volle Sollkosten

$K_p^{(p)}$: proportionale Plankosten $K_p^{(s)}$: proportionale Sollkosten

$K_f^{(p)}$: fixe Plankosten $K_f^{(s)}$: fixe Sollkosten

Abb. 3-6:   Kostenauflösung bei Kombinationskostenarten

Schwieriger gestaltet sich die Kostenauflösung für **Mischkostenarten**. Diese sind dadurch gekennzeichnet, dass keine eindeutige Trennung von fixem Grundeinsatz und variablem Zusatzeinsatz vorgenommen werden kann. So ist zwar z. B. der Stromverbrauch einer Werkzeugmaschine bei konstanter Intensität (Drehzahl) proportional zur Maschinenzeit und kann eindeutig aus den technischen Unterlagen der Maschine entnommen werden. Läuft die Maschine allerdings mit Leerlaufdrehzahl, wenn sie nicht benutzt wird, hängen diese Kosten für die Aufrechterhaltung der Betriebsbereitschaft umgekehrt proportional von der Beschäftigung ab (s. Abb. 3-7).[i] Hier ergeben sich also die Gesamtkosten als Summe von **Nutz-** und **Leerkosten**.

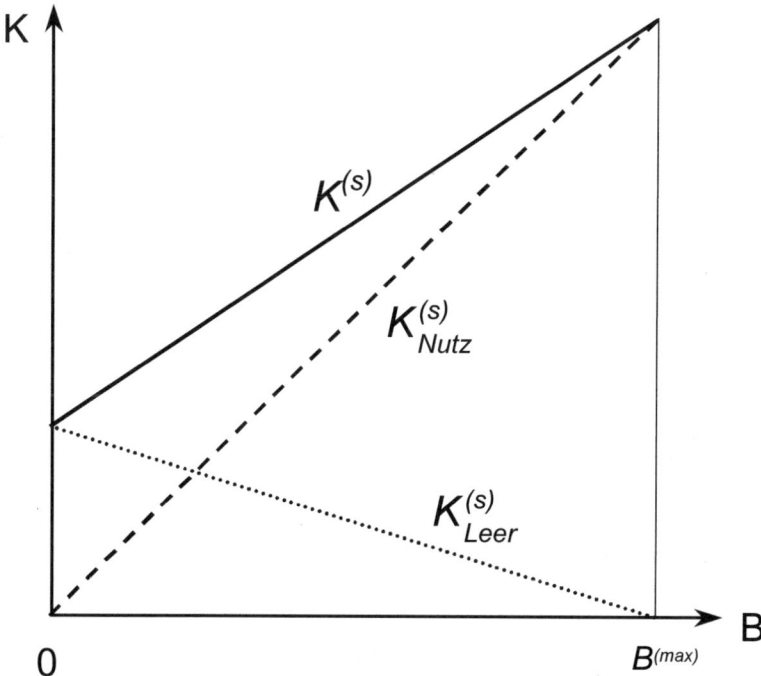

Abb. 3-7:   Kostenverläufe bei Mischkostenarten

Die beschäftigungsfixen Kosten werden in diesem Fall aufgrund eines Gedankenexperiments ermittelt. Für jede Potenzialfaktorart in der Kostenstelle werden die Leerkosten bei einer Beschäftigung von null ermittelt. Dabei wird untersucht, welcher Faktoreinsatz weiterhin anfallen würde, wenn die Beschäftigung in dem Bereich gerade auf „null" abgesunken wäre. Dieser Faktoreinsatz wird zur Aufrechterhaltung der Betriebsbereitschaft benötigt. Die aus diesem Faktoreinsatz resultierenden Kosten werden als beschäftigungsfixe Kosten angesehen, die in gleicher Höhe über den gesamten Beschäftigungs-

---

[i] Man kann sich diese als Kosten für den „Stand-by-Betrieb" des betrachteten Bereiches vorstellen.

bereich anfallen, also auch für die Planbeschäftigung. Man erhält auf diese Weise die Planfixkosten der Periode.

Zur Ermittlung der proportionalen Kosten muss also der Anteil an den Nutzkosten, der als beschäftigungsfix anzusehen ist, von den gesamten Nutzkosten subtrahiert werden. Dies geschieht, indem zunächst die Differenz der spezifischen Faktoreinsätze für Nutzung und Betriebsbereitschaft (**Nutzungskoeffizient** minus **Betriebsbereitschaftskoeffizient**) gebildet wird. So erhält man den Verbrauchskoeffizienten, der mit Planbeschäftigung und Preis multipliziert die **proportionalen Kosten** ergibt. Nur diese werden bei einer Verringerung der Beschäftigung tatsächlich abgebaut.

Die **Nutzkosten** sind das Produkt aus Nutzungskoeffizient, Beschäftigung und Preis. Der Nutzungskoeffizient entspricht der durch eine Beschäftigungseinheit insgesamt genutzten Produktionsfaktormenge. Bei linearer Nutzkosten-Beschäftigung-Funktion entspricht er der Grenz-Nutzeinsatzmenge. Die **Leerkosten** sind das Produkt aus Betriebsbereitschaftskoeffizient, Leerkapazität und Preis. Der **Betriebsbereitschaftskoeffizient** entspricht der auf eine Beschäftigungseinheit entfallenden Faktormenge, die zur Aufrechterhaltung der Betriebsbereitschaft eingesetzt wird (unabhängig davon, in welchem Umfang die Betriebsbereitschaft genutzt wird). Multipliziert man den Betriebsbereitschaftskoeffizienten mit der Leerkapazität und dem Preis, erhält man dem entsprechend die **Leerkosten**; multipliziert man ihn mit der (Plan-)Beschäftigung und dem Preis, erhält man die **fixen Nutzkosten**. Im letzten Fall kann der Betriebsbereitschaftskoeffizient auch als die Faktormenge interpretiert werden, die bei Anfall einer zusätzlichen Beschäftigungseinheit von Leer- in Nutzkosten umgewandelt, bzw. bei Verringerung um eine Beschäftigungseinheit von Nutz- in Leerkosten umgewandelt wird. Dieser Teil der Nutzkosten fällt bei einem Beschäftigungsrückgang dann als Leerkosten an, wird also nicht abgebaut, sondern nur umgewandelt.[i] Multipliziert man den Betriebsbereitschaftskoeffizienten mit der Kapazität und dem Preis, erhält man die **fixen Kosten**; diese Zusammenhänge verdeutlichen nochmals Formel (3.4) und Abb. 3-8.

---

[i]   S. hierzu die Ausführungen zum Beanspruchungsprinzip in Modul 2.

$$K_{ges}^{(p)} = R_{ges}^{(p)} \cdot p^{(p)} = (R_{Nutz}^{(p)} + R_{Leer}^{(p)}) \cdot p^{(p)} =$$

$$= (r_{Nutz}^{(p)} \cdot B^{(p)} + r_{Bb}^{(p)} \cdot B_{Leer}^{(p)}) \cdot p^{(p)} =$$

$$= (r_{Nutz}^{(p)} \cdot B^{(p)} + r_{Bb}^{(p)} (B_{max}^{(p)} - B^{(p)})) \cdot p^{(p)} = \qquad (3.4)$$

$$= (\underbrace{(r_{Nutz}^{(p)} - r_{Bb}^{(p)}) \cdot B^{(p)}}_{R_p^{(p)}} + \underbrace{r_{Bb}^{(p)} \cdot B_{max}^{(p)}}_{R_f^{(p)}}) \cdot p^{(p)}$$

$r_{Nutz}^{(p)}$	:Plan-Nutzungskoeffizient	$R_p^{(p)}$: proportionale
$r_{Bb}^{(p)}$	:Plan-Betriebsbereitschafts-	Plan-Faktoreinsatzmenge
	koeffzient	$R_f^{(p)}$: fixe
$R_{Nutz}^{(p)}$	:Plan-Nutzfaktoreinsatzmenge	Plan-Faktoreinsatzmenge
$R_{Leer}^{(p)}$	:Plan-Leerfaktoreinsatzmenge	$B_{Leer}^{(p)}$: Plan-Leerkapazität

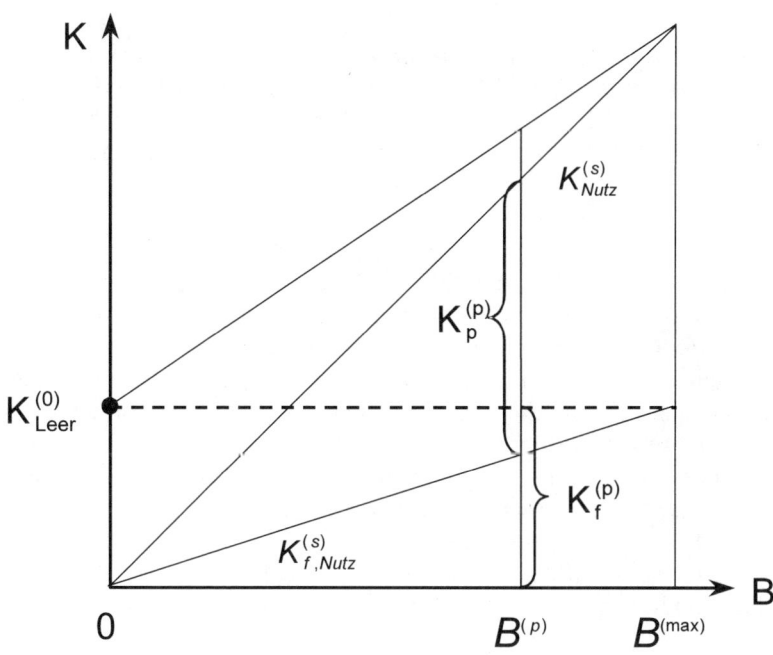

Abb. 3-8:   Kostenauflösung bei Mischkostenarten

Sie wollen für Ihren Fernseher die Energiekosten planen. Offensichtlich hängt die Höhe des Energieverbrauchs davon ab, wie lange Sie fernsehen. Ein Studium der Bedienungsanleitung zeigt, dass bei Nichtnutzung die Leistungsaufnahme 20 W für den Stand-by-Betrieb beträgt (Betriebsbereitschaftskoeffizient). Bei Nutzung beträgt die Leistungsaufnahme 180 W (Nutzungskoeffizient). Damit liegt hier eine Mischkostenart vor. Zunächst überlegen Sie sich nun, welcher Energieverbrauch weiterhin anfällt, wenn die „Beschäftigung" für den Fernseher auf null zurückgeht, d. h. wenn Sie überhaupt nicht fernsehen, den Fernseher aber in Betriebsbereitschaft halten wollen. Bei einem Strompreis von 0,15 €/kWh erhalten Sie die fixen Stromkosten für den Fernseher in einem Monat wie folgt: 20/1000 kW * 30 Tage/Monat * 24 h/Tag * 0,15 €/kWh = 2,16 €/Monat. Die variablen Kosten für Ihre geplante Fernsehdauer von 120 h/Monat ermitteln Sie wie folgt: (180/1000 - 20/1000) kW * 120 h/ Monat * 0,15 €/kWh = 2,88 €/Monat. Das ergibt volle Plankosten von 5,04 €/Monat.

Beschäftigungsfixe Kosten fallen kalenderzeitabhängig an und resultieren aus der Aufrechterhaltung der Betriebsbereitschaft. Sie lassen sich i. d. R. kurzfristig nicht verändern. Durch die Bindungsdauer der Entscheidung über den Produktionsfaktoreinsatz wird festgelegt, wann eine erneute Entscheidung über den (weiteren) Produktionsfaktoreinsatz getroffen werden muss.[i] Während der Bindungsdauer der Entscheidung ist kein Abbau der Kosten möglich. Beschäftigungsfixe Kosten lassen sich daher meist nur sprunghaft, nur in bestimmten Intervallen und nur zu bestimmten Terminen abbauen. Beschäftigungsfixe Personalkosten können z. B. nur unter Beachtung der Kündigungsfristen zu bestimmten Terminen reduziert werden.

---

[i] Vgl. hierzu die Ausführungen zum Entscheidungsprinzip in Modul 2.

Auch bei Mietkosten, die an bestimmte Laufzeiten der Mietverträge (Bindungsdauern) gebunden sind, kann ein Abbau nur unter Einhaltung einer Kündigungsfrist zu bestimmten Zeitpunkten erfolgen. Beschäftigungsfixe Kosten sollten daher zumindest grob nach den Fristen ihrer Abbaufähigkeit gegliedert werden.

Die Grenzplankostenrechnung hat bisher von allen „modernen" Ansätzen der Kosten- und Erlösrechnung die größte praktische Verbreitung gefunden. Trotz ihrer grundsätzlichen Eignung aus Controllingsicht, gibt es einige Kritikpunkte. Die neuere Kritik an der Grenzplankostenrechnung richtet sich vor allem gegen folgende Eigenschaften:

- Nicht-Berücksichtigung der unterschiedlichen Abbaufähigkeit bzw. Bindungsdauer fixer Kosten (Planungsperiode in der Regel: 1 Jahr)

- Verletzung des Verursachungsprinzips bei der Verrechnung der Kosten indirekter Bereiche, die im Vergleich zu den Kosten der direkten Bereiche an Bedeutung zunehmen

- undifferenzierte Verrechnung fixer Kosten, deren Anteil an den Vollkosten sich durch steigende Automatisierung erhöht.

Die Kritik an fest vorgegebenen Fristigkeitsgraden, die unter Umständen mit dem Fristigkeitsgrad der Informationsverwendung (z. B. operative Planung) nicht übereinstimmen, hat zur Entwicklung der **Dynamischen Grenzplankostenrechnung** geführt.[i] In ihr werden die beschäftigungsfixen Kosten in Bezug auf ihre Abbaubarkeit für unterschiedliche Fristigkeitsgrade (z. B. 3 Monate, 6 Monate, 12 Monate) geplant. Je kürzer die Planungsperiode gewählt wird, umso höher wird der Anteil der (relativ) fixen Kosten an den Gesamtkosten. Da jedoch der Aufwand für die Implementierung und den laufenden Betrieb einer solchen Dynamischen Grenzplankostenrechnung gegenüber einer „normalen" Grenzplankostenrechnung erheblich an-

---

[i]   S. zu dieser Modul 12.

steigt, hat sich dieses System bisher in der Praxis nicht durchsetzen können.[i]

Die unzureichende Berücksichtigung der Kosten der indirekten Bereiche hat zur Entwicklung der **Prozesskostenrechnung** geführt, die in Modul 10 behandelt wird.

Die undifferenzierte Verrechnung von fixen Kosten in der Grenzplankostenrechnung hat zur Entwicklung der **stufenweisen Fixkostendeckungsrechnung** geführt, die innerhalb der kurzfristigen Erfolgsrechnung zu einer **mehrstufigen Deckungsbeitragsrechnung** auf Grenzkostenbasis ausgebaut wird. Hier erfolgt die Zurechnung der Fixkosten zu produkt- bzw. organisationsbezogenen Bezugsgrößenhierarchien: z. B. Aufteilung des gesamten Fixkostenblocks in produktartenfixe, produktgruppenfixe, bereichsfixe, unternehmungsfixe Kosten. Die mehrstufige Deckungsbeitragsrechnung, die auch in der Praxis seit langer Zeit mit Erfolg eingesetzt wird, ist Gegenstand von Modul 9.

---

[i] Zur kritischen Beurteilung der Dynamischen Grenzplankostenrechnung vgl. Schehl 1994, S. 325 ff.

Kontrollfragen

1. Welche organisatorischen und personellen Voraussetzungen müssen für die Kostenplanung erfüllt sein?

2. Welche Informationen aus der operativen und strategischen Planung müssen für die Kostenplanung bereitgestellt werden?

3. Erläutern Sie die Grundsätze, die bei der Aufstellung eines Kostenartenplans zu beachten sind.

4. Welche Kostenarten zählen zu den Kostenträgereinzelkosten?

5. Was versteht man unter Sondereinzelkosten?

6. Wie werden Sondereinzelkosten berechnet?

7. Was ist bei der Aufstellung eines Kostenartenplanes zu beachten?

8. Nennen Sie typische Kostenbereiche.

9. Was versteht man unter direkten bzw. indirekten Bereichen?

10. Unterscheiden Sie Haupt- und Hilfskostenstellen.

11. Welche Funktionen sollen Bezugsgrößen erfüllen?

12. Was sind direkte Bezugsgrößen?

13. Warum erfüllen direkte Bezugsgrößen in Hilfskostenstellen nicht die Kalkulationsfunktion?

14. Was sind indirekte Bezugsgrößen?

15. Erläutern Sie die Einheit „€ Deckung Grenzkosten".

16. Was versteht man unter Budgetierung?

17. Geben Sie Beispiele für direkte und indirekte Bezugsgrößenarten.

18. Unterscheiden Sie Engpass- und Kapazitätsplanung.

19. Unterscheiden Sie die verschiedenen Arten von Kostenträgern.

20. Wie erfolgt die Preisplanung bei Kostenarten, die nicht in eine Mengen- und Preiskomponente zerlegt werden können?

21. Wie erfolgt die Planung der Faktorpreise bei Sozialkosten?

22. Was sind Einstandspreise?

23. Was versteht man unter dem spezifischen Verbrauch?

24. Wie werden die proportionalen Sollkosten ermittelt?

25. Was versteht man unter der Kostenauflösung?

26. Wie erfolgt die Kostenauflösung bei Kombinationskostenarten?

27. Was versteht man unter den Kosten der Betriebsbereitschaft?

28. Wie erfolgt die Kostenauflösung bei Mischkostenarten?

29. Welche Schwächen werden an der Grenzplankostenrechnung kritisiert?

4. Lernmodul
Planung der Faktormengen in der Grenzplankostenrechnung

Lernziele:

Nach dem Studium dieses Lernmoduls sollten Sie insbesondere folgende Punkte verstanden haben:

- die unterschiedlichen Vorgehensweisen bei der Kostenauflösung,

- die Gründe, warum Abschreibungskosten nur näherungsweise geplant werden können,

- die Verfahren zur Planung von Kapitalkosten,

- die Behandlung von Sondereinzelkosten.

Ihre Erläuterungen zu entscheidungsrelevanten Kosten haben Ihre Tante überzeugt und sie will sich gleich an die Arbeit machen, um für die „Frisch & Knackig GmbH" eine Grenzplankostenrechnung einzuführen. Schnell tauchen jedoch die ersten Fragen auf: „Wie berücksichtige ich das Urlausbgeld für die Verkaufshilfe? Die Kosten für das Mehl sind Einzelkosten – gilt das auch für die unvermeidbar in den Rührkesseln haften bleibenden Mengen? Wie kann ich denn die beschäftigungsvarlable Wertminderung moiner Maschinen planen? Verursachen meine Lagerbestände eigentlich variable oder fixe Kosten?" Fragen über Fragen, bei deren Beantwortung Ihnen dieses Modul hilft.

Nach der Planung der Faktorpreise besteht die periodenweise **Planung der Kosten** in erster Linie in der Planung der einzusetzenden Faktor**mengen** auf Basis der geplanten Beschäftigung. In den Hauptkostenstellen besteht hierbei kein Unterschied zwischen der Planung von primären und sekundären Faktormengen. In den Hilfskostenstellen müssen die Verbrauchskoeffizienten für die sekundären Faktormengen aufgrund des in Modul 3 dargestellten Simultanitätsproblems jedoch bereits vor der Beschäftigung geplant werden.

Im Folgenden wird die Planung für die nachstehenden Kostenarten behandelt:

- Personalkosten (Lohn-, Gehalts-, Sozialkosten)

- Werkstoffkosten (Rohstoff- und Vorprodukt-, Hilfsstoff- und Betriebsstoffkosten)

- Betriebsmittelkosten: Diese Kostenartengruppe ist nicht einheitlich definiert. Hier werden folgende Kostenarten behandelt:

  - Energiekosten

  - Werkzeugkosten

  - Reparatur- und Instandhaltungskosten

  - Abschreibungskosten

- Kapitalkosten (Zinskosten auf Anlage- und Umlaufvermögen)

- Sonstige Kosten (z. B. Versicherungskosten, Wagniskosten, Kostensteuern, Gebühren, Sondereinzelkosten der Fertigung und des Vertriebs usw.)

4.1 Planung der Personalkosten

Zu den Personalkosten, deren Faktorpreise bereits in Planlohntabellen und Plangehaltslisten vorliegen, zählen folgende Kostenartengruppen:

- **Lohnempfänger:**
  - Fertigungslöhne
  - Zusatzlöhne
  - Hilfslöhne
  - Zulagen und Mehrarbeitszuschläge
  - Sozialkosten

- **Gehaltsempfänger:**
  - Gehälter
  - Zulagen und Mehrarbeitszuschläge
  - Sozialkosten

Abb. 4-1:   Personalkosten

Fertigungslöhne werden in der GPKR trotz ihrer Eigenschaft als Kostenträgereinzelkosten gemeinsam mit anderen Kostenträgergemeinkosten den Kostenstellen zugerechnet. Ihre Mengenkomponente bilden die **Planarbeitszeiten**, die als Standardzeiten bei planmäßiger Produktgestaltung, planmäßigem Arbeitsablauf und planmäßigen Leistungsgraden der Arbeitskräfte für die Kostenträgereinheiten erforderlich sind. Zur Festlegung dieser Standardzeiten pro Produkteinheit stehen arbeitswissenschaftliche Methoden – wie REFA-Verfahren, Systeme vorbestimmter Zeiten (MTM, WF) – zur Verfügung, auf die hier nicht eingegangen werden kann.[i] Bei **Akkord**entlohnung (Leistungslohn) werden **Vorgabezeiten,** bei **Zeit**entlohnung **Fertigungszeiten** geplant.

Dienen die Fertigungs- bzw. Vorgabezeiten gleichzeitig auch als Bezugsgrößenart der Kostenstelle, so muss die Anzahl der geplanten Fertigungs- bzw. Vorgabestunden (**Mengenkomponente**) der Kostenart „Fertigungslöhne" mit der geplanten **Bezugsgrößenmenge** der Kostenstelle **übereinstimmen**. Dies gilt auch für „Rüstlöhne", wenn bei heterogener Kostenverursachung eine weitere Bezugsgrößenart „Rüststunden" in der betreffenden Kostenstelle vorgesehen ist. Wird bei wechselndem Bedienungsverhältnis noch eine weitere Bezugsgrößenart „Maschinenstunden" geplant, so muss das geplante Bedienungsverhältnis „Maschinenstunden zu Vorgabe- bzw. Fertigungsstunden" berücksichtigt werden (z. B. **ein** Arbeiter überwacht **drei** computergesteuerte Maschinen: Bedienungsverhältnis 3 : 1, d. h. bei

---

[i]   Siehe Hoitsch 1993, S. 121 ff.

300 Maschinenstunden pro Monat → 100 Fertigungsstunden pro Monat).

Die Fertigungslöhne in einer Fertigungskostenstelle, die sich durch Multiplikation der geplanten Fertigungsstunden mit dem Planlohnsatz aus der Planlohntabelle ergeben, werden im Normalfall in voller Höhe den beschäftigungsvariablen Kosten zugeordnet. Diese Verfahrensweise wird allerdings von den Kritikern der GPKR bemängelt, da auch Fertigungslöhne aufgrund bestehender Arbeitsverträge den Charakter von Bereitschaftskosten aufweisen.[i] Für Überwachungsarbeiten an vollautomatischen Fertigungsanlagen kann man Fertigungslöhne auch ganz oder teilweise fix planen. Besser wäre hier allerdings der Ansatz einer eigenen Kostenart „Hilfslöhne für Anlagenüberwachung", die dann einen entsprechenden Bereitschaftskostencharakter aufweist.

Wenn Mitarbeiter durch von ihnen nicht zu vertretende Ursachen an der Erreichung ihres durchschnittlichen Akkordlohns gehindert werden – z. B. bei Maschinen- und Betriebsstörungen, außerplanmäßigen Materialeigenschaften, fehlendem Material, zu geringen Seriengrößen, Anlernen neuer Arbeitskräfte – werden für Zeitüberschreitungen der Vorgabezeiten so genannte **Zusatzlöhne** vergütet. Die Zusatzlöhne sind Kostenträgergemeinkosten und sollen 3% der Fertigungslöhne nicht überschreiten. Sie sind in voller Höhe den variablen Kosten zuzuordnen.

Hilfslöhne (inkl. Rüstlöhne) sind Kostenträgergemeinkosten und fallen für Arbeiten an, die nicht in unmittelbarer Beziehung zur direkten Leistungserstellung einer Kostenstelle stehen – wie Umrüst-, Reinigungs-, Transport-, Reparatur-, Überwachungs-, Kontrollarbeiten. Die Bezeichnung ist insofern irreführend, als sie nichts mit der Qualifikation der entsprechenden Arbeitskräfte zu tun hat. Die entsprechenden Arbeitszeiten werden teils mit arbeitswissenschaftlichen Methoden, teils aufgrund von Erfahrungswerten geplant. Bei der planmäßigen Kostenauflösung der Hilfslohnkosten, die sich aus der Multiplikation der geplanten Arbeitszeiten mit dem Planlohnsatz er-

---

[i] Vgl. Scherrer 1999, S. 222 ff.

geben, muss festgestellt werden, welcher Anteil bei Aufrechterhaltung der Betriebsbereitschaft planmäßig den beschäftigungsfixen Kosten zuzuordnen ist. Der Anteil der beschäftigungsfixen Kosten an den vollen Kosten für Hilfslöhne beträgt häufig zwischen 20% und 50%. Der Rest wird variabel gesetzt.

Zulagen werden für außergewöhnliche Belastungen (z. B. Schmutz, Hitze) und **Mehrarbeitszuschläge** für zu leistende Überstunden als Kostenträgergemeinkosten in den Kostenstellen angesetzt. Normalerweise werden sie in voller Höhe den variablen Kosten zugeordnet. Gelegentlich treten sie aber auch für Bereitschaftsleistungen auf und sind dann fix zu setzen.

Die **Sozialkosten für Lohnempfänger** sind Kostenträgergemeinkosten und werden in einer **Sonderrechnung** als kalkulatorischer Sozialkostenzuschlag (Verrechnungssatz in % der geplanten Brutto-Lohnsumme für die gesamte Planungsperiode) wie in Abb. 4-2 dargestellt ermittelt. Anschließend werden sie als **eigene Kostenart** den Löhnen inklusive aller Zulagen und Zuschläge aufgeschlagen.

1. Plan-Soziallöhne/Jahr (Urlaubs-, Feiertagslohn, Lohnfortzahlung bei Krankheit usw.)

2. geplanter gesetzlicher Sozialaufwand/Jahr (Arbeit**geber**anteil zur Renten-, Kranken-, Arbeitslosen-, Pflegeversicherung; Urlaubs-, Weihnachtsgeld, Berufsgenossenschaftsbeiträge, Vermögenswirksame Leistungen, Renten-, Kranken-, Arbeitslosen-, Pflegeversicherung auf Soziallöhne)

3. geplanter freiwilliger Sozialaufwand/Jahr (Fahrtgeldzuschuss, freiwillige Altersversorgung, Essenszuschüsse usw.)

4. Summe 1. bis 3.

5. geplante Brutto-Anwesenheitslöhne/Jahr

6. 4. dividiert durch 5. ergibt den kalkulatorischen Sozialzuschlagsatz auf Lohn

Abb. 4-2:   Ermittlung des Sozialzuschlags auf Lohn

Der kalkulatorische Sozialzuschlag auf Lohn liegt derzeit mit steigender Tendenz zwischen 70 % und 90 %. Dies bedeutet, dass für jeden € Planlohnkosten zwischen 0,70 und 0,90 € Sozialkosten in einer eigenen Kostenart geplant werden müssen. Wie Abb. 4-3 zeigt, entspricht die Kostenauflösung dabei jener der Lohnkostensumme in der betreffenden Kostenstelle.

Geplante Lohnkosten:	gesamt	proportional	fix
Fertigungslöhne	50.000	50.000	-
Rüstlöhne	2.000	2.000	-
Zusatzlöhne	1.000	1.000	-
Hilfslöhne	4.000	2.500	1.500
Mehrarbeitszuschläge	500	500	-
Brutto-Lohnsumme	**57.500**	**56.000**	**1.500**
Sozialzuschlagssatz: 80%			
Sozialkosten auf Lohn:	46.000	44.800	1.200

Abb. 4-3:   Sozialkosten auf Lohn

Die Kostenplanung für **Gehälter** betrifft Arbeitsleistungen von Angestellten, die zum überwiegenden Teil auf Verwaltungs-, Planungs-, Führungs- und Verkaufsaufgaben entfallen und denen ein unmittelbarer Bezug zum Produktions- und Absatzvolumen einer Unternehmung fehlt. Aus diesem Grunde ist **vor** der Gehaltskostenplanung eine differenzierte **Funktionsanalyse** im Rahmen einer umfassenden Organisationsprüfung mithilfe von Stellenbeschreibungen erforderlich, welche die Grundlage der Kostenplanung bildet. Die Höhe der Gehälter wird der Plangehaltsliste entnommen. Die Gehaltskosten werden in der Regel als Kostenträgergemeinkosten in einer eigenen Kostenart den Kostenstellen zugerechnet. **Zulagen** und **Mehrarbeitszuschläge** werden analog zu Lohnempfängern geplant. Bei der Kostenauflösung von Gehaltskosten wird so vorgegangen, dass zwecks Aufrechterhaltung der Betriebsbereitschaft Gehaltskosten einer Stammbelegung den fixen Kosten zugeordnet werden. Die übrigen Gehaltskosten stellen häufig sprungfixe Kosten dar und werden, auf Beschäftigungsintervalle bezogen, den beschäftigungsvariablen Kosten stufenweise proportionalisiert zugeordnet. Im Zuge neuerer organisatorischer Lösungen im Rahmen der Arbeitszeitflexibilisierung (z. B. Gleitzeit, Teilzeit usw.) ist der Anteil der variablen Kosten an den Gehaltskosten im Steigen begriffen.

Die Planung der **Sozialkosten für Gehaltsempfänger** erfolgt analog zu jener der Lohnempfänger (vgl. Abb. 4-4).

Geplante Gehaltskosten	gesamt	propor-tional	fix
Gehälter Material	80.000	15.000	65.000
Gehälter Fertigung	120.000	20.000	100.000
Gehälter Verwaltung	200.000	20.000	180.000
Gehälter Vertrieb	550.000	350.000	200.000
Zulagen	30.000	25.000	5.000
Mehrarbeitszuschläge	10.000	10.000	-
Brutto-Gehaltssumme	**990.000**	**440.000**	**550.000**
Sozialzuschlagssatz: 90% Sozialkosten auf Gehalt	891.000	396.000	495.000

Abb. 4-4:   Sozialkosten auf Gehalt

4.2 Planung der Werkstoffkosten

Die Planung der **Werkstoffkosten** umfasst folgende Kostenarten:

- Rohstoffkosten

- Vorproduktkosten (Kosten für Einzelteile, Baugruppen, Halbfabrikate, Halbzeuge)

- Hilfsstoffkosten

- Betriebsstoffkosten

Rohstoffkosten und **Vorproduktkosten** sind Einzelmaterialkosten und können daher den Produkteinheiten **direkt** zugerechnet werden. Aus Gründen der späteren Kosten**kontrolle** werden sie jedoch – wie alle Kostenträgereinzelkosten – auch den verbrauchenden Fertigungskostenstellen planmäßig zugeordnet. **Hilfsstoffkosten** (Kosten für Kleinteile wie Schrauben, Nieten, Stifte, Nägel sowie Beizen, geringwertige Farben, Kleber usw.) wären eigentlich Kostenträgereinzelkosten, werden jedoch aus Wirtschaftlichkeitsgründen als unechte Kostenträgergemeinkosten den Kostenstellen zugerechnet.[i] **Betriebsstoffkosten** (z. B. für Schmieröl, Fett, Bohröl, Schneideöl, Hydrauliköl, Kraftstoff, Reinigungsstoff und Arbeitskleidung) sind in der Regel Kostenträgergemeinkosten und werden den Kostenstellen zugerechnet, welche die Betriebsstoffe verbrauchen.

Die Planung der **Einzelmaterialkosten** (Werkstoffeinzelkosten) läuft in folgenden Schritten ab:

• Planung der Netto-Planverbrauchsmenge pro Produkteinheit

• Planung des Mengengefälles, d. h. der Quoten für Abfall, Gewichtsverlust und Ausschuss, in Form des „Einsatzfaktors"

• Ermittlung der Brutto-Planverbrauchsmenge durch Multiplikation der Netto-Planverbrauchsmenge mit dem Einsatzfaktor

• Ermittlung der Einzelmaterialkosten (Werkstoffeinzelkosten) durch Multiplikation der Brutto-Planverbrauchsmenge mit den Planpreisen aus der Planpreisliste

Die **Netto-Planverbrauchsmengen** sind die bei planmäßiger Produktgestaltung, planmäßigen Materialeigenschaften und planmäßigem Produktionsablauf in den Produkteinheiten effektiv enthaltenen Materialmengen. Sie können aus Fertigungsunterlagen wie technischen Zeichnungen, Stücklisten (mechanische Fertigung), Rezepturen (chemische Produktion), Materialmischungsplänen usw. abgeleitet werden.

Die **Planung des Mengengefälles** für Abfall, Gewichtsverlust und **unvermeidbaren** Ausschuss basiert ebenfalls auf technischen Unterlagen. Das Mengengefälle wird durch den „**Einsatzfaktor** α" für jede Materialart ausgedrückt, der folgendermaßen ermittelt wird und in der Regel ≥ 1 sein muss:

---

[i] S. hierzu die Ausführungen in Modul 2.

$$\alpha = \frac{bearbeitete\ Menge\ an\ Einzelmaterial}{verwertbare\ Menge\ an\ Einzelmaterial} \qquad (4.1)$$

Die **Ermittlung der Brutto-Planverbrauchsmenge** und der **Plan-Einzelmaterialkosten** einer Materialart pro Mengeneinheit einer Produktart und pro Periode wird wie folgt durchgeführt:

$$k_{M,kij}^{(p)} = r_{MN,kij}^{(p)} \cdot \alpha_{kij}^{(p)} \cdot p_{E,k}^{(p)} \qquad (4.2)$$

$$k_{M,kj}^{(p)} = \sum_i k_{M,kij}^{(p)} \qquad (4.3)$$

$$K_{M,kij}^{(p)} = k_{M,kij}^{(p)} \cdot x_{ij}^{(p)} \qquad (4.4)$$

$k_{M,kij}^{(p)}$: Plan-Einzelmaterialkosten der Materialart k für eine Mengeneinheit der Produktart (des Kostenträgers) j, die in der Fertigungskostenstelle i anfallen

$r_{MN,kij}^{(p)}$: Netto-Planverbrauchsmenge der Materialart k für eine Mengeneinheit der Produktart (des Kostenträgers) j, die in der Fertigungskostenstelle i anfällt

$\alpha_{kij}^{(p)}$: Planeinsatzfaktor der Materialart k für Produktart j in der Fertigungskostenstelle i

$p_{E,k}^{(p)}$: Planfaktorpreis (Einstandspreis) für eine Mengeneinheit der Materialart k

$k_{M,kj}^{(p)}$: Plan-Einzelmaterialkosten der Materialart k, die insgesamt (in allen Fertigungskostenstellen) für eine Mengeneinheit der Produktart j anfallen (für Plankalkulation)

$K_{M,kij}^{(p)}$: Plan-Einzelmaterialkosten der Materialart k für die Produktart j pro Periode, die in der Fertigungskostenstelle i anfallen (für Kostenstellenplanung)

$x_{ij}^{(p)}$: Planproduktionsmenge der Produktart j in Fertigungskostenstelle i

Mit Ausnahme der Fertigungslöhne erfolgt die kosten**stellen**weise Planung der Kostenträgereinzelkosten **nicht** gemeinsam mit den Kostentträgergemeinkosten, sondern kosten**träger**weise gegliedert in einer eigenen Rechnung. Als Kostenträgereinzelkosten werden sie voll variabel gesetzt. Eine Kostenauflösung erübrigt sich somit.

Zur Planung von **Hilfs- und Betriebsstoffkosten** wird der planmäßige Verbrauch pro Mengeneinheit aller Bezugsgrößenarten einer Kostenstelle mithilfe technischer Überlegungen und Unterlagen (z. B. Verbrauchsfunktionen) bestimmt. Da **Hilfsstoffkosten** unechte Kostenträgergemeinkosten darstellen, können sie zur Gänze den **variablen** Kosten zugeordnet werden. Bei **Betriebsstoffkosten** muss der Mengenanteil, der zur Aufrechterhaltung der Betriebsbereitschaft erforderlich ist, fix gesetzt werden. Der verbleibende Rest wird den variablen Kosten zugerechnet. Durch Bewertung der planmäßigen Hilfs- und Betriebsstoffmengen mit den zugehörigen Planpreisen aus der Planpreisliste ergeben sich die Hilfs- und Betriebsstoffkosten, die häufig zu **einer** Kostenart zusammengefasst werden.

4.3 Planung der Betriebsmittelkosten

Die Zuordnung einzelner Kostenarten zur Gruppe der Betriebsmittelkosten, die – von wenigen Ausnahmen abgesehen, die hier auch angeführt werden – als Kostenträger**gemeinkosten** aufgefasst werden, ist in Theorie und Praxis **nicht** einheitlich. Hier sollen innerhalb der Planung der **Betriebsmittelkosten** im Überblick folgende Kostenarten behandelt werden:

- Energiekosten

- Werkzeugkosten

- Reparatur- und Instandhaltungskosten

- Abschreibungskosten

4.3.1 Planung der Energiekosten

Energiekosten ähneln in ihrem Verbrauchscharakter den Betriebsstoffkosten, weshalb sie häufig auch diesen zugeordnet werden. In Industriebetrieben werden folgende Energiearten eingesetzt:

- Elektrische Energie (Strom)

- Wärme-Energie (Dampf, Warmwasser, Heißluft)

- Kälte-Energie

- Sonstige Energiearten (z. B. Wasser, Gas, Pressluft)

Bei der Planung der Energiekosten ist zwischen selbsterstellter und fremdbezogener Energie zu unterscheiden. Nur die Kosten für fremdbezogene Energie sind primäre Kostenarten. Wird Energie in der Unternehmung selbsterstellt, so sind die Energiekosten sekundäre Kostenarten.[i]

Zur Mengenplanung von Energiekosten müssen technische Unterlagen über die Energieverbrauchskoeffizienten für alle Bezugsgrößenarten der Kostenstellen (z. B. in kWh pro Maschinenstunde) sowie über die notwendige Betriebsbereitschaftsenergie (z. B. Anlaufenergie eines Betriebsmittels bis zur Erreichung der Betriebsdrehzahl oder der Betriebstemperatur) herangezogen werden. Weiterhin wird die Energiekostenplanung durch Energie-Bezugsverträge maßgeblich beeinflusst, die vielerlei Regelungen über die Leistungs- und Preisgestaltung enthalten.

Fremdbezogene Energie wird zumeist in mehreren Kostenstellen verbraucht. Ist dies der Fall, werden die Energiekosten nicht in jeder dieser Kostenstellen als primäre Kostenart geplant sondern zunächst einer Energie-**Verteilungs**kostenstelle zugerechnet. Dort werden die Kosten für die bereitgestellte Leistung pro Periode (**Leistungspreis**) in voller Höhe den beschäftigungs**fixen** Kosten zugeordnet, während die geplante Bezugsmenge an Energie in der Planungsperiode, **bewertet** mit dem **Arbeitspreis**, den **variablen** Kosten zugerechnet wird. In den Verteilungskostenstellen werden außer den eigentlichen Energiekosten auch die Verteilungskosten für die Energie geplant (z. B. Wartungs- und Abschreibungskosten für Transformatorenstationen). Die primären Energiekosten werden damit wie eine innerbetriebliche Leistung, d. h. genauso wie die sekundären Energiekosten, die in Energie-**Erzeugungs**kostenstellen anfallen, behandelt. Aus

---

[i] Die Planung sekundärer Kosten ist Gegenstand von Modul 5.

diesem Grunde sei für das weitere Vorgehen auf die Behandlung dieser Thematik in Modul 5 verwiesen.

4.3.2 Planung der Werkzeugkosten

In der **Planung der Werkzeugkosten** (Kosten für Handwerkzeuge, Messwerkzeuge, Maschinenwerkzeuge [Drehmeißel, Schleifscheiben], Transportwerkzeuge) muss zwischen **Mehrzweckwerkzeugen** und **Spezialwerkzeugen** für bestimmte Produkte oder Aufträge unterschieden werden. Letztere werden als **Sondereinzelkosten der Fertigung** den Kostenträgern zugerechnet.[i] Die Kostenplanung der **Mehrzweckwerkzeuge** kann sehr aufwendig sein[ii] und soll deshalb nur für Werkzeuge für die spanende Fertigung (Drehen, Bohren, Fräsen, etc.) beispielhaft dargestellt werden. Wichtigste technische Größe für die Kostenplanung ist hier die **Standzeit** des Werkzeugs. Diese beschreibt diejenige Zeit, während der ein Werkzeug vom Anschnitt bis zum 'Unbrauchbar werden' aufgrund eines vorgegebenen Standzeitkriteriums unter gegebenen Zerspanungsbedingungen (Standbedingungen)[iii] Zerspanarbeit leistet. Unter Berücksichtigung des Planpreises aus der Planpreisliste für Werkzeuge ergeben sich – stark vereinfacht dargestellt – die Planwerkzeugkosten einer Werkzeugart für eine (z. B. Fertigungs-) Kostenstelle:

$$K_{Werkzeug}^{(p)} = \frac{p_E^{(p)}}{T} \cdot B^{(p)} \qquad (4.5)$$

T :   Standzeit des Werkzeuges

Die Auflösung in fixe und proportionale Kosten hängt von den Verschleißursachen für das Werkzeug ab. In der Regel werden die Werkzeugkosten voll den variablen Kosten zugerechnet.

---

[i] S. hierzu die Ausführungen zu Kostenartenplänen in Modul 3.

[ii] Vgl. Kilger / Pampel / Vikas 2007, S. 305 ff.

[iii] Die „Standbedingungen" entsprechen der Kosteneinflussgröße „Prozessbedingungen".

4.3.3 Planung der Reparatur- und Instandhaltungskosten

Auch die Planung der **Reparatur- und Instandhaltungskosten** setzt fundierte technische Kenntnisse und Erfahrungen voraus. Diese Kosten hängen von den technologischen Eigenschaften, dem Alter der Betriebsmittel, den Prozessbedingungen (z. B. Intensität), der Wartung und Pflege sowie von der Behandlung der Betriebsmittel durch die Arbeitskräfte ab. Wie bei den Energiekosten unterscheidet man bei den Reparatur- und Instandhaltungskosten zwischen **primären Kosten für Fremdreparaturen** und **sekundären Kosten für eigene Betriebshandwerker**.

Bei der Mengenplanung der Reparatur- und Instandhaltungskosten muss auf technische Unterlagen der Reparatur- und Instandhaltungsplanung zurückgegriffen werden. Häufig werden dort sogenannte **Plan-Relativziffern** ermittelt. Wenn diese in einen maschinenzeitabhängigen und einen periodenabhängigen Reparaturzeit- und Reparaturmaterialbedarf differenziert werden, handelt es sich kostenrechnerisch um den **Verbrauchskoeffizienten** sowie die **fixe Faktormenge**. Mit deren Hilfe lassen sich sowohl primäre Kosten für Fremdreparaturen als auch sekundäre Kosten für Eigenreparaturen durch Multiplikation von Verbrauchskoeffizient und Beschäftigung bzw. fixer Faktormenge mit dem Fremdreparatur-Stundensatz bzw. variablen innerbetrieblichen Betriebshandwerker-Stundensatz ermitteln. Der planmäßige Reparaturmaterialbedarf wird mit entsprechenden Planpreisen aus der Planpreisliste bewertet und ergibt die Reparaturmaterialkosten (Ersatzteilkosten), die meist als eigene Kostenart geplant werden. Bei der Planung der Reparatur- und Instandhaltungskosten ist zu berücksichtigen, dass diese nicht auf einen gleichmäßigen Faktorverbrauch zurückzuführen sind, sondern nur zu bestimmten Zeitpunkten anfallen. Der Zeitpunkt des Kostenanfalls kann bei vorbeugender Instandhaltung planmäßig bestimmt werden, ansonsten unterliegt er stochastischen (zufälligen) Einflussgrößen.

4.3.4 Planung der Abschreibungskosten

Abschreibungskosten[i] und **Kapitalkosten** sind eng miteinander verknüpft, weshalb sie teilweise auch unter der Bezeichnung Kosten des **Kapitaldienstes** zusammengefasst werden. Sie sollen hier jedoch, der üblicheren Vorgehensweise entsprechend, getrennt behandelt werden. In welchem Umfang diese Kosten in der Kostenrechnung zu berücksichtigen sind, ist Gegenstand kontroverser Diskussionen, auf die jedoch in dieser Schrift nicht näher eingegangen werden kann. Hier soll von folgenden Überlegungen ausgegangen werden:

Um Kapital für ein Betriebsmittel zur Verfügung zu stellen, erwarten die Kapitalgeber, dass dieses Kapital erhalten bleibt und dass sie Zinszahlungen für dieses Kapital bekommen. Betriebsmittel erleiden einen Wertverlust, d. h. es findet ein Verzehr des in ihnen gebundenen Kapitals statt. Werden nun Umsatzerlöse in Höhe dieses Wertverlustes im Unternehmen „gespart", ist der Kapitalverzehr kompensiert. Technisch erfolgt dieser Vorgang, indem **Abschreibungskosten** in entsprechender Höhe angesetzt werden. Diese können damit auch als interne Tilgungsrate interpretiert werden. Um darüber hinaus auch diejenigen Umsatzerlöse „sparen" zu können, welche für die von den Kapitalgebern erwarteten Zinszahlungen benötigt werden, müssen diese entsprechend als **Zinskosten** berücksichtigt werden. Da die Kostenrechnung eine einperiodige Rechnung ist, werden Zinseszinsüberlegungen nicht angestellt.

Problematisch bei der Planung von Abschreibungskosten ist, dass der in einer Periode eintretende Wertverlust eines Vermögensgegenstandes nicht eindeutig ermittelt werden kann. Für die **genaue** Planung von Abschreibungskosten gibt es keine zum **praktischen** Gebrauch geeignete Methode. Dies beruht darauf, dass Abschreibungskosten ein wichtiges Bindeglied zwischen der langfristig orientierten Investitionsrechnung und der kurzfristig orientierten Kostenrechnung sind. Eine exakte Ermittlung von Abschreibungskosten ist deshalb nur auf

---

[i] Üblich ist die Bezeichnung „kalkulatorische Abschreibungen", wohingegen Abschreibungsaufwendungen als „bilanzielle Abschreibungen" bezeichnet werden.

investitionstheoretischer Basis möglich. Aufgrund der Komplexität der Zusammenhänge und der Unsicherheit der relevanten Daten sind investitionstheoretische Verfahren zur Abschreibungsermittlung für eine praktische Anwendung jedoch nicht geeignet.

In der Praxis müssen daher **Näherungsverfahren** zur Planung von Abschreibungskosten eingesetzt werden, wobei folgende Gesichtspunkte zu berücksichtigen sind:

- Abschreibungsursachen sind der **Zeitverschleiß** und der **Gebrauchsverschleiß** von Betriebsmitteln.[i]

- Zeitverschleiß führt zu beschäftigungs**fixen**, Gebrauchsverschleiß zu beschäftigungs**variablen** Abschreibungskosten.

- Tritt **nur Zeit**verschleiß auf, so sind alle Abschreibungen **fix**.

- Tritt **nur Gebrauchs**verschleiß auf, so sind alle Abschreibungen **variabel**.

- Treten **gleichzeitig** Zeit- und Gebrauchsverschleiß auf (häufigster Fall), so muss eine (näherungsweise) Auflösung in fixe und variable Bestandteile erfolgen. Hierfür können Verfahren der „gebrochenen Abschreibung" als Näherungslösung eingesetzt werden, die die zeitbezogene (lineare) Abschreibungsmethode mit der leistungsbezogenen Abschreibung kombinieren.[ii] Die Schritte einer modifizierten, aus Controllingsicht geeigneten Form der gebrochenen Abschreibung werden nachfolgend dargestellt. Dabei ist zu beachten, dass sich Abschreibungskosten nicht in eine Mengen- und eine Preiskomponente zerlegen lassen. Sie werden daher als €-Budgetbeträge mit dem Planpreis „Einheits-€" geplant. Formal stellen also die im Folgenden ermittelten Abschreibungsbeträge lediglich die Mengenkomponente der Abschreibungskosten dar, die noch mit dem „Einheits-€"

---

[i] Vgl. Hoitsch 1993, S. 101 f.

[ii] Zu den unterschiedlichen Verfahren der Abschreibungsermittlung vgl. Wöhe 1997, S. 432 ff.

multipliziert werden müsste. Aus Vereinfachungsgründen wird hierauf jedoch verzichtet.

1. Ermittlung der planmäßigen **betriebsindividuellen Nutzungs-dauer** ND des Betriebsmittels[i] z. B. auf Basis technischer Unterlagen oder aufgrund von Erfahrungswerten. Diese berücksichtigt Gebrauchs- und Zeitverschleiß. Für die Ermittlung ist u. a. die voraussichtliche Beschäftigung für alle Perioden der Nutzungsdauer zu prognostizieren, da die Beschäftigung Maßstab für den Gebrauchsverschleiß ist. Pragmatischerweise geschieht dies in Form einer durchschnittlichen Beschäftigung für alle Perioden der Nutzungsdauer.

2. Schätzung einer (fiktiven) **Verfügbarkeitsdauer** bei reinem Zeitverschleiß VD. Nach dieser Zeit wäre das Betriebsmittel aufgrund reinen Zeitverschleißes nicht mehr wirtschaftlich nutzbar, auch wenn es zuvor überhaupt nicht genutzt worden wäre.

3. Berechnung der **fixen Abschreibungskosten** für die Planperiode, indem der Anschaffungswert des Betriebsmittels durch die Verfügbarkeitsdauer bei reinem Zeitverschleiß dividiert wird:[ii]

$$K_{A,f}^{(p)} = \frac{AW}{VD} \tag{4.6}$$

AW: Anschaffungswert
VD: Verfügbarkeitsdauer (bei reinem Zeitverschleiß)

---

[i] Diese ist nicht zu verwechseln mit der betriebs**gewöhnlichen** Nutzungsdauer, wie sie in der für steuerliche Zwecke relevanten „Abschreibungstabelle für Anlagegüter" (AfA-Tabelle) ausgewiesen ist.

[ii] Zum Teil wird in Literatur und Praxis eine Ermittlung zu (inflationsangepassten) Wiederbeschaffungswerten vorgenommen. Dann ist bei der Ermittlung der Kapitalkosten ebenfalls der inflationsangepasste, reale Zinssatz zu verwenden.

4. Ermittlung des **Verbrauchskoeffizienten**. Zunächst wird die Summe der fixen Abschreibungskosten über die gesamte Nutzungsdauer vom Anschaffungswert subtrahiert. Ergebnis ist der Wertverlust durch Gebrauchsverschleiß während der geplanten Nutzungsdauer, der identisch ist mit der Summe der planmäßigen proportionalen Abschreibungen während der gesamten Nutzungsdauer. Dividiert man diese durch die kumulierte Beschäftigung während der Nutzungsdauer, erhält man den Verbrauchskoeffizienten für die Kostenart Abschreibungen.

$$K^{(p)}_{A,p,ND} = AW - \sum_n K^{(p)}_{A,f,n} \tag{4.7}$$

$$r_V^{(p)} = \frac{K^{(p)}_{A,p,ND}}{\sum_n B_n^{(p)}} \tag{4.8}$$

$K^{(p)}_{A,p,ND}$: Summe der planmäßigen proportionalen Abschreibungen während der gesamten Nutzungsdauer (Wertverlust durch Gebrauchsverschleiß)

n: Index für Perioden der Nutzungsdauer

5. Ermittlung der **proportionalen Plan-Abschreibungskosten** für die Planperiode durch Multiplikation des Verbrauchskoeffizienten mit der Planbeschäftigung (und dem „Einheits-€).

$$K^{(p)}_{A,p} = r_V^{(p)} \cdot B^{(p)} \tag{4.9}$$

6. Ist ausnahmsweise die Verfügbarkeitsdauer bei reinem Zeitverschleiß **kürzer** als die Gesamtnutzungsdauer (z. B. durch starke Korrosionseinflüsse oder schnellen technischen Fortschritt), so werden keine variablen Abschreibungskosten verrechnet. Die Gesamtabschreibungskosten stellen dann in voller Höhe fixe Kosten dar und werden wie folgt errechnet:

$$K_A^{(p)} = \frac{AW}{VD} \qquad\qquad (4.10)$$

7. Die **Jahres**zahlen werden gegebenenfalls durch 12 dividiert und ergeben dann die geplanten **monatlichen** Abschreibungskosten.

Beispiel (VD > ND):

Anschaffungswert 03   : 100.000 €

Gesamtnutzungsdauer
bei Planbeschäftigung   : 4 Jahre

(fiktive) Verfügbarkeitsdauer
bei reinem Zeitverschleiß   : 5 Jahre

Prognostizierte Beschäftigung
während der Nutzungsdauer   : 10.000 M-h/Jahr

Plan-Beschäftigung im Planmonat   : 500 M-h

$$K_{A,f}^{(p)} = \frac{AW}{VD} = \frac{100.000}{5} = 20.000 \ €/Jahr$$

$$bzw. \ 1.666,67 \ €/Monat$$

$$K_{A,p,ND}^{(p)} = AW - \sum_n K_{A,f,n}^{(p)} = 100.000 - 4 \cdot 20.000 = 20.000 \ €$$

$$r_V^{(p)} = \frac{K_{A,p,ND}^{(p)}}{\sum_n B_n^{(p)}} = \frac{20.000}{40.000} = 0,50 \ € / M - h$$

$$K_{A,p}^{(p)} = r_V^{(p)} \cdot B^{(p)} = 0,50 \cdot 500 = 250 \ €/Monat$$

Fehleinschätzungen der Nutzungsdauer führen dazu, dass die möglichst genaue Erfassung des Faktorverzehrs **pro Periode** und die möglichst genaue Erfassung des Faktorverzehrs während der **gesamten Nutzungsdauer** zueinander in Widerspruch stehen. Grundsätzlich wird in der KER der **periodenweise** richtigen Erfassung Vorrang eingeräumt. Dies führt dazu, dass bei Fehleinschätzungen der Nutzungsdauer die Summe der Abschreibungsbeträge nicht dem Anschaffungswert entspricht. Wurde die Nutzungsdauer zu **lang** geschätzt, enden die Abschreibungen mit dem Ausscheiden des Betriebsmittels. Es werden keine Sonderabschreibungen vorgenommen. Die Summe der Abschreibungen ist **kleiner** als der Anschaffungswert. Wurde die Nutzungsdauer zu **kurz** eingeschätzt, wird eine erneute Schätzung der Nutzungsdauer vorgenommen. Für diese neue (längere) Nutzungsdauer werden, wie oben beschrieben, die Abschreibungen erneut ermittelt. Diese (niedrigeren) Abschreibungsbeträge werden dann für die restliche Nutzungsdauer angesetzt. Eine Änderung bereits vorgenommener Abschreibungen erfolgt jedoch nicht. Die Summe der Abschreibungen ist daher in diesem Fall **höher** als der Anschaffungswert.

Theoretisch würde jede Abweichung der Istbeschäftigung von der geplanten Beschäftigung auch zu einer Veränderung der Nutzungsdauer führen und damit eine Neuberechnung der Abschreibungskosten nötig machen. Aus wirtschaftlichen Gründen wird man solche Anpassungen jedoch nur bei erheblichen Änderungen vornehmen.

4.4 Planung der Kapitalkosten

4.4.1 Grundlagen

Zur Finanzierung der im Anlage- und Umlaufvermögen[i] gebundenen Produktionsfaktoren werden Geldmittel in Form von Eigen- und Fremdkapital eingesetzt. Hierdurch entstehen in einer Unternehmung **Kapitalkosten.** Sie sind Kostenträgergemeinkosten und das kostenmäßige Äquivalent für die **betriebsbedingte** Kapitalbindung. Ob und in welchem Umfang Kapitalkosten zu verrechnen sind, ist in der Betriebswirtschaftslehre bis heute umstritten. Für Vertreter des wertmäßigen Kostenbegriffs, der die Grundlage moderner Plankostenrechnungssysteme bildet, werden Kapitalkosten für das **gesamte betriebsnotwendige Kapital** angesetzt.

---

[i]   Die Vermögensgegenstände des Anlagevermögens sind dazu bestimmt, dem Geschäftsbetrieb langfristig zu dienen (§ 247 II HGB). Das Umlaufvermögen bilden alle Vermögensgegenstände, für die diese Zweckbestimmung nicht gilt. Aus Sicht der Kostenrechnung gehören Potenzialfaktoren zum Anlagevermögen, während Repetierfaktoren zum Umlaufvermögen zu zählen sind.

Inwieweit Kapitalkosten relevante Kosteninformationen für die (operative) Planung darstellen, hängt weitgehend davon ab, wie die Bestände auf Veränderungen der Beschäftigung reagieren. Die auf das **Anlagevermögen** entfallenden **Kapitalkosten** stellen zur Gänze beschäftigungs**fixe** Kosten dar und zählen somit **nicht** zu den relevanten Kosten. Über Bestände des **Umlaufvermögens** – wie z. B. Bestände an Werkstoffen, unfertigen und fertigen Erzeugnisse sowie Debitoren[i] – sollte so disponiert werden, dass eine möglichst schnelle Anpassung an die Beschäftigungssituation der Unternehmung erfolgt. Damit fallen für das in Reservebeständen gebundene Kapital nur beschäftigungsfixe Kapitalkosten an. Der überwiegende Teil der Kapitalkosten auf das Umlaufvermögen wird den **variablen** und damit auch **relevanten** Kosten zugerechnet.

Über die Höhe des **kalkulatorischen Zinssatzes** wurde und wird in der Betriebswirtschaftslehre ebenfalls viel diskutiert. Auch diese Diskussion kann hier nicht wiedergegeben werden. In der Praxis wird heute in der Kostenrechnung der gleiche Zinssatz angesetzt, der in der (dynamischen) Investitionsrechnung verwendet wird.[ii] Dieser soll mit der von der Unternehmungsführung festgesetzten Mindestrendite für Investitionen übereinstimmen.

Zur Erfassung und Verrechnung von Kapitalkosten auf Anlage- und Umlaufvermögen gibt es zwei Verfahren. Das **Globalverfahren** geht von der Bilanz aus und bereinigt die Vermögensseite um betriebsfremde Positionen wie Grundstücksreserven, reine Finanzanlagen usw. In der **Plankostenrechnung** wird dieses Verfahren **nicht** angewandt. Vielmehr erfolgt eine **positionsweise Erfassung** und Verrechnung von Kapitalkosten. Hierbei wird von vornherein von den einzelnen in den Kostenstellen gebundenen Vermögenspositionen ausgegangen, wobei zwischen Positionen des Anlage- und Umlaufvermögens unterschieden wird. Kapitalkosten werden somit für das gesamte **betriebsnotwendige Vermögen** (=**betriebsnotwen-**

---

[i]   Unter Debitoren versteht man die Forderungen der Unternehmung gegenüber Kunden.

[ii]   Dieser Zinssatz wird auf Basis kapitalmarkttheoretischer Überlegungen ermittelt.

diges Kapital) geplant und verrechnet. Im Folgenden wird die Planung der Kapitalkosten getrennt für das Anlage- und das Umlaufvermögen dargestellt.

4.4.2 Anlagevermögen

Die Planung von Kapitalkosten auf das **Anlage**vermögen kann nach zwei Methoden erfolgen, wobei für die Zuordnung von Anlagen zu Kostenstellen und für weitere Ausgangsdaten auf die Betriebsmittel- bzw. Anlagendatei der Anlagenwirtschaft zurückgegriffen wird:

- Methode der Restwertverzinsung

- Methode der Durchschnittswertverzinsung

Bei der Methode der **Restwertverzinsung** werden die Kapitalkosten der Periode vom durchschnittlichen kalkulatorischen Restwert wie folgt berechnet. Der Anschaffungswert wird um die Abschreibungskosten vorhergehender Perioden verringert. Da das Betriebsmittel auch in der Planungsperiode an Wert verliert, wird von dem so erhaltenen Restwert zu Beginn der Planungsperiode die Hälfte des planmäßigen Wertverlustes in der Planungsperiode subtrahiert. Der so erhaltene durchschnittliche kalkulatorische Restwert wird mit dem kalkulatorischen Zinssatz i multipliziert (s. Formel (4.11)). Umfasst die Planungsperiode 1 Jahr, so werden diese **Jahres**zahlen noch durch 12 dividiert und ergeben dann die geplanten **monatlichen** Kapitalkosten.

$$K_K^{(p)} = \left(AW - \sum_{t=1}^{t-1} K_{A,t} - \frac{1}{2} \cdot K_{A,t}^{(p)} \right) \cdot i^{(p)} \tag{4.11}$$

Bei dieser Methode nimmt die kalkulierte Zinsbelastung für abnutzbares Anlagevermögen im Zeitablauf ab. Bei Grundstücken, die keinem Verschleiß unterliegen und für die auch keine Abschreibungskosten angesetzt werden, bleibt die Zinsbelastung gleich. Die Restwertverzinsung entspricht weitgehend der effektiven Kapitalbindung des Anlagevermögens.

Bei der Methode der **Durchschnittswertverzinsung** wird das während der gesamten Nutzungsdauer eines Betriebsmittels im Durchschnitt gebundene Kapital verzinst und folgendermaßen geplant:

$$K_K^{(p)} = \frac{AW}{2} \cdot i^{(p)} \qquad (4.12)$$

Dieses Verfahren ist aufgrund seiner einfachen Handhabung in der Praxis weit verbreitet, obwohl die Zinsberechnung nicht auf der Basis der tatsächlichen Kapitalbindung erfolgt. Für die Plankostenrechnung wird daher empfohlen, die Kapitalkosten auf Anlagevermögen nach der Restwertverzinsung zu planen. Unabhängig davon, welche Methode letztlich eingesetzt wird, sind Kapitalkosten auf **Anlage**vermögen zur Gänze den beschäftigungs**fixen** Kosten zuzuordnen. Die Abb. 4-5 zeigt für den Fall linearer (jährlich gleichbleibender) Abschreibungskosten den linearisierten Verlauf der Kapitalkosten auf abnutzbares Anlagevermögen nach den beiden Methoden.

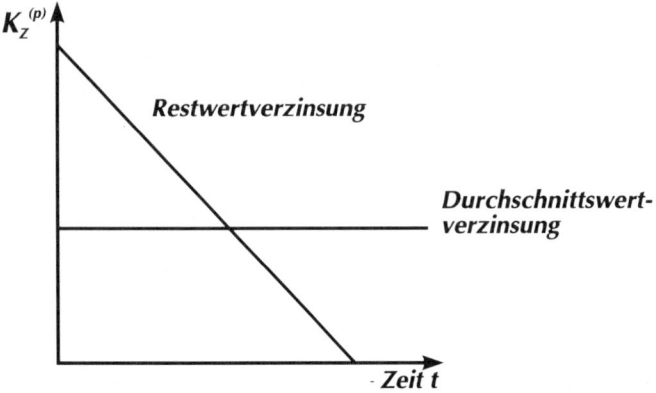

Abb. 4-5:   Kapitalkosten auf Anlagevermögen

4.4.3 Umlaufvermögen

Zur Planung der Kapitalkosten auf das **Umlauf**vermögen ist eine nach Kostenstellen differenzierte Bestandsplanung des Umlaufvermögens erforderlich. Im Wesentlichen wird eine Kapitalkostenplanung für folgende Bestandspositionen vorgenommen:

* Vorräte

  – Roh-, Hilfs-, Betriebsstoffe, Vorprodukte und Ersatzteile

  – Halbfertige und fertige Erzeugnisse

* Forderungen (Debitoren)

Für alle Positionen müssen monatliche Durchschnittsbestände geplant werden, die der Planbeschäftigung entsprechen. Weiterhin muss die Anpassungspolitik für Bestände an Schwankungen der Beschäftigung festgelegt werden, um die Kapitalkosten in beschäftigungsfixe und -variable Anteile auflösen zu können. Bei konstantem Verbrauch pro Zeiteinheit werden die **Kapitalkosten** für **Roh-, Hilfs-, Betriebsstoff-, Vorprodukt-** und **Ersatzteilbestände** wie folgt geplant:

$$K_K^{(p)} = \underbrace{\left(\frac{1}{2} \cdot \frac{Plan\text{-}Jahresbedarf}{Plan\text{-}Bestellhäufigkeit} + Plan\text{-}Reservebestand \right) \cdot p_E^{(p)}}_{durchschnittlicher\ wertmäßiger\ Planbestand\ [\text{€}/Jahr]} \cdot i^{(p)} \quad (4.13)$$

Beispiel:

Beträgt der Plan-Jahresbedarf z. B. 4.500 t pro Jahr zu einem Planpreis von 2.000 € pro Tonne und soll planmäßig fünfmal pro Jahr bestellt werden, so erhält man einen Plan-Durchschnittsbestand ohne Reservebestand von 450 t. Beträgt der Reservebestand 50 t und der kalkulatorische Zinssatz 12% pro Jahr, so ergeben sich planmäßige Kapitalkosten auf Umlaufvermögen in folgender Höhe:

$$K_K^{(p)} = \left(\frac{1}{2} \cdot \frac{4.500}{5} + 50 \right) \cdot 2.000 \cdot 12\% = \underline{\underline{120.000\ \text{€}/Jahr}}$$

Dies entspricht 10.000 €/Monat.

Für ungleiche zeitliche Abstände der Bestellungen und variablen Materialverbrauch pro Zeiteinheit können mithilfe grafischer Darstellungen die zugehörigen Durchschnittsbestände abgeleitet werden. Bei der heute in der Industrie weit verbreiteten „**Just in Time**"-Materialbereitstellung[i] wird das Material (insbesondere Rohstoffe und Vorprodukte) direkt bei Bedarf an die Fertigungskostenstelle geliefert (ohne Lagerung). Hierdurch sinkt der zu verzinsende Bestand, von kleinen Pufferbeständen abgesehen, praktisch auf null.

Die Kapitalkosten für Roh-, Hilfs-, Betriebsstoff-, Vorprodukt- und Ersatzteillagerbestände werden den zugehörigen Lagerkostenstellen zugeordnet und in fixe und proportionale Bestandteile aufgelöst. Die Kapitalkosten für den Planreservebestand werden den fixen Kosten zugerechnet. Lässt sich der Plandurchschnittsbestand (ohne Planreservebestand) sehr leicht an Beschäftigungsschwankungen anpassen, so wird der Großteil der entsprechenden Kapitalkosten den variablen Kosten, der kleine Rest den fixen Kosten zugewiesen. Enthält der Durchschnittsbestand sehr viele Materialpositionen, von denen der Großteil ständig vorrätig sein muss und deshalb die durchschnittliche Lagerdauer sehr lang ist, so wird ein wesentlich höherer Anteil den fixen Kosten zugeordnet.

Ist die Anzahl unterschiedlicher Bestandspositionen so groß, dass die zuvor dargestellte positionsweise Bestandsplanung nicht durchgeführt werden kann, erfolgt eine **näherungsweise** Planung der Kapitalkosten in folgender Weise: Zunächst werden Bestandsgruppen mit ungefähr gleicher Lagerdauer gebildet. Für jede Gruppe werden dann die proportionalen Plan-Werkstoffkosten[ii] pro Monat mit der durchschnittlichen Lagerdauer in Monaten multipliziert. Man erhält so den Wert des durchschnittlichen jährlichen Lagerbestandes, der noch mit dem kalkulatorischen Zinssatz zu multiplizieren und durch zwölf zu dividieren ist.

---

[i]   Vgl. Hoitsch 1993, S. 147 f. und 419 f.

[ii] Zur Planung der Werkstoffkosten s. Abschnitt 4.2.

Kapitalkosten für Bestände an **unfertigen Erzeugnissen** sind äußerst schwierig zu planen, da die unfertigen Erzeugnisse eine Vielzahl von Bearbeitungsstationen durchlaufen, wobei sich ihr Reifegrad und damit das in ihnen gebundene Kapital laufend erhöhen. Deshalb erfolgt die Planung zumeist nicht kostenstellenweise, sondern für größere Produktionsbereiche. Die Kapitalkosten werden dann den Meisterbereichs-Kostenstellen zugeordnet. Der durchschnittliche wertmäßige Jahresbestand an unfertigen Erzeugnissen wird ermittelt, indem die Plan-Grenzherstellkosten der in dem Bereich bearbeiteten Produkte mit der planmäßigen durchschnittlichen Verweildauer in der Fertigung multipliziert werden. Moderne Produktionsplanungs- und -steuerungssysteme – wie z. B. die belastungsorientierte Fertigungssteuerung[i] – erlauben die Einhaltung eines minimalen, relativ konstanten Bestandes an unfertigen Erzeugnissen, sodass dessen Kapitalkosten zum Großteil den beschäftigungsfixen Kosten zugewiesen werden. Die Kapitalkostenplanung muss also in jedem Fall sorgfältig mit der Produktionsplanung und -steuerung abgestimmt werden.

Mit dem immer schneller verlaufenden Übergang von der Lagerproduktion zur Kunden-Auftragsproduktion[ii] wird versucht, die Fertigwarenlagerhaltung und die damit verbundene Zinskostenbelastung zu senken. Die Planung von Kapitalkosten für Bestände an **fertigen Erzeugnissen** verliert deshalb eher an Bedeutung. In jedem Fall ist sie sorgfältig mit der Produktions- und Absatzplanung abzustimmen. Die Bewertung der durchschnittlichen Bestände an fertigen Erzeugnissen erfolgt wiederum zu Plan-Grenzherstellkosten. Die Kapitalkosten auf Bestände an fertigen Erzeugnissen werden der Vertriebskostenstelle „Fertigwarenlager" zugeordnet. Zur Kostenauflösung sind die Differenzierung des Verkaufsprogramms und Erfordernisse der Vorratshaltung zu berücksichtigen. Bei großer Programmbreite (sehr viele Produktarten) müssten größere Anteile der Kapitalkosten für fertige Erzeugnisse den beschäftigungsfixen Kosten zugeordnet werden. Liegt für die Kostenplanung noch kein Produktions- und Absatzprogramm für die Planperiode vor, so wird der durchschnittliche wertmäßige Lagerbestand näherungsweise durch Multiplikation

---

[i]   Vgl. Hoitsch 1993, S. 466 ff.

[ii]   Vgl. hierzu Hoitsch 1993, S. 12 f.

der Plan-Grenzherstellkosten pro Monat mit der geschätzten durch-schnittlichen Lagerdauer in Monaten ermittelt.

Die Planung der Kapitalkosten für **Debitorenbestände** muss sorgfäl-tig mit der Plan-Finanz- bzw. Plan-Finanzierungsrechnung abge-stimmt werden, wobei insbesondere Informationen über die durch-schnittliche Verweildauer von Forderungen an die Kostenplanung übermittelt werden müssen. Die Kapitalkosten für Debitorenbestände können dann wie folgt geplant werden:

$$K_K^{(p)} = Planerlös[\text{€} / Jahr] \cdot \underbrace{\frac{durchschnittliche Verweildauer\ [Tage]}{365}}_{durchschnittlicher\ Plan\text{-}Debitorenbestand} \cdot i^{(p)} \qquad (4.14)$$

Die Kapitalkosten für Debitorenbestände sind einer Vertriebskosten-stelle (z. B. Fakturierung) zuzurechnen. Da sich die Debitorenbe-stände mit einer gewissen zeitlichen Phasenverschiebung weitgehend proportional zu den Planerlösen der Periode verhalten, werden die Kapitalkosten in der Regel den variablen Kosten zugerechnet.

Kostenstelle		Bestands-position	Plankos-ten/ Planerlös	Plan-Lager-/ Verweil-dauer	Ø wertmä-ßiger Plan-bestand	Kapitalkosten [€/Monat] (i = 12% pro Jahr)		
Nr.	Bezeich-nung		[€/Monat]	[Monate]	[€/Jahr]	gesamt	prop.	fix
303	Rohstoff-lager	Rohstoffe	-	-	1.000.000	10.000	9.000	1.000
305	Hilfs- und Betriebs-stofflager	Hilfs- und Betriebs-stoffe	20.000	4	80.000	800	400	400
306	Ersatz-teillager	Ersatzteile	5.000	12	60.000	600	180	420
500	Betriebs-leitung Fertigung	Unfertige Erzeug-nisse	1.200.000	0,1	120.000	1.200	300	900
900	Vertrieb	Debitoren	3.000.000	1	3.000.000	30.000	30.000	-
906	Fertig-waren-lager	Fertige Erzeug-nisse	1.600.000	1,5	2.400.000	24.000	19.200	4.800
Summe					6.660.000	66.600	59.080	7.520

Abb. 4-6:   Planung von Kapitalkosten auf Umlaufvermögen

Ein kleines **Beispiel** (Abb. 4-6) soll die Planung der Kapitalkosten pro Monat auf Umlaufvermögen nochmals verdeutlichen. Der durchschnittliche wertmäßige Planbestand für Rohstoffe wurde nach Formel (4.13) errechnet. Für die anderen Positionen wurden die zuvor beschriebenen Näherungsverfahren eingesetzt.

4.5 Planung sonstiger Kosten

Nach den Grundsätzen der Kostenartenrechnung sollten die bislang noch nicht behandelten primären Kostenarten auf keinen Fall in einer (letzten) Kostenart „Sonstige Kosten" zusammengefasst werden. Diese Bezeichnung dient hier nur der Zusammenfassung von Kostenarten, für die kein eigener Abschnitt vorgesehen wird, die aber im Kostenartenplan auf jeden Fall eigene Positionen einnehmen oder aufgrund verwandter Bemessungsgrundlagen in einer Kostenartengruppe zusammengefasst werden.

Hier werden im Überblick folgende primäre Kostenarten behandelt:

Verschiedene Gemeinkosten

- Kostensteuern

- Gebühren, Beiträge, Abgaben, Umweltschutzkosten

- Versicherungen

- Mieten, Pachten und Leasingraten

- Kommunikationskosten

- Büromaterial, Druckkosten, Zeitschriften, Bücher

- Reisekosten

- Werbemittel- und Repräsentationskosten

- Beratungskosten

- Wagniskosten

- Eigenmietkosten

- Unternehmerlohnkosten

Sondereinzelkosten

- Sondereinzelkosten der Fertigung

- Sondereinzelkosten des Vertriebs

4.5.1 Verschiedene Gemeinkosten

Bei der Planung dieser Kostenarten sind folgende Punkte zu berücksichtigen:

- Grundlage der Kostenplanung sind häufig vertragliche oder rechtliche Bemessungsgrundlagen.

- Auszahlungen beziehen sich meist auf von der Planungs-bzw. Abrechnungsperiode abweichende Bezugsperioden, sodass für die Kostenplanung und -kontrolle zeitliche Abgrenzungen erforderlich werden.

- Teile dieser Kostenarten sind Unternehmungs-Einzelkosten, die sich einzelnen Kostenstellen nicht zurechnen lassen. In

der GPKR werden sie meist der Kostenstelle „Kaufmännische Leitung" zugerechnet.

- Für Teile dieser Kostenarten (z. B. Werbemittel- und Repräsentationskosten) gibt es keine funktionalen Beziehungen
zwischen Kostenhöhe und Kosteneinflussgrößen. Diese Kosten müssen daher nach den Vorgaben der Unternehmungsführung zugeteilt („budgetiert") werden.

- Teile dieser Kostenarten sind Anders- oder Zusatzkosten[i],
denen in der Finanzbuchhaltung Aufwand in anderer Höhe
(Anderskosten) oder kein entsprechender Aufwand (Zusatzkosten) gegenübersteht.

Der Kostencharakter von **Unternehmungssteuern** ist nicht abschließend geklärt.[ii] Die Mehrwertsteuer als „Durchlaufposten" und
gewinnabhängige Steuern wie z. B. die Körperschaftsteuer bei Kapitalgesellschaften, die überwiegend als „Gewinnverwendung" betrachtet werden, zählen nicht zu den Kostensteuern. Umstritten ist
auch der Kostencharakter der Gewerbeertragsteuer. Zur Planung der
Kostensteuern, die sich aus der Planung der **Steuerbemessungs-
grundlage** und der Planung der **Steuersätze** zusammensetzt, ist eine
intensive Zusammenarbeit mit der Abteilung Finanzbuchhaltung/
Steuern sowie der externen Steuerberatung erforderlich. Die Kostenauflösung ist davon abhängig, ob die Steuerbemessungsgrundlagen
eher aus der Beschäftigung oder eher aus der Betriebsbereitschaft
heraus resultieren.

Eindeutig zählen folgende Steuerarten zu den **Kostensteuern,**[iii] die
sich im weitesten Sinne auf das betriebsnotwendige Vermögen beziehen lassen:

- Kraftfahrzeugsteuer

---

[i]   Zur genauen Abgrenzung von Anders- und Zusatzkosten vgl. Modul 9.

[ii]   Vgl. Götzinger / Michael 1993, S. 80 ff.

[iii] Hierzu zählten (bis zu ihrer Abschaffung) auch die Gewerbekapital- sowie die betriebliche Vermögensteuer.

• Grundsteuer

Die Planung der **Kraftfahrzeugsteuer** ist einfach. Die Steuerbeträge werden den Einsatzstellen der Fahrzeuge (z. B. Transport-Kostenstellen „PKW-Dienst", „LKW-Dienst") zugeordnet und in voller Höhe den fixen Kosten zugeordnet.

Die Planung der **Grundsteuer** ist ebenso einfach. Mithilfe der Einheitswertbescheide werden die geplanten Grundsteuerbeträge den Raumkostenstellen als fixe Kosten zugeordnet.

Bei der Planung von **Gebühren, Beiträgen, Abgaben und Umweltschutzkosten** kann meist auf vertraglich oder gesetzlich festgelegte Bemessungsgrundlagen zurückgegriffen werden. Sofern diese Kosten Unternehmungs-Einzelkosten sind (z. B. Beiträge für die IHK, Arbeitgeberverbände, Fachverbände, Gebühren der Jahresabschlussprüfung, Kosten der Hauptversammlung, Kostenvergütungen des Aufsichtsrates), werden sie der Kostenstelle „Kaufmännische Leitung" zugeordnet. Ansonsten werden sie den verursachenden Kostenstellen zugewiesen. Die Kostenauflösung richtet sich nach den Bemessungsgrundlagen (z. B. wären umsatzabhängige Beiträge variable Kosten).

Die Planung der **Versicherungskosten** kann für bestimmte Versicherungsarten aufwendig sein. Auch hier muss gemeinsam mit der Finanzbuchhaltung und Versicherungsfachleuten eine detaillierte Planung vorgenommen werden, die hier nicht dargestellt werden kann. Die folgende Abb. 4-7 gibt einen Überblick über die wichtigsten Versicherungsarten, deren Kostenstellenzuordnung und deren übliche Kostenauflösung.

Versicherungsart	Kostenstellen-zuordnung	Kostenauf-lösung
• Kraftfahrzeug-versicherung	• Transportkosten-stellen	• voll fix
• Betriebshaftpflicht-versicherung	• Kaufmännische Leitung	• voll fix
• Einbruch-, Sturm-schäden-, Leitungs-wasserschäden-versicherung	• Raum-kostenstellen	• voll fix
• Betriebsunter-brechungs-versicherung	• Kaufmännische Leitung	• voll fix
• Feuerversicherung:		
• Vorräte:		
• Festwert-verfahren	• Lager-kostenstellen	• voll fix
• Stichtags-verfahren	• Lager-kostenstellen	• teils fix/teils variabel – wie Kapitalkosten auf Umlauf-vermögen
• Gebäude	• Raum-kostenstellen	• voll fix
• Betriebsmittel	• Leitungsstellen der Hauptfunk-tionsbereiche	• voll fix

Abb. 4-7:   Versicherungskosten

Die Planung von **Mieten, Pachten und Leasingraten** basiert auf den vorliegenden Verträgen. Sie werden in der Regel als Fixkostenbeträge den Kostenstellen „Grundstücke und Gebäude" (Raummiete), Fertigung (Maschinenmiete) und Verwaltung (z. B. EDV-Leasing) zugeordnet. Bei nutzungsabhängigen Beträgen sind entsprechende Anteile variabel zu setzen.

Die Planung der **Kommunikationskosten** umfasst Gebühren für Postsendungen, Telefon, Telefax und Fernschreiber sowie für Internetzugang und -nutzung. Umsatzproportionale Anteile sind variabel zu setzen. Die restlichen Beträge sind den fixen Kosten in den verursachenden Kostenstellen (meist Verwaltungskostenstellen und Leitungskostenstellen der übrigen Hauptfunktionsbereiche) zuzuordnen.

Die Planung der Kosten für **Büromaterial und Drucksachen** beruht auf einer genauen Verbrauchsanalyse. Häufig sind diese Kosten (insbesondere für Rechnungsformulare, Materialentnahmescheine, Akkordlohnscheine usw.) den variablen Kosten der verursachenden Kostenstellen zuzuordnen. Kosten für **Zeitschriften und Bücher** werden in der Regel „budgetiert" und den fixen Kosten der verbrauchenden Kostenstellen zugeordnet.

Die Planung der **Reisekosten** basiert meist ebenfalls auf „Budgetvorgaben". Während sie in der Regel den fixen Kosten der verursachenden Kostenstellen zugerechnet werden, ist im Vertriebsbereich ein Teil der Reisekosten, der sich in etwa umsatzproportional verhält, den variablen Kosten zuzuordnen.

Die Planung von **Werbemittel- und Repräsentationskosten** ist auf Basis der Vorgaben vorzunehmen. Wird beispielsweise ein **festes** Werbebudget für die Periode vorgegeben, so sind die **Werbekosten** in voller Höhe den **fixen** Kosten der Vertriebsstellen zuzuordnen. Wird dagegen ein bestimmter Prozentsatz des Umsatzes für den Werbemitteleinsatz geplant, so sind die Werbekosten voll variabel zu planen. **Repräsentationskosten** werden meist den fixen Kosten der Kostenstellen „Kaufmännische Leitung" und „Technische Leitung" zugeordnet.

Zu den **Beratungskosten** zählen beispielsweise Kosten für Unternehmungs-, Steuer-, Werbe- und EDV-Beratung sowie für die Wirtschaftsprüfung. Sie werden planmäßig den Leitungskostenstellen jener Bereiche als fixe Kosten zugeordnet, die Nutznießer der Beratung bzw. Auftraggeber der Prüfung sind.

Wagniskosten[i] können nur dann verrechnet werden, wenn **spezielle Einzelwagnisse** (betriebsbedingte Risiken) nicht durch (Fremd-) Versicherungen abgedeckt sind. Man könnte sie auch als Selbst-versicherungskosten bezeichnen. Die Abbildung 4-8 zeigt eine Zu-sammenstellung dieser Einzelwagnisse mit Beispielen.

Einzelwagnis	Beispiele
• Beständewagnis	Lagerverluste durch Schwund, Veralten, Preissenkungen und Güteminderungen bei Werkstoffen, fertigen und unfertigen Erzeugnissen
• Fertigungswagnis	Mehrkosten aufgrund von Arbeits- und Konstruktionsfehlern, Kosten für Gewährleistungen, außergewöhnliche Schäden an Betriebsmitteln
• Entwicklungs-wagnis	Kosten für fehlgeschlagene Forschungs- und Entwicklungsarbeiten
• Vertriebswagnis	Forderungsausfälle, Währungsverluste
• Sonstige Wagnisse	Spezialrisiken wie Bergschäden, Schiffs- oder Flugzeugverluste, Herstellung und Transport von Explosiv- und Giftstoffen, Risiken bei Montage- oder Abbruch-arbeiten

Abb. 4-8:   Einzelwagnisse

Die Planung von **Wagniskosten** sollte so erfolgen, dass ein langfris-tiger Ausgleich zwischen den tatsächlichen Verlusten bei Eintritt ei-nes Schadensfalls und den Wagniskosten erreicht wird. Hierzu wird zunächst aufgrund statistischer und wahrscheinlichkeitstheoretischer Überlegungen ein Wagnissatz ermittelt, der das durchschnittliche Verhältnis zwischen in der Vergangenheit tatsächlich eingetretenen Wagnisverlusten und einer (Wert- oder Mengen-)Bezugsgröße wie-

---

[i]   Diese werden zumeist als kalkulatorische Wagnisse bezeichnet.

dergibt, die in einer verursachungsgerechten Beziehung zu den Wagnisverlusten steht. Als Bezugszeitraum wählt man eine Periode zwischen fünf und zehn Jahren. Für die Planungsperiode wird der Wagnissatz mit der Planbezugsgröße multipliziert und ergibt die geplanten Wagniskosten.

Beispiel:

- Wagnisverluste aufgrund von Gewährleistungen in den letzten fünf Jahren: 300.000 €

- Plan-Grenzherstellkosten für Produkte mit Gewährleistungsverpflichtungen im gleichen Zeitraum: 30.000.000 €

- Wagnissatz = $\dfrac{300.000€}{30.000.000€}$ = 0,01 = 1%

- Plan-Grenzherstellkosten der Planungsperiode für Produkte mit Gewährleistungsverpflichtungen: 9.000.000 €

- geplante Wagniskosten: 90.000 €/Jahr

Wagniskosten können als Kostenträgergemeinkosten den verursachenden Kostenstellen (z. B. Lager-, Fertigungs-, Vertriebs-, Forschungs- und Entwicklungskostenstellen) zugeordnet werden. Die Kostenauflösung hängt vom Verhalten der Bezugsgröße gegenüber Beschäftigungsschwankungen ab. Im obigen Beispiel wären die Wagniskosten variabel zu setzen. Lassen sich Wagniskosten einer bestimmten Produktart oder einem bestimmten Auftrag eindeutig zurechnen, so werden sie häufig als Sondereinzelkosten der Fertigung oder des Vertriebs geplant (siehe unten).

Eigenmietkosten[i] sind nur im (seltenen) Fall einer unentgeltlichen betrieblichen Nutzung privater Räume eines Gesellschafters, für die handelsrechtlich keine Aufwendungen und steuerrechtlich keine Betriebsausgaben anfallen, von Bedeutung. In diesem Fall sollten kalkulatorische Mieten in Höhe von Vergleichsmieten geplant werden.

---

[i] Diese werden zumeist als kalkulatorische (Eigen-)Mieten bezeichnet.

Sie werden als fixe Kostenträgergemeinkosten den Raumkostenstellen zugeordnet.

Die Planung von **Unternehmerlohnkosten**[i] hat nur für Einzelunternehmungen und Personengesellschaften Bedeutung, bei denen die Eigentümer in der Unternehmung mitarbeiten. Aufgrund gesetzlicher Regelungen darf für ihre Leistung in der Gewinn- und Verlustrechnung kein Personalaufwand verrechnet werden. Die Höhe der Unternehmerlohnkosten entspricht dem durchschnittlichen Gehalt eines leitenden Angestellten in vergleichbarer Position in einer vergleichbaren Unternehmung inklusive der für ihn anfallenden Sozialkosten. Die geplanten Unternehmerlohnkosten werden als (Kostenträger-) Gemeinkostenart der kaufmännischen bzw. technischen Leitungskostenstelle als voll fixer Betrag zugeordnet.

4.5.2 Sondereinzelkosten

Die Planung von **Sondereinzelkosten** betrifft eine Kostenkategorie, die möglichst verursachungsgerecht auf die Produkte verrechnet werden soll. Sie umfassen unterschiedliche Kostenarten, die im Fertigungs- oder Vertriebsbereich der Unternehmung anfallen. Sondereinzelkosten können entweder als **Produkteinzelkosten** einer Mengeneinheit einer Produktart **direkt** zugerechnet werden (wie die bekannten Kostenträgereinzelkosten) oder sie entstehen als **Produktgruppen- oder Auftragseinzelkosten**. Dann können sie allerdings nur im Wege der Aufteilung (Schlüsselung) und damit künstlich proportionalisiert den einzelnen Produkteinheiten nach dem Durchschnittsprinzip zugerechnet werden. Wie die Kostenträgereinzelkosten werden alle Sondereinzelkosten den Kostenträgereinheiten direkt zugerechnet und in einer gesonderten Rechnung den verursachenden Forschungs- und Entwicklungs-, Fertigungs- und Vertriebskostenstellen nur zum Zwecke der Kostenkontrolle zugeordnet. Dort werden sie zur Gänze den variablen Kosten zugerechnet. Dabei ist bezüglich der Produktgruppen- bzw. Auftragseinzelkosten zu beachten, dass hierbei das Durchschnittsprinzip zur Anwendung kommt. Dies muss beim Einsatz der Plankostenrechnung als Infor-

---

[i] Diese werden zumeist als kalkulatorischer Unternehmerlohn bezeichnet.

mationsversorgungsinstrument der Planung und Kontrolle berücksichtigt werden.

Zu den **Sondereinzelkosten der Fertigung** zählen folgende Kosten:

- Produkt-, produktgruppen- oder auftragsbezogene **Forschungs- und Entwicklungskosten**: Hierbei ist zu beachten, dass sogenannte „**Vorleistungs**- bzw. **Vorlaufkosten**" (z. B. Grundlagenforschungskosten, Kosten für die Entwicklung neuer Produktionsverfahren und Werkstoffe) als „**sunk costs**" nur Forschungs- und Entwicklungs**projekten** und **nicht** einzelnen Kostenträgern zugerechnet werden können. Sie sind **nach** der Entscheidung über die Durchführung eines Forschungs- und Entwicklungsprojektes nicht mehr relevant und dürfen daher auch **nicht** als Sondereinzelkosten der Fertigung verrechnet werden.[i]

- Kosten für **Formen**, **Modelle** und **Spezialwerkzeuge** zur Herstellung einer Produktart, Produktgruppe oder eines Auftrags (z. B. Spritzgussform für Kunststoffprodukte, Vulkanisierungsformen für Autoreifen, Blechformmatrizen für das Pressen von Kfz-Blechen, Modelle für Gussteile).

- Kosten für **Lizenzen** im Sinne von Stücklizenzen für die Herstellung bestimmter Produktarten.

- Wagniskosten (siehe oben).

Sondereinzelkosten der Fertigung werden mit dem Attribut „Sonder...." versehen, da sie in der Regel Produkt**gruppen**- oder (Forschungs- und Entwicklungs- bzw. Fertigungs-) **Auftrags**einzelkosten darstellen. Unter Verletzung des Verursachungsprinzips werden sie in der Praxis folgendermaßen den Produkt**einheiten** zugerechnet:

---

[i]   Vgl. Kilger / Pampel / Vikas 2007, S. 221 ff.

- Planung aller Kosten, die der Produktgruppe bzw. dem Auftrag direkt zurechenbar sind in €/Produktgruppe bzw. €/Auftrag

- Planung der Mengeneinheiten der Produktgruppe bzw. des Auftrags

- Planung der Sondereinzelkosten pro Mengeneinheit der Produktgruppe bzw. des Auftrags durch künstliche Proportionalisierung, d. h. Division der Produktgruppen- bzw. Auftragskosten durch die Menge.

Als **Sondereinzelkosten des Vertriebs** kommen folgende Kosten in Betracht:

- Kosten für **Um-** und **Transportverpackungsmaterial** der hergestellten Produkte. Bei Produktverpackungen, wie z. B. Dosen, Flaschen, Kartons, Folien, in denen die Produkte am Markt angeboten werden, wird diese „innere" Verpackung in der Regel als Einzelmaterialkosten geplant.

- Kosten für **Fracht und Porto** (z. B. Versandkosten, Fracht- bzw. Transportversicherung), sofern diese dem Kunden nicht in Rechnung gestellt werden.

- **Vertreterprovisionen** werden meist auf der Basis erzielter Verkaufserlöse oder (besser!) Deckungsbeiträge geplant.

Sondereinzelkosten des Vertriebs können Produkt-, Produktgruppen- oder (Versand-) Auftragseinzelkosten sein. Als Produkteinzelkosten können sie ohne Probleme der Kostenträgereinheit zugerechnet werden. Als Produktgruppen- bzw. Auftragseinzelkosten werden sie in der Praxis nach dem gleichen Schema wie die Sondereinzelkosten der Fertigung künstlich proportionalisiert und den Kostenträgereinheiten nach dem Durchschnittsprinzip wie folgt zugerechnet.

Beispiel: Verpackungskosten je Versandauftrag

- Schnur   25 €
- Packpapier   12 €
- Papphülse   2 €
- Wellpappe   3 €
- Etikett   2 €

Summe pro Auftrag: 44 €

Auftragsgröße 1: 20 Stück; Sondereinzelkosten des Vertriebs (Verpackungskosten): 2,20 €/Stück

Auftragsgröße 2: 10 Stück; Sondereinzelkosten des Vertriebs (Verpackungskosten): 4,40 €/Stück

Kontrollfragen

1. Welche Besonderheit gibt es bei der Planung von Fertigungslöhnen?

2. Was muss gelten, wenn die Fertigungszeit gleichzeitig Bezugsgröße der Kostenstelle ist?

3. Nehmen Sie Stellung zu folgender Aussage: „Hilfslöhne werden für Hilfstätigkeiten gezahlt."

4. Wie wird die Kostenauflösung für Sozialkosten vorgenommen?

5. Welche Kostenarten zählen zu den Werkstoffkosten?

6. Wie erfolgt die Planung von Einzelmaterialkosten?

7. Warum werden Hilfsstoffkosten voll den variablen Kosten zugerechnet?

8. Warum werden Energiekosten häufig zunächst Energie-Verteilungskostenstellen zugeordnet?

9. Warum können Abschreibungskosten nur näherungsweise ermittelt werden?

10. Erläutern Sie das Verfahren der gebrochenen Abschreibung.

11. Welche Konsequenzen hat die Fehleinschätzung der Gesamtnutzungsdauer in der KER?

12. Erläutern Sie die Unterschiede zwischen dem Verfahren der Restwert- und der Durchschnittswertverzinsung.

13. Wie erfolgt die Planung der Kapitalkosten für Roh-, Hilfs- und Betriebsstoffe?

14. Warum ist die Planung der Kapitalkosten für halbfertige Erzeugnisse schwierig?

15. Warum verliert die Planung der Kapitalkosten für fertige Erzeugnisse an Bedeutung?

16. Wie erfolgt die Planung der Kapitalkosten für Debitorenbestände?

17. Unter welchen Umständen sind Werbekosten voll fix bzw. voll variabel anzusetzen?

18. Erläutern Sie die Planung von Wagniskosten.

19. Welche Kosten zählen zu den Sondereinzelkosten der Fertigung?

20. Welche Kosten zählen zu den Sondereinzelkosten des Vertriebs?

5. Lernmodul

Planung der Kosten von innerbetrieblichen Leistungen in der Grenzplankostenrechnung

Lernziele:

Nach dem Studium dieses Lernmoduls sollten Sie insbesondere folgende Punkte verstanden haben:

- den gesamten Ablauf der Gemeinkostenplanung,

- den Zusammenhang zwischen Kostenzurechnungsprinzip und Durchführung der innerbetrieblichen Leistungsverrechnung,

- Gemeinsamkeiten und Unterschiede in der Planung von sekundären und tertiären Kosten,

- die Vorgehensweise bei der innerbetrieblichen Leistungsverrechnung.

Nach Ihren Erläuterungen ist es Ihrer Tante gelungen, die Kosten der „Frisch & Knackig GmbH" für das nächste Jahr zu planen. Sie loben Ihre Tante (und natürlich sich selbst) für diese kostenrechnerische Glanzleistung, bis Sie einen Blick auf die Kostenpläne geworfen haben. „Wo finde ich denn die Kosten für dein selbst aufbereitetes Spezialwasser?", fragen Sie beunruhigt. „In der Hilfskostenstelle Wasseraufbereitung.", kriegen Sie zur Antwort. „Ach, verbrauchen die dort alles Wasser selbst?" „Natürlich nicht, das wird in der Backstube verbraucht." „Und warum finde ich dann dort keine Angaben zu den Wasserkosten?". „Na ja, ich weiß zwar, wie viel Wasser ich bei Planbeschäftigung in der Backstube verbrauche; aber den Preis für einen m^3 aufbereitetes Wasser kenne ich nicht. Was machen wir denn da?", fragt Ihre Tante. „Ganz klar.", sagen Sie, „Die Wasserkostenstelle erbringt Ihre Leistungen für deine Hauptkostenstelle Backstube. Du musst einfach die Kosten der Wasserkostenstelle auf die Kostenstelle Backstube weiterverrechnen." „Wie soll denn das gehen?", fragt Ihre Tante skeptisch. Ehe Sie da etwas Falsches sagen, lesen Sie lieber erst einmal dieses Modul...

5.1 Planung der Beschäftigung in Hilfskostenstellen

Wie in Modul 3 dargestellt, lässt sich die Beschäftigung der Hilfskostenstelle nicht auf die gleiche Art und Weise planen wie diejenige der Hauptkostenstelle. Formal lässt sich die Beschäftigung der liefernden Hauptkostenstelle wie folgt bestimmen:

$$B_l^{(p)} = \sum_e \int_0^{B_e^{(p)}} R_{le}^{'(p)} dB_e \qquad (5.1)$$

$R_{le}^{'(p)}$:   Faktorgrenzeinsatzmenge an gelieferter Leistung in der empfangenden Kostenstelle e

B_e :   Beschäftigung der empfangenden Kostenstelle e

Bei Annahme einer linearen Beschäftigung-Kosten-Funktion ergibt sich ein konstanter Faktorgrenzeinsatz, d. h. für jede Beschäftigungseinheit wird eine identische Menge an innerbetrieblicher Leistung benötigt („Verbrauchskoeffizient"). Die Ermittlung der Planbeschäftigung der liefernden Kostenstelle vereinfacht sich damit wie folgt:

$$B_l^{(p)} = \sum_e \left(r_{V,le}^{(p)} \cdot B_e^{(p)} + R_{f,le}^{(p)} \right) \qquad (5.2)$$

$r_{V,le}^{(p)}$:   Verbrauchskoeffizient für die gelieferte Leistung in der empfangenden Kostenstelle e

$R_{f,le}^{(p)}$:   Fixer Verbrauch der gelieferten Leistung in der empfangenden Kostenstelle e

Die sich formal ergebende Integrationskonstante $R_{f,le}^{(p)}$ kann inhaltlich sinnvoll als diejenige Verbrauchsmenge an innerbetrieblicher

Leistung in der empfangenden Kostenstelle interpretiert werden, die benötigt wird, um die Betriebsbereitschaft aufrecht zu erhalten.

Beliefern sich Hilfskostenstellen gegenseitig, lässt sich die Beschäftigung nicht isoliert für die entsprechenden Kostenstellen planen. Es besteht für diese Hilfskostenstellen ein Simultanitätsproblem, da für die Planung der Beschäftigung die benötigten Faktormengen der empfangenden Kostenstellen benötigt werden, für deren Planung wiederum die Kenntnis der Beschäftigung nötig ist. Dies veranschaulicht Abb. 5-1 für zwei sich gegenseitig beliefernde Kostenstellen. Diese Interdependenzbeziehungen können nur simultan mithilfe eines linearen Gleichungssystems auf Basis von Gleichung (5.2) gelöst werden. Dabei wird deutlich, dass die Kenntnis der Verbrauchskoeffizienten für innerbetriebliche Leistungen Voraussetzung für die Beschäftigungsplanung ist. Da die Verbrauchskoeffizienten jedoch konstant, also unabhängig von der Beschäftigung sind, stellt dies grundsätzlich kein Problem dar, wenngleich die abstrakte Ermittlung von Verbrauchskoeffizienten in der Praxis ggf. auf Vorbehalte stößt.

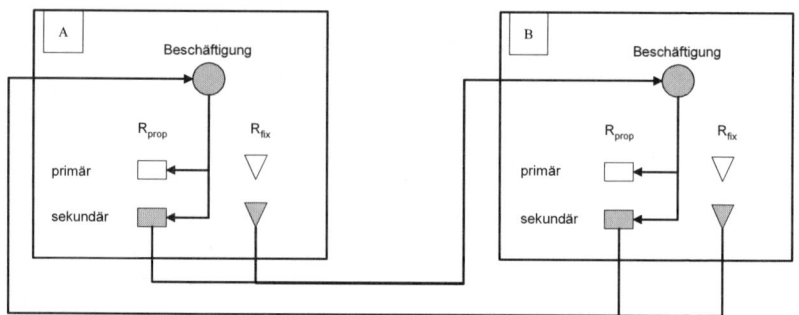

Abb. 5-1:   Simultanitätsproblem

Beispiel für zwei sich gegenseitig beliefernde Kostenstellen:

Die Strom- und die Wasserkostenstelle beliefern sich gegenseitig sowie eine Fertigungskostenstelle (Planbeschäftigung 1.500 F-h):

	Strom	Wasser	Fertigung
$r_{V,le}^{(p)}:$	0,005 m³/kWh	2 kWh/m³	10 kWh/F-h 0,03 m³/F-h
$R_{f,le}^{(p)}:$	800 m³	8.000 kWh	5.000 kWh 5 m³

Rechnung:

$$B_S^{(p)} = 2 \cdot B_W^{(p)} + 8.000 + 10 \cdot 1.500 + 5.000$$

$$B_W^{(p)} = 0,005 \cdot B_S^{(p)} + 800 + 0,03 \cdot 1.500 + 5$$

Lösung:

$B_S^{(p)}$ = 30.000 kWh Strom/Monat

$B_W^{(p)}$ = 1.000 m³ Wasser/Monat

5.2 Planung der sekundären Kosten

Nach Abschluss der Planung der Faktormengen können die Plankosten für die primären Kosten unproblematisch durch Multiplikation mit den Planpreisen ermittelt werden. Sämtliche primären Periodenplankosten sind damit denjenigen Kostenstellen zugerechnet, in denen sie planmäßig anfallen. Um eine aussagekräftige Wirtschaftlichkeitskontrolle durchführen zu können, müssen jedoch die Kosten der Hilfskostenstellen denjenigen Kostenstellen zugerechnet werden, welche die entsprechenden innerbetrieblichen Leistungen empfangen. Im Rahmen der hier interessierenden Unterstützung der operativen Planung und Kontrolle, werden die Leistungsmengen mit denjenigen Kosten bewertet, die in der liefernden Kostenstelle durch die Erstellung dieser Leistungsmenge **zusätzlich** anfallen. Der „Preis" für eine Einheit an innerbetrieblicher Leistung entspricht also den Grenzkosten für diese Einheit. Analog zu den Problemen bei der Planung der Beschäftigung sich gegenseitig beliefernder Hilfskostenstellen, besteht hier auch die Schwierigkeit, die variablen Kosten der Hilfskostenstellen und damit den „Preis" für die innerbetriebliche Leistung zu ermitteln.

Da im Endeffekt innerbetriebliche Leistungen, ggf. über mehrere Stufen (d. h. über andere Hilfskostenstellen), immer für eine oder mehrere **Haupt**kostenstellen erbracht werden, führt die innerbetriebliche Leistungsverrechnung dazu, dass die **variablen** Kosten der Hilfskostenstellen **vollständig** auf die Hauptkostenstellen weiterverrechnet werden. Die **fixen** Plankosten der Hilfskostenstellen werden bei einer reinen GPKR nicht weiterverrechnet. Sie werden mit den fixen Plankosten der Hauptkostenstellen erst in der kurzfristigen Erfolgsrechnung berücksichtigt.[i]

Die Beschäftigungs-Grenzkosten der Hauptkostenstellen beinhalten daher sowohl die primären als auch die sekundären Kosten der Hauptkostenstelle und werden in Form eines **Kalkulationssatzes** für die Ermittlung von Kostenträger-Grenzkosten weiter verwendet.[ii] Diese Zusammenhänge werden schematisch noch einmal in Abbildung 5-1 verdeutlicht.

Die Darstellung von Kostenarten (Zeilen) und Kostenstellen (Spalten) als Matrix wird als **Betriebsabrechnungsbogen (BAB)** bezeichnet. Während vor Einführung der EDV in die Kostenrechnung die innerbetriebliche Leistungsverrechnung im BAB mithilfe einer großen Tabelle (Formular) vorgenommen wurde, ist es heute üblich, für jede Kostenstelle einen eigenen Kostenplan (eine eigene Tabelle) zu verwenden, zumal bei der Vielzahl von Kostenstellen eine Darstellung im BAB viel zu unübersichtlich wäre.

---

[i] Siehe hierzu Modul 9.

[ii] Siehe hierzu Modul 8.

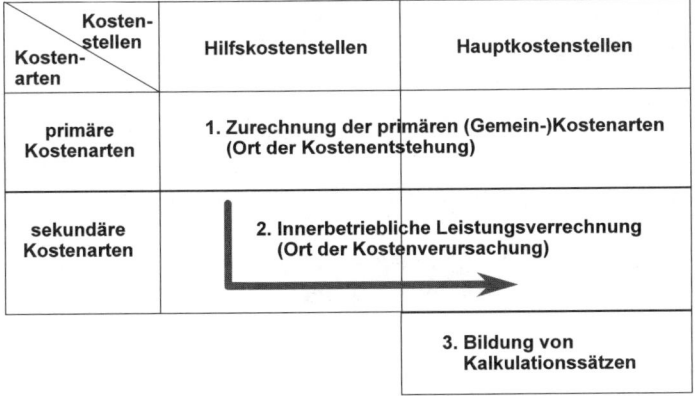

Abb. 5-2:   Innerbetriebliche Leistungsverrechnung im BAB

Die **Bezeichnung** der sekundären Kostenart kennzeichnet die **Herkunft** der innerbetrieblichen Leistung. In den leistungsempfangenden Kostenstellen entstehen somit z. B. folgende sekundäre Kostenarten:[i]

- Sekundäre Raumkosten (Ursprung: Kostenstelle „Grundstücke und Gebäude")

- Sekundäre Sozialstellenkosten (Ursprung: Kostenstelle „Sozialdienst")

- Sekundäre Stromkosten (Ursprung: Kostenstelle „Stromversorgung")

- Sekundäre Wasserkosten (Ursprung: Kostenstelle „Wasserversorgung")

- Sekundäre Reparatur- und Instandhaltungskosten (Ursprung: Kostenstelle „Reparaturabteilung")

---

[i]   Diese werden häufig auch als „kalkulatorische Kosten" bezeichnet. Aufgrund der vielschichtigen Verwendung des Zusatzes „kalkulatorisch" in der Kostenrechnung wird dem hier aus Gründen der Eindeutigkeit nicht gefolgt.

- Sekundäre Transportkosten (Ursprung: Kostenstelle „Innerbetrieblicher Transport" oder „PKW-/LKW-Dienst")

- Sekundäre Leitungskosten (Ursprung: Kostenstellen „Technische Leitung", „Arbeitsvorbereitung", „Produktionsplanung und -steuerung", „Werkzeugausgabe" sowie Meisterbereichsstellen. Obwohl die Meisterbereichsstellen und die Werkzeugausgabe nicht dem Kostenbereich „Technische Leitungsstellen" zugeordnet werden, werden sie in der Regel wie dieser als „Sekundäre Leitungskosten" weiterverrechnet).

Eine planmäßige innerbetriebliche Leistungsverrechnung erfolgt nur für **nicht aktivierbare innerbetriebliche Leistungen**. Soweit innerbetriebliche Leistungen aktivierbar sind (z. B. selbsterstellte Anlagen), werden diese wie Außenaufträge als **Kostenträger** behandelt und in den Folgejahren ihrer Nutzung wie fremdbezogene Potenzialfaktoren in Form von Abschreibungs- und Kapitalkosten wieder in der Kostenrechnung berücksichtigt.

Das **Problem der innerbetrieblichen Leistungsverrechnung** für nicht aktivierbare innerbetriebliche Leistungen besteht darin, dass Hilfskostenstellen in der Regel untereinander Leistungen austauschen. So verbraucht beispielsweise die Kostenstelle „Reparaturabteilung" Strom, und umgekehrt nimmt die Stromversorgungskostenstelle Reparatur- und Instandhaltungsleistungen in Anspruch. Weiterhin benötigt z. B. die Stromversorgungskostenstelle Wasser zur Kühlung von Anlagen, und umgekehrt verbraucht die Wasserversorgungskostenstelle Strom zum Antrieb der Wasserpumpen. Diese Interdependenz ist als Simultanitätsproblem für zwei sich gegenseitig beliefernde Kostenstellen in Abb. 5-3 grafisch dargestellt.

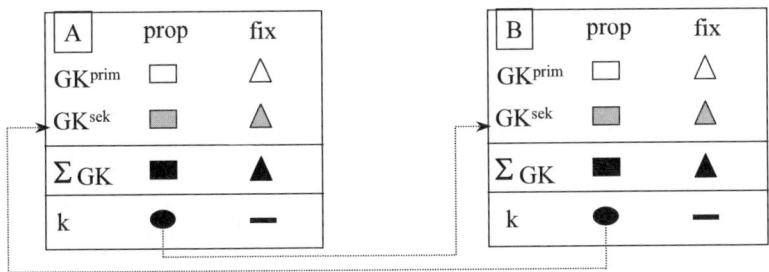

Abb. 5-3:   Simultanitätsproblem der ibL

Zur Berücksichtigung dieser **Interdependenz des innerbetrieblichen Leistungsaustausches** werden in der Kostenrechnungsliteratur immer noch Näherungsverfahren[i] – wie Stufenleiterverfahren, Anbauverfahren – empfohlen, die heute beim Einsatz leistungsfähiger Standardsoftware zur Kostenrechnung längst überflüssig geworden sind. Deshalb sollen diese Näherungsverfahren hier nicht mehr dargestellt werden. Eine exakte Lösung des Interdependenzproblems ist nur simultan mithilfe eines im Folgenden dargestellten linearen Gleichungssystems im Rahmen des **Gleichungsverfahrens** erreichbar, wie es heute in jeder KER-Software angeboten wird:

$$K^{(p)}_{p\,prim\,e} + \sum_{l} r^{(p)}_{Vle} \cdot B^{(p)}_e \cdot k^{(p)}_{pl} = B^{(p)}_e \cdot k^{(p)}_{pe} \ (e = 1,..,\vartheta) \tag{5.3}$$

$K^{(p)}_{pprime}$:   Summe der **p**roportionalen **pri**mären (Perioden-)Plankosten der **e**mpfangenden Hilfskostenstelle e

$r^{(p)}_{Vle}$:   **V**erbrauchskoeffizient der **e**mpfangenden Kostenstelle e für innerbetriebliche **L**eistungen der **l**iefernden Hilfskostenstelle l (z. B. in m^3 Wasser/kWh Strom)

$B^{(p)}_e$:   **Pl**an-Bezugsgrößenmenge (Perioden-Planbeschäftigung) der **e**mpfangenden Hilfskostenstelle e (z. B. in kWh Strom/Monat)

$k^{(p)}_{pl}$:   (gesuchter) **p**roportionaler innerbetrieblicher **Pl**ankosten-Verrechnungssatz der **l**iefernden Hilfskostenstelle l (z. B. in €/m^3 Wasser)

---

[i]   Vgl. Haberstock 2005, S. 126 ff.

$k_{pe}^{(p)}$:   (gesuchter) **proportionaler innerbetrieblicher Plankosten-Verrechnungssatz der empfangenden Hilfskostenstelle e** (z. B. in €/kWh Strom)

Beispiel für zwei sich gegenseitig beliefernde Kostenstellen:[i]

	Stromkostenstelle	**Wasserkostenstelle**
$K_{pprime}^{(p)}$:	5.550 €	2.600 €
$r_{Vle}^{(p)}$:	0,005 m³/kWh	2 kWh/m³
$B_e^{(p)}$:	30.000 kWh/Monat	1.000 m³/Monat

Rechnung:

$$5.550 + 0,005 \cdot 30.000 \cdot k_{pW}^{(p)} = 30.000 \cdot k_{pS}^{(p)}$$

$$2.600 + 2 \cdot 1.000 \cdot k_{pS}^{(p)} = 1.000 \cdot k_{pW}^{(p)}$$

Lösung:

$$k_{pS}^{(p)} = 0,20 \text{ €/kWh Strom}$$

$$k_{pW}^{(p)} = 3 \text{ €/m}^3 \text{ Wasser}$$

Sind nach dieser innerbetrieblichen Leistungsverrechnung **alle proportionalen Verrechnungssätze**[ii] **für die Hilfskostenstellen** ermittelt, so kann die Planung der sekundären Kosten für **alle** empfangenden Kostenstellen, also auch für die empfangenden Hauptkostenstellen, abgeschlossen werden, indem die bereits geplanten proportionalen und fixen Mengen an innerbetrieblicher Leistung mit den proportionalen Verrechnungssätzen der liefernden Kostenstellen bewertet werden.

---

[i]   Es handelt sich um eine Fortführung des Beispiels in Abschnitt 3.2.1.

[ii]   Die Bezeichnung Verrechnungssatz wird hier als übergeordneter Begriff für Hilfskostenstellen angesehen, der sowohl auf Wertgrößen bezogene (prozentuale) **Zuschlagssätze** als auch auf Mengengrößen bezogene **Kostensätze** umfasst.

Dies bedeutet auch, dass Teile der variablen Kosten der liefernden Hilfskostenstellen in den empfangenden Kostenstellen als Fixkosten anfallen, da die entsprechenden Leistungsmengen dort zur Aufrechterhaltung der Betriebsbereitschaft benötigt werden (z. B. Stromkosten zur Erreichung der Betriebsdrehzahl einer Maschine) und damit fix gesetzt werden müssen.

Die Abb. 5-4 zeigt ein **Beispiel** für den Kostenplan in einer Hilfskostenstelle „Stromversorgung".[i]

In einer GPKR werden im Rahmen der innerbetrieblichen Leistungsverrechnung die geplanten variablen Kosten folgender Hilfskostenstellen weiterverrechnet:

- **Sozialkostenstellen**: Die planmäßige Verteilung der variablen Kosten erfolgt hier nach verschiedenen **direkten Mengenbezugsgrößen** (z. B. Kopfzahl, Anzahl Essen usw.). Kann eine Mengenbezugsgröße nicht gefunden werden, so wird die geplante Lohn- und Gehaltsumme der Periode als Bezugsgröße herangezogen. Die Kosten der Sozialstellen werden „budgetiert", in fixe und variable Anteile aufgelöst und Letztere auf die Planbezugsgrößenmenge der Periode (z. B. 6.000 Essen/Monat für Werkskantine) bezogen.

- **Energiekostenstellen**: Diese weisen in der Regel gut messbare **direkte Bezugsgrößenarten** auf (z. B. kWh, 10^6kJ), mit deren Hilfe die variablen Kosten auf die empfangenden Kostenstellen verteilt werden. Ihre **Planbezugsgrößenmenge** pro Periode (Planbeschäftigung) ergibt sich aus dem Energiebedarf der empfangenden Kostenstellen. Der beschäftigungsvariable Energiebedarf resultiert aus der Planbeschäftigung der empfangenden Kostenstellen. Hinzu kommt gegebenenfalls der beschäftigungs- **un**abhängige

---

[i] Die dort abgebildete Kostenstelle ist nicht identisch mit der Stromkostenstelle des obigen Beispiels. In Abb. 5-4 empfängt die Stromkostenstelle innerbetriebliche Leistungen von fünf Kostenstellen und nicht nur von der Wasserkostenstelle.

Energiebedarf für die Aufrechterhaltung der Betriebsbereitschaft in den empfangenden Kostenstellen.

- **Reparatur- und Instandhaltungskostenstellen** (Hilfsbetriebe): Hier erfolgt die Verteilung der variablen Kosten in der Regel nach der **direkten** Bezugsgröße „geleistete Reparaturstunden" (Schlosser-, Schreiner-, Elektriker-, Elektroniker-, Schweißerstunden usw.). Die variablen Kosten für aktivierbare innerbetriebliche Leistungen entlasten dabei die (laufende) Kostenplanung und werden einem eigenen Kostenträger (Werksauftrag) zugerechnet. Die Planbezugsgrößenmenge (Planbeschäftigung) der Periode für diese Kostenstellen ergibt sich durch den beschäftigungsvariablen und -fixen Bedarf an Reparatur- und Instandhaltungsstunden der empfangenden Kostenstellen (laut Reparatur- und Instandhaltungsplanung). Der variable Bedarf ist wiederum von deren Planbeschäftigung abhängig, der fixe Bedarf resultiert aus der Aufrechterhaltung der Betriebsbereitschaft der empfangenden Kostenstellen.

Maschinenbau-GmbH			Kostenplan Periode 06			
Kostenstelle: Stromversorgung	Kostenstellennummer: 133		Leiter: Funkenstieber			
Planbezugsgröße (Planbeschäftigung): 300.000 kWh/∅-Monat						
Nr.	Kostenartenbezeichnung	Planmenge	Planpreis	Plankosten/Monat [€/Mo]		
				gesamt	prop.	fix
4250	Hilfslöhne	300 Std	25 € /Std	7.500	5.000	2.500
4251	Mehrarbeitszuschläge	700 €	E€	700	700	-
4870	Sozialkosten	8.200 €	80%	6.560	4.560	2.000
4260	Schmieröl	100 kg	15 €/kg	1.500	1.200	300
4280	Ersatzteile	600 €	E€	600	500	100
4530	Fremdreparaturen	2.000 €	E€	2.000	1.500	500
4800	Abschreibungskosten	5.850 €	E€	5.850	1.665	4.185
4810	Zinskosten auf AV	720.000 €	10%/12 Monate	6.000	-	6.000
4830	Sek. Reparaturkosten	30 Std	35 €/Std	1.050	900	150
4850	Sek. Wasserkosten	1.000 m³	3 €/m³	3.000	2.700	300
4860	Sek. Dampfkosten	5.000 t	9 €/t	45.000	41.140	3.860
4880	Sek. Raumkosten	600 m²	5 €/m²	3.000	-	3.000
4890	Sek. Sozialstellenkosten	2 Personen	75 €/Person	150	135	15
		Plankostensummen:		82.910	60.000	22.910
		Planverrechnungssatz [€/kWh]:		-	0,20	-
Planung geprüft:	Leiter-Testat:					
......	......					

Abb. 5-4:   Kostenplan einer Hilfskostenstelle in einer (reinen) GPKR

- **Transportkostenstellen**: Die Verteilung der variablen Kosten mithilfe **direkter** Bezugsgrößenarten (z. B. km, t, tkm usw.) ist hier meist nur für den **außerbetrieblichen** Transport möglich. Für den **innerbetrieblichen** Transport werden mangels anderer wirtschaftlicher Möglichkeiten meistens **indirekte** Bezugsgrößen in Form von „**€-Deckung-Grenzkosten**"-Bezugsgrößen verwendet.[i] Die Kosten werden dabei nach einem Transportbedarfsplan bzw. Transportleistungsplan „budgetiert" und in fixe und variable Bestandteile aufgelöst. Die **Summe der variablen Kosten** bildet die indirekte Planbezugsgrößenmenge (Planbeschäftigung) der Periode. Die Verteilung der Plangrenzkosten der Transportstellen erfolgt nach dem Transportleistungsplan, wobei nach dem „**Holprinzip**" die sekundären Transportkosten der materialempfangenden und nach dem „**Bringprinzip**" der materialabgebenden Kostenstelle zugerechnet werden. Bei Verwendung indirekter Bezugsgrößen zur innerbetrieblichen Leistungsverrechnung in der GPKR wird in der Regel das Verursachungsprinzip verletzt, was berechtigten Anlass zur Kritik gibt.

- **Leitungskostenstellen**: Hier lassen sich in der GPKR zur innerbetrieblichen Leistungsverrechnung meist ebenfalls nur **indirekte** „**€-Deckung-Grenzkosten**"-Bezugsgrößen finden. Wie die innerbetrieblichen Transportkostenstellen zählen auch die Leitungskostenstellen (Technische Geschäftsführung, Produktionsleitung, Betriebsleitung, Meisterbereichsstellen, Arbeitsvorbereitung, Produktionsplanung und -steuerung usw.) zu den **indirekten Bereichen** der Unternehmung. Für die empfangenden Kostenstellen ist ein quantifizierbarer Bedarf an „Leitungsleistungen" nur schwer feststellbar. Die Kosten werden daher „budgetiert". Nur der in der Regel sehr geringe Anteil der **variablen** Kosten, der gleichzeitig die Planbezugsgrößenmenge (Planbeschäftigung) der Periode in €-Deckung-Grenzkosten bildet, wird nach einem Schlüssel verteilt, der häufig dem Verursa-

---

[i] Zu diesen siehe auch Modul 3.

chungsprinzip widerspricht und in der empfangenden Kostenstelle voll proportional gesetzt wird.

- **Raumkostenstellen**: Die innerbetriebliche Leistung von Raumkostenstellen besteht darin, anderen Kostenstellen Raum in betriebsfähigem Zustand zur Verfügung zu stellen. Unter der Prämisse konstanter Kapazitäten ist jedoch der genutzte Raum während einer Planungsperiode konstant, sodass die in den Raumkostenstellen anfallenden Kosten in voller Höhe beschäftigungsfix sind. Somit gibt es auch **keinen proportionalen** Kostensatz und daher eigentlich auch **keine sekundären Raumkosten**. In der Praxis ist es jedoch üblich, die Kosten der Raumkostenstellen auf die genutzten Flächen zu beziehen und proportional zu diesen als „sekundäre Raumkosten" zu verteilen.[i] Diese werden in den empfangenden Kostenstellen in voller Höhe den fixen Kosten zugeordnet, sodass die für die operative Planung relevanten variablen Kosten hierdurch nicht verfälscht werden.

Durch strukturelle Veränderungen der Rahmenbedingungen der industriellen Produktion weisen die indirekten Bereiche (dazu zählen neben den innerbetrieblichen Transport- und Leitungskostenstellen aus dem Bereich der Hilfskostenstellen auch Material-, Verwaltungs- und Vertriebsstellen aus dem Bereich der Hauptkostenstellen) starke Kostensteigerungen im Vergleich zu den direkten Bereichen (Fertigung) auf. Gerade hier zeigt sich eine eklatante **Schwachstelle der GPKR**, bei der nach wie vor der (direkte) Fertigungsbereich mit einem differenzierten System direkter Bezugsgrößen arbeitet, in den indirekten Bereichen jedoch mit indirekten Bezugsgrößen nur quasi verursachungsgerechte Kosten-Leistungs-Beziehungen suggeriert werden. Diese Schwachstelle der Kostenverrechnung in den indirekten Bereichen der Unternehmung ist Ansatzpunkt zur Verbesserung der GPKR in Richtung einer **Prozesskostenrechnung**. Diese konzentriert sich gerade auf die „Durchdringung" der Kosten der indirekten Bereiche.[ii]

---

[i] So sehen die Kostenstellenleiter, wie hoch ihre „innerbetriebliche Miete" ist.

[ii] Zur Prozesskostenrechnung siehe Modul 10.

Plan - BAB

Kostenstellen / Kostenarten	Hilfskostenstellen				Hauptkostenstellen						
	Stromversorgung		Reparaturabteilung		A		B		C		Σ
	K_p [T€]	K_f [T€]	K_p [T€]	K_f [T€]	K_p [T€]	K_f [T€]	K_p [T€]	K_f [T€]	K_p [T€]	K_f [T€]	K [T€]
Primäre Gemeinkosten											
• Personalkosten	·	·	·	·	·	·	·	·	·	·	·
• Werkstoffkosten	·	·	·	·	·	·	·	·	·	·	·
• Betriebsmittelkosten	·	·	·	·	·	·	·	·	·	·	·
• Dienstleistungskosten	·	·	·	·	·	·	·	·	·	·	·
Σ primäre Gemeinkosten	120	55	105	25	500	175	700	125	300	75	2.180
Sekundäre Gemeinkosten											
• Sek. Stromkosten			30		10	2	20	3	40	10	120
• Sek. Reparaturkosten			135	5	40	10	50	–	30	5	135
Σ Gemeinkosten	0	55	0	30	550	187	770	128	370	90	2.180*
Planbeschäftigung $B_\beta^{(p)}$ in 1.000 Einheiten	–	–	–	–	110 kg	–	11 h	–	370 Stk.	–	
Plankalkulationssatz $k_{p\beta}^{(p)}$	–	–	–	–	5 €/kg	–	70 €/h	–	1 €/Stk	–	

* davon Σ Planfixkosten der Periode: 490 T€

Plankalkulation

Abb. 5-5:   Gemeinkostenplanung in der GPKR

Den Ablauf der Gemeinkostenplanung in der GPKR zeigt noch einmal Abb. 5-4 anhand eines einfachen Zahlenbeispiels, dessen Fortführung für die Plankalkulation sich in Modul 8 in Abb. 8-2 findet.

5.3 Exkurs: Planung der tertiären Kosten

Wird die GPKR um eine Vollkostenrechnung ergänzt, so muss in einem **dritten** Planungsschritt auch noch eine Verteilung der fixen Kosten erfolgen. In einer solchen **parallelen Grenz- und Vollplankostenrechnung** werden für die Hauptkostenstellen neben den geplanten Grenz- auch Fixkostensätze für die sich anschließende Plankalkulation bestimmt, um so die gesamten (vollen) Plankosten auf die Kostenträgereinheiten verrechnen zu können.

Die Verteilung der fixen Kosten der Hilfskostenstellen erfolgt formal genauso wie die innerbetriebliche Leistungsverrechnung mit variablen Plankosten. Während Letztere jedoch unter Berücksichtigung des Verursachungsprinzips durchgeführt wird, werden die fixen Plankosten nach dem **Durchschnittsprinzip** verteilt. Als Verteilungsschlüssel wird dabei üblicherweise die innerbetriebliche Leistungsmenge verwendet.[i] Verbraucht eine Kostenstelle z. B. planmäßig 10% der von der Stromversorgungskostenstelle insgesamt erzeugten elektrischen Energie, so werden dieser Kostenstelle auch 10% der gesamten Fixkosten der Stromversorgungskostenstelle zugeteilt. Dies bedeutet, dass auch die gleiche **Interdependenz des innerbetrieblichen Leistungsaustausches** zu berücksichtigen ist. Dies verdeutlicht auch noch einmal Abb. 5-6.

---

[i] Um **zusätzliche** Verzerrungen der Vollkostenstruktur zu vermeiden und um einigermaßen **plausible** Vollkostensätze, z. B. für die Bestandsbewertung in der Bilanz, zu erhalten, werden in Kostenstellen mit sehr hohem Fixkostenanteil (z. B. Leitungsstellen) aber auch eigenständige Schlüsselgrößen (z. B. Anzahl der Mitarbeiter) für die Verteilung der tertiären Kosten verwendet.

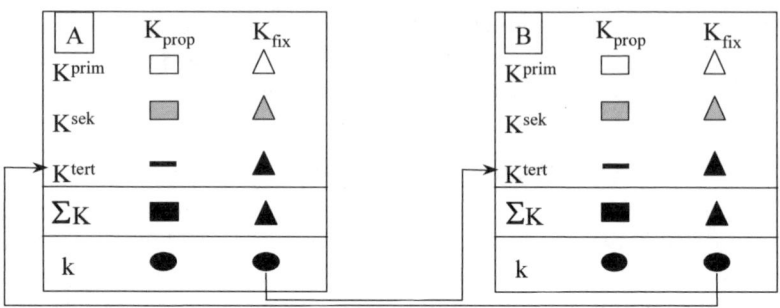

Abb. 5-6:   Planung tertiärer Kosten

Das Gleichungsverfahren nach Formel (5.3) ist dementsprechend
nunmehr mit fixen Kosten anzuwenden. Anstelle der Summe der
proportionalen primären (Perioden-)Plankosten der empfangenden
Hilfskostenstelle e ist jedoch die Summe der fixen primären **und** fixen sekundären (Perioden-)Plankosten anzusetzen. Die Planung der
sekundären Kosten muss also bereits abgeschlossen sein, ehe die
planmäßige Verteilung der fixen Kosten vorgenommen werden kann,
wie dies auch aus Abb. 5-6 deutlich wird. Weiterhin muss anstelle
des proportionalen der **gesamte** Planverbrauch an innerbetrieblichen
Leistungen[i] in der empfangenden Kostenstelle e berücksichtigt werden:

$$K^{(p)}_{f\ prim\ e} + \sum_l K^{(p)}_{f\ sek\ le} + \sum_l S^{(p)}_{le} \cdot k^{(p)}_{fl} = S^{(p)}_{e} \cdot k^{(p)}_{fe} \qquad (5.4)$$

$K^{(p)}_{f\ prim\ e}$: Summe der **f**ixen **pr**imären (Perioden-)Plankosten der **e**mpfangenden Hilfskostenstelle e

$K^{(p)}_{f\ sek\ le}$: **f**ixe **sek**undäre Kosten in der **e**mpfangenden Kostenstelle e für
innerbetriebliche Leistungen der **l**iefernden Hilfskostenstelle l

---

[i] Bei Verwendung eines anderen Schlüssels für die Verteilung der fixen
Kosten von Kostenstelle l (z. B. Zahl der Wasseranschlüsse) sind die auf
Kostenstelle e entfallenden Einheiten des Verteilungsschlüssels anzusetzen. Analog ist bei Verwendung eines anderen Schlüssels für die Verteilung der fixen Kosten von Kostenstelle e an Stelle der Beschäftigung die
entsprechende Schlüsselgröße anzugeben.

$S_{le}^{(p)}$:   auf die empfangende Kostenstelle e entfallender Anteil der Verteilungsbasis der liefernden Hilfskostenstelle l (z. B. gesamter Perioden-Planverbrauch in m³ Wasser/Monat)

$S_{e}^{(p)}$:   Verteilungsbasis der empfangenden Hilfskostenstelle e (z. B. gesamte Perioden-Produktionsmenge in kWh Strom/Monat)

$k_{fl}^{(p)}$:   (gesuchter) fixer innerbetrieblicher Plankosten-Verrechnungssatz der liefernden Hilfskostenstelle l (z. B. in €/m³ Wasser)

$k_{fe}^{(p)}$:   (gesuchter) fixer innerbetrieblicher Plankosten-Verrechnungssatz der empfangenden Hilfskostenstelle e (z. B. in €/kWh Strom)

Beispiel (Fortsetzung) für zwei sich gegenseitig beliefernde Kostenstellen mit Verteilungsbasis „Plan-Leistungsmenge":[i]

	Stromkostenstelle	Wasserkostenstelle
$K_{f\,prim\,e}^{(p)}$:	1.350 €	4.525 €
$K_{f\,sek\,le}^{(p)}$:	2.400 €	1.600 €
$S_{le}^{(p)}$:	800 m³	8.000 kWh

Rechnung:

$$1.350 + 2.400 + (0,005 \cdot 30.000 + 800)k_{fW}^{(p)} = 30.000 \cdot k_{fS}^{(p)}$$

$$4.525 + 1.600 + (2 \cdot 1.000 + 8.000)k_{fS}^{(p)} = 1.000 \cdot k_{fW}^{(p)}$$

Lösung:

$k_{fS}^{(p)}$ = 0,47 €/kWh Strom

$k_{fW}^{(p)}$ = 10,79 €/m³ Wasser

Ermittelt werden somit fixe innerbetriebliche Plankosten-Verrechnungssätze der Hilfskostenstellen. In den **empfangenden** Hilfs- und Hauptkostenstellen werden dann die daraus resultierenden **tertiären Kosten** als **eigene Kostenart** in den Kostenplan aufgenommen (z. B.

---

[i]   Wiederum ist darauf hinzuweisen, dass dieses Beispiel nicht dem Kostenplan aus Abb. 5-4 entspricht. Es ist eine Fortführung des Beispiels zur Planung der sekundären Kosten und des Beispiels in Abschnitt 3.2.1.

Tertiäre Stromkosten, Tertiäre Wasserkosten usw.). [i] Tertiäre Kosten sind in voller Höhe fix, sodass für diese keine Kostenauflösung erfolgen muss.

Bei der **Verteilung der tertiären (Fix-)Kosten** auf innerbetriebliche Leistungen empfangende Kostenstellen muss zuallererst beachtet werden, dass damit das **Verursachungsprinzip** vehement **verletzt** wird. Eine Verwendung tertiärer Kosten als relevante Kosteninformationen für Zwecke der Planung und Kontrolle ist **nicht** zulässig. Bestenfalls können diese zur Informationsversorgung der Dokumentation (z. B. zur Bestandsbewertung usw.) herangezogen werden.

Im **Beispiel** der Stromversorgungskostenstelle 133 (s. Abb. 5-4), müssten dementsprechend noch folgende **tertiäre Kosten** verteilt werden:

- tertiäre Reparaturkosten

- tertiäre Wasserkosten

- tertiäre Dampfkosten

- tertiäre Raumkosten[ii]

- tertiäre Sozialstellenkosten

In einer parallelen Grenz- und Vollplankostenrechnung müsste man nun den primären und sekundären Fixkosten der Kostenstelle 133 noch die tertiären (Fix-)Kosten hinzurechnen. Die Verteilung tertiärer (Fix-)Kosten wird heute ebenfalls in jedem leistungsfähigen Standard-Software-System als eigenständiges Modul angeboten.

---

[i]   Diese Kosten werden üblicherweise als „sekundäre Fixkosten" bezeichnet. Da hierbei jedoch keine klare sprachliche Trennung in Bezug auf die zuvor behandelten fixen sekundären Kosten möglich ist und die Verteilung der fixen Kosten einen zusätzlichen, dritten Schritt erfordert, sollen sie hier eindeutig als „tertiäre Kosten" gekennzeichnet werden.

[ii]   Da auch die Raumkostenstellen innerbetriebliche Leistungen in Anspruch nehmen (z. B. für Strom, Wasser etc.), werden ihnen auch die diesbezüglichen tertiären Kosten zugeteilt, die dementsprechend auf die Raum nutzenden Kostenstellen weiterverrechnet werden.

5.4 Planung von Kalkulationssätzen

Nach der Planung der primären, sekundären und ggf. tertiären Kosten erfolgt die Planung von Kalkulationssätzen[i] für die **Hauptkostenstellen**.[ii] Als „planmäßige Kosten pro Bezugsgrößeneinheit" sind sie einerseits ein wichtiger Maßstab für die Kostenkontrolle, andererseits stellen sie die Schnittstelle zur Ermittlung relevanter Kosten für eine Vielzahl einzelner Entscheidungssituationen im Rahmen der Kalkulation dar, indem sie eine Zurechnung der geplanten Periodenkosten auf Kostenträgereinheiten ermöglichen.[iii] In einer reinen GPKR werden nur die Summen der geplanten **proportionalen** Kosten jeder einzelnen Bezugsgrößenart durch die Planbezugsgrößenmengen der Periode dividiert und ergeben die geplanten proportionalen Kostensätze. Diese entsprechen aufgrund der unterstellten linearen Kostenverläufe den Beschäftigungs-Grenzkosten der Kostenstelle und werden formal nach folgender Beziehung ermittelt:

$$k_{p\beta}^{(p)} = \frac{K_{p\beta}^{(p)}}{B_{\beta}^{(p)}}$$

(5.5)

$k_{p\beta}^{(p)}$:   proportionaler Plankalkulationssatz in €/Bezugsgrößeneinheit

(z. B. in €/Fertigungsstunde) der Bezugsgrößenart β (z. B. Fertigungsstunden)

$K_{p\beta}^{(p)}$:   proportionale Periodenplankosten (z. B. in €/Monat) für die Bezugsgrößenart β

---

[i]   Die Bezeichnung Kalkulationssatz wird hier als übergeordneter Begriff für Hauptkostenstellen angesehen, der sowohl auf Wertgrößen bezogene (prozentuale) **Zuschlagssätze** als auch auf Mengengrößen bezogene **Kostensätze** umfasst.

[ii]   Streng genommen gehört damit die Bildung von Kalkulationssätzen eigentlich nicht mehr zur Planung der Kosten für innerbetriebliche Leistungen. Da es sich hier aber sozusagen um den letzten Schritt im Plan-BAB handelt, erfolgt die Behandlung wie allgemein üblich auch hier in diesem Zusammenhang.

[iii]   Die eigentliche Zurechnung erfolgt im Rahmen der Kalkulation und ist Gegenstand von Modul 8.

$B_\beta^{(p)}$:   Planbeschäftigung der Periode in Bezugsgrößeneinheiten (z. B. 150 Fertigungsstunden/Monat) für die Bezugsgrößenart β

Bei heterogener Kostenverursachung, die durch **mehrere** Bezugsgrößenarten in **einer** Kostenstelle berücksichtigt wurde (z. B. Fertigungs-, Maschinen-, und Rüststunden), ergeben sich dann auch mehrere (z. B. drei) Kostensätze (z. B. x €/F-h, x €/M-h, x €/R-h) pro Kostenstelle.

Wird eine parallele Grenz- und Vollplankostenrechnung durchgeführt, so werden auch die geplanten fixen Periodenkosten jeder einzelnen Bezugsgrößenart der Hauptkostenstellen durch die Planbezugsgrößenmengen der Periode dividiert und ergeben die geplanten fixen Kostensätze. Die Verteilung der fixen Kosten erfolgt also nach dem **Durchschnittsprinzip**.

Das Ergebnis der Planung von sekundären und tertiären Kosten sowie von Kalkulationssätzen ist beispielhaft als Kostenplan (Plan-BAB) einer Fertigungshauptkostenstelle mit heterogener Kostenverursachung aufgrund wechselnder Bedienungsverhältnisse und Seriengrößen in der Abbildung 5-7 dargestellt. Der Kostenplan beruht auf folgenden Informationen:

In dieser Kostenstelle werden zwei Produkte (Zahnrad 64332 und Zahnrad 64333) bearbeitet. Die geplante Jahresproduktionsmenge beträgt 40.000 Stück des Zahnrades 64332 und 14.000 Stück des Zahnrades 64333. Das entspricht einer Menge von 3.333,33 Stück pro Durchschnittsmonat für Zahnrad 64332 und 1.166,67 Stück pro Durchschnittsmonat für Zahnrad 64333. Die Plan-Beschäftigungskoeffizienten betragen 0,9 R-min/Stk., 10,8 F-min/Stk., 21,6 M-min/Stk. für Zahnrad 64332 und 9 R-min/Stk., 10,8 F-min/Stk., 21,6 M-min/Stk. für Zahnrad 64333.

Maschinenbau GmbH				Kostenplan Periode 6				
Kostenstelle: Drehmaschinen				Kostenstellen-Nr.: 404	Leiter: Drehwurm			
		Planbezugsgröße 1:		300	Rüst-h/Ø-Monat			
Nr.	**Kostenart**	**p**	**Einheit**	**r_v**	**R_p**	**R_f**	**K_p**	**K_f**	**K_ges**

Nr.	**Kostenart**	**p**	**Einheit**	r_v	R_p	R_f	K_p	K_f	K_{ges}
4250	Hilfslöhne	25,00	€/Std	1	300	0	7.500	0	7.500
4870	Sozialkosten	0,80	€/€	25	7500	0	6.000	0	6.000
4260	Hilfs- und Betriebsstoffe	15,00	€/kg	0,166667	50	0	750	0	750
4820	Sek. Leitungskosten	1,00	€/€	2	600	0	600	0	600
4890	Sek. Sozialstellenkosten	75,00	€/Person	0,006667	2	0	150	0	150
4899	Σ Tertiäre Kosten	1,00	€/€	0	0	1200	0	1.200	1.200
				Plankostensummen:			15.000	1.200	16.200
	Planung geprüft:			Plan-Kalkulationssatz [€/R-h]:			50	4	54
	Leiter-Testat:								

		Planbezugsgröße 2:		900	Fert-h/Ø-Monat			
Nr.	**Kostenart**	**p**	**Einheit**	r_v	R_p	R_f	K_p	K_f	K_{ges}
4100	Fertigungslöhne	21,00	€/Std	1	900	0	18.900	0	18.900
4870	Sozialkosten	0,80	€/€	21	18900	0	15.120	0	15.120
4260	Hilfs- und Betriebsstoffe	10,00	€/kg	0,002222	2	0	20	0	20
4820	Sek. Leitungskosten	1,00	€/€	1,677778	1510	0	1.510	0	1.510
4890	Sek. Sozialstellenkosten	75,00	€/Person	0,006667	6	0	450	0	450
4899	Σ Tertiäre Kosten	1,00	€/€	0	0	1800	0	1.800	1.800
				Plankostensummen:			36.000	1.800	37.800
	Planung geprüft:			Plan-Kalkulationssatz [€/F-h]:			40	2	42
	Leiter-Testat:								

		Planbezugsgröße 3:		1800	Masch-h/Ø-Monat			
Nr.	**Kostenart**	**p**	**Einheit**	r_v	R_p	R_f	K_p	K_f	K_{ges}
4250	Hilfslöhne	16,00	€/Std	0,017361	31,25	18,75	500	300	800
4870	Sozialkosten	0,80	€/€	0,277778	500	300	400	240	640
4440	Werkzeugkosten	1,00	€/€	1,555556	2800	200	2.800	200	3.000
4260	Hilfs- und Betriebsstoffe	1,00	€/€	0,166667	300	100	300	100	400
4280	Ersatzteile	1,00	€/€	0,583333	1050	150	1.050	150	1.200
4800	Abschreibungskosten	1,00	€/€	4,722222	8500	21500	8.500	21.500	30.000
4810	Zinskosten auf AV	0,0083	€/€	0	0	2400000	0	20.000	20.000
4830	Sek. Reparaturkosten	35,00	€/Std	0,039683	71,42857	18,57143	2.500	650	3.150
4851	Sek. Stromkosten	0,20	€/kWh	6,111111	11000	1000	2.200	200	2.400
4875	Sek. Transportkosten	1,00	€/€	1,277778	2300	0	2.300	0	2.300
4820	Sek. Leitungskosten	1,00	€/€	1,566667	2820	0	2.820	0	2.820
4880	Sek. Raumkosten	5,00	€/m2	0	0	300	0	1.500	1.500
4890	Sek. Sozialstellenkosten	75,00	€/Person	0,000222	0,4	0	30	0	30
4899	Σ Tertiäre Kosten	1,00	€/€	0	0	7300	0	7.300	7.300
				Plankostensummen:			23.400	52.140	75.540
	Planung geprüft:			Plan-Kalkulationssatz [€/M-h]:			13	29	42
	Leiter-Testat:								

Abb. 5-7:   Kostenplan einer Hauptkostenstelle in einer parallelen Grenz- und Vollplankostenrechnung

Die folgende Abbildung 5-8 gibt einen Überblick über die in der GPKR üblicherweise vorgesehenen Hauptkostenstellenbereiche und Beispiele für deren Kalkulationssätze. Außerdem zeigt sie, wie diese Kosten typischerweise in der Kalkulation der Kosten pro Kostenträgereinheit („Stückkosten") berücksichtigt werden.[i]

Hauptkosten-stellenbereich	Kalkulationssatz	Verrechnung auf Kostenträger als
• Forschungs- und Entwicklungsstellen (F&E, Konstruktion)	• €/F&E-Stunde • €/€ Herstellkosten [%]	• Sondereinzelkosten der Fertigung • F&E-Gemeinkosten
• Materialstellen (Einkauf, Beschaffung, Lager)	• €/€ Einzelmaterial-kosten [%]	• Materialgemeinkosten (differenziert nach Materialarten)
• Fertigungsstellen (Produktion, Montage)	• €/Fertigungs-, Maschinen-, Rüststunde	• Fertigungsgemein-kosten (inkl. Fertigungslöhne)
• Verwaltungsstellen (Kfm. Leitung, Rechnungswesen, Planung, Organisation/EDV usw.)	• €/€ Herstellkosten [%]	• Verwaltungsgemein-kosten
• Vertriebsstellen (Verkauf, Werbung, Marketing, Fertigwarenlager, Versand, Fakturierung)	• €/€ Herstellkosten [%]	• Vertriebsgemein-kosten (differenziert nach Kostenträger-gruppen)

Abb. 5-8:   Kalkulationssätze in der GPKR

Bei der Planung von Kalkulationssätzen in der GPKR kann davon ausgegangen werden, dass alle Kalkulationssätze, die in Prozent auf eine wertmäßige (Hilfs-)Bezugsgröße (z. B. Einzelmaterialkosten, Herstellkosten) ausgedrückt werden, also so genannte **Gemeinkostenzuschläge** darstellen, das Verursachungsprinzip verletzen. Dieser

---

[i] Vgl. hierzu Modul 8.

Mangel kann auch nur teilweise beseitigt werden, wenn man nach Materialarten (bei Material-Gemeinkostenzuschlägen) oder Kostenträgergruppen (bei Vertriebs-Gemeinkostenzuschlägen) differenziert und eine Vielzahl von Gemeinkostenzuschlägen in der Kalkulation ansetzt. Sowohl der Material- als auch der Verwaltungs- und Vertriebskostenstellenbereich zählen zu den indirekten Bereichen der Unternehmung, sodass hier die Kostenplanung und -verrechnung mithilfe einer Ergänzung der GPKR durch die Prozesskostenrechnung verbessert werden kann. Darauf soll in Modul 10 näher eingegangen werden.

Abschließend sei nochmals darauf hingewiesen, dass in einer Plankostenrechnung, deren Aufgabe die Informationsversorgung von Planung und Kontrolle ist, sämtliche Kostenarten, also nicht nur (Kostenträger-)Gemeinkosten, sondern auch (Kostenträger-)Einzelkosten, den verursachenden **Kostenstellen** zugeordnet werden müssen. Diese Zuordnung erfolgt für die **Einzelkosten**, die direkt den Kostenträgern zugerechnet werden können, in Form einer **Sonderrechnung**, der **kostenstellenweisen Einzelkostenplanung**. Diese bildet die Grundlage für den periodischen kostenstellenweisen und kostenträgerbezogenen Einzelkosten-Soll-Ist-Vergleich im Rahmen der Einzelkostenkontrolle.

Die Zuordnung der **Gemeinkosten** zu Kostenstellen erfolgt innerhalb der **kostenstellenweisen Gemeinkostenplanung**, deren Planungsschritte noch einmal überblicksartig zusammengefasst werden sollen:

- Planung der **Bezugsgrößenmenge** („Beschäftigung") in jeder Hauptkostenstelle je Bezugsgrößenart (bei homogener Kostenverursachung wird nur **eine** Bezugsgrößenart in einer Kostenstelle vorgesehen) (siehe Modul 3)

- Planung der Faktorpreise für jede primäre Kostenart

- Planung der **Faktormengen** für jede Kostenart in jeder Hauptkostenstelle je Bezugsgrößenart (siehe Modul 3) mit planmäßiger **Kostenauflösung** (siehe Modul 4)

- Planung der Kosten von innerbetrieblichen Leistungen

  - Planung der Verbrauchskoeffizienten und fixen Faktormengen für jede Kostenart in jeder Hilfskostenstelle

  - Planung der Beschäftigung der Hilfskostenstellen

  - Planung der proportionalen Faktormengen der Hilfskostenstellen

  - innerbetriebliche Leistungsverrechnung auf Grenzkostenbasis zwischen Hilfskostenstellen

  - Zurechnung der Summe aus primären und sekundären variablen Kosten der Hilfskostenstellen auf die innerbetriebliche Leistungen in Anspruch nehmenden Hauptkostenstellen

- Planung der **tertiären Kosten** im Falle einer parallelen Grenz- und Vollplankostenrechnung (entfällt in einer reinen GPKR)

  - Verteilung der Fixkosten zwischen Hilfskostenstellen („innerbetriebliche Leistungsverrechnung auf Fixkostenbasis")

  - Verteilung der Summe aus primären, sekundären und tertiären fixen Kosten der Hilfskostenstellen auf die innerbetriebliche Leistungen in Anspruch nehmenden Hauptkostenstellen

- Planung von variablen (Gemeinkosten-)**Kalkulationssätzen** je Bezugsgrößenart aller Hauptkostenstellen bei einer reinen GPKR und zusätzlich von fixen Kalkulationssätzen bei einer parallelen Grenz- und Vollplankostenrechnung

Kontrollfragen

1. Wie hoch ist die Summe der variablen Gemeinkosten von Hilfs-kostenstellen nach Durchführung der innerbetrieblichen Leis-tungsverrechnung?

2. Wie ist der Aufbau eines Betriebsabrechnungsbogens?

3. Welcher Zusammenhang besteht zwischen BAB und Kosten-plan?

4. Wie werden aktivierbare innerbetriebliche Leistungen behandelt?

5. Erläutern Sie die innerbetriebliche Leistungsverrechnung nach dem Gleichungsverfahren.

6. Warum können die in der liefernden Kostenstelle variablen Kos-ten in der empfangenden Kostenstelle teilweise zu fixen Kosten werden?

7. Warum gibt es eigentlich gar keine sekundären Raumkosten?

8. Warum sind tertiäre Kosten immer fix?

9. Wie werden tertiäre Kosten verteilt?

10. Warum gibt es in einer reinen Grenzplankostenrechnung keine tertiären Kosten?

11. Welcher Zusammenhang besteht zwischen der Grenzbeschäfti-gung und dem Kalkulationssatz?

12. Wie werden die proportionalen Plankalkulationssätze formal er-mittelt?

13. Wie viele Kostensätze pro Kostenstelle gibt es bei heterogener Kostenverursachung?

14. Wie lautet üblicherweise der Kalkulationssatz für Material-kostenstellen?

15. Wie lautet üblicherweise der Kalkulationssatz für Verwaltungs- und Vertriebskostenstelle?

6. Lernmodul

Kostenkontrolle
in der Grenzplankostenrechnung

Lernziele:

Nach dem Studium dieses Lernmoduls sollten Sie insbesondere folgende Punkte verstanden haben:

- den Ablauf der Kostenkontrolle,

- die Bedeutung der unterschiedlichen Teilabweichungen,

- die Vorgehensweise zur Ermittlung der Teilabweichungen.

Erfreut ruft Ihre Tante Sie am Wochenende an: "Ich habe gerade meine Kosten kontrolliert: 1.200 € weniger als geplant – die Ersparnis teilen wir uns!" Kurz zögern Sie ob des verlockenden Angebots, doch dann siegt Ihr betriebswirtschaftliches Gewissen. „Hast du denn genau das verkauft, was du geplant hast?" „Nein, von den Brötchen ist nur halb soviel verkauft worden wie geplant, dafür habe ich aber 10 % mehr Torten verkauft." Sie rechnen schnell aufgrund Ihrer alten Planungen die Zahlen auf die neuen Mengen um: „Wenn du die Menge planmäßig produziert hättest, hätten deine Kosten aber um 3.000 € geringer sein müssen!" „Oh Schreck, wie kommt denn das?! Habe ich da etwa versagt?" „Schau`n wir mal.", sagen Sie betont locker. „War denn in der Backstube alles in Ordnung?" „Von wegen! Ein Blech ist kaputt gegangen und da der Lieferant einen Engpass hatte, konnte ich statt vier immer nur drei Bleche gleichzeitig backen." „Aha, eine Seriengrößenabweichung aufgrund externer Effekte.", murmeln Sie, um dann lauter festzustellen: „Dafür kannst du nichts." „Außerdem hat der Mehllieferant einfach die Preise um 10% erhöht, der alte ..." Den Rest kriegen Sie nicht mehr so genau mit, da Sie schon wieder mit dem Rechnen beschäftigt sind. „Das ist eine

Preisabweichung. Dafür kannst du auch nichts.", erlauben Sie sich, die Ausführungen über die Profitgier des Lieferanten zu unterbrechen." „Na, das will ich wohl meinen!" „Damit verbleibt nur noch eine Restabweichung von 200 €, die wahrscheinlich auf innerbetriebliche Unwirtschaftlichkeit zurückzuführen ist."

Im weiteren Gespräch erfahren Sie, dass leider eine Aushilfskraft recht großzügig die Sterne zur Garnierung der Torten ausgestochen hat, sodass erheblich mehr Abfall als sonst anfiel. Der hohe Zeitdruck bei den Torten hat auch dazu geführt, dass die Bleche wohl nicht immer ganz gereinigt wurden, sodass mehr Torten als sonst durch „anbacken" nicht mehr verwendet werden konnten. Ihre brillante Analyse hat leider dazu geführt, dass von den 600 €, die Ihre Tante Ihnen zugedacht hatte, nun nicht mehr die Rede ist. Um aus den Abweichungen Konsequenzen ziehen zu können, laden Sie sich bei Ihrer Tante aber immerhin zu einem ausführlichen, persönlichen Gespräch mit vorausgehendem Arbeitsessen ein, da die Kostenanalyse ja nicht zum „Tribunal" werden soll. Sicherheitshalber lesen Sie vorher noch das sechste Modul des Ihnen inzwischen richtig ans Herz gewachsenen Lehrbuches.

Nach der Darstellung der Grundlagen der Kostenkontrolle und der Kontrolle der Faktorpreise wird ein Überblick über die Erfassung der primären, sekundären und tertiären Istkosten gegeben. Zur Gegenüberstellung von Istkosten und Sollkosten müssen die Plankosten unter Berücksichtigung der Istbeschäftigung zu Sollkosten umgerechnet werden. Nach der Erfassung der Istkosten wird daher die (zeitlich parallel verlaufende) Bestimmung der Sollkosten dargestellt. Die Beschreibung der Kostenkontrolle wird mit der Ermittlung und Analyse der Kostenabweichungen abgeschlossen.

6.1 Grundlagen der Kostenkontrolle

Alle Kosten, also auch (Kostenträger-)Einzelkosten können nur am Ort ihrer Entstehung, somit nur in den Kostenstellen kontrolliert werden. Ausschließlich zum Zweck der Kostenkontrolle, nicht jedoch aus abrechnungstechnischen Gründen, werden daher auch primäre (Kostenträger-)Einzelkosten den Kostenstellen zugeordnet. Die Kostenkontrolle in der GPKR erfolgt damit sowohl für Einzel- als auch

Gemeinkosten, organisatorisch allerdings getrennt, ausschließlich in den Kostenstellen. Die Kontrolle der Gemeinkosten (inkl. Einzellöhne) wird – gewissermaßen als letzter Schritt[i] – in der Kostenstellenrechnung abgewickelt (Kostenstellen-Soll-Ist-Vergleich). Die Kontrolle der Einzelkosten erfolgt kostenträgerweise ebenfalls für jede Kostenstelle in Form von Sonderrechnungen (Einzelkosten-Soll-Ist-Vergleich).

Die Kostenkontrolle ist auf die Beseitigung von **Unwirtschaftlichkeiten** in der Unternehmung ausgerichtet. Gleichzeitig dient sie im Rahmen von Lernprozessen zur Verbesserung der **Kostenplanung**. Zur Erreichung dieser Ziele gilt es, Abweichungen zwischen Ist- und Plankosten zu erklären. Hierzu wird auf die Systematik der Kosteneinflussgrößen Bezug genommen. Wie bereits in Modul 2 erörtert, lässt sich grundsätzlich jeder Kostenbetrag durch eine Analyse der Kosteneinflussgrößen erklären. In den **Istkosten** finden alle Kosteneinflussgrößen ihren effektiven Niederschlag. Man benötigt zur Analyse der Istkosten daher Informationen über Istfaktorpreise und Istfaktormengen, weiterhin über die Istbeschäftigung (Istleistungsprogramm und Istprozessbedingungen wie Istintensitäten, Istseriengrößen usw.), die Istkapazitäten usw. Schließlich werden Istkosten auch durch die Kosteneinflussgröße „**innerbetriebliche Unwirtschaftlichkeit**" beeinflusst, die ins Zentrum der Kostenkontrolle gerückt wird. Bei der Kostenplanung wurden den **Plankosten** die planmäßigen Auswirkungen der Kosteneinflussgrößen zugrunde gelegt (Planpreise, Planmengen, Planbeschäftigung, Plankapazitäten, geplanter Wirtschaftlichkeits- bzw. Anspannungsgrad). In der Kostenkontrolle muss deshalb die Gesamtabweichung zwischen Ist- und Plankosten analysiert werden.

Das angestrebte Ziel, die Gesamtabweichung in Teilabweichungen aufzuspalten, die nur auf **eine** Kosteneinflussgröße zurückzuführen sind, ist jedoch nicht vollständig zu erreichen. In der Theorie der Abweichungsanalyse wird hier insbesondere das Problem der Abweichungen höherer Ordnung angeführt, das immer dann auftritt, wenn

---

[i] Nach der Planung von primären, sekundären und ggf. tertiären Kosten sowie von Kalkulationssätzen.

auf eine Kostenart mehrere Kosteneinflussgrößen einwirken, die multiplikativ miteinander verknüpft sind. Die Abb. 6-1 illustriert dies für die Abweichungen der Kosteneinflussgrößen Faktormenge und Faktorpreis.

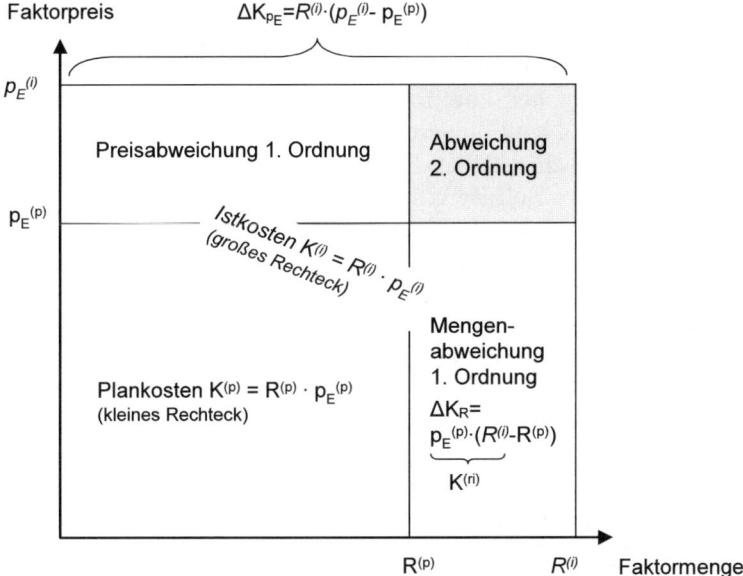

Abb. 6-1:   Abweichungen höherer Ordnung

Durch die Abweichungsüberschneidung entsteht eine **Abweichung höherer Ordnung**[i] (hier: 2. Ordnung). In der GPKR wird folgende praktische Vorgehensweise zur Bewältigung dieser Abweichungsinterdependenz vorgeschlagen: Abspaltung der Preisabweichung in der Form, dass die oben gezeigte Abweichung 2. Ordnung der Preisabweichung 1. Ordnung zugeschlagen wird. Das entsprechende Vorgehen zur quantitativen Ermittlung der Preisabweichung zeigt ebenfalls Abb. 6-1. Das Produkt von Ist-Faktormenge und Plan-Faktorpreis

---

[i]   Auch als Abweichung höheren Grades bezeichnet.

sind die sog. **Referenz-Istkosten**. Bildet man die Differenz zwischen Referenz-Istkosten und Plankosten, so erhält man die Mengenabweichung, die frei von Preiseinflüssen[i] ist und nun weiter analysiert werden kann.

Zunächst wird hierzu die komplexe Kosteneinflussgröße **Beschäftigung** untersucht. Für jede Kostenstelle werden die Istverbrauchsmengen erfasst. Außerdem erfolgt eine **Messung** der Istbezugsgrößenmengen. Für jede Bezugsgrößenart einer Kostenstelle werden danach die Sollperiodenkosten errechnet, indem für jede Kosten**art** der planmäßige Verbrauchskoeffizient mit der Istbezugsgrößenmenge und dem Planpreis multipliziert wird. Zu diesen proportionalen Sollkosten werden noch die Plan-Fixkosten addiert, da annahmegemäß gilt: Plan- = Ist- = Soll-Fixkosten. Die Sollkosten aller Bezugsgrößenarten einer Kostenstelle werden anschließend addiert (sofern pro Kostenstelle mehrere Bezugsgrößenarten planmäßig vorgesehen werden – z. B. Fertigungsstunden für die Personalkosten, Maschinenstunden für die Maschinenkosten). Die Mengenabweichung ist damit in zwei Teilabweichungen aufgespalten: Die als **Beschäftigungsabweichung**[ii] bezeichnete Differenz von Soll- und Plankosten sowie die als **Restabweichung** bezeichnete Differenz von Referenz-Ist- und Sollkosten. Die Restabweichung wird auch als **echte Verbrauchsabweichung** bezeichnet und auf die Kosteneinflussgröße **innerbetriebliche Unwirtschaftlichkeit** zurückgeführt. Die Ursachen dieser Abweichungen müssen geklärt werden, um Maßnahmen zur zukünftigen Verhinderung von Abweichungen einleiten zu können. Die „echte Verbrauchsabweichung" bildet dabei das Zentrum der Kostenkontrolle und Abweichungsanalyse.

Die folgenden formalen Beziehungen und die Abbildung 6-2 sollen die Zusammenhänge der Kostenkontrolle zur Ermittlung der Rest-

---

[i] Dies gilt allerdings nur, wenn die Istgrößen jeweils größer sind als die Plangrößen. Sonst ergeben sich Zurechnungsprobleme in Form von Scheinabweichungen, die hier jedoch nicht weiter behandelt werden sollen.

[ii] Als Beschäftigungsabweichung werden insbesondere im Rahmen der Vollkostenrechnung auch andere Kostendifferenzen bezeichnet.

abweichung nochmals verdeutlichen, wobei in Abb. 6-2 nur eine Bezugsgröße in der Kostenstelle vorgesehen wurde.

$$K^{(p)} = K_p^{(p)} + K_f^{(p)} \tag{6.1}$$

$$K_p^{(p)} = f(B^{(p)}) \tag{6.2}$$

$$K_f^{(p)} = f(Planbetriebsbereitschaft) \tag{6.3}$$

$$K^{(s)} = K_p^{(s)} + K_f^{(p)} \tag{6.4}$$

(da die Kapazitäten als konstant angenommen werden, gilt: Planfixkosten = Sollfixkosten)[i]

$$K_P^{(s)} = \sum_\beta k_{p\beta}^{(p)} \cdot B_\beta^{(i)} \tag{6.5}$$

$$\Delta K = K^{(ri)} - K^{(s)} \tag{6.6}$$

$K^{(ri)}$:   Referenz-Istkosten: **Ist**faktormenge mal **Plan**faktorpreis

In der Abb. 6-2 ist erkennbar, dass in der GPKR die geplanten Fixkosten der Periode $K_f^{(p)}$ gleich den Sollfixkosten $K_f^{(s)}$ und den Refe-
renz-Istfixkosten $K_f^{(ri)}$ sind. Dadurch können im Soll-Ist-Kostenvergleich die **vollen** Referenz-Istkosten mit den **vollen** Sollkosten verglichen und die Abweichungen grundsätzlich den **proportionalen**
Kosten zugerechnet werden. In der GPKR wird von einem linearen
Verlauf der Sollperiodenkosten ausgegangen.[ii] Damit entsprechen die
beschäftigungsvariablen Sollkosten den proportionalen und damit
auch Grenzsollkosten.

---

[i]   Vgl. Modul 4.

[ii]   Vgl. Modul 2.

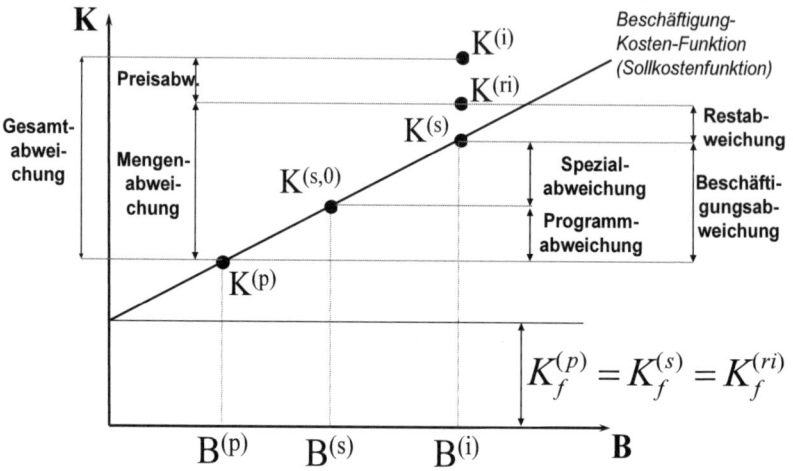

Abb. 6-2:   Planung und Kontrolle in der Grenzplankostenrechnung

Ergänzend soll nochmals angemerkt werden, dass in der GPKR die Preisabweichung **vor** Kontierung der Istkosten in den Kostenstellen in einer gesonderten **Preisdifferenzrechnung** ermittelt wird, sodass die Referenz-Istkosten $K^{(ri)}$, die in den Kostenstellen den Sollkosten gegenübergestellt werden, nur **Ist**faktormengen repräsentieren, die zu **Plan**faktorpreisen bewertet wurden. Dies gilt für alle Kostenarten, die in eine Mengen- und Preiskomponente zerlegbar sind und für die in der Kostenplanung Planpreise festgelegt wurden. Für die weitere Analyse stehen somit „Istkosten der Plankostenrechnung" zur Verfügung, die sich aus **Ist**faktor**mengen** und **Plan**faktor**preisen** zusammensetzen. Damit handelt es sich bei einer Abweichung der Referenz-Istkosten von den Sollkosten um eine **Abweichung** der Produktionsfaktor**mengen**.

Die weitere Abweichungsanalyse befasst sich mit der Beschäftigungsabweichung. Abweichungen höherer Ordnung spielen bei der Analyse der Beschäftigungsabweichung keine Rolle mehr, da in der GPKR die Kosteneinflussgröße Beschäftigung grundsätzlich durch additiv miteinander verknüpfte Bezugsgrößen gemessen wird. So wird z. B. bei schwankenden Intensitäten nicht das Produkt aus Maschinenzeit und Intensität als Bezugsgröße verwendet sondern es werden Maschinenstunden bei Intensität 1, Maschinenstunden bei Intensität 2 usw. geplant.

Zunächst erfolgt eine Abspaltung derjenigen Teilabweichung, die sich auf die Kosteneinflussgröße „**Leistungsprogramm**" zurückführen lässt. Dies geschieht, indem aus dem Istprogramm retrograd die diesem Istprogramm entsprechenden „Sollbezugsgrößenmengen" errechnet werden. Hierbei werden die **geplanten** Prozessbedingungen zugrunde gelegt.

Beispielsweise beträgt bei einer Istproduktionsmenge (Istprogramm) von 120 Stück und planmäßigen Rüstzeiten von 2 Minuten pro Stück (Planbeschäftigungskoeffizient) die Sollrüstzeit 240 Minuten.

Durch Multiplikation der Sollbezugsgrößenmenge mit dem planmäßigen Verbrauchskoeffizienten und dem Planpreis zuzüglich den Plan-Fixkosten erhält man die „Sollkosten 0", die auch als „optimale Sollkosten" bezeichnet werden. Die Differenz zwischen Sollkosten 0 und Plankosten ist die „**Programmabweichung**". Die nunmehr verbleibende Abweichung ist auf **außerplanmäßige Prozessbedingungen** zurückzuführen, die zu so genannten **Spezialabweichungen** führen und Gegenstand der weiteren Analyse sind. Auf die äußerst komplexe Ermittlung und Analyse von Spezialabweichungen[i] kann in dieser Einführung in die KER im Folgenden nur kurz eingegangen werden.

Bei der Abspaltung von **Spezialabweichungen** stellt sich das Problem, dass in der GPKR typischerweise nicht die Prozessbedingungen (wie z. B. Intensität, Ausbeutegrad, Seriengröße, Bedienungsverhältnis, Maschinenbelegung) selbst erfasst werden, sondern lediglich Bezugsgrößen, welche die Prozessbedingungen widerspiegeln. Die Kosteneinflussgröße Seriengröße wird z. B. durch die zusätzliche Bezugsgröße Rüstzeit erfasst. Eine Differenz von (retrograd errechneter) Sollbezugsgrößenmenge und (direkt gemessener) Istbezugsgrößenmenge bedeutet eine „Grenzbeschäftigungsabweichung", wobei nicht klar ist, in welchem Umfang diese durch nicht planmäßige

---

[i]   Vgl. Kilger / Pampel / Vikas 2007, S. 362 ff.; Haberstock 2004, S. 320 ff.

Seriengrößen oder z. B. durch „Bummelei" beim Rüsten entstanden ist.[i] Diese Ungenauigkeit ließe sich nur beheben, wenn aus der Betriebsdatenerfassung (BDE) entsprechende Informationen über die Istprozessbedingungen verfügbar sind. Für das Beispiel müsste aus der BDE die Anzahl der in der Abrechnungsperiode tatsächlich aufgelegten Serien (Auflegungshäufigkeit) für die einzelnen Kostenträger bekannt sein. Eine Multiplikation mit den geplanten Rüstzeiten pro Serie würde dann die optimalen Sollrüstzeiten für die Istseriengröße liefern.

Die Abb. 6-3 und 6-4 verdeutlichen nochmals symbolisch den Prozess der Aufspaltung der Gesamtabweichung, wobei von dieser zuerst die Preisabweichung innerhalb der Preisdifferenzrechnung abgespalten wurde. Von der verbleibenden Mengenabweichung wurde in den Kostenstellen die Restabweichung (echte Verbrauchsabweichung) abgespalten. In Sonderrechnungen werden von der verbleibenden Beschäftigungsabweichung dann die Programmabweichung abgespalten und Spezialabweichungen aufgrund außerplanmäßiger Prozessbedingungen ausgewiesen.

Es werden also schrittweise die Kosteneinflussgrößen Leistungsprogramm, Prozessbedingungen (Grenzbeschäftigung), Unwirtschaftlichkeit (Grenzeinsatzmenge) und Faktorpreis von „Plan" auf „Ist" gesetzt, wie auch die nachfolgende Übersicht deutlich macht. Aufgrund der unterstellten linearen Zusammenhänge sind Grenzbeschäftigung und Grenzeinsatzmenge konstant und werden zum **Beschäftigungs-** bzw. **Verbrauchskoeffizienten.**

Die Theorie der Abweichungsanalyse zeigt, dass eine verursachungsgerechte Abweichungsaufspaltung nur durch Erfassung der einzelnen Kosteneinflussgrößen möglich ist, die über die Mengen der vorgesehenen Bezugsgrößenarten quantifiziert werden. Daher ist bereits bei der **Kostenplanung** auf die Qualität der Bezugsgrößenwahl und die

---

[i] Es sei denn, die Rüsttätigkeit wird im Akkordlohn (vgl. Hoitsch 1993, S. 138 ff.) mit entsprechenden Vorgabezeiten vergütet. Dann ist diese Differenz eindeutig nur auf eine Seriengrößenabweichung zurückzuführen.

spätere wirtschaftliche Messbarkeit der Bezugsgröße (Erfassung der Istbezugsgrößenmengen) zu achten.

	Leistungs-programm x	Prozess-bedingungen b [B'(x)]	(Un-) Wirt-schaft-lichkeit r_v [R'(B)]	Preis p
$K^{(p)}$	Plan	Plan	Plan	Plan
$K^{(s,0)}$	Ist	Plan	Plan	Plan
$K^{(s)}$	Ist	Ist	Plan	Plan
$K^{(ri)}$	Ist	Ist	Ist	Plan
$K^{(i)}$	Ist	Ist	Ist	Ist

Abb. 6-3:   Kosteneinflussgrößen und Abweichungsanalyse

Die **Sollkosten 0** werden auf Basis des Planbeschäftigungskoeffizienten, d. h. für Plan-Prozessbedingungen ermittelt und sind als **optimale Sollkosten** die Messlatte zum Vergleich mit den Sollkosten 1 bis n. Diese optimalen Sollkosten wären angefallen, wenn das Istleistungsprogramm unter Planprozessbedingungen realisiert worden wäre.[i]

Die Spezialabweichungen werden aufgrund der Differenz zwischen den in den **Kostenstellen gemessenen** Istbezugsgrößenmengen und

---

[i] Voraussetzung für die Ermittlung der Sollkosten 0 ist eine laufende Bestandsführung für fertige und unfertige Erzeugnisse (geschlossene Kostenträgererfolgsrechnung), da ohne diese die Bestandskonten für fertige und unfertige Erzeugnisse nur den Anfangsbestand und den Endbestand laut Inventur ausweisen. Ansonsten ist die Aufspaltung der Beschäftigungsabweichung in Programm- und Spezialabweichung nur jährlich anhand der Inventurergebnisse möglich.

den **errechneten** Sollbezugsgrößenmengen ermittelt, sodass die Spezialabweichungen in Form von **Grenzbeschäftigungsabweichungen** auftreten. Die Sollbezugsgrößenmengen werden durch Multiplikation der Istproduktionsmenge mit den planmäßigen Beschäftigungskoeffizienten **errechnet**.

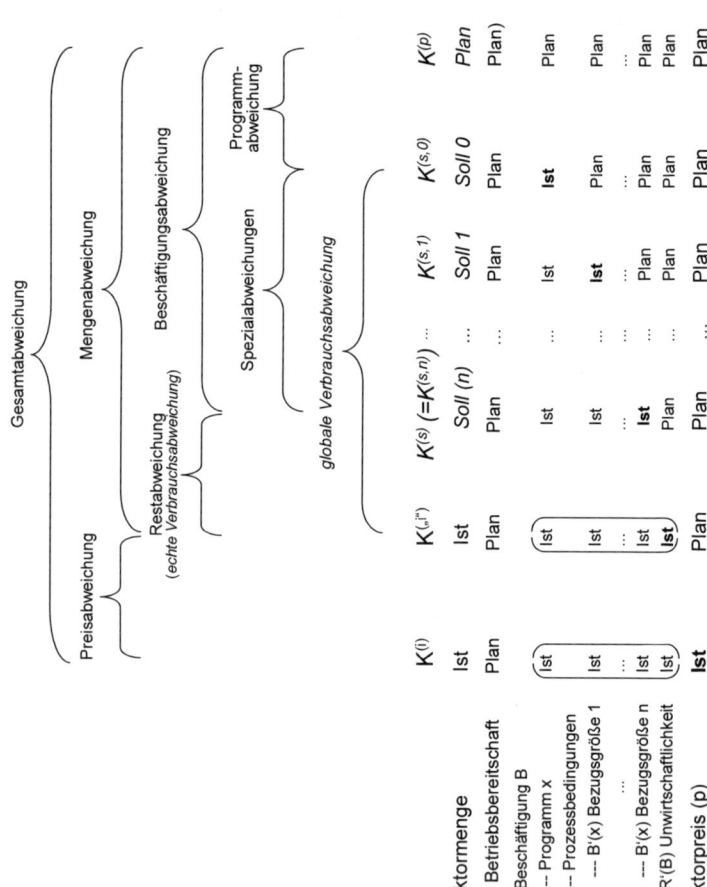

Abb. 6-4: Abweichungsaufspaltung

6.2 Kontrolle der Faktorpreise

Eine Kontrolle der Faktorpreise ist nur bei jenen Kostenarten möglich, für die bereits in der Kostenplanung Planpreise festgesetzt wurden und die in eine Planpreisliste, Planlohntabelle bzw. Plangehaltsliste aufgenommen wurden. Bei allen anderen Kostenarten schlagen sich die Preisabweichungen in den Mengenabweichungen nieder und müssen bei deren Analyse berücksichtigt werden. Meist werden Preisabweichungen nur für die Werkstoffkosten ermittelt, um die Kostenkontrolle in den Material verbrauchenden Kostenstellen von außerbetrieblichen Marktpreisschwankungen freizuhalten und die Qualität der betrieblichen Einkaufspolitik beurteilen zu können. Während früher auch für die Personalkosten so genannte Tarifabweichungen ermittelt wurden, wird heute mit leistungsfähiger EDV-Software bei Eintreten von Tarifänderungen in der Regel eine Umrechnung der Kosten- und Ergebnisplanung auf die neuen Tarife vorgenommen. Somit sollen hier ausschließlich Preisabweichungen der Werkstoffkosten behandelt werden, wobei das in der Praxis am häufigsten eingesetzte Verfahren zu deren Ermittlung dargestellt wird.

Die **Preisabweichungen** werden bereits **vor** der Kostenstellenkontierung (-zurechnung) als Differenz zwischen den zu Ist- und zu Planpreisen bewerteten Faktormengen ermittelt und nach der **Zugangsmethode** einem **Preisdifferenzbestandskonto** zugerechnet. Sie können als zu viel oder zu wenig verrechnete Istkosten interpretiert werden.

Die Ermittlung der Preisabweichungen für Werkstoffkosten erfolgt in folgenden Schritten:

- Die Materialzugangsmengen werden auf dem Materialbestandskonto zu Planpreisen und auf dem Preisdifferenzbestandskonto zu Preisdifferenzen, also Differenzen zwischen Ist- und Planpreis, erfasst.

- Die Materialabgangsmengen (z. B. für die Produktion) werden nur zu Planpreisen bewertet und dem Materialbestandskonto gutgeschrieben.

- Am Ende der Abrechnungsperiode wird ein **Preisdifferenz-Prozentsatz** % PD nach folgender Formel (6.7) ermittelt:

$$\% \, PD = \frac{\text{Anfangsbestand an Preisdifferenz} + \text{Zugang an Preisdifferenz}}{\text{Anfangsbestand zu Planpreisen} + \text{Zugang zu Planpreisen}} \qquad (6.7)$$

- Mit dem % PD werden die zu Planpreisen bewerteten Material-verbrauchsmengen der Periode (Referenz-Istkosten) multipliziert, wodurch sich die **Preisabweichung der Periode** in € ergibt. Diese muss in der Kostenkontrolle mit dem für die Preisabweichungen verantwortlichen Einkaufsbereich der Unternehmung entsprechend analysiert und ausgewertet werden.

- Die Preisabweichung der Periode in € wird dem Preisdifferenzbestandskonto gutgeschrieben.

Beispiel:

- Anfangsbestand Materialbestandskonto: 50.000 €

- Anfangsbestand Preisdifferenzbestandskonto: 800 €

- **Ein** Zugang in der Periode: 300 Stk zu 55 €/Stk (Istpreis)

- **Plan**preis: 50 €/Stk → Zugang PD = 55 minus 50 = 5 €/Stk

-
$$\% \, PD = \frac{800 \, € + (5 \, €/\text{Stk} \cdot 300 \, \text{Stk})}{50.000 \, € + (50 \, €/\text{Stk} \cdot 300 \, \text{Stk})}$$

$$= \frac{2.300 \, €}{65.000 \, €} = 3{,}5\%$$

- Materialabgang = Materialverbrauch der Abrechnungsperiode: 500 Stk

- Referenz-Istmaterialkosten/Periode: 500 Stk · 50 €/Stk = 25.000 €

- Preisabweichung der Periode: 25.000 € · 3,5 % = 875 €

6.3 Erfassung der Referenz-Istkosten

Die Erfassung der **Istkosten** in der **Plan**kostenrechnung unterscheidet sich von der Erfassung der Istkosten in der **Ist**kostenrechnung dadurch, dass für alle in das Planpreissystem einbezogenen

Kostenarten die Istfaktormengen mit geplanten Preisen bzw. Lohnsätzen bewertet werden und man so die **Referenz-Istkosten** erhält. Dies gilt sowohl für primäre als auch für sekundäre Kostenarten. Bei allen anderen primären Kostenarten wird mit Istpreisen bewertet. Die Planpreise für sekundäre Kostenarten entsprechen den geplanten Verrechnungssätzen für innerbetriebliche Leistungen. Für Letztere muss in der Istabrechnung nur die Istmenge der in Anspruch genommenen innerbetrieblichen Leistung während der Abrechnungsperiode ermittelt werden, die dann mit dem geplanten proportionalen innerbetrieblichen Verrechnungssatz bewertet wird. Im Folgenden soll ein kurzer Überblick über die Erfassung der primären, sekundären und tertiären Referenz-Istkosten gegeben werden.

6.3.1 Erfassung der primären Referenz-Istkosten

In der Kostenkontrolle werden grundsätzlich die vollen Referenz-Istkosten mit den vollen Sollkosten verglichen. Deshalb ist eine Auflösung der Referenz-Istkosten in beschäftigungsfixe und -variable Anteile nicht erforderlich. Referenz-Istkosten, die einer zeitlichen Abgrenzung bedürfen, müssen bei der Erfassung in einer Sonderrechnung wie in der Kostenplanung abgegrenzt werden. Im Folgenden wird zur besseren Lesbarkeit der Zusatz „Referenz" zumeist weggelassen. Gemeint sind jedoch immer diese „Istkosten der Plankostenrechnung".

Die **Erfassung der Istpersonalkosten** erfolgt mithilfe der Lohn- und Gehaltsabrechnung (Lohn- und Gehaltsbuchhaltung). Dabei gibt die Bruttolohn- und Bruttogehaltsverteilung an, welche Bruttobeträge (ohne Urlaubs- und Feiertagslöhne, die im Sozialzuschlag enthalten sind) unter welcher Personalkostenart (z. B. Fertigungs- oder Hilfslöhne bzw. Gehälter) den einzelnen Kostenstellen zugerechnet werden. Die Grundlage dazu bilden Lohnscheine und Gehaltslisten. Zur Ermittlung der **Istsozialkosten** werden die **Ist**personalkosten der Periode mit dem **geplanten** Sozialkostenzuschlag (in Prozent) multipliziert und der entsprechenden Kostenstelle zugerechnet. Die Kontrolle der Sozialkosten erfolgt meist nur jährlich in einer Sonderrechnung, bei der die tatsächlich angefallenen Istsozialkosten des Jahres den über den Sozialkostenzuschlag in den Kostenstellen verrechneten

Sozialkosten des Jahres gegenübergestellt werden und Abweichungen für jede einzelne Sozialkostenart ermittelt werden können.

Während die Erfassung der Istpersonalkosten für alle Personalkostenarten, also auch für **Einzel**lohnkosten (Fertigungslöhne), im Rahmen des Kostenstellen-Soll-Ist-Vergleiches (Kostenstellen-SIV) erfolgt, wird bei der **Erfassung der Werkstoffkosten** zwischen Einzel(kosten)material (wie Rohstoffe und Vorprodukte) und Gemeinkostenmaterial (Hilfs- und Betriebsstoffe) getrennt.

Die Istverbrauchsmengen für **Einzelmaterial** werden in der Materialabrechnung (Materialbuchhaltung) mithilfe von Materialentnahmescheinen erfasst und mit den zugehörigen **Plan**preisen bewertet, wodurch sich die **Referenz-Ist-Einzelmaterialkosten** ergeben. Die Materialentnahmescheine müssen die (Material-)Kostenartennummer, die Kostenträger- bzw. Artikelnummer und die Nummer der verbrauchenden Kostenstelle enthalten. Die Kontrolle der Einzelmaterialkosten erfolgt **nicht** im Kostenstellen-SIV, sondern in Form einer Sonderrechnung (Einzelkosten-SIV).

Die Erfassung der Istverbrauchsmengen für **Hilfs- und Betriebsstoffe** (Gemeinkostenmaterial) erfolgt im Rahmen des Kostenstellen -SIV in der gleichen Weise wie bei den Einzelmaterialkosten, wobei auf dem Materialentnahmeschein **keine** Kostenträger- bzw. Artikelnummer angegeben werden kann, sondern nur die Nummer der verbrauchenden Kostenstelle (Hilfs- und Betriebsstoffkosten sind Kostenträger**gemein**kosten).[i]

Die Erfassung der **Betriebsmittelkosten** betrifft folgende Kostenarten:[ii]

- Energiekosten

---

[i]   Es sei nochmals darauf hingewiesen, dass Materialgemeinkosten die Summe der Gemeinkosten von Materialkostenstellen (z. B. Lager) darstellen. Diese dürfen mit der Kostenart Gemeinkostenmaterial nicht verwechselt werden.

[ii] Vgl. Modul 4.

• Werkzeugkosten

• Reparatur- und Instandhaltungskosten

• Abschreibungskosten

Eine kostenstellenweise **Erfassung der Energiekosten** kann nur dann durchgeführt werden, wenn in den einzelnen Kostenstellen Energie-Messgeräte (Stromzähler) installiert sind. Da dies nur für Kostenstellen mit hohem Energieverbrauch wirtschaftlich vertretbar ist, werden die (primären) Energiekosten eigenen „Energieverteilungskostenstellen" zugeordnet und im Rahmen der planmäßigen innerbetrieblichen Leistungsverrechnung als sekundäre Energiekosten mithilfe eines innerbetrieblichen Verrechnungssatzes auf die empfangenden Kostenstellen verteilt. Für empfangende Kostenstellen ohne Messgerät können die Energiekosten nur nach dem Prinzip „Istkosten = Sollkosten" verrechnet werden, wobei sich die Energiekostenabweichungen dann auf den (sie nicht verursachenden) Energieverteilungsstellen sammeln (siehe Abschnitt 6.3.2).

Die Erfassung der **Werkzeugkosten** entspricht weitgehend der Erfassung der Werkstoffkosten. Für Werkzeugarten, die nicht in das Planpreissystem aufgenommen werden, enthalten die Istwerkzeugkosten die tatsächlichen Istpreise. Weichen diese von den der Planung zugrunde gelegten Preisen ab, so wird die Verbrauchsabweichung durch eine Preisabweichung verzerrt. Werden Kosten für (Spezial-)Werkzeuge **als Sondereinzelkosten der Fertigung** verrechnet, so müssen sie außerhalb der Kostenstellenrechnung in einer Sonderrechnung, „**kalkulatorische Deckungsrechnung**" genannt, kontrolliert werden. Dabei werden die in den **Plan**kalkulationen für Werkzeuge verrechneten Sondereinzelkosten der Periode den tatsächlichen **Ist**werkzeugkosten gegenübergestellt und **Über**- oder **Unterdeckungen** der Ist-Werkzeugkosten ermittelt.

Die Erfassung der **Reparatur- und Instandhaltungskosten** betrifft hier nur die primären Kosten für Fremdreparaturen. Diese werden den verursachenden Kostenstellen zugerechnet. In Industriebetrieben, die sowohl Fremdleistungen empfangen als auch eigene Reparaturbetriebe besitzen, werden sämtliche Istreparatur- und Istinstandhaltungskosten im Rahmen einer **Werksauftragsabrechnung** erfasst. In einem Werksauftrag (WA) mit eigener WA-Nummer werden alle angefallenen Istkosten für Reparaturmaterial, Fremdreparaturen und innerbetriebliche Leistungen der eigenen Hilfsbetriebe gesammelt, wobei die Reparaturstunden der Hilfsbetriebe mit Plan-Grenzkostensätzen bewertet werden. Nach Abschluss eines Werksauftrages werden dessen Kosten entweder unmittelbar oder mit zeitlich abgegrenzten Beträgen den empfangenden Kostenstellen als Istreparatur- und -instandhaltungskosten zugerechnet, sofern es sich nicht um aktivierungspflichtige innerbetriebliche Leistungen (z. B. Großreparaturen) handelt. Die Istherstellkosten aktivierungspflichtiger innerbetrieblicher Leistungen werden nach handels- bzw. steuerrechtlich notwendigen Korrekturen als Herstell**ungs**kosten in die Anlagenbuchhaltung bzw. Bilanz übernommen.

Die Ist-**Abschreibungskosten** werden grundsätzlich **rechnerisch** ermittelt, da für sie keine Istmengen erfasst werden können. Die rechnerische Ermittlung erfolgt, indem die Istkosten den Sollkosten gleichgesetzt werden. So kann es auch niemals zu einer Abweichung zwischen Soll- und Istkosten kommen.

Für die Erfassung der **Istkapitalkosten** des Umlaufvermögens wird der wertmäßige durchschnittliche Istbestand der Abrechnungsperiode mit dem **geplanten** Zinssatz pro Periode bewertet und den Sollkosten gegenübergestellt. Bei den Zinskosten auf das Anlagevermögen werden wiederum die Istkosten den Sollkosten gleichgesetzt und keine Abweichungen ermittelt.

Die Erfassung **sonstiger Kosten** betrifft die folgenden Gruppen primärer Kostenarten:

- Verschiedene Gemeinkosten

- Sondereinzelkosten

Zur Erfassung verschiedener Gemeinkosten ist eine enge Zusammenarbeit mit der Finanzbuchhaltung erforderlich. Viele dieser Kostenarten – wie z. B. Kostensteuern, Versicherungen, Gebühren, Beiträge, Umweltschutzkosten, Mieten, Pachten, Leasingraten – müssen zeitlich abgegrenzt werden. Dabei werden im Kostenstellen-Soll-Ist-Vergleich die **geplanten** (Abrechnungs-)Periodenbeträge so lange als **Ist**kosten angesetzt, bis erkennbar wird, dass entsprechende

Korrekturen erforderlich sind. Bis dahin werden keine Abweichungen ausgewiesen. Für nicht zeitlich abzugrenzende Kostenarten werden die Istkostenbelege den verursachenden Kostenstellen zugerechnet, wobei wegen fehlender Planpreise auch Preisabweichungen in die Mengenabweichungen eingehen.

Für die Erfassung der Wagniskosten, Eigenmietkosten und Unternehmerlohnkosten gilt das zu den Abschreibungskosten und zu den Zinskosten auf Anlagevermögen Gesagte. Sie werden Ist = Soll gesetzt und weisen keine Abweichungen auf.

Die Erfassung von **Sondereinzelkosten** wurde oben bei den Werkzeugkosten bereits angesprochen. Sowohl für die Sondereinzelkosten der Fertigung als auch des Vertriebs wird eine „**kalkulatorische Deckungsrechnung**" bzw. „**kalkulatorische Deckungskontrolle**" durchgeführt und es werden Über- oder Unterdeckungen der Ist-Sondereinzelkosten ermittelt.[i]

6.3.2 Erfassung der sekundären und tertiären Referenz-Istkosten

Die Erfassung der sekundären Referenz-Istkosten betrifft folgende Kostenarten:

- sekundäre Sozialstellenkosten

- sekundäre Energiekosten

- sekundäre Reparatur- und Instandhaltungskosten

- sekundäre Transportkosten

- sekundäre Leitungskosten

Die **sekundären Referenz-Istkosten** ergeben sich grundsätzlich durch Bewertung (Multiplikation) der erfassten **Istverbrauchsmengen** der Abrechnungsperiode mit den **geplanten proportionalen in-**

---

[i] Vgl. Kilger / Pampel / Vikas 2007, S. 224 ff.

nerbetrieblichen Verrechnungssätzen. Hierbei können drei praxis-relevante Fälle unterschieden werden:

1. Abgegebene Menge in liefernder Kostenstelle **nicht** messbar, Istverbrauchsmenge in empfangender Kostenstelle **nicht** messbar

Ist eine Erfassung der Istverbrauchsmenge **nicht** möglich, so werden in den **empfangenden** Kostenstellen die Istkosten gleich den Soll-kosten gesetzt und es wird **keine** Restabweichung ausgewiesen. Da gleichzeitig die innerbetriebliche Leistungsmenge der liefernden Kostenstelle ebenfalls nicht gemessen werden kann, vermischen sich die Restabweichungen der empfangenden Kostenstellen mit der Restabweichung der liefernden Kostenstelle. Die Summe der Rest-abweichungen wird dann in der liefernden Kostenstelle ausgewiesen. Die liefernden Kostenstellen werden in der GPKR in einem solchen Fall mit **indirekten Bezugsgrößen** abgerechnet. Wie bereits be-gründet, wird heute versucht, mithilfe von Ansätzen der Prozess-kostenrechnung auf indirekte Bezugsgrößen weitestgehend zu ver-zichten und die Leistungen der indirekten Bereiche direkt den Kos-tenträgern zuzurechnen. In der „normalen" GPKR werden indirekte Bezugsgrößen häufig bei folgenden Kostenstellen angesetzt, wobei die entsprechenden sekundären Kostenarten in den empfangenden Kostenstellen als Istkosten = Sollkosten abgerechnet werden:

- Sozialstellen (hier sind auch direkte Bezugsgrößen möglich, z. B. Anzahl Personen)

- Innerbetriebliche Transportstellen (hier sind auch direkte Be-zugsgrößen möglich, z. B. Kilogrammmeter)

- Leitungsstellen

2. Abgegebene Menge in liefernder Kostenstelle messbar, Istverbrauchsmenge in empfangender Kostenstelle **nicht** messbar

Ist eine Erfassung der Istverbrauchsmenge **nicht** möglich, so werden in den **empfangenden** Kostenstellen die Istkosten gleich den Soll-kosten gesetzt und es wird **keine** Restabweichung ausgewiesen. Da jedoch die innerbetriebliche Leistungsmenge der liefernden Kosten-stelle gemessen werden kann, kann die Restabweichung der liefern-den Kostenstelle in Form einer **Sonderrechnung** (ähnlich der „kalkulatorischen Deckungsrechnung bzw. Deckungskontrolle" für Sondereinzelkosten) ermittelt werden.

3. Abgegebene Menge in liefernder Kostenstelle messbar, Istverbrauchsmenge in empfangender Kostenstelle messbar

Liegen messbare direkte Bezugsgrößen bei der liefernden Kostenstelle vor **und** kann die innerbetriebliche Leistung in der empfangenden Kostenstelle auch gemessen werden, so werden deren Referenz-Istkosten – wie oben beschrieben (**Ist**verbrauchsmenge mal **geplanter** proportionaler innerbetrieblicher Verrechnungssatz) – ermittelt und den Sollkosten gegenübergestellt. Somit können Restabweichungen in der empfangenden Kostenstelle ausgewiesen werden. Sollten Mengenabweichungen zwischen der abgegebenen Leistung und der Summe der empfangenen Leistungen auftreten, so ist dies ein Hinweis auf Mengenverluste in der Leistungsübermittlung (z. B. Leitungsverluste bei Strom, undichte Leitungen bei Wasser oder Dampf).

Die **tertiären (Fix-)Kosten** sind eine reine Verrechnungskostenart, für die keine Istwerte erfasst werden können und die daher grundsätzlich Ist = Plan abzurechnen ist.

6.4 Bestimmung der Sollkosten

Zur **Bestimmung der Sollkosten** erfolgt zuerst eine Ermittlung der Istbezugsgrößenmengen. Mit deren Hilfe werden die Plankosten zu Sollkosten umgerechnet. Bei der Ermittlung der Istbezugsgrößenmengen in der GPKR muss zwischen direkten und indirekten Bezugsgrößen unterschieden werden. An verschiedenen Stellen dieser Schrift wurde schon mehrmals darauf hingewiesen, dass der Ansatz von **indirekten Bezugsgrößen** zur Kostenzurechnung das Verursachungsprinzip verletzt und deshalb in leistungsfähigen KER-Systemen nach Möglichkeit überhaupt zu vermeiden ist. Aus diesem Grunde soll auf deren Erfassung hier nur kurz eingegangen werden. In den **indirekten Bereichen** der Unternehmung sollten **direkte Prozessbezugsgrößen** verwendet werden, deren Messung sich prinzipiell nicht von den direkten Bezugsgrößen der GPKR unterscheidet.

Die Ermittlung der Istmenge **direkter Bezugsgrößenarten** für Kostenträger**gemein**kosten kann durch **direkte Messung** mithilfe von Messgeräten (z. B. Maschinenstundenzähler, Stromzähler, Wasserzähler usw.) in der Kostenstelle oder **direkte Ableitung aus Urbelegen** (z. B. Belegen der Lohnabrechnung) erfolgen. So werden Fertigungsstunden, Rüststunden und weitere Hilfslohnstunden (z. B. Reparaturstunden) der Abrechnungsperiode meist aus der Lohn- oder Werksauftragsabrechnung ermittelt, während Maschinenstunden, Kilowattstunden, 10^6 Kilojoule, m^3 Wasser pro Periode usw. direkt von Zählern in den Kostenstellen abgelesen werden. Die als direkte Bezugsgröße für Kostenträger**einzel**kosten (z. B. Einzelmaterialkosten, Sondereinzelkosten) benötigte Anzahl der hergestellten bzw. verkauften Mengeneinheiten eines Kostenträgers (Istproduktions- bzw. -absatzmenge) wird in der Betriebsdatenerfassung (BDE) ermittelt.

Die Istproduktions- bzw. -absatzmenge wird auch zur **indirekten** (retrograden) **Berechnung** der **Soll**bezugsgrößenmenge auf Basis der Kostenträger-Beschäftigung-Funktion[i] nach folgender Formel verwendet:

$$B^{(s)} = \sum_j x_j^{(i)} \cdot b_j^{(p)} \qquad (6.8)$$

$B^{(s)}$: Sollbezugsgrößenmenge der Periode

$x_j^{(i)}$: Istproduktions- bzw. -absatzmenge der Produktart (Kostenträger) j in der Periode

$b_j^{(p)}$: Planbezugsgrößenmenge pro Mengeneinheit der Produktart j („Beschäftigungskoeffizient", z. B. 0,5 Maschinenstunden/Stück)

Die direkt gemessene Ist- und die indirekt errechnete Sollbezugsgrößenmenge sind nur dann identisch, wenn die geplanten Prozessbedin-

---

[i] Zu dieser s. Modul 2.

gungen in der Abrechnungsperiode auch eingehalten wurden. Diese werden durch den Beschäftigungskoeffizienten $b_j^{(p)}$,[i] d. h. die Planbezugsgrößenmenge pro Produkteinheit, ausgedrückt. Eine Differenz zwischen direkt in der Kostenstelle gemessener Ist- und indirekt (retrograd) auf Basis des Beschäftigungskoeffizienten errechneter Sollbezugsgrößenmenge ist deshalb auf außerplanmäßige Prozessbedingungen zurückzuführen, die zu einer **Spezialabweichung** führen. Spezialabweichungen müssen wegen ggf. unterschiedlicher Verantwortungsbereiche für echte Verbrauchsabweichungen und Spezialabweichungen in einer Sonderrechnung getrennt vom Kostenstellen-Soll-Ist-Vergleich ausgewiesen werden. Das bedeutet, dass eine aussagefähige Kostenkontrolle mit Ausweis **echter** Verbrauchsabweichungen (Restabweichungen) nur in jenen Kostenstellen möglich wird, die **direkte** Bezugsgrößen aufweisen. Werden die Sollkosten einer Kostenstelle aufgrund einer retrograd errechneten Sollbezugsgrößenmenge, d. h. in Form von Sollkosten 0, vorgegeben, so schlagen sich die Spezialabweichungen, vermischt mit der Restabweichung, in der **globalen** Verbrauchsabweichung **aller** Kostenarten dieser Kostenstelle nieder.

Das formal gleiche Problem tritt bei einer Sollkostenvorgabe aufgrund **indirekter Bezugsgrößen** im Bereich der **Hilfskostenstellen** auf. Hier ergibt sich die Sollbezugsgrößenmenge (Sollbeschäftigung) einer liefernden Hilfskostenstelle $B^{(s)}$, ausgedrückt in „€-Deckung-Grenzkosten" der Periode, aus einer formal ähnlichen Beziehung wie Formel (6.8). In der liefernden Kostenstelle wird dann die Istbeschäftigung gleich der Sollbeschäftigung gesetzt.

$$B_l^{(s)} = \sum_e K_{le}^{(ri)} \tag{6.9}$$

$K_{le}^{(ri)}$: **R**eferenz-**I**stkosten in der **e**mpfangenden Kostenstelle e an innerbetrieblichen Leistungen der **l**iefernden Hilfskostenstelle l

---

[i]   Dieser entspricht der Kostenträger-Grenzbeschäftigung der Kostenträger-Beschäftigung-Funktion (s. Modul 2).

Die sekundären Referenz-Istkosten für die entsprechende innerbetriebliche Leistung in den **empfangenden** Kostenstellen ergeben also
in der Summe die Sollbeschäftigung der **liefernden** Kostenstelle. Ein
kleines Beispiel soll dies verdeutlichen (Abb. 6-5).

Aus dem Beispiel der Abbildung 6-5 ist erkennbar, dass in der „normalen" GPKR **nur** die **proportionalen** Plankosten der Hilfskostenstelle auf die empfangenden Kostenstellen **planmäßig** verteilt
werden. Dort werden sie als sekundäre Kosten planmäßig in beschäftigungsfixe und -variable Anteile aufgelöst. Die Ermittlung der Istbezugsgrößenmenge der liefernden Hilfskostenstelle in „€-Deckung-
Grenzkosten" erfolgt nach Formel (6.9), wobei vorher die Istbezugsgrößenmengen (Istbeschäftigungen) $B_i^{(i)}$ aller empfangenden
Kostenstellen (i = 1 bis m) ermittelt werden müssen, welche die
betreffende innerbetriebliche Leistung in Anspruch nehmen.

Beim Soll-Ist-Kosten-Vergleich der empfangenden Kostenstellen
kann bei der betreffenden sekundären Kostenart **keine** Abweichung
ermittelt werden. Dies bedeutet, dass Restabweichungen der empfangenden Kostenstellen mit der Restabweichung der liefernden
Hilfskostenstelle vermischt werden und damit die Aussagefähigkeit
der Kostenkontrolle entscheidend reduziert wird (1. Fall bei der Erfassung sekundärer Referenz-Istkosten).

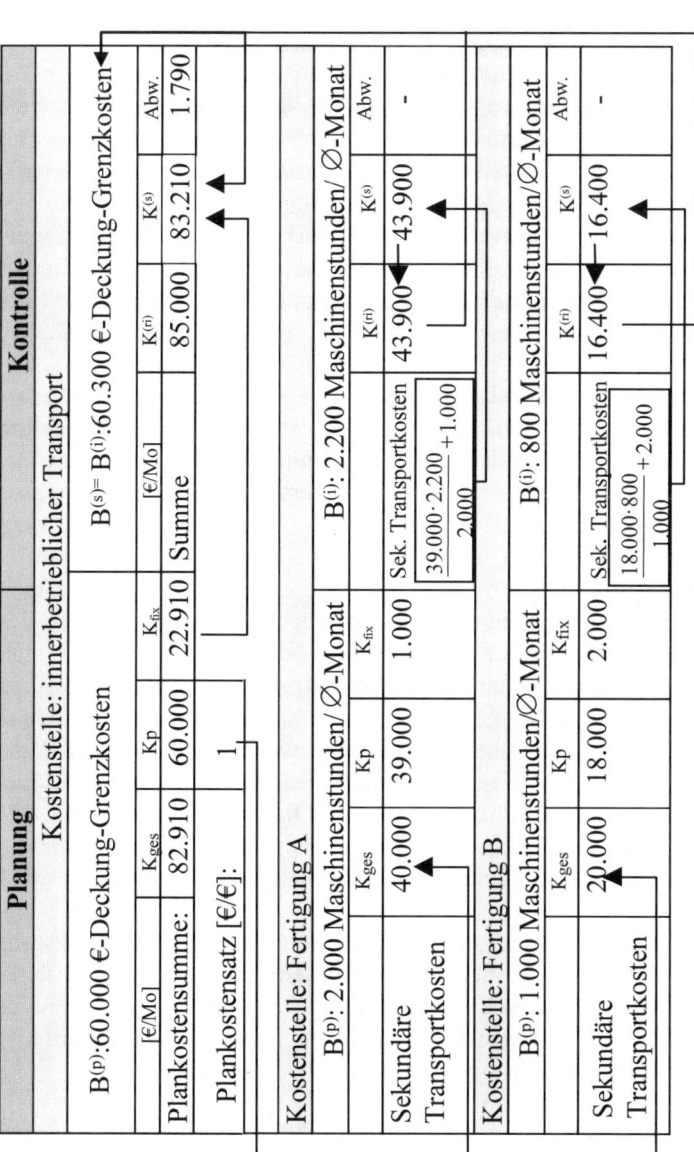

Abb. 6-5: Kontrolle bei indirekten Bezugsgrößen

Verfügt die liefernde Hilfskostenstelle jedoch über eine Mess- bzw.
Datenerfassungseinrichtung, so kann in ihr eine direkte Bezugsgröße
angesetzt und eine einwandfreie Kostenkontrolle durchgeführt werden (2. Fall bei der Erfassung sekundärer Referenz-Istkosten). Bei
den empfangenden Kostenstellen, die in diesem Fall aus Wirtschaftlichkeitsgründen keine Mess- bzw. Datenerfassungseinrichtungen
aufweisen, müssen die Referenz-Istkosten = Sollkosten gesetzt werden. Deren Gesamtverbrauchsabweichung kann dann nur durch eine
Sonderrechnung pauschal für alle empfangenden Kostenstellen ermittelt werden.

Die Erfassung von **Hilfsbezugsgrößen** beruht auf der Erfassung bestimmter Periodenkosten.[i] In der GPKR werden für die Kostenstellen
des **Materialbereiches** die **Plan-Einzelmaterialkosten** der Periode,
gegebenenfalls nach Materialarten differenziert, als Hilfsbezugsgröße verwendet. Für die Kostenstellen des **Verwaltungs- und Vertriebsbereiches** werden in der Regel die **Herstellkosten** (seltener:
Fertigungskosten) des Umsatzes, d. h. der abgesetzten Kostenträgereinheiten, als Hilfsbezugsgröße verwendet, wobei im Vertriebsbereich häufig nach Kostenträgergruppen differenziert wird. Da sich
die proportionalen Kosten des Verwaltungs- und Vertriebsbereiches
nur mit zeitlichen Phasenverschiebungen an Umsatz- bzw. Beschäftigungsschwankungen anpassen lassen, werden im (monatlichen)
Kostenstellen-Soll-Ist-Vergleich häufig die Sollkosten den (ursprünglichen) Plankosten gleichgesetzt. Dies bedeutet, dass die Istbeschäftigung der Planbeschäftigung gleichgesetzt wird und für die
Hilfsbezugsgröße keine Istbezugsgrößenmenge ermittelt wird.

Nach der Ermittlung der Istbezugsgrößenmengen für alle Bezugsgrößenarten aller Kostenstellen erfolgt für jede Bezugsgrößenart jeder
Kostenstelle eine nach Kostenarten differenzierte Errechnung der
Sollkosten nach den Formeln (6.4) und (6.5), wobei in Formel (6.4)
für Kostenträgereinzelkosten **keine** Plan**fix**kosten auftreten.

Während die **Soll**kosten pro **Bezugsgrößenart** errechnet werden
können, ist eine Kontierung von **Ist**kosten nur in Bezug auf eine **Ko-**

---

[i]   Vgl. Modul 3.

stenstelle (für Kostenträgergemeinkosten) bzw. auf einen **Kosten-träger** (für Kostenträgereinzelkosten) möglich. Dies bedeutet, dass vor dem Soll-Ist-Vergleich die Sollkosten **aller** Bezugsgrößenarten in **einer** Kostenstelle kostenartenweise addiert werden müssen, damit man sie dann ebenfalls in dieser Kostenstelle kostenartenweise den Istkosten gegenüberstellen kann.

Der kostenarten- und kostenstellenweise Soll-Ist-Kosten-Vergleich für Kostenträger**gemein**kosten erfolgt organisatorisch im Rahmen der periodischen (meist monatlichen) Erstellung des Betriebsabrechnungsbogens (BAB). Der kostenarten-, kostenstellen- und kostenträgerweise Soll-Ist-Kosten-Vergleich für Kostenträger**einzel**kosten wird in Form von Sonderrechnungen (Einzelkosten-Soll-Ist-Vergleich) durchgeführt, wobei in Formel (6.5) die Bezugsgrößenarten β durch die Kosten**träger**arten (j = 1 bis n) und die Istbezugsgrößenmengen $B_\beta^{(i)}$ durch die **Stückzahl** des Kostenträgers[i] in der Abrechnungsperiode x_j repräsentiert werden.

6.5 Ermittlung und Analyse von Kostenabweichungen

Zur **Ermittlung und Analyse von Kostenabweichungen** werden zuerst die vollen Sollkosten von den zugehörigen vollen Referenz-Istkosten nach Formel (6.6) subtrahiert, sodass man die nach Kostenstellen und deren Kostenarten differenzierten **Kostenstellenabweichungen** (Restabweichungen) erhält. Bei allen Kostenstellen, deren Beschäftigung bei schwankenden Prozessbedingungen mithilfe von **mehreren direkten** Bezugsgrößenarten **gemessen** wird, sind in diesen Restabweichungen keine Spezialabweichungen aufgrund außerplanmäßiger Prozessbedingungen enthalten, sodass die Restabweichung hier eine **echte** Verbrauchsabweichung ist. Wird in diesem Fall nur **eine** direkte Bezugsgrößenart planmäßig vorgesehen, so kann nur eine **globale** Verbrauchsabweichung ausgewiesen werden,

---

[i]   Ist**produktions**menge für Einzelmaterialkosten und Sondereinzelkosten der Fertigung, Ist**absatz**mengen für Sondereinzelkosten des Vertriebs.

die aus der echten Verbrauchs- und den Spezialabweichungen besteht.

Die Abb. 6-6 zeigt exemplarisch einen Kostenstellen-Soll-Ist-Vergleich (BAB) für die Kostenstelle 404.[i] Die Verbrauchsabweichung wird hier für den Abrechnungsmonat und kumuliert seit Jahresanfang[ii] in absoluter €-Höhe und in Prozent der proportionalen Sollkosten ausgewiesen.

Die rechnerische Ermittlung von Kostenabweichungen umfasst in der GPKR folgende Soll-Ist-Vergleiche:

* Kostenträger-**Einzelkosten**-Soll-Ist-Vergleich (im Wesentlichen Einzelmaterialkosten, Sondereinzelkosten) in Form von Sonderrechnungen mit Ausweis globaler Verbrauchsabweichungen

* Kostenträger-**Gemeinkosten**-Soll-Ist-Vergleich in Form des Betriebsabrechnungsbogens (BAB) mit Ausweis echter Verbrauchsabweichungen sowie in Form von **Sonderrechnungen** mit Ausweis von Spezialabweichungen

Ein **Beispiel** zur Durchführung von **Sonderrechnungen** zum Ausweis von Spezialabweichungen aufgrund außerplanmäßiger Seriengrößen und Bedienungsverhältnisse soll dies verdeutlichen. Dabei soll auf die Kosteninformationen aus dem Kostenplan der Abb. 5-7 und auf den Kostenstellen-SIV der Abb. 6-6 zurückgegriffen werden.

---

[i] Zur Kostenplanung in dieser Kostenstelle siehe 5-7 in Modul 5.

[ii] Um die kumulierte Verbrauchsabweichung zu ermitteln, sind auch die hier nicht ausgewiesenen Abweichungen der Vormonate zu berücksichtigen.

Maschinenbau-GmbH		BAB: Oktober 03						
Kostenstelle / Nr.: Drehmaschinen / 404		Leiter: Drehwurm						
Planbezugsgröße / Nr.: 300 R-Stunden/Mo /1 Planbezugsgröße / Nr.: 900 F-Stunden/Mo /2 Planbezugsgröße / Nr.: 1.800 M-Stunden/Mo /3				Istbezugsgröße / Nr.: 450 R-Stunden/Mo /1 Istbezugsgröße / Nr.: 990 F-Stunden/Mo /2 Istbezugsgröße / Nr.: 1.620 M-Stunden/Mo /3				
Nr.	Kostenartenbezeichnung	Referenz-Istkosten [€]	prop. Soll-kosten [€] Beschäftigungsgrad 150% 110% 90%	fixe Plan-kosten [€]	Restabweichung [€]	Restabweichung [%]	Restabweichung kumuliert [€]	kumuliert [%]
4100	Fertigungslöhne	20.790	20.790	-	-	-	-	-
4250	Hilfslöhne für Rüsten	11.250	11.250	-	-	-	-	-
4251	Hilfslöhne für Reinigung	800	450	300	50	11	320	14
4870	Sozialkosten	26.272	25.992	240	40	0	100	0
4440	Werkzeugkosten	2.620	2.520	200	-100	-4	-220	-1
4260	Hilfs- und Betriebsstoffkost.	1.830	1.417	100	313	22	500	4
4280	Ersatzteilkosten	1.162	945	150	67	7	315	3
4800	Abschreibungskosten	29.150	7.650	21.500	-	-	-	-
4810	Zinskosten auf AV	20.000	-	20.000	-	-	-	-
4830	Sek. Reparaturkosten	3.280	2.250	650	380	17	2.632	12
4851	Sek. Stromkosten	2.423	1.980	200	243	12	422	2
4875	Sek. Transportkosten	2.070	2.070	-	-	-	-	-
4820	Sek. Leitungskosten	5.099	5.099	-	-	-	-	-
4890	Sek. Sozialstellenkosten	747	747	-	-	-	-	-
4880	Sek. Raumkosten	1.500	-	1.500	-	-	-	-
4899	Σ Tertiäre Kosten	10.300	-	10.300	-	-	-	-
	Summen:	139.293	83.160	55.140	993	1	4.069	1

Abb. 6-6: Kostenstellen-Soll-Ist-Vergleich/BAB

Aus der BDE sei eine Istproduktionsmenge für Oktober 03 von 2.500 Stück für 64332 und von 1.500 Stück für 64333 bekannt. Die dem BAB-SIV zugrunde liegenden Abweichungen ergeben sich wie folgt: **Mengenabweichung** als Differenz zwischen vollen Referenz-Istkosten und vollen Plankosten: 139.293 - 129.540 = 9.753 €.[i] Der Wert der eingesetzten Produktionsfaktoren überstieg also den geplanten Wert um 9.753 €. Beide Faktormengen wurden dabei zu Planpreisen bewertet. Legt man die gemessenen Istbezugsgrößenmengen zu Grunde, ergeben sich für die Bezugsgröße Rüststunden proportionale Sollkosten in Höhe von 22.500 €, für die Bezugsgröße Fertigungsstunden in Höhe von 39.600 € und für die Bezugsgröße Maschinenstunden in Höhe von 21.060 €. Insgesamt betragen damit die proportionalen Sollkosten für die Fertigungskostenstelle 404 83.160 €. Die Höhe der **Beschäftigungsabweichung** ergibt sich aus der Differenz der proportionalen Sollkosten und der proportionalen Plankosten: 83.160 - 74.400 = 8.760 €. Ein Mehrverbrauch in Höhe von 8.760 € ist also auf Abweichungen der Istbezugsgrößenmengen von den Planwerten zurückzuführen. Die Differenz zwischen Referenz-Istkosten und Sollkosten ist schließlich die **Restabweichung** bzw. echte Verbrauchsabweichung: 139.293 - 138.300 = 993 €. Es wurden also Produktionsfaktoren im Wert von 993 € mehr eingesetzt als für die Istbezugsgrößenmengen hätten eingesetzt werden dürfen.

Die Beschäftigungsabweichung wird nun im Rahmen einer **Sonderrechnung** weiter analysiert: Die **proportionalen Sollkosten 0** erhält man durch Multiplikation der Istproduktionsmenge mit dem Planbeschäftigungskoeffizienten und dem proportionalen Plankostensatz. Die Sollkosten 0 betragen damit für die Bezugsgröße Rüststunden (2.500 Stk · 0,9 R-min/Stk + 1.500 Stk · 9 R-min/Stk) · 50 € / 60 R-min = 13.125 €, für die Bezugsgröße Fertigungsstunden 28.800 € und für die Bezugsgröße Maschinenstunden 18.720 €. Insgesamt betragen damit die proportionalen Sollkosten 0 für die Fertigungskostenstelle 404 = 60.645 €. Die Höhe der **Programmabweichung** ergibt sich aus der Differenz der proportionalen Sollkosten 0 und der proportionalen Plankosten: 60.645 - 74.400 = -13.755 €. Diese Ge-

---

[i]   „Verlustabweichungen" haben bei dieser (üblichen) Form des Ausweises ein positives Vorzeichen, „Gewinnabweichungen" ein negatives.

winnabweichung resultiert damit einzig und allein aus der im Vergleich zur Planproduktionsmenge geringeren Istproduktionsmenge.

Für die Ermittlung der **Spezialabweichungen** werden nun schrittweise die retrograd errechneten Sollbezugsgrößenmengen durch die gemessenen Istbezugsgrößenmengen ersetzt, um so die einzelnen **Bezugsgrößenabweichungen** zu ermitteln. Dies ist gleichbedeutend damit, dass für jede Bezugsgrößenart die Differenz der jeweiligen Sollkosten und der Sollkosten 0 berechnet wird. Die **Rüststundenabweichung** beträgt danach 22.500 - 13.125 = 9.375 €. Mehrkosten in dieser Höhe sind also auf die Abweichung der Ist-Rüststunden von den Soll-Rüststunden zurückzuführen. Die **Fertigungsstundenabweichung** beträgt 39.600 - 28.800 = 10.800 €. Mehrkosten in dieser Höhe sind also auf die Abweichung der Ist-Fertigungsstunden von den Soll-Fertigungsstunden zurückzuführen. Die Höhe der **Maschinenstundenabweichung** beträgt dementsprechend 21.060 -18.720 = 2.340 €. Mehrkosten in dieser Höhe sind demnach auf die Abweichung der Ist-Maschinenstunden von den Soll-Maschinenstunden zurückzuführen.

Die **Rüststundenabweichung** wird im Wesentlichen auf Abweichungen aufgrund außerplanmäßiger Seriengrößen beruhen. Gerade für den Normalfall einer variantenreichen Fertigung konnte dieser Effekt empirisch nachgewiesen werden. Es ist jedoch bei Entlohnung im Zeitlohn nicht auszuschließen, dass ein Teil der Rüststundenabweichung auch durch längere Rüstzeiten pro Umrüstvorgang entstanden ist und somit eine echte Verbrauchsabweichung darstellt. Hier können sowohl technische als auch menschliche Einflussfaktoren die Ursache sein. Erfolgt die Entlohnung der Rüstarbeiten dagegen im Akkordlohn, ist die Rüstzeitabweichung zu 100% auf außerplanmäßige Seriengrößen zurückzuführen.

Die **Fertigungsstundenabweichung** wird überwiegend auf eine Veränderung des Bedienungsverhältnisses zurückzuführen sein. Während das Sollbedienungsverhältnis $= \dfrac{1440 \; Maschinenstunden}{720 \; Fertigungsstunden}$ $= 2 : 1$ beträgt, ergab die direkte Messung der Istbezugsgrößenmengen im Abrechnungszeitraum in Kostenstelle 404 für die Bezugsgröße 3 = 1.620 Maschinenstunden und für die Bezugsgröße 2 = 990

Fertigungsstunden. Das schlechtere Istbedienungsverhältnis ergibt sich damit zu: $\dfrac{1.620 \text{ Maschinenstunden}}{990 \text{ Fertigungsstunden}} = 1,64 : 1$. Abweichungen aufgrund außerplanmäßiger Bedienungsverhältnisse sind ebenfalls typisch für eine variantenreiche Fertigung mit einer großen Zahl an Sonder- und Eilaufträgen. Auch hier können jedoch bei Entlohnung im Zeitlohn menschliche Faktoren für die Fertigungszeitüberschreitung mit verantwortlich sein.

Nach der Abweichungsermittlung ist eine sorgfältige **Analyse der Kostenabweichungen** erforderlich. Abweichungsinformationen liegen sowohl dem Controllingbereich als auch den verantwortlichen Kostenstellenleitern vor. In einem **ersten Schritt** der Abweichungsanalyse werden Controller und Kostenstellenleiter eine vorläufige Analyse der Abweichungen vorerst getrennt vornehmen. Hierbei soll insbesondere die Verantwortlichkeit für Abweichungen geklärt werden. Während für echte Verbrauchsabweichungen in der Regel die Kostenstellenleiter verantwortlich sind, können Spezialabweichungen häufig auf begründbare außerplanmäßige Dispositionen der Produktionsplanung und -steuerung (PPS) zurückgeführt werden, für die der Fertigungs-Kostenstellenleiter keine Verantwortung trägt. Trägt dieser jedoch auch PPS-Verantwortung, so hat er auch die dadurch verursachten Spezialabweichungen zu begründen.

Im **zweiten Schritt** der Abweichungsanalyse erfolgt zwischen dem Controller und dem Kostenstellenleiter bzw. Abweichungsverantwortlichen eine gemeinsame Kostendurchsprache, in der die Abweichungsursachen geklärt werden müssen und Maßnahmen zur Vermeidung zukünftiger Abweichungen (Eingriffe in den Betriebsprozess bzw. Planrevision) festgelegt werden.

Im **dritten Schritt** der Abweichungsanalyse werden die Ergebnisse der Kostendurchsprache in einem Kostenbericht zusammengefasst und an alle Beteiligten sowie an übergeordnete Stellen übermittelt.

Die Abweichungsanalyse erfordert großes psychologisches Geschick des Controllers. Er hat dafür zu sorgen, dass die Kostenkontrolle nicht zum „Tribunal" ausartet, sondern die Kostenverantwortlichen erkennen, dass ihnen mit einer Plankostenrechnung ein leistungsfähiges Instrument zur Führung ihres Bereiches zur Verfügung gestellt wird.

Zusammenfassend ergibt sich für die Kostenkontrolle bei direkten Bezugsgrößen folgender Ablauf:

- Erfassung der eingesetzten Produktionsfaktormengen

- Bewertung dieser Faktormengen mit Planpreisen ergibt die **Referenz-Istkosten**

- Bewertung dieser Faktormengen mit Istpreisen ergibt die Istkosten. Die Differenz zwischen Istkosten und Referenz-Istkosten stellt die **Preisabweichung** dar.

- Messung aller Istbezugsgrößenmengen

- Umrechnung der Plankosten in **Sollkosten** wie folgt: Proportionale Plankosten * Ist-Beschäftigungsgrad + Plan-Fixkosten. Die Differenz von Soll- und Plankosten ist die **Beschäftigungsabweichung**, die Differenz von Referenz-Istkosten und Sollkosten die **Restabweichung** bzw. echte Verbrauchsabweichung.

- Weitere Analyse der Beschäftigungsabweichung, indem zunächst für jede Bezugsgröße die **Sollkosten 0** als „optimale" Sollkosten wie folgt errechnet werden: Proportionale Plankosten * Soll-Beschäftigungsgrad + Plan-Fixkosten. Die in den Soll-Beschäftigungsgrad eingehenden Sollbezugsgrößenmengen sind das Produkt aus Istproduktions- bzw. -absatzmengen und Plan-Beschäftigungskoeffizienten. Die Differenz zwischen Sollkosten 0 und Plankosten ist die **Programmabweichung**, die Differenz von Sollkosten und Sollkosten 0 die **Spezialabweichung** aufgrund unplanmäßiger Prozessbedingungen.

- Abweichungsanalyse mit Interpretation der Abweichungen

Kontrollfragen

1. Wo werden Kostenträgereinzelkosten kontrolliert?
2. Wovon hängt die Höhe der Istkosten ab?
3. Was sind Abweichungen höherer Ordnung und warum stellen diese ein Problem dar?
4. Wie wird die Faktormengen- und Faktorpreisabweichung zweiter Ordnung in der GPKR behandelt?
5. Was ist die globale Verbrauchsabweichung?
6. Erläutern Sie, wie die Mengenabweichung in Beschäftigungs- und Restabweichung aufgespalten wird.
7. Warum können Abweichungen grundsätzlich den proportionalen Kosten zugerechnet werden, obwohl im Soll-Ist-Kostenvergleich die vollen Istkosten mit den vollen Sollkosten verglichen werden?
8. Was versteht man unter den Referenz-Istkosten der Plankostenrechnung?
9. Warum spielen bei der Analyse der Beschäftigungsabweichung Abweichungen höherer Ordnung keine Rolle mehr?
10. Wie wird die Programmabweichung ermittelt?
11. Worauf sind Spezialabweichungen zurückzuführen?
12. Warum werden Spezialabweichungen überwiegend als Bezugsgrößenabweichungen ermittelt?
13. Warum werden Spezialabweichungen auch als Abweichungen zwischen Kostenstellen- und Kostenträgerrechnung bezeichnet?
14. Was geschieht mit der Preisabweichung bei Kostenarten, für die keine Planpreise festgesetzt wurden?
15. Erläutern Sie die Ermittlung der Preisabweichungen für Werkstoffkosten nach der Zugangsmethode.
16. Wie unterscheidet sich die Erfassung der Istkosten in der Plankostenrechnung von derjenigen in der Istkostenrechnung?
17. Wie werden die Istsozialkosten ermittelt?
18. Worin unterscheidet sich die Erfassung der Istwerkstoffkosten für Einzel- und für Gemeinkostenmaterial?

19. Was ist Voraussetzung für eine kostenstellenweise Erfassung der Energiekosten?

20. Welche Konsequenzen hat es, wenn eine energieempfangende Kostenstelle keine Messvorrichtung besitzt?

21. Wie erfolgt die Erfassung der Istreparatur- und -instandhaltungskosten?

22. Warum ist eine Erfassung von Istabschreibungskosten nicht möglich?

23. Wie werden Istzusatzkosten erfasst?

24. Wie ermittelt man grundsätzlich die sekundären Istkosten?

25. Welche Fälle können dabei unterschieden werden?

26. Wie werden die tertiären Istkosten erfasst?

27. Wie können die Istbezugsgrößenmengen ermittelt werden?

28. Unter welcher Voraussetzung sind gemessene Ist- und errechnete Sollbeschäftigung identisch?

29. Wie wird die Istbeschäftigung bei Hilfsbezugsgrößen ermittelt?

30. Warum gibt es keine Istkosten pro Bezugsgrößenart?

31. In welchen Schritten läuft die Abweichungsanalyse ab?

7. Lernmodul

Erlösplanung und -kontrolle in der Grenzplankostenrechnung

Lernziele:

Nach dem Studium dieses Lernmoduls sollten Sie insbesondere folgende Punkte verstanden haben:

- die formalen und inhaltlichen Unterschiede in der Planung von Erlösen und Kosten,

- die Problematik der positiven und negativen Erlösteilgrößen,

- die Erlöszurechnung nach dem Kontraktprinzip,

„Mache ich denn nun Gewinn?", fragt Ihre Tante Sie, nachdem Sie die Kostenplanung und -kontrolle abgeschlossen haben. Schnell multiplizieren Sie den Verkaufspreis der Brötchen und Torten mit den jeweiligen geplanten Absatzmengen, um so die Differenz von Erlösen und Kosten bilden zu können. „Hast du denn auch berücksichtigt, dass man beim Kauf von 10 Brötchen nur 9 bezahlen muss? Außerdem gibt es bei einem Einkaufswert ab 50 € einen Mengenrabatt von 5%. Und die Würstchenbude gegenüber erhält 10% Rabatt. Und es gibt ja auch noch meine Treuepunktaktion anlässlich des 15-jährigen Bestehens: Wer 15 Brötchentüten sammelt, bekommt ein Stück Torte." Daran haben Sie natürlich nicht gedacht. Da hilft nur die Flucht nach vorn: „Du hast eine äußerst komplexe Struktur von Erlösteilgrößen, die in Form von Erlösschmälerungen in verschiedenen Erlösstellen anfallen." Dass Sie diesen Satz so locker über die Lippen gebracht haben, steigert Ihre Motivation, in diesem Modul nachzulesen, was das eigentlich alles ist.

7.1 Erlöstheoretische Grundlagen

7.1.1 Erlöse und Produkte

In Analogie zum Kostenbegriff wurden Erlöse als bewertete leistungsbezogene Gütererstellung und -verwertung definiert.[i] Bei **Gütererstellungen** handelt es sich um Lagerbestandserhöhungen an unfertigen und fertigen Erzeugnissen (Halb-, Fertigfabrikate) sowie um aktivierte innerbetriebliche Leistungen (z. B. selbsterstellte Anlagen). Für **erstellte** Güter fallen **Verrechnungserlöse** an.[ii] Von **Güterverwertung** spricht man, wenn Absatzleistungen am Markt verwertet werden. Für Absatzleistungen werden **Umsatzerlöse** erzielt. Umsatzerlöse umfassen grob gesprochen alle Einnahmen, die aus der Verwertung der Absatzleistungen resultieren. Im Folgenden sollen nur die Absatzleistungen und die für sie erzielten Umsatzerlöse weiter untersucht werden.

Erlöse werden in Literatur und Praxis häufig als homogene Größe angesehen. Analysiert man Erlöse jedoch genauer, so wird deutlich, dass sie sich aus einer Vielzahl von Teilgrößen zusammensetzen.[iii] Die folgende Gliederung umfasst die wichtigsten Erlösteilgrößen, die anschließend erläutert werden:[iv]

A Positive Erlösteilgrößen
    A.I Erlöse aus Preisen
        A.I.1 Grundpreise
        A.I.2 Aufpreise für einzelne Teilleistungen
        A.I.3 Paket- oder Bündelpreise
    A.II Mehrerlöse
        A.II.1 Konditionenbedingte Mehrerlöse
        A.II.2 Abwicklungsbedingte Mehrerlöse

---

[i] Vgl. Modul 1.

[ii] Häufig werden diese auch als „kalkulatorische" Erlöse bezeichnet.

[iii] Erlösteilgrößen werden auch als „Erlösarten" bezeichnet. Da dies jedoch in die Irre führende Analogien zu den Kostenarten nahelegt, soll diese Bezeichnung hier nicht verwendet werden.

[iv] Vgl. Schreckling 1998, S. 99 ff.

B Negative Erlösteilgrößen
   B.I Erlösschmälerungen
      B.I.1 Rabatte
         B.I.1.1 Abnehmerrabatte
         B.I.1.2 Saisonrabatte
         B.I.1.3 Mengenrabatte
         B.I.1.4 Funktionsrabatte
         B.I.1.5 Skonti
      B.I.2 Mindererlöse
         B.I.2.1 Konditionenbedingte Mindererlöse
         B.I.2.2 Abwicklungsbedingte Mindererlöse
         B.I.2.3 Risikobedingte Mindererlöse
   B.II Zahlungsverpflichtungen aus Nichterfüllung des Vertrages

A Positive Erlösteilgrößen

A.I Erlöse aus Preisen

Die mittlerweile zum Normalfall gewordene Produktion einer Vielzahl von Varianten hat auch Auswirkungen auf die Erlösgestaltung. Viele Unternehmungen begegnen der **Variantenvielfalt** durch die Einführung von Baukastensystemen. Aus diesen „Produktbaukästen" können die Kunden einzelne Teilleistungen mehr oder weniger flexibel miteinander kombinieren. Analog zu den Produktbaukästen gibt es dann auch „**Preisbaukästen**". Hierbei wird häufig zwischen **Grund**- und **Aufpreisen** unterschieden. Während der Grundpreis für die „nackte" Basisversion gilt, sind alle von der Basisversion abweichenden Teilleistungen gesondert zu entgelten. Bei diesen Änderungen kann es sich um Sonderqualitäten und -abmessungen, Zusatzausstattungen, Transport- und Verpackungsleistungen aber auch um Aufpreise für Mindermengen oder Minderauftragswerte handeln, wenn der Grundpreis z. B. nur bei Abnahme einer bestimmten Mindestmenge (z. B. eine Palette) gilt. Aufpreise können dabei als absolute Beträge aber auch als prozentuale Aufschläge auf den Grundpreis vorkommen.

Fallen Grundpreise nicht produkteinheitenbezogen sondern periodenbezogen an, so führen sie zu **fixen Perioden-Grunderlösen**. Sie stellen den Gegenwert für die **Zurverfügungstellung** einer Leistung dar, unabhängig davon, ob und in welchem Umfang diese Leistung vom Kunden auch in Anspruch genommen wird. Derartige fixe Perioden-Grunderlöse sind für Industrieunternehmungen kaum von Bedeutung.[i] Üblich sind sie dagegen im Telekommunikations- und Energiebereich sowie im Bank- und Kreditwesen.

Von zunehmender Bedeutung ist die Zusammenfassung bestimmter Teilleistungen zu „Paketen" mit der Festlegung entsprechender **Paketpreise**. Bei dieser auch als „**bundling**" bezeichneten Strategie liegt der Paketpreis typischerweise deutlich unter der Summe der Einzelpreise.

A.II Mehrerlöse

Mehrerlöse treten auf, wenn die Verwertung der Absatzleistung vom normalen Verlauf abweicht. Werden Exporte in Fremdwährungen fakturiert,[ii] kann es durch Wechselkursschwankungen zu Wechselkursgewinnen kommen. Zu den Zahlungskonditionen gehören auch entsprechende Zahlungsfristen. Fallen bei deren Überschreitung Verzugszinsen an, stellen diese ebenfalls einen **konditionenbedingten** Mehrerlös dar. **Abwicklungsbedingte** Mehrerlöse entstehen zum einen aus pfandähnlichen Gebühren für Mehrwegverpackungen. Zum anderen können sie die Folge von nicht korrigierbaren Falsch- und Fehlmengenlieferungen, Gewichts- und Abmessungsdifferenzen oder Fakturierungsfehlern (jeweils zu Gunsten des liefernden Unternehmens) sein.

Mehrerlöse dürften in strenger Analogie zu den Kosten eigentlich gar nicht als Erlöse berücksichtigt werden, da sie einen „außerordentlichen" Charakter haben. Da Mehrerlöse jedoch zu Einnahmen aus der Verwertung der Absatzleistung führen und die Definition der Umsatzerlöse gerade hierauf abstellt, fallen auch diese „außerordentlichen" Erlöse unter den Erlösbegriff.

---

[i] Zu denken wäre hier an Erlöse aus Lizenzen.

[ii] Unter Fakturierung versteht man die Rechnungserstellung.

B Negative Erlösteilgrößen

B.I Erlösschmälerungen

Erlösschmälerungen beeinflussen den Unternehmungserfolg negativ und haben damit die **gleiche Wirkung** wie Kosten. Anders als bei diesen liegt Erlösschmälerungen jedoch kein Einsatz von Produktionsfaktoren zugrunde. Sie stellen vielmehr eine **Erlöskorrektur** dar. Erlösschmälerungen sind in vielen Branchen von größerer Bedeutung als die positiven Erlösteilgrößen. Dies kommt insbesondere in der Vielzahl von Rabatten zum Ausdruck. **Rabatte** sind Preisnachlässe, die den Kunden aus unterschiedlichsten Gründen gewährt werden. Sie stellen das Gegenstück zu den Aufpreisen dar.

Abnehmerrabatte werden bestimmten Kundengruppen, wie z. B. Mitarbeitern gewährt. Vor allem bei saisonal schwankender Nachfrage werden **Saisonrabatte** in nachfrageschwachen Zeiten gewährt, um eine Verstetigung der Nachfrage zu erreichen.

Von besonderer Bedeutung sind **Mengenrabatte**. Diese kommen insbesondere in Form von Rabatten für einzelne Aufträge (**Auftragsgrößenrabatte**) und in Form von Rabatten für Aufträge innerhalb eines Zeitraumes (**Boni**)[i] zur Anwendung. Bei Auftragsgrößenrabatten wird der Rabatt in Abhängigkeit von der nachgefragten Menge oder in Abhängigkeit vom Auftragswert gewährt. Zumeist existieren mehrere Rabattklassen. Für die Rabattberechnung gibt es zwei Möglichkeiten. Fällt ein Auftrag in eine bestimmte Rabattklasse, so kann der entsprechende Rabattsatz für den gesamten Auftrag gewährt werden. Man spricht hier von einer „**durchgerechneten** Rabattstaffel". Der gesamte Rabatt ergibt sich durch einfache Multiplikation von Auftragswert und Rabattsatz. Zum anderen kann der Rabatt jeweils nur auf den Teil des Auftragswertes bezogen werden, der in die jeweilige Rabattklasse fällt. In diesem Fall spricht man von einer „**angestoßenen** Rabattstaffel". Hier muss für jede Rabattklasse der anteilige Rabatt ermittelt und dann zum Gesamtrabatt aufsummiert werden. Periodenbezogene Mengenrabatte (Boni) wer-

---

[i] Singular: Bonus

den in Abhängigkeit von den in einer Periode mit einem Kunden erzielten Umsatzerlösen gewährt. Auch hier kann der Rabattgewährung eine durchgerechnete oder eine angestoßene Rabattstaffel zugrunde liegen. Eine weitere Rabattform stellen **Treuerabatte** dar, die zwar eine gewisse Ähnlichkeit zu Boni aufweisen, im Gegensatz zu diesen aber nicht umsatz- sondern zeitabhängig für die Dauer einer Geschäftsbeziehung gewährt werden. Schließlich können noch **Naturalrabatte** unterschieden werden, bei denen die Kunden, häufig in Abhängigkeit von Auftragsmenge oder -wert, Gratislieferungen erhalten.

Beispiel:

Die Rabattkonditionen der Maschinenbau GmbH sehen folgende Mengenrabatte vor:

* **Auftragsgrößenrabatt** von 5 % für jeden Auftrag mit einem Auftragswert von mehr als 50.000 € und von 10 % für jeden Auftrag mit einem Auftragswert von mehr als 100.000 € (durchgerechnete Rabatte). Erteilt ein Kunde z. B. einen Auftrag über 80.000 €, so erhält er einen Auftragsgrößenrabatt von 4.000 €. Bei einem Auftrag über 120.000 € beträgt der Rabatt 12.000 €. Werden dagegen drei Aufträge über je 40.000 € erteilt, gibt es keinen Rabatt.

* **Bonus** von 5 %, wenn der Jahresumsatz mit einem Kunden über 500.000 € liegt und von 10% wenn der Umsatz über 2.000.000 € liegt. Die Prozentsätze werden nur auf die Beträge in der entsprechenden Klasse gewährt (angestoßener Rabatt). Werden mit einem Kunden z. B. Umsatzerlöse in Höhe von 3.000.000 € erzielt, errechnet sich der Bonus wie folgt: 0% Bonus für 500.000 € = 0 € + 5% Bonus für 1.500.000 € = 75.000 € + 10% Bonus für 1.000.000 € = 100.000 €. Der Gesamtbonus beträgt in diesem Fall 175.000 €.

* **Treuerabatt** von 5% auf die durchschnittlichen Umsatzerlöse der letzten 10 Jahre, sofern diese in jedem Jahr über 100.000 € lagen (durchgerechneter Rabatt).

Funktionsrabatte werden gewährt, wenn Kunden Absatzaufgaben teilweise oder vollständig übernehmen. Typisch sind hier Großhandelsrabatte.

Weit verbreitet sind auch als **Skonti**[i] bezeichnete Rabatte für Zahlungen, die vor einem bestimmten Termin erfolgen.[ii] Zumeist enthalten Rechnungen einen Passus wie den Folgenden, in dem die entsprechenden Fristen und Skontosätze genannt sind: „Zahlbar innerhalb 30 Tagen netto, innerhalb 14 Tagen mit 2% Skonto." Zahlt der Kunde innerhalb der Skontofrist, kann er den Rechnungsbetrag um den Skontosatz verringern.

Die Praxis der Rabattgewährung ist äußerst vielfältig. Häufig gibt es produkt- und kundenindividuelle Rabatte. Nicht selten ändert sich die Rabattstruktur kurzfristig, da Rabatte als Mittel der **preispolitischen „Feinsteuerung"** eingesetzt werden, um schnell auf Marktveränderungen reagieren zu können.[iii]

Mindererlöse bilden die zweite Gruppe innerhalb der Erlösschmälerungen. Analog zu den Mehrerlösen entstehen Mindererlöse, wenn der normale Verlauf der Absatzhandlung **gestört** wird. Auch hier können konditionenbedingte und abwicklungsbedingte Mindererlöse unterschieden werden. Die **konditionenbedingten** Mindererlöse beschränken sich auf Wechselkursverluste bei Exportgeschäften in Fremdwährung. Die **abwicklungsbedingten** Mindererlöse können dagegen vielfältigere Gründe haben als die korrespondierenden abwicklungsbedingten Mehrerlöse. In Frage kommen hier: Gutschriften für Rücksendungen von Produkten, für zurückgesandte Mehrwegverpackungen oder für Korrekturen von Buchungs- und Fakturierungsfehlern sowie Mindererlöse aufgrund von nicht korrigierbaren Falsch- und Fehlmengenlieferungen, Gewichts- und Abmessungsdifferenzen oder Fakturierungsfehlern (jeweils zu ungunsten des liefernden Unternehmens). Zusätzlich zu den konditionen- und abwicklungsbedingten Mindererlösen kann es auch noch zu risikobedingten

---

[i]   Singular: Skonto

[ii]   Häufig werden Skonti und Rabatte als eigenständige Fälle von Erlösschmälerungen angesehen. Die Ausführungen sollten jedoch deutlich gemacht haben, dass Skonti systematisch den Rabatten zuzurechnen sind.

[iii]   Besonders deutlich ist dies bei den zahlreichen Rabatten die beim Verkauf neuer Kraftfahrzeuge händler- und kundenspezifisch gewährt werden.

Mindererlösen kommen. Gründe hierfür können Zahlungsverpflichtungen aus Schlechterfüllung[i] des Vertrages sowie Forderungsausfälle sein. Zur Erlöseigenschaft der „außerordentlichen" Mindererlöse gilt das in Bezug auf die Mehrerlöse Gesagte entsprechend.

B.II Zahlungsverpflichtungen aus Nichterfüllung des Vertrages

Anders als bei Zahlungsverpflichtungen aus **Schlecht**erfüllung gibt es bei Zahlungsverpflichtungen aus **Nicht**erfüllung des Vertrages gar keine positiven Erlösteilgrößen, von denen diese negative Erlösteilgröße subtrahiert werden kann, sodass hier auch die Einordnung als „Erlös**schmälerung**" unzutreffend ist. Da Zahlungsverpflichtungen aus Nichterfüllung jedoch eindeutig Ergebnis der – wenngleich gescheiterten – Leistungsverwertung sind, müssen sie als negative Erlösteilgröße berücksichtigt werden. Auch hier gilt das in Bezug auf die Erlöseigenschaft von Mehrerlösen Gesagte entsprechend.

Berücksichtigt man die Höhe aller Erlösteilgrößen, so erhält man den Nettoerlös, der sich wie folgt ermitteln lässt:

$$\begin{array}{ll}
& \text{Erlöse aus Grundpreisen = Basiserlöse} \\
+ & \text{Erlöse aus Aufpreisen bzw. Paket- oder Bündelpreisen} \\
+ & \underline{\text{Mehrerlöse}} \\
= & \textbf{Bruttoerlös} \\
- & \text{Erlösschmälerungen} \\
- & \underline{\text{Zahlungsverpflichtungen aus Nichterfüllung}} \\
= & \textbf{Nettoerlös}
\end{array}$$

Der für eine Produktart innerhalb einer Periode erzielte Nettoerlös verhält sich normalerweise nicht proportional zur Absatzmenge der Periode, wie dies in Theorie und Praxis häufig unterstellt wird. Der Zusammenhang zwischen Nettoerlös und Absatzmenge der Periode basiert unter anderem auf der produktartenbezogenen Preis-Absatz-

---

[i] So kann der Käufer gem. § 437 BGB bei einem Mangel z. B. eine Herabsetzung des Kaufpreises (Minderung), Schadenersatz oder Ersatz vergeblicher Aufwendungen verlangen.

Funktion. Je nach Marktform und Produkt-Marktverhältnissen kann diese recht unterschiedlich verlaufen.[i]

7.1.2 Erlöszurechnung

Genau wie Kosten, so sind auch Erlöse nur sinnvoll zu planen, zu erfassen und zu kontrollieren, wenn sie auf eine andere Größe bezogen werden. Bei der Analyse möglicher Bezugsobjekte für Erlöse soll von den für die Kosten identifizierten vier Bezugsobjektkategorien ausgegangen werden.[ii] Für die Kategorie **Zeitraum** besteht grundsätzliche Übereinstimmung mit der entsprechenden Kostenbezugsobjektkategorie. In der Bezugsobjektkategorie **räumlich-organisatorischer Bereich** interessieren insbesondere Marketingorganisationseinheiten. Dies sind Bereiche, die für bestimmte Produktarten, Kunden oder Absatzgebiete zuständig sind. **Produktionsfaktoren** als Bezugsobjekte sind zwar in Ausnahmefällen theoretisch möglich, haben aber praktisch keine Bedeutung, sodass diese Bezugsobjektkategorie hier nicht weiter betrachtet werden soll. Die Betrachtung der Bezugsobjektkategorie **betriebliche Leistungen** muss gegenüber der Kostenperspektive wesentlich differenzierter erfolgen, wie folgende Fragestellung beispielhaft deutlich macht: „Wie hoch sind die Umsatzerlöse der Produktgruppe Bohrmaschinen in den USA, die wir mit der Kundengruppe Landwirte mit dem Vertrieb über Großhändler erzielen?" Die betrieblichen Leistungen werden hier zusammen mit anderen Kriterien verwendet, um die gesamte Absatztätigkeit der Unternehmung in einzelne, gedanklich voneinander unterscheidbare sog. **Absatzsegmente** zu unterteilen. Diese Absatzsegmente stellen die dominierenden Bezugsobjekte für die Erlöszurechnung dar. Übliche Segmentierungskriterien sind:

- Produkte

- Aufträge

- Kunden

---

[i]   Vgl. die Planung optimaler Preise in Modul 8.

[ii] Vgl. Modul 2.

• Absatzgebiete

• Absatzwege

Diese können jeweils weiter untergliedert werden. Auch hier ergibt sich also, wie bei den Kosten, eine mehrdimensionale Zurechnung.

7.1.2.1 Verbunderscheinungen (Einzel-/Gemeinerlöse)

Die eindeutige Zurechnung von Erlösen auf Bezugsobjekte wird dadurch erschwert, dass Erlöse vielfach für mehrere Bezugsobjekte gleichzeitig entstehen, also den Charakter von **Gemeinerlösen** haben. Eine direkte Zurechnung von Gemeinerlösen auf ein Bezugsobjekt ist dadurch nicht möglich. Es kann sich bei den Bezugsobjekten, für die gemeinsam Erlöse entstehen, um

1. gemeinsam in einem Produkt zusammengefasste Teilleistungen[i]

2. mehrere Einheiten einer Produktart

3. Einheiten mehrerer Produktarten

handeln. Typisch für Gemeinerlöse ist, dass keines der Bezugsobjekte wegfallen darf, ohne den Erlös in seiner Gesamtheit zu gefährden:[ii] Ohne Schulung würde der Kunde die Werkzeugmaschine nicht kaufen (1.), der Kunde wäre nicht bereit, den Preis für einen „Doppelpack" zu zahlen, wenn nur ein Stück enthalten ist (2.), Kunden kaufen neue Tonträgerarten nur dann, wenn auch entsprechende Abspielgeräte angeboten werden (3.).

Die äußerst vielfältigen Formen dieser „**absatzwirtschaftlichen Leistungsverbundenheit**" führen dazu, dass es reine Einzelerlöse

---

[i] So können z. B. heute Investitionsgüter nur mehr verkauft werden, wenn auch der entsprechende Service (z. B. Engineering-Leistungen, Schulung, Inbetriebnahme) dazu angeboten wird. Das Produkt ist in dieser Hinsicht dann eine Kombination von Teilleistungen.

[ii] Dies entspricht den Überlegungen im Schadensersatzrecht, wonach jede Bedingung, die nicht hinweggedacht werden kann, ohne dass der Erfolg (=Schaden) entfiele, als ursächlich für den Erfolg (=Schaden) anzusehen ist (Äquivalenztheorie).

praktisch nicht gibt. Vielmehr kann von einer „Allverbundenheit"[i] der Erlöse ausgegangen werden. Alle anfallenden Erlösteilgrößen lassen sich jeweils nur der Gesamtheit der im Leistungsverbund enthaltenen Leistungen (z. B. Produkte) zurechnen, nicht jedoch einzelnen Teilleistungen. Über einen Bonus sind z. B. alle in dem bonifizierten Zeitraum abgesetzten Einheiten miteinander verbunden. Werden Gemeinerlöse dennoch auf einzelne Absatzleistungen verteilt, um z. B. einen Nettoerlös pro Stück zu ermitteln, so kann von einem konstanten Nettoerlös pro Stück nur dann ausgegangen werden, wenn **alle** berücksichtigten Erlösteilgrößen sich proportional zur Absatzmenge verhalten. Dies ist jedoch für viele Erlösteilgrößen gerade nicht gegeben.

7.1.2.2 Erlöszurechnung nach dem Kontraktprinzip

Die Berücksichtigung aller möglichen Verbundbeziehungen ist weder möglich noch sinnvoll. Vielmehr muss entschieden werden, an welcher Stelle eine Unterbrechung der „Verbundkette" erfolgen soll.[ii] Hier bietet es sich an, wie auf der Kostenseite auf menschliche Entscheidungen abzuheben und nur solche Erlöse als „verbunden" anzusehen, die auf dieselbe Entscheidung zurückzuführen sind. Kauft jemand z. B. ein Auto, weil sein Großvater bereits einen Wagen derselben Marke fuhr, so sind beide Autokäufe zwar miteinander verbunden, da es sich jedoch um zwei eigenständige Entscheidungen handelt, können die jeweiligen Erlöse als „**Entscheidungs-Einzelerlöse**" betrachtet werden.

Versucht man, das Entscheidungsprinzip auch für die Zurechnung von Erlösen anzuwenden, so stellt sich allerdings das Problem, dass die Güterverwertung, anders als der Faktoreinsatz, nicht auf eine autonome Entscheidung der Unternehmung zurückgeführt werden

---

[i] Riebel 1994, S. 147.

[ii] Auch hier ergibt sich eine Analogie zum Schadensersatzrecht: Da das Äquivalenzprinzip zu einer endlosen Kette von Folgeschäden führen kann, wird eine Grenze gezogen, bis zu der dem Verursacher die Folgen seines Handelns zuzurechnen sind. Nach der Adäquanztheorie sind dies nur die typischen Folgen.

kann. Vielmehr sind zur Güterverwertung **zwei** Entscheidungen nötig: Die Entscheidung des Verkäufers, das Produkt anzubieten und die Entscheidung des Käufers, das Produkt zu kaufen. Mit anderen Worten: Der Entstehung von Erlösen liegen **zwei** übereinstimmende Entscheidungen zugrunde. Juristisch gesehen kommt durch die zwei „übereinstimmenden Willenserklärungen" „Antrag" und „Annahme" ein Kaufvertrag zustande. Dieser verpflichtet u. a. den Verkäufer, das Kaufobjekt zu übergeben und den Käufer, den vereinbarten Kaufpreis zu zahlen. Güterverwertung und Erlösentstehung sind also **gekoppelte Wirkungen** des zugrundeliegenden **Vertrages**. Rechnet man den betrieblichen Leistungen nur diejenigen Erlöse zu, für die sich Güterverwertung und Erlösentstehung auf einen identischen Vertrag zurückführen lassen, erfolgt die Erlöszurechnung nach dem **Kontraktprinzip**[i] (vgl. Abb. 7-1).

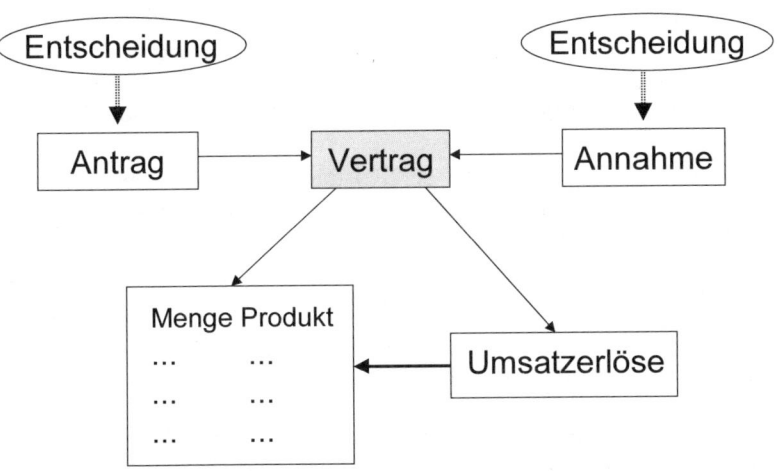

Abb. 7-1:   Kontraktprinzip

Jegliche Verteilung von Umsatzerlösen auf einzelne im Vertrag enthaltene Objekte ist daher mit dem Kontraktprinzip nicht zu vereinbaren, da nur Leistung und Gegenleistung als Ganzes Gegenstand des Vertrages sind. Lediglich bei Basiserlösen wäre eine Zurechnung auf

---

[i]   Vgl. Schreckling 1998, S. 368 ff.

einzelne Vertragsobjekte mit dem Kontraktprinzip zu vereinbaren, wenn davon auszugehen ist, dass zwischen diesen keine Verbunderscheinungen bestehen, sie also nur „zufällig" in einem Vertrag zusammengefasst wurden.[i] Dies wäre z. B. dann der Fall, wenn ein Vertrag über die Lieferung von 1.000 Stück genauso gut in 1.000 Verträge über ein Stück „umgewandelt" werden könnte, der Kunde also auch jede beliebige Teilmenge akzeptieren würde, ohne vom Vertrag zurückzutreten.

7.1.2.3 Erlöseinflussgrößen

Wenn auch das Kontraktprinzip eine theoretisch fundierte, eindeutige Zurechnung von Erlösen erlaubt, die zudem praktisch umgesetzt werden kann, so ist es auch für Zwecke der Planung und Kontrolle von Erlösen nicht einsetzbar, da zwischen der Anzahl der Bezugsobjekte (Anzahl der Verträge) und der Höhe der Erlöse kein funktionaler Zusammenhang besteht. Zudem kann das Kontraktprinzip den in der Praxis grundsätzlich vorhandenen Bedarf an Informationen über die Höhe des **Nettoerlöses pro Stück** nicht befriedigen.[ii]

Denkbar wäre hier, wie auf der Kostenseite, anstelle der (übereinstimmenden) Entscheidungen funktionale Abhängigkeiten zu betrachten. Während jedoch für den Gütereinsatz vielfach technisch fundierte Produktionsfunktionen aufgestellt werden können, ist die Entstehung von Erlösen wesentlich durch menschliche Verhaltensweisen bestimmt. Hierdurch ist es außerordentlich schwierig, allgemeingültige, erlöstheoretische Aussagen zu formulieren.[iii]

Eine für die praktische Anwendung der Erlösrechnung geeignete Systematik von Erlöseinflussgrößen zeigt Abb. 7-2, die im Folgenden erläutert werden soll.

---

[i] Diese Überlegungen finden sich auch in den Bestimmungen des BGB zur Teilunmöglichkeit von Leistungen.

[ii] Vgl. Schreckling 1998, S. 380.

[iii] Ähnliche Schwierigkeiten ergeben sich auf der Kostenseite in den indirekten Bereichen, in denen auch das menschliche Verhalten eine große Rolle spielt (vgl. Modul 10).

Wichtige Haupteinflussgrößen auf die Höhe der Periodenerlöse sind die beiden **direkten** Haupterlöseinflussgrößen Produktmengen und Produktpreise sowie die **indirekte** Haupterlöseinflussgröße Produktqualität.[i] Die Unternehmung versucht, durch den Einsatz der **absatzpolitischen Instrumente** sowohl die **Menge** als auch den **Preis** zu beeinflussen. Dabei werden die Instrumente typischerweise kombiniert eingesetzt. Für den wirksamen Einsatz der Instrumente ist es wichtig, dass die angesprochenen Kunden möglichst einheitlich auf die eingesetzten Instrumente reagieren. Dafür werden entsprechende **Marktsegmente** gebildet, die aus Sicht der Erlösrechnung als **Erlösstellen** bezeichnet werden. Erlösstellen umfassen damit Kunden mit homogener Reaktion auf die absatzpolitischen Instrumente.

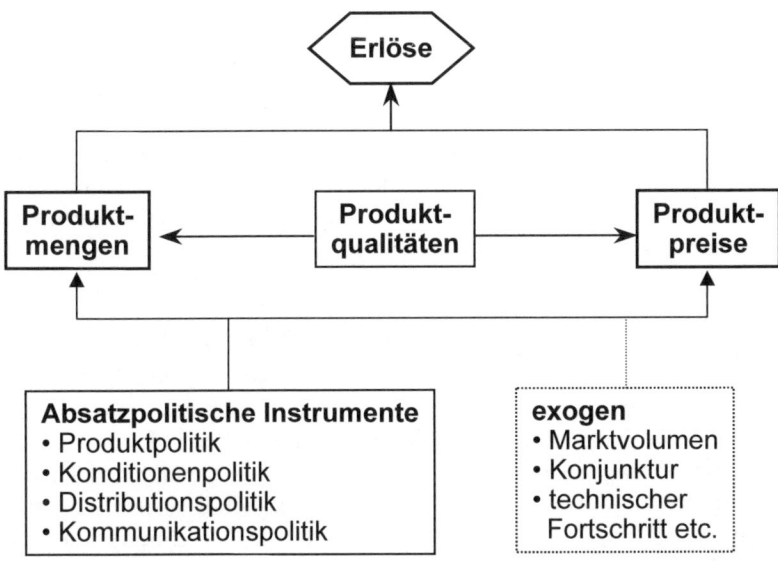

Abb. 7-2:   Systematik der Erlöseinflussgrößen

Die **exogenen Einflussgrößen** stellen Marktdaten dar, die von der Unternehmung nicht beeinflusst werden können.

---

[i] S. die entsprechenden Ausführungen zu den Kosteneinflussgrößen in Modul 2.

Im Gegensatz zur Kostenseite ist es bisher auf der Erlösseite nicht gelungen, aussagekräftige Kenngrößen zur Quantifizierung der Erlöseinflussgrößen zu entwickeln. Die Erkenntnis, **dass** die Erlöseinflussgrößen die Höhe der Erlöse beeinflussen, kann daher nicht dahingehend präzisiert werden, **wie** sie die Höhe der Erlöse beeinflussen. Die Planung von Erlösen beruht deshalb wesentlich stärker auf Schätzungen und Erfahrungswerten als dies bei den Kosten der Fall ist.

Die hier schwerpunktmäßig betrachteten Periodenumsatzerlöse werden zumeist als absatzmengenvariable Erlöse angesehen. Wird für alle abgesetzten Mengeneinheiten einer Produktart ein konstanter Verkaufspreis – entspricht dem Durchschnittserlös pro Mengeneinheit – erzielt, so verläuft die entsprechende **Erlösfunktion** in Abhängigkeit der Absatzmenge der Periode **linear**. Meist verläuft die Erlösfunktion in der Praxis jedoch nur in bestimmten Intervallen proportional zur Absatzmenge. Insbesondere dann, wenn Aufpreise auf den Grundpreis oder verschiedene Formen der Preisdifferenzierung und unterschiedlichste Formen von Erlösschmälerungen den Komplexitätsgrad der Erlösstruktur erhöhen, kann in der Erlösrechnung **nicht** von mengenproportionalen Umsatzerlösen ausgegangen werden.

Die Analyse des Zusammenhangs zwischen Verkaufspreis und Absatzmenge ist Gegenstand der **Mikroökonomik**. Die dort aufgestellten Preis-Absatz-Funktionen basieren auf neoklassischen Annahmen – wie homogene Güter, vollständige Markttransparenz, vollkommene Information, vollständig rationales Verhalten und unendliche Reaktionsgeschwindigkeit der Wirtschaftssubjekte auf Veränderungen der Marktkonstellation. Diese Modellannahmen sind so realitätsfern, dass solche Preis-Absatz-Funktionen für die Erlösrechnung nur eine sehr eingeschränkte praktische Bedeutung haben.[i]

Neben den Periodenerlösen und den Durchschnittserlösen sind auch die **Grenzerlöse** zu definieren. Man versteht darunter die Zunahme (Abnahme) der Periodenerlöse bei Erhöhung (Verringerung) der Erlöseinflussgrößenmenge – hier speziell: der Absatzmenge einer Pro-

---

[i]   Vgl. die diesbezüglichen Ausführungen in Modul 8.

duktart – um **eine** Einheit. Mathematisch betrachtet stellen Grenzerlöse das Steigungsmaß der gesamten Periodenerlöskurve dar und werden durch die erste Ableitung der Periodenerlösfunktion errechnet.

Da die einzelnen Erlösteilgrößen für ganz bestimmte **Erlösträger** (Produkte) entweder nur absatzmengenvariabel oder nur absatzmengenfix anfallen, entfällt eine Erlösauflösung, wie sie in der Kostenrechnung durchgeführt wird. Ebenso erübrigt sich eine Analyse der Zusammenhänge zwischen Erlösträgereinzel- bzw. Erlösträgergemeinerlösen und variablen bzw. fixen Erlösen.

7.2 Erlösplanung

7.2.1 Grundlagen der Erlösplanung

In allen in der Praxis eingesetzten Kosten- und Erlösrechnungssystemen ist die Kostenrechnung relativ gut ausgebaut, während die Erlösrechnung ein Schattendasein führt. Die bisher angestellten Überlegungen haben gezeigt, dass dies nicht zuletzt darauf zurückzuführen ist, dass der Erkenntnisstand der Erlöstheorie im Vergleich zur Kostentheorie als gering bezeichnet werden muss. Die getreue Abbildung der **Erfolgserzielung** erfordert neben einem differenzierten Kostenausweis jedoch auch eine differenzierte Erlösrechnung. Im Folgenden soll daher ein pragmatischer Ansatz für eine Erlösrechnung im Rahmen der Grenzplankosten- und Deckungsbeitragsrechnung vorgestellt werden. Zu deren Gestaltung im Rahmen einer Plankosten- und Planerlösrechnung gelten alle Grundlagen, die in Modul 3 bisher dargestellt wurden und hier nicht wiederholt werden sollen. In zusammengefasster Form sind zur Erlösplanung folgende organisatorische und personelle **Voraussetzungen** zu erfüllen:

- Festlegung einer Planungs- und Abrechnungs- bzw. Kontrollperiode

- Abstimmung der Erlösplanung (Informationsbeschaffung und -versorgung) mit der Absatzplanung (Informationsverwendung)

- Erstellung eines Erlösteilgrößenplans

- Erstellung eines Erlösstellenplans

- Erlöseinflussgrößenplanung (soweit möglich nach Art und Menge)

- Erstellung eines Erlösträgerplans

- personelle und psychologische Voraussetzungen

Die Abstimmung der Erlösplanung mit der Absatzplanung bezieht sich sowohl auf den zeitlichen Horizont (Planungshorizont) als auch auf die quantitativen Inhalte. Dabei müssen aus der operativen und strategischen Absatzplanung folgende Informationen für die Erlösplanung bereitgestellt werden:

- vorläufiges Absatzprogramm (ohne Optimierung, da diese erst nach der Erlösplanung möglich ist)

- Informationen zum geplanten Einsatz absatzpolitischer Instrumente und deren voraussichtlicher Wirkung

- Informationen über Marktsegmente (Kunden und Kundengruppen)

Die Erstellung eines **Erlösteilgrößenplans** betrifft die Gliederung der Erlöse nach positiven und negativen Teilgrößen, wie sie oben beschrieben wurde.

Bei der Erstellung eines **Erlösstellenplans** gilt wie für den Kostenstellenplan auch der Grundsatz, dass eine simultane Planung der Erlösstelleneinteilung und der Einflussgrößen erforderlich wird. Da Erlösstellen als Kundengruppen mit homogener Reaktion auf absatzpolitische Instrumente gekennzeichnet wurden, ist bei der Erlösstellenplanung auch eine enge Zusammenarbeit mit dem Marketing erforderlich. Ist die Erlösplanung mit der operativen Absatzplanung abgestimmt, so liefert diese in der Regel bereits die (vorläufigen) **Planabsatzmengen**, die in der Praxis die wichtigste Einflussgröße darstellen.

Der **Erlösträgerplan** ist mit einem Artikelnummernsystem auszustatten. Die Erlösträgergliederung entspricht im Wesentlichen der

Kostenträgergliederung, wobei jedoch ausschließlich **Absatzleistungen** berücksichtigt werden.[i]

Als **personelle und psychologische Voraussetzungen** der Erlösplanung sind folgende Regeln zu beachten:

- enge Zusammenarbeit zwischen Erlösplanern und Erlösstellenleitern

- Erlösplanungsergebnisse sind von Erlösstellenleitern zu testieren

- Neueinführung der Erlösplanung mithilfe externer Berater

- Unterstützung der Erlösplanung durch Unternehmungs-, insbesondere Verkaufsleitung

- intensive innerbetriebliche Ausbildung der Mitarbeiter und Führungskräfte aus dem Verkaufs- bzw. Marketingbereich nach dem Grundsatz: Vertriebscontrolling (und damit auch Erlösplanung und -kontrolle) bedeutet Führungs**unterstützung** und **nicht Kontrolle** der Erlösstellenleiter und ihrer Mitarbeiter

- Anspannungsgrad der Erlösvorgaben sollte so bemessen sein, dass diese ohne Überbeanspruchung der Mitarbeiter des Verkaufsbereichs bei zumutbarer Anstrengung auf lange Sicht eingehalten werden können.

7.2.2 Planung der Einzelerlöse

In der Praxis werden **Basiserlöse** als Einzelerlöse betrachtet. Anders als Einzel**kosten** können sie jedoch **nicht** direkt den Erlösträgern zugerechnet werden, da häufig für unterschiedliche Kunden auch verschiedene Grundpreise gelten. Die Planung der Basiserlöse erfolgt daher für jeden Erlös**träger** in jeder einzelnen Erlös**stelle**. Ein einfaches Beispiel mit nur zwei Erlösstellen (In- und Ausland) und drei Erlösträgerarten zeigt Abb. 7-3. Dabei ist zu beachten, dass Produktart C nur im Inland verkauft wird.

---

[i]   Vgl. Abb. 3-4 in Modul 3.

Erlösstelle ➜	Inland			Ausland		Σ
Erlösträger ➜	A	B	C	A	B	[€/Mo]
Planabsatz- menge [Stk/Monat]	50.000	20.000	8.000	1.500	1.000	-
Planverkaufs- preis [€/Stk]	25	20	30	35	34	-
Einzelerlöse [€/Monat]	1.250.000	400.000	240.000	52.500	34.000	1.976.500

Abb. 7-3:   Planung der Einzelerlöse

Die Planung der Basiserlöse stellt einen äußerst komplizierten absatzpolitischen Prozess dar. Obwohl sich die Basiserlöse durch Multiplikation der geplanten Absatzmengen mit geplanten Verkaufspreisen ergeben, ist aufgrund der Interdependenzen zwischen der
Mengen- und Preiskomponente von Erlösen (Preis-Absatz-Funktion)
nur eine simultane, d. h. gleichzeitige Mengen- und Preisplanung
möglich. Hier ist eine intensive Zusammenarbeit zwischen Marke-
tingexperten und Fachleuten des internen Rechnungswesens erforderlich. Zur Erlösplanung sollten auch nur Erlösplaner aus dem
Rechnungswesen eingesetzt werden, die auf Erfahrungen im Marketing bzw. Vertrieb zurückgreifen können.

7.2.3 Planung der Gemeinerlöse

Bis auf die Basiserlöse sind alle positiven und negativen Erlösteilgrößen Gemeinerlöse, für deren Planung in Ermangelung direkter
Bezugsgrößen in der Regel auf die **Hilfsbezugsgröße** „Einzelerlöse"
zurückgegriffen wird. Die Gemeinerlösplanung erfolgt pro Erlös**teilgröße** und pro Erlös**stelle** in der **Erlösstellenplanung**. Eine Berücksichtigung **aller** Erlösteilgrößen ist dabei allerdings eher die Ausnahme. Zumeist werden nur die Erlösschmälerungen als Gemeinerlöse berücksichtigt.[i]

---

[i]   Sofern überhaupt eine eigenständige Erlösplanung erfolgt!

Gegenüber der Kostenplanung **vereinfacht** sich einerseits die Planung der Gemeinerlöse, da **keine Erlösauflösung** erforderlich wird und die einzelnen Erlösteilgrößen – von wenigen Ausnahmen fixer Perioden-Grunderlöse abgesehen – ausschließlich als variable Periodenerlöse geplant werden. Andererseits ist die Planung der Gemeinerlöse wesentlich komplexer als beispielsweise die Planung primärer Kosten, da die Teilgrößen häufig zugleich Variable der absatzpolitischen Instrumente im Rahmen der Kaufvertragsgestaltung sind. Dies gilt insbesondere für folgende Gestaltungsaufgaben:

- Preisplanung

- Planung der Lieferkonditionen (z. B. Lieferung ab Werk oder frei Haus)

- Planung der Zahlungs- und Kreditkonditionen

Die Gemeinerlösplanung besteht nur aus zwei Schritten. Zunächst wird in jeder Erlösstelle die Höhe aller **Erlösteilgrößen** geplant. Fallen einige Erlösteilgrößen nur für bestimmte Produktarten an (z. B. Saisonrabatte nur für Saisonartikel), so kann in den einzelnen Erlösstellen eine zusätzliche Differenzierung nach Erlösträgerarten erfolgen. Danach erfolgt bereits die Bildung von **Kalkulationssätzen,** welche die Schnittstelle zur Ermittlung relevanter Erlöse für eine Vielzahl einzelner Entscheidungssituationen im Rahmen der Kalkulation darstellen, indem sie eine Zurechnung der geplanten Gemeinerlöse auf Erlösträgereinheiten und so die Ermittlung der **Nettoerlöse pro Stück** ermöglichen.[i] Eine der innerbetrieblichen Leistungsverrechnung entsprechende Erlösverrechnung zwischen den Erlösstellen ist nicht notwendig, da zwischen den Erlösstellen keine Leistungsaustauschbeziehungen bestehen. Die **Kalkulationssätze** werden für die positiven Gemeinerlösteilgrößen in Form **prozentualer Zuschläge** und für die negativen Erlösteilgrößen in Form **prozentualer Abschläge** auf die Einzelerlöse ermittelt. Diese Vorgehensweise verletzt – wie oben dargelegt – das Kontraktprinzip und sollte bei einem

---

[i]   Die eigentliche Zurechnung erfolgt im Rahmen der Kalkulation und ist Gegenstand von Modul 12.

Einsatz der Erlösrechnung als Informationsversorgungssystem der Planung (eigentlich) nicht angewandt werden.

Exemplarisch soll hier kurz auf die Planung periodenbezogener Mengenrabatte (Boni) eingegangen werden, die vielfach als wichtigste Teilgröße der Erlösschmälerungen zu betrachten sind.[i] Periodenbezogene Mengenrabatte beziehen sich meist auf die Periodenbruttoerlöse. Beziehen sich die Rabattsätze auf Bezugsperioden, die nicht mit den Planungs- und Kontrollperioden der Erlösrechnung übereinstimmen, so sind zeitliche Abgrenzungsprobleme zu lösen.

Bei Mengenrabatten, die aufgrund von Jahresumsätzen ermittelt werden, wird für jeden Kunden (jede Erlösstelle) aufgrund der von ihm erwarteten Umsätze ein vorläufiger kalkulatorischer Rabattsatz (in %) einer bestimmten Rabattklasse geschätzt. Die Bruttoerlöse werden bei der Ermittlung der Nettoerlöse bereits während des Jahres um diesen Rabattsatz bereinigt (reduziert). Stellt sich bereits während des Jahres oder am Jahresende heraus, dass ein Kunde einer anderen Rabattklasse angehört, so treten Abweichungen dieser Erlösart in der betreffenden Erlösstelle auf, deren Analyse Anlass zu einer verbesserten Planung in der nächsten Planungsperiode gibt.

Da viele Erlösschmälerungen erst auftreten, nachdem die betreffende Absatzleistung bereits erfolgswirksam abgerechnet wurde, können sie in der Planung nur als empirisch ermittelte „kalkulatorische Erlösschmälerungen" – ähnlich den Wagniskosten in der Kostenrechnung – berücksichtigt werden. Innerhalb der **Erlöskontrolle** sind die Abweichungen zwischen solchen kalkulatorischen Erlösschmälerungen und den Ist-Erlösschmälerungen dann sorgfältig zu analysieren. Die Ergebnisse dieser Analyse sollen einerseits zur Verbesserung der Planansätze herangezogen werden und andererseits zur Einleitung von Maßnahmen führen, damit in Zukunft Abweichungen vermieden werden können.

---

[i] Vgl. Kilger / Pampel / Vikas 2007, S. 552 ff.

Zur Planung der Gemeinerlöse könnte man in Analogie zum Plan-BAB der Kostenrechnung als formales Hilfsmittel einen Plan-Vertriebsabrechnungsbogen (Plan-VAB) einsetzen.

Die Abbildung 7-4 zeigt in Fortführung des Beispiels aus Abb. 7-3 ein einfaches **Beispiel** einer Gemeinerlösplanung (Plan-VAB).

Im Inland wird damit gerechnet, dass die Umsätze durchschnittlich in der Rabattstufe 5 % liegen werden, im Ausland wird mit einem durchschnittlichen Mengenrabatt von 2 % gerechnet.[i] Als Funktionsrabatt erhält das Inland 15% Rabatt. Für das Ausland gibt es keinen Funktionsrabatt. Der Skontosatz beträgt 2 % der um Mengen- und Funktionsrabatte verringerten Basiserlöse und wird vom Inland zu 100 % und vom Ausland zu 50% beansprucht. Als Kalkulationsbasis für die Ermittlung der Kalkulationssätze werden die geplanten Perioden-Einzelerlöse herangezogen.

Erlösstelle → *Erlösteilgröße* ↓	Inland	Ausland	Σ [€/Monat]
Mengenrabatte [€/Monat]	-94.500	-1.730	-96.230
Funktionsrabatte [€/Monat]	-283.500	0	-283.500
Skonti [€/Monat]	-30.240	-848	-31.088
Σ **Gemeinerlöse** [€/Monat]	-408.240	-2.578	-410.818
Kalkulationsbasis (Einzelerlöse)	1.890.000	86.500	1.976.500
Kalkulationssatz [%]	-21,6 %	-3 %	

Abb. 7-4:   Planung der Gemeinerlöse

---

[i]   Dabei wird, wie auch im Folgenden, von einer durchgerechneten Rabattstaffel ausgegangen, die jeweils auf die Basiserlöse gewährt wird.

7.3 Grundlagen der Erlöskontrolle

Aufgrund des Einsatzes einer Hilfsbezugsgröße (Einzelerlöse) ist keine aussagekräftige Erlöskontrolle möglich. In der Praxis der Grenzplankosten- und Deckungsbeitragsrechnung wird die Erlöskontrolle daher auch häufig im Rahmen der kurzfristigen Erfolgsrechnung in die Ergebniskontrolle einbezogen. Aufgrund der hohen Relevanz, welche die Erlöskontrolle eigentlich hat, soll diese hier jedoch zumindest ansatzweise behandelt werden. Das dafür nötige Instrumentarium entspricht dabei grundsätzlich dem der Kostenkontrolle.

Betrachtet man zunächst die Einzelerlöse, deren Kontrolle in den jeweiligen Erlösstellen erfolgt, so kann die Gesamtabweichung von Ist- und Planerlösen auf eine Abweichung der Verkaufsmengen und der Verkaufspreise zurückgeführt werden. Errechnet man die Sollerlöse als Produkt aus Ist-Verkaufsmenge und Plan-Verkaufspreis, so stellt die Differenz von Sollerlösen und Planerlösen die **Absatzmengenabweichung** dar und die Differenz von Isterlösen und Sollerlösen die **Verkaufspreisabweichung**.[i] Dabei muss allerdings, anders als bei den entsprechenden Abweichungen in der Kostenkontrolle berücksichtigt werden, dass Absatzmenge und Verkaufspreis nicht unabhängig voneinander sind.

Wie in der Kostenkontrolle,[ii] so treten auch in der Erlöskontrolle durch Abweichungsüberschneidungen Erlösabweichungen höherer Ordnung auf. Werden die Sollerlöse als Produkt von Ist-Verkaufsmenge und Plan-Verkaufspreis definiert, so ist das gleichbedeutend damit, dass die Abweichung 2. Ordnung der Mengenabweichung zugerechnet wird (vgl. Abb. 7-5). Die Absatzmengenab-

---

[i] Auf die Angabe der entsprechenden Formeln wird hier bewusst verzichtet, um zu unterstreichen, dass die Berechnung zu einer Scheingenauigkeit führt. Die verwendete Hilfsbezugsgröße lässt lediglich zu, die Zahlen als Indikator für Erlösabweichungen und deren Gründe zu verwenden.

[ii] S. Modul 6.

weichung kann, analog zur Vorgehensweise auf der Kostenseite,[i] auch als **Programmabweichung** bezeichnet werden.

Verkaufspreis

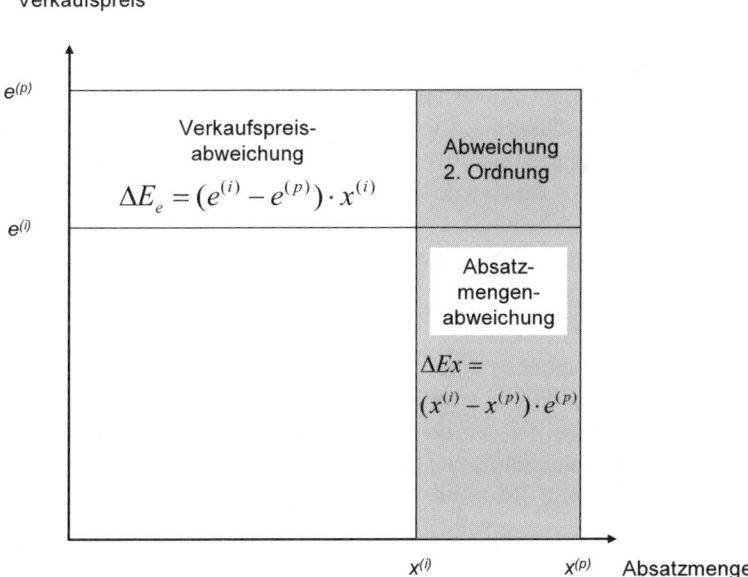

Abb. 7-5:   Erlös-Abweichungsaufspaltung

In Fortführung des Beispiels sei im Folgenden die Kontrolle der Erlöse für die Erlösstelle „Ausland" dargestellt.

	A	B	C	Summe
Ist-Absatzmenge	80.000	10.000	8.000	
Ist-Verkaufs(Listen)preis	24	20	35	
Ist-Einzelerlöse	1.920.000	200.000	280.000	2.400.000
Soll-Einzelerlöse	2.000.000	200.000	240.000	2.440.000
Verkaufspreisabweichung	-80.000	0	40.000	-40.000
Programmabweichung	750.000	-200.000	0	550.000
Gesamtabweichung	670.000	-200.000	40.000	510.000

Abb. 7-6:   Einzelerlöskontrolle

---

[i]   S. Abschnitt 6.1.

Die Einzelerlöskontrolle zeigt, dass zwar insgesamt die Ist-Einzel-
erlöse um 510.000 € über den geplanten Werten liegen, aber z. B. bei
Produkt A eine Erlöseinbuße von 80.000 € durch den gesunkenen
Grundpreis zu verzeichnen ist.

Die Gemeinerlöse werden auf Basis der jeweiligen Bezugsgrößenmengen kontrolliert. So erhält man die Soll-Gemeinerlöse, indem
man die Plan-Gemeinerlöse mit dem Quotienten aus Ist-
Bezugsgrößenmenge und Plan-Bezugsgrößenmenge multipliziert.
Entsprechend ergeben sich folgende Abweichungen:

Soll-Gemeinerlöse - Plan-Gemeinerlöse = Bezugsgrößenabweichung

Ist-Gemeinerlöse - Soll-Gemeinerlöse = Restabweichung

Die Bezugsgrößenabweichung resultiert aus der Abweichung der
Einzelerlöse und könnte formal noch in Programm- und Spezialabweichung aufgespalten werden, was jedoch aufgrund der damit verbundenen Scheingenauigkeit keinen weiteren Erkenntnisgewinn
bringen dürfte. Die Restabweichung lässt sich nicht durch die Abweichung der Bezugsgröße Einzelerlöse erklären und sollte weiter
analysiert werden.

Für die Erlösstelle Ausland ergibt sich folgendes Bild:

	Isterlöse	Sollerlöse	Restabw.	BG-Abw.
Mengenrabatte	- 150.000	- 120.000	- 30.000	- 25.500
Funktionsrabatte	- 400.000	- 360.000	- 40.000	- 76.500
Skonti	- 35.000	- 38.400	3.400	- 8.160
Summe	- 585.000	- 518.400	- 66.600	- 110.160

Abb. 7-7: Gemeinerlöskontrolle

Hier wird z. B. deutlich, dass die Gesamtabweichung der Funktionsrabatte in Höhe von 116.500 € lediglich in Höhe von 40.000 € nicht
(rechnerisch) durch die Einzelerlösabweichung zu erklären ist. Es sei
jedoch nochmals betont, dass es sich hier um eine rechnerische
Scheingenauigkeit handelt, da die zugrundeliegende Hilfsbezugsgröße keine gesicherten inhaltlichen Aussagen zulässt.

Ein Ausbau der Erlöskontrolle im Rahmen einer umfassenden Erlösrechnung wird schon seit längerem gefordert.[i] Dabei müsste – in Analogie zur Kostenkontrolle – wie folgt vorgegangen werden:

- Nach Erlösstellen, Erlösteilgrößen und gegebenenfalls Erlösträgern differenzierte Erfassung der Isterlöse, wobei zwischen (Verkaufs-)Preis- und (Absatz-)Mengenkomponente getrennt werden muss.

- Nach Erlösstellen und ggf. Erlösträgern differenzierte Erfassung der Erlöseinflussgrößen (absatzpolitische Instrumente).

- Nach Erlösstellen und ggf. Erlösträgern sowie Erlöseinflussgrößen differenzierte Errechnung der Sollerlöse.

- Nach Erlösstellen, Erlösteilgrößen und ggf. Erlösträgern differenzierte Errechnung von Erlösstellenabweichungen.

- Analyse von Erlös(stellen)abweichungen und Erstellung von Erlösberichten.

---

[i] Vgl. Männel 1992, S. 631 ff.

Kontrollfragen

1. Unterscheiden Sie Grund-, Auf- und Paketpreise.
2. Welche Formen von Mehrerlösen gibt es?
3. Warum dürften Mehrerlöse in Analogie zur Kostenrechnung eigentlich gar nicht als Erlöse betrachtet werden?
4. Warum sind negative Erlösteilgrößen keine Kosten?
5. Unterscheiden Sie die verschiedenen Formen von Rabatten.
6. Welche Formen von Mindererlösen gibt es?
7. Wie lässt sich der Nettoerlös ermitteln?
8. Was sind Absatzsegmente?
9. Welche Arten von Bezugsobjekten, für die Gemeinerlöse entstehen, lassen sich unterscheiden?
10. Warum gibt es praktisch keine reinen Einzelerlöse?
11. Welches Problem entsteht bei der Anwendung des Entscheidungsprinzips für die Zurechnung von Erlösen?
12. Erläutern Sie das Kontraktprinzip.
13. Welchen Informationsbedarf kann das Kontraktprinzip nicht befriedigen?
14. Erläutern Sie die Systematik der Erlöseinflussgrößen.
15. Welche Beziehung besteht zwischen Marktsegmenten und Erlösstellen?
16. Warum entfällt eine Erlösauflösung?
17. Erläutern Sie die organisatorischen und personellen Voraussetzungen der Erlösplanung.
18. Wie erfolgt die Planung der Einzelerlöse?
19. Wie erfolgt die Planung der Gemeinerlöse?
20. Was versteht man unter einem Vertriebsabrechnungsbogen?
21. Wie wird die Erlösabweichung zweiter Ordnung in der GPKR behandelt?
22. Wie ermittelt man die erlösseitige Programmabweichung und wie kann man diese interpretieren?
23. Wie ermittelt man die Verkaufspreisabweichung und wie kann man diese interpretieren?

	8. Lernmodul
	Kosten- und Erlösrechnung als Informationsversorgungsinstrument für operative Entscheidungen

Lernziele:

Nach dem Studium dieses Lernmoduls sollten Sie insbesondere folgende Punkte verstanden haben:

- die Irrelevanz von Fixkosten für operative Entscheidungen,

- die Bedeutung der Faktorkonstellation für die Informationsversorgung,

- die Entscheidungsrelevanz von Opportunitätskosten und -erlösen in Engpasssituationen,

- die Kosten- und Erlöskalkulation.

8.1 Relevante Kosten, Erlöse und Ergebnisse

Im Rahmen der bisherigen Überlegungen zur Planung und Kontrolle der (laufenden) Kosten und Erlöse der betrieblichen Leistungserstellung und -verwertung wurde von der Vielzahl an Einzelentscheidungen, die dieser zugrunde liegen, abstrahiert und es wurden nur die Kosten- und Erlöswirkungen dieser Entscheidungen geplant und kontrolliert. Bei den folgenden Ausführungen geht es nun darum, wie man einzelne betriebliche Entscheidungen mithilfe von Informationen aus der Kosten- und Erlösrechnung unterstützen kann.[i] Der Schwerpunkt liegt hierbei auf der Planungsphase.

Die KER ist grundsätzlich nur in der Lage, relevante Informationen zu liefern, wenn die durch die Entscheidung betroffenen Sachverhalte überhaupt in der KER erfasst werden. Damit ist bereits eine Eingrenzung auf Entscheidungen, die den **Realgüterbereich** betreffen, verbunden. Die Überlegungen zu den Kosteneinflussgrößen ha-

---

[i] Diese Überlegungen knüpfen an die Ausführungen in Modul 2 an.

ben des Weiteren gezeigt, dass die KER von **konstanten Kapazitäten** ausgeht. Entscheidungen, die den **Potenzialfaktorbestand** betreffen, können daher von der KER grundsätzlich nicht mit relevanten Informationen versorgt werden. Hierfür ist eine auf geplanten Ein- und Auszahlungen basierende **Investitionsrechnung** das geeignete Informationsversorgungsinstrument. Für alle Entscheidungen, welche die **Beschäftigung** betreffen, ist die KER dagegen grundsätzlich geeignet, relevante Informationen zu liefern, da die Auswirkungen von Beschäftigungsänderungen von der KER wertmäßig erfasst werden. Hierbei kann es sich sowohl um Entscheidungen über das **Leistungsprogramm** als auch um Entscheidungen über die **Prozessbedingungen** handeln. Man spricht in diesem Zusammenhang auch von **operativen Entscheidungen**, während Entscheidungen, die den **Potenzialfaktorbestand** betreffen als **strategische Entscheidungen** bezeichnet werden (s. Abb. 8-1).

Entscheidungs-ebene	strategisch	operativ
zeitliche Wirkung	langfristig	kurzfristig
Zielgröße	Erfolgspotenzial	Erfolg
Entscheidungs-bereich	Auf- und Abbau von Kapazitäten	Nutzung von Kapazitäten
Beispiele	• Kauf einer Maschine • Einstellung / Entlassung von Mitarbeitern • Einstieg in ein neues Geschäftsfeld	• Einsatz der Maschine, um einen Auftrag zu bearbeiten • Zuweisung von Aufgaben an Mitarbeiter • Anpassung der Produktionsmenge an Absatzschwankungen

Abb. 8-1:   Strategische und operative Entscheidungen

Da in der **Planungsphase** die **Zukunft** gedanklich vorweggenommen wird, sind auch nur solche Informationen relevant, welche die Auswirkungen der Entscheidung ebenfalls gedanklich vorwegnehmen. Mit anderen Worten: für die **Planungsphase** sind grundsätzlich **Planinformationen** relevant.

Bei der Ermittlung der relevanten Informationen muss in Bezug auf die Umweltsituation insbesondere berücksichtigt werden, inwieweit alle von der **Entscheidung** betroffenen **Produktionsfaktoren** (Repetier- und Potenzialfaktoren) in ausreichender Menge verfügbar sind, oder ob bei einem oder mehreren Produktionsfaktoren ein **Engpass** vorliegt, der den **Entscheidungsspielraum** einengt.[i] Dabei können drei als **Faktorkonstellationen** bezeichnete Umweltsituationen unterschieden werden, für die anschließend die jeweils relevanten Informationen untersucht werden:

- Faktorkonstellation 1: Alle Produktionsfaktoren sind frei verfügbar.

- Faktorkonstellation 2: Ein Produktionsfaktor begrenzt das Entscheidungsfeld (ein Engpass).

- Faktorkonstellation 3: Mehrere Produktionsfaktoren begrenzen das Entscheidungsfeld (mehrere Engpässe).

8.1.1 Relevante Informationen für Faktorkonstellation 1

Beeinflusst eine Entscheidung das **Absatzprogramm** und damit die Erlössituation **nicht**, so sind nur die durch die Entscheidung veränderten **Kosten** relevante Informationen. Nach den zuvor angestellten Überlegungen kann es sich dabei nur um beschäftigungs**variable** Kosten handeln. Beschäftigungs**fixe** Kosten sind dagegen für **operative** Entscheidungen grundsätzlich **irrelevant**.[ii] Sie sind meist die Folge früher getroffener Entscheidungen (z. B. Investitionsentscheidungen, Vertragsabschlüsse). Einen Sonderfall an nicht relevanten Kosten stellen die „**sunk costs**" (nicht rückgängig zu machende Kosten) dar. Während Kapazitäten abgebaut und Verträge gekündigt werden können, sind sunk costs in den Folgeperioden nicht mehr ab-

---

[i]   Bei Repetierfaktoren tritt ein solcher Engpass typischerweise als Beschaffungsengpass auf, bei Potenzialfaktoren als Kapazitätsengpass.

[ii] Von diesem Grundsatz gibt es Ausnahmen, deren Behandlung allerdings in dieser Einführung zu weit gehen würde.

baubar. So sind z. B. bereits angefallene Kosten eines Forschungs-
und Entwicklungsprojektes oder eines Werbefeldzuges zum Zeitpunkt einer Entscheidung über den Abbruch oder die Fortführung
des Projektes solche sunk costs.[i]

Verändert eine Entscheidung dagegen das **Absatzprogramm**, so
müssen neben den beschäftigungsvariablen Kosten auch die **Erlöse**
als relevante Informationen berücksichtigt werden. Für Entscheidungen, die das Absatzprogramm betreffen, sind die **fixen** Erlöse **irrelevant**. Relevante Information für derartige Entscheidungen sind daher
variable Erlöse und variable Kosten bzw. deren **Differenz**, die als
Deckungsbeitrag bezeichnet wird. Da fixe Erlöse für die meisten
Unternehmungen vergleichsweise unbedeutend sind, wird der Deckungsbeitrag oft auch vereinfacht als Differenz von Erlösen und variablen Kosten definiert.

Für **Entscheidungen**, die in den Gültigkeitsbereich **linearer** Kosten-
und Erlösfunktionen fallen, sind die relevanten Größen **konstant**. Im
Einzelnen handelt es sich um konstante **Grenzkosten**, konstante
Grenzerlöse (d. h. konstante Nettoerlöse pro Stück) und konstante
Deckungsbeiträge. Der Deckungsbeitrag kann daher auch als
Grenzerfolg interpretiert werden.

Für **Entscheidungen,** die in den Gültigkeitsbereich **nicht linearer**
Kostenfunktionen (z. B. bei intensitätsmäßiger Anpassung) und
nicht linearer Erlösfunktionen (z. B. bei gestaffelten Mengenrabatten) fallen, sind die relevanten Größen nicht konstant und müssen
in der Regel durch **Sonderrechnungen** außerhalb der laufenden
KER oder mit Näherungsverfahren innerhalb der KER ermittelt werden.

8.1.2 Relevante Informationen für Faktorkonstellation 2

Ist **ein** Produktionsfaktor **nicht** frei verfügbar (z. B. begrenzte Maschinenkapazität oder begrenztes Rohstoffkontingent in der Pla-

---

[i] Diese sunk costs sind also irrelevant für die Entscheidung, ob das Projekt
fortgeführt werden soll oder nicht! Relevante Kosten sind nur die zukünftigen (Plan-)Kosten des Projektes.

nungsperiode), so konkurrieren die Entscheidungsobjekte (z. B. die herzustellenden Produkte) um die **eine begrenzte Ressource**. Von zwei Alternativen i und j kann nur eine verwirklicht werden, sodass die **Entscheidung für Alternative i** gleichzeitig eine **Entscheidung gegen Alternative j** darstellt und umgekehrt. Die Auswirkungen dieser Entscheidung gegen die jeweils andere Alternative müssen bei der Entscheidung berücksichtigt werden (Opportunitätsgedanke). Ziel der Entscheidung ist es, den Engpassfaktor optimal zu verwenden, d. h. den höchstmöglichen Periodenerfolg zu erzielen. Für die Entscheidung dürfen jetzt nicht mehr allein die Deckungsbeiträge pro Stück bzw. die variablen Kosten pro Stück herangezogen werden, vielmehr muss auch berücksichtigt werden, wie stark die Produkte den Engpassfaktor in Anspruch nehmen.

Führt der Engpass zu einer **Reduzierung** der **Absatzmenge**, ist daher der mit einer in Anspruch genommenen Engpassfaktoreinheit zu erzielende Deckungsbeitrag relevant. Dieser wird **engpassspezifischer Deckungsbeitrag** genannt.[i] Die Entscheidung, eine Engpassfaktoreinheit für Produkt i einzusetzen, bedeutet sowohl, dass der entsprechende engpassspezifische Deckungsbeitrag für i anfällt als auch dass der engpassspezifische Deckungsbeitrag für j **nicht** anfällt. Dieser **entgangene engpassspezifische Deckungsbeitrag** wird als **Opportunitätskosten** der Entscheidung gegen j bezeichnet. Im Vergleich der beiden Alternativen ist damit diejenige vorzuziehen, die zu den höheren Opportunitätskosten führt, wenn man sich **gegen** sie entscheidet. Die **Opportunitätskosten** charakterisieren also die Erfolgseinbuße bei einer Entscheidung für i, die aus dem „Nicht-Nutzen-Können" des Engpasses für j resultiert.

Für die Semesterferien bekommen Sie zwei Jobs angeboten: Entweder Sie verteilen Werbezeitungen in Ihrem Heimatort. Hierfür erhalten Sie 0,25 €/Stück. Oder Sie verteilen

---

[i] Auch die Bezeichnung relativer Deckungsbeitrag ist gebräuchlich.

Werbegeschenke in der Fußgängerzone neben der Universität. Dieser Job bringt 0,50 €/Stück. Gerade wollen Sie sich für das (scheinbar) doppelt so lukrative Verteilen von Werbegeschenken entscheiden, da fällt Ihnen ein, dass Sie ja nicht beliebig lange die Verteilung vornehmen können (und wollen). Durch das BWL Studium etwas voreingenommen, wollen Sie Ihren Periodengewinn, d. h. in diesem Fall die Tageseinnahmen maximieren. Kein Problem, wenn Sie wüssten, wie viele Zeitungen bzw. Werbegeschenke an einem Tag verteilt werden. Leider weigert sich der Auftraggeber, diese entscheidungsrelevanten Informationen an Sie weiter zu geben. Da bleibt Ihnen nichts anderes übrig, als selbst zu recherchieren: Das Verteilen einer Werbezeitung dauert im Durchschnitt 2 Minuten, das Verteilen der Werbegeschenke dagegen durchschnittlich 5 Minuten. So kommen Sie auf einen Stundenverdienst von 7,50 € bei den Werbezeitungen und von nur 6 € bei den Werbegeschenken. Betriebswirtschaftlich handelt es sich bei den Stundenverdiensten um nichts anderes als um Opportunitätskosten. Die Zeit ist Ihr Engpassfaktor, den Sie gewinnmaximal nutzen wollen. Entscheiden Sie sich für die Werbezeitungen, entgehen Ihnen 6 €/Stunde, entscheiden Sie sich dagegen für die Werbegeschenke, entgehen Ihnen 7,50 €/Stunde.

Beispiel für Opportunitätskosten:

Zwei unbeschränkt verkaufsfähige Produkte konkurrieren bei ihrer Produktion um die begrenzte Kapazität einer Maschine. Produkt A hat einen Deckungsbeitrag von 10 €/Stück, B von 20 €/Stück. Bei einer begrenzten Kapazität von 360 Maschinenstunden (M-h) pro Monat benötigt A 2 Maschinenstunden pro Stück und B 5 Maschinenstunden pro Stück. Welche Alternative, A oder B, ist optimal, d. h. bringt den höchsten Deckungsbeitrag in der Periode?

Lösung:

• Die Entscheidung, eine Maschinenstunde für A einzusetzen, erbringt 10 €/Stk : 2 M-h/Stk= 5 €/M-h an engpassspezifischem Deckungsbeitrag.

- Die Entscheidung eine Maschinenstunde für B einzusetzen, erbringt 20 €/Stk : 5 M-h/Stk= 4 €/M-h an engpassspezifischem Deckungsbeitrag.

Der **engpassspezifische Deckungsbeitrag** von 5 €/M-h bzw. 4 €/M-h entspricht der Erfolgs**einbuße** wenn man sich **gegen** diese Alternative entscheidet. Obwohl B den höheren Deckungsbeitrag pro Stück aufweist, hat A die höheren Opportunitätskosten und wird deshalb produziert und verkauft. Bei 360 Maschinenstunden pro Monat wird die Entscheidung für A 1.800 € Deckungsbeitrag im Monat erbringen. Die Entscheidung für B würde dagegen nur zu 1.440 € Deckungsbeitrag führen.

Führt der Engpass **nicht** zu einer **Reduzierung** der **Absatzmenge**, weil auf eine (verhältnismäßig ungünstigere) Alternative **ausgewichen** werden kann, so sind von dem Engpass nur die **Kosten** betroffen. Der Opportunitätsgedanke lässt sich hier wie folgt formulieren: Die Entscheidung, eine Engpasseinheit für i zu verwenden, führt dazu, dass für j **Mehrkosten** anfallen, für i dagegen nicht. Durch die Entscheidung für i wird also verhindert, dass für i Mehrkosten anfallen. Diese **nicht anfallenden engpassspezifischen Mehrkosten** werden als **Opportunitätserlöse** bezeichnet. Sie sind bei der Entscheidung über die Verwendung des Engpassfaktors relevant. Der Engpassfaktor wird für diejenige Alternative eingesetzt, welche die höchsten Opportunitätserlöse aufweist, bei der also mit jeder eingesetzten Engpassfaktoreinheit die höchste Kostenersparnis erfolgt. **Opportunitätserlöse** charakterisieren also die aus dem „Nicht-Nutzen-Müssen" der ungünstigeren Alternative für i sich ergebenden **Kostenersparnisse**.

Beispiel für Opportunitätserlöse:

Zwei in Massenfertigung herzustellende Einzelteile eines komplexen, mehrteiligen Produktes konkurrieren um die begrenzte Kapazität einer Maschine. Beide Teile können aber auch fremdbezogen werden. Die Grenzherstellkosten[i] bei Eigenfertigung betragen für Einzelteil A 10 €/Stück, für B 20 €/Stück. Bei einer begrenzten Kapazität von 360 Maschinenstunden pro Monat benötigt A 2 M-h/Stk und B 5 M-h/Stk. Die Einstandspreise bei Fremdbezug betragen für A 15 €/Stück und

---

[i] Herstellkosten sind die Kosten, die für die produzierte Menge anfallen.

für B 25 €/Stück. Die Mehrkosten bei Fremdbezug betragen also für A und B jeweils 5 €/Stk. Welche Alternative, Eigenerstellung von A oder B, ist optimal, d. h. verursacht die niedrigsten Kosten in der Periode?

Lösung:

- Die Entscheidung, eine Maschinenstunde für A einzusetzen, führt zu einer engpassspezifischen Kostenersparnis von: 5 €/Stk : 2 M-h/Stk= 2,50 €/M-h

- Die Entscheidung, eine Maschinenstunde für B einzusetzen, führt zu einer engpassspezifischen Kostenersparnis von: 5 €/Stk : 5 M-h/Stk= 1 €/M-h

Die **engpassspezifischen Mehrkosten** entsprechen den Kostenersparnissen von 2,50 €/M-h bzw. 1 €/M-h wenn man die Engpasskapazität für diese Alternative verwendet. Obwohl B die höheren Grenzherstellkosten pro Stück aufweist und die Differenz zwischen den Einstandspreisen bei Fremdbezug und den Grenzherstellkosten bei beiden Einzelteilen gleich hoch ist, hat A die höheren Opportunitätserlöse und wird deshalb eigenerstellt, während B fremdbezogen wird. Bei 360 Maschinenstunden pro Monat führt die Eigenerstellung von A zu Mehrkosten durch den Fremdbezug von B in Höhe von 360 €. Die Eigenerstellung von B würde dagegen zu Mehrkosten durch den Fremdbezug von A in Höhe von 900 € führen. Mit anderen Worten: Durch die Eigenerstellung von A fallen Mehrkosten in Höhe von 900 € **nicht** an, durch die Eigenerstellung von B fallen Mehrkosten in Höhe von 360 € **nicht** an.

Die Definition der **Opportunitätskosten** als nicht entstehende Deckungsbeiträge und die Definition der **Opportunitätserlöse** als nicht entstehende zusätzliche Kosten macht deutlich, dass es sich hier **nicht** um **Kosten** bzw. **Erlöse** handelt. Es fehlt die Eigenschaft des Faktoreinsatzes bzw. der Gütererstellung oder -verwertung.

8.1.3 Relevante Informationen für Faktorkonstellation 3

Ist **mehr als ein** Produktionsfaktor nicht frei verfügbar, so ist es typisch, dass je nach tatsächlichem Produktionsprogramm nur einer oder wenige Engpassfaktoren voll ausgenutzt werden, d. h. tatsächlich zum Engpass werden. Welche Faktoren dies sind, kann im Voraus jedoch nicht gesagt werden. Es treten daher **mehrere** vorab **un-**

bekannte **Engpässe** auf. Die Aktivitäten konkurrieren hier um **mehrere begrenzte Ressourcen**. Solche Wahlprobleme der operativen Planung lassen sich exakt nur noch mithilfe **simultaner Planungsmodelle**, insbesondere der linearen Programmierung bzw. Optimierung, lösen. Diese versuchen, eine Realisierung des kurzfristigen Erfolgsziels in Form einer Maximierung des Deckungsbeitrags der Periode herbeizuführen.

Der Ansatz von Opportunitätskosten und Opportunitätserlösen bei dieser Faktorsituation (mehrere Engpässe) ist beim Einsatz simultaner Planungsmodelle nicht erforderlich. Werden Engpässe wirksam, so ergeben sich die Opportunitätskosten bzw. -erlöse **simultan** mit der Bestimmung der optimalen Lösungswerte.[i] Dies verdeutlichen die sog. Dualitätsbeziehungen linearer Programme. Somit kann man Opportunitätskosten bzw. -erlöse erst dann exakt bestimmen, wenn man bereits die optimalen Lösungswerte eines Planungsproblems bestimmt (berechnet) hat und sie daher nicht mehr benötigt. Zur Informationsversorgung simultaner Planungsmodelle zur ergebnisorientierten operativen Planung sind daher ausschließlich **Grenzkosten, -erlöse** und **-erfolge** (Deckungsbeiträge) als **relevante** Informationen aus der KER bereitzustellen.

In den folgenden Abschnitten wird der Einsatz der KER als Informationsversorgungsinstrument kurzfristiger und ergebnisorientierter operativer Entscheidungen anhand ausgewählter Planungsprobleme im Überblick und mithilfe stark vereinfachter Zahlenbeispiele dargestellt, um so die Informationsversorgungsaufgaben der KER zu verdeutlichen. Zuvor wird jedoch die Ermittlung der benötigten Kostenträgergrenzkosten sowie Kostenträgergrenzerlöse behandelt.

8.2 Kostenkalkulation in der Grenzplankostenrechnung

In der Plankalkulation im Rahmen der GPKR werden die pro Kostenträgereinheit geplanten Planeinzelkosten um die proportionalen Plangemeinkosten nach folgender Beziehung ergänzt:

---

[i]   Vgl. Coenenberg 2003, S. 302 ff.

$$k_{pj\beta}^{(p)} = k_{p\beta}^{(p)} \cdot b_{j\beta}^{(p)} \qquad\qquad (8.1)$$

$k_{pj\beta}^{(p)}$: proportionale Plangemeinkosten der Bezugsgrößenart β in € pro

      Mengeneinheit der Produktart j (Kostenträger-Grenzkosten)

$k_{p\beta}^{(p)}$: proportionaler Plankalkulationssatz in € pro Bezugsgrößeneinheit (z.

      B. in €/Fertigungsstunde) der Bezugsgrößenart β (z. B. Fertigungs-

      stunden) (Beschäftigungs-Grenzkosten)

$b_{j\beta}^{(p)}$: Planbezugsgrößeneinheiten der Bezugsgrößenart β pro Mengenein-

      heit der Produktart j (z. B. 0,5 Fertigungsstunden pro Stück) (Kos-

      tenträger-Grenzbeschäftigung)

Die Summe aller Einzel- und proportionalen Gemeinkosten ergibt die proportionalen Planselbstkosten pro Produkteinheit $k_{SPj}^{(p)}$. Diese sind identisch mit den Kostenträger-Plan-Grenzselbstkosten. Die Abb. 8-2 zeigt diese Zusammenhänge stark vereinfacht und verkürzt in Fortführung des Zahlenbeispiels aus Abb. 5-4 des Moduls 5.

Plankalkulation			Plan-BAB		
Nr.	Produktart 1				
1	Σ Planeinzelkosten	28,50	A	B	C
2	0,3 kg * 5 €/kg	1,50			
3	0,2 Std. * 70 €/Std.	14,00			
4	1 Stk. * 1 €/Stk.	1,00			
5	Σ prop. Plangemeinkosten / Stk.	16,50	2 + 3 + 4		
6	Σ Plan-Grenz-selbstkosten/Stk. $k_{SPj}^{(p)}$	45,00	1 + 5		

Abb. 8-2:   Plankalkulation in der GPKR

Der Aufbau einer Plankalkulation für die einzelnen Produktarten in der GPKR ist einfach, nachdem bereits folgende Informationen aus der Bezugrößenplanung und der Planung primärer und sekundärer sowie ggf. tertiärer Kosten vorliegen:

- Planbeschäftigungskoeffizient einer jeden Produktart, die bereits bei der Bezugsgrößenmengenplanung (Beschäftigungsplanung) bekannt war (siehe Modul 3)

- Planeinzelmaterialkosten sowie Sondereinzelkosten pro Mengeneinheit einer jeden Produktart (siehe Modul 4)

- Plan-(Gemeinkosten-)Kalkulationssätze pro Bezugsgrößeneinheit für alle Bezugsgrößenarten jeder vom Kostenträger in Anspruch genommenen Kostenstelle (siehe Modul 5)[i]

Setzt man diese Planinformationen in das allgemeine Schema der **Bezugsgrößenkalkulation** ein, so erhält man die Planherstellkosten und Planselbstkosten pro Produkteinheit nach folgender Formel:

$$k_{Sj} = [\underbrace{\left(\sum_{k=1}^{y} r_{kj}^{(p)} \cdot p_{E,k}^{(p)} \right) \cdot (1 + \frac{z_M^{(p)}}{100})}_{\textit{Planmaterialkosten}} + \underbrace{\sum_{i=1}^{m} \sum_{\beta=1}^{B} b_{i\beta j}^{(p)} \cdot k_{i\beta}^{(p)} + k_{SEFj}^{(p)}}_{\textit{Planfertigungskosten}}] \cdot \underbrace{(1 + \frac{z_{VV}^{(p)}}{100}) + k_{SEVj}^{(p)}}_{\substack{\textit{Planverwal-}\\ \textit{tungs- und}\\ \textit{-vertriebskosten}}}$$

$$\underbrace{}_{\textit{Planherstellkosten}}$$

(8.2)

$r_{kj}^{(p)}$: Plan-(Brutto-)Einzelmaterialmenge der Materialart k pro Produkteinheit j

$p_{E,k}^{(p)}$: Plan-(Einstands-)Preis für Materialart k

y: Anzahl der Einzelmaterialarten k

$b_{i\beta j}^{(p)}$:   Planbeschäftigungskoeffizient der Bezugsgrößenart β in der Fertigungskostenstelle i für Produktart j

$k_{i\beta}^{(p)}$:   Plankostensatz der Bezugsgrößenart β in der Fertigungskostenstelle i (inkl. Fertigungslöhne, wenn vorhanden)

m: Anzahl der Fertigungskostenstellen i

B: Anzahl der Bezugsgrößenarten β in der Fertigungskostenstelle i[ii]

z_M: Materialgemeinkostenzuschlag in % der Einzelmaterialkosten

---

[i]   In diesen sind auch die Fertigungslöhne enthalten.

[ii] Bei homogener Kostenverursachung ist B = 1 und der Index β fällt weg, wobei die Bezugsgrößennummer gleich Null gesetzt wird (siehe Zeilen 8 bis 10 in Abb. 8-3 und 8-5).

k_{ELij}: Lohneinzelkosten (Fertigungslöhne) für die Produktart j in der Ferti-
            gungskostenstelle i

k_{SEFj}: Sondereinzelkosten der Fertigung pro Produkteinheit j

z_{VV}:   Verwaltungs- und Vertriebsgemeinkostenzuschlag in % der Her-
            stellkosten

k_{SEVj}: Sondereinzelkosten des Vertriebs pro Produkteinheit j

Es wird deutlich, dass die Materialgemeinkosten als prozentualer Zuschlag auf die Einzelmaterialkosten und die Verwaltungs- und Vertriebsgemeinkosten als prozentualer Zuschlag auf die Herstellkosten
kalkuliert werden. Setzt man in die Plankostensätze k und Planzu-
schlagssätze z ausschließlich variable Kosten ein, so ergibt sich eine
Grenzkosten-Plankalkulation. Werden für die Gemeinkosten ausschließlich die im Rahmen der Planung tertiärer Kosten ermittelten
fixen Kalkulationssätze eingesetzt, so erhält man eine **parallele Fix-
kosten-Plankalkulation**, die gemeinsam mit der Grenzkosten-
Plankalkulation die **Vollkosten-Plankalkulation** ergibt. Hierbei gilt
der Grundsatz, dass die **Grenzkosten**kalkulation als **Haupt-** und die
Vollkostenkalkulation als **Neben**rechnung für spezielle Zwecke zu
verstehen ist. Zu erinnern ist auch daran, dass die Plankalkulationen
auf geplanten Faktormengen und -preisen und damit (insbesondere
die Vollkostenkalkulation) auf einer geplanten Beschäftigung und
einer geplanten Betriebsbereitschaft (Plankapazität) beruhen. Dies
bedeutet weiterhin, dass den Plankalkulationen geplante (Stan-
dard-)Produktionsverfahren und geplante (Standard-)Prozessbedin-
gungen (Auftragsgröße, Bedienungsverhältnis, Intensität, Maschinenbelegung, Ausbeutegrad) zugrunde gelegt werden.

Die Abb. 8-3 bis 8-6 zeigen ein **Beispiel** für eine parallele Grenzkos-
ten- und Vollkosten-Plankalkulation für zwei Produkte (Zahnräder),
die sich nur in Bezug auf ihre Größe – und damit das Gewicht – sowie in Bezug auf die Seriengröße unterscheiden. Dabei werden der
Material- sowie der Vertriebsgemeinkostenzuschlag aufgrund heterogener Kostenverursachung (wie häufig in der Praxis) zweifach differenziert.

Obwohl die Bezugsgrößenkalkulation das wohl leistungsfähigste
Kalkulationsverfahren darstellt, verstößt sie als „Zuschlags"-Kalku-
lation in der Regel überall dort gegen das Verursachungsprinzip, wo
„Zuschläge" für Kostenträgergemeinkosten angesetzt werden. Diese

Kritik an der Plankalkulation in der GPKR richtet sich daher gegen den Bereich der Material-, Verwaltungs- und Vertriebsgemeinkosten. Zwischen der wertmäßigen Zuschlagsbasis und den Gemeinkosten in diesen Bereichen besteht meist keine verursachungsgerechte Beziehung.

Die in der Plankalkulation der GPKR vorgenommene „künstliche Proportionalisierung" von Sondereinzelkosten der Fertigung und des Vertriebs bietet ebenfalls Anlass zur Kritik. Hier handelt es sich in der Regel um produkt**gruppen**- oder auftragsproportionale Kosten, jedoch nicht um produkt**mengen**proportionale Kosten.

Im Beispiel der Plankalkulation in den Abb. 8-3 bis 8-6 muss auch die „künstliche Proportionalisierung" der Rüstkosten kritisiert werden. Diese sind proportional zur **Anzahl** der Serien, jedoch nicht proportional zur Serien**größe** (im Beispiel: 100 bzw. 10 Stück). Eine Zurechnung auf die Produkteinheit (wie in der GPKR üblich) verstößt gegen das Verursachungsprinzip. Dies wird besonders bei schwankenden Seriengrößen deutlich.

Weiterhin darf nicht vergessen werden, dass in den Kostensätzen des Fertigungsbereichs auch Grenzkosten der fertigungsunterstützenden (indirekten) Bereiche (z. B. Leitungskosten, innerbetriebliche Transportkosten) enthalten sind, die häufig mithilfe indirekter Bezugsgrößen berechnet werden und deshalb niemals den tatsächlichen Ressourcenverbrauch innerhalb des indirekten Bereiches wiedergeben, der durch den Kostenträger verursacht wird.

Die oben genannten kritischen Einwände gegen die Plankalkulation in der GPKR müssen gegebenenfalls mithilfe von zusätzlichen Sonderrechnungen berücksichtigt werden, wenn die GPKR als Informationsversorgungsinstrument der Planung eingesetzt wird und z. B. geplante Grenzherstell- oder Grenzselbstkosten als relevante Kosten zur operativen Entscheidungsvorbereitung herangezogen werden.

Maschinenbau-GmbH

Plankalkulation:
Artikelbezeichnung: Zahnrad
Artikel-Nr.: 64332
Planjahr: 03

Menge: 1 Stück
Seriengröße: 100 Stück
Plan-Rüstzeit: 90 R-Min

Planmaterialkosten

Materialart [v]	Menge (r_{vi}) [kg]	Preis (p_{Ev}) [€/kg]	Grenzkosten (€/Stk.)	Fixkosten (€/Stk.)	Vollkosten (€/Stk.)
1	Einzelmaterialkosten (Stahlkörper)	2,6	6	15,60	-	15,60
2	Materialgemeinkosten 1: 3% Grenz bzw.1% Fix auf (1) [Z_{MK1}]			0,47	0,16	0,63
3	Materialgemeinkosten 2: 0,05 €/kg Grenz bzw. 0,07 €/kg Fix [Z_{MK2}]			0,13	0,18	0,31
4	Summe Planmaterialkosten (1 bis 3)			16,20	0,34	16,54

Plan-Fertigungskosten

Nr.	Kostenstelle [l]	Bezugsgröße [ß]	Beschäftigungskoeffizient [$b_{ißj}$]	Bezugsgröße	prop. [€/Bezugsgrößeneinheit]	fix [€/Bezugsgrößeneinheit]	Grenzkosten	Fixkosten	Vollkosten
5	404 Drehmaschinen	1	0,9	Rüstminuten	0,83	0,07	0,75	0,06	0,81
6	404 Drehmaschinen	2	10,8	Fertigungsmin.	0,67	0,03	7,24	0,32	7,56
7	404 Drehmaschinen	3	21,6	Maschinenmin.	0,22	0,48	4,75	10,37	15,12
8	409 Fräsmaschinen	0	35	Fertigungsmin.	1,00	0,60	35,00	21,00	56,00
9	418 Härterei	0	10	Fertigungsmin.	0,50	0,30	5,00	3,00	8,00
10	422 Schleiferei	0	8	Maschinenmin.	0,90	0,40	7,20	3,20	10,40
11	Sondereinzelkosten der Fertigung (Spezialwerkzeug) [k_{SEFj}]						2,30	-	2,30
12	Summe Planfertigungskosten (5 bis 11)						62,24	37,95	100,19
13	Planherstellkosten (4+12)						78,44	38,29	116,73

Abb. 8-3:   Plankalkulation (Artikel 64332) – Grenz- und Vollplankostenrechnung (Teil 1)

	Maschinenbau-GmbH	Plankalkulation: Zahnrad 64332 (Fortführung)		
		Grenz-kosten	Fix-kosten	Voll-kosten
13	Planherstellkosten	78,44	38,29	116,73
14	Planverwaltungs- und -vertriebskosten			
15	Verwaltungsgemeinkosten: 4% Grenz / 20% Fix auf (13) [z_{Vw}]	3,14	7,66	10,80
16	Vertriebsgemeinkosten (Lager): 2% Grenz / 3% Fix auf (13) [z_{Vt1}]	1,57	1,15	2,72
17	Vertriebsgemeinkosten (Verkauf): 5% Grenz / 2% Fix auf (13) [z_{Vt2}]	3,92	0,77	4,69
18	Sondereinzelkosten des Vertriebs (Verpackung) [k_{SEVj1}]	0,50	-	0,50
19	Sondereinzelkosten des Vertriebs (Fracht) [k_{SEVj2}]	0,30	-	0,30
20	Summe Planverwaltungs- und -vertriebskosten (15 bis 19)	9,43	9,58	19,01
21	Planselbstkosten (13+20)	87,87	47,87	135,74

Abb. 8-4: Plankalkulation (Artikel 64332) – Grenz- und Vollplan-kostenrechnung (Teil 2)

| Maschinenbau-GmbH | Plankalkulation: Artikelbezeichnung: Artikel-Nr. Planjahr | | Zahnrad 64333 03 | Menge: Seriengröße: Plan-Rüstzeit | 1 Stück 10 Stück 90 R-Min |

Planmaterialkosten

	Materialart [V]	Menge (r_M) [kg]	Preis (p_{Ein}) [€/kg]	Grenz-kosten	Fix-kosten	Vollkosten
						€/Stk.
1	Einzelmaterialkosten (Stahlkörper)	1	6	6,00	-	6,00
2	Materialgemeinkosten 1: 3% Grenz bzw.1% Fix auf (1) [Z_{MK1}]			0,18	0,06	0,24
3	Materialgemeinkosten 2: 0,05 €/kg Grenz bzw. 0,07 €/kg Fix [Z_{MK2}]			0,05	0,07	0,12
4	Summe Planmaterialkosten (1 bis 3)			6,23	0,13	6,36

Plan-Fertigungskosten

Nr.	Kostenstelle [l]	Bezugsgröße [B]	Beschäftigungskoeffizient [b_{Mj}]		prop. (€/Bezugsgrößeneinheit)	fix	Grenz-kosten	Fix-kosten	Vollkosten
5	404	Drehmaschinen	1	9 Rüstminuten	0,83	0,07	7,47	0,63	8,10
6	404	Drehmaschinen	2	10,8 Fertigungsmin.	0,67	0,03	7,24	0,32	7,56
7	404	Drehmaschinen	3	21,6 Maschinenmin.	0,22	0,48	4,75	10,37	15,12
8	409	Fräsmaschinen	0	35 Fertigungsmin.	1,00	0,60	35,00	21,00	56,00
9	418	Härterei	0	10 Fertigungsmin.	0,50	0,30	5,00	3,00	8,00
10	422	Schleiferei	0	8 Maschinenmin.	0,90	0,40	7,20	3,20	10,40
11	Sondereinzelkosten der Fertigung (Spezialwerkzeug) [k_{SEFj}]						2,30	-	2,30
12	Summe Planfertigungskosten (5 bis 11)						68,96	38,52	107,48
13	Planherstellkosten (4+12)						75,19	38,65	113,84

Abb. 8-5:   Plankalkulation (Artikel 64333) – Grenz- und Vollplankostenrechnung (Teil 1)

Maschinenbau-GmbH		Plankalkulation: Zahnrad 64333 (Fortführung)		
		Grenz- kosten	Fix- kosten	Voll- kosten
13	Planherstellkosten	75,19	38,65	113,84
14	Planverwaltungs- und -vertriebskosten			
15	Verwaltungsgemeinkosten: 4% Grenz / 20% Fix auf (13) $[z_{Vw}]$	3,01	7,73	10,74
16	Vertriebsgemeinkosten (Lager): 2% Grenz / 3% Fix auf (13) $[z_{Vt1}]$	1,50	1,16	2,66
17	Vertriebsgemeinkosten (Verkauf): 5% Grenz / 2% Fix auf (13) $[z_{Vt2}]$	3,76	0,77	4,53
18	Sondereinzelkosten des Vertriebs (Verpackung) $[k_{SEVj1}]$	5,00	-	5,00
19	Sondereinzelkosten des Vertriebs (Fracht) $[k_{SEVj2}]$	3,00	-	3,00
20	Summe Planverwaltungs- und -vertriebskosten (15 bis 19)	16,27	9,66	25,93
21	Planselbstkosten (13+20)	91,46	48,31	139,77

Abb. 8-6: Plankalkulation (Artikel 64333) – Grenz- und Vollplankostenrechnung (Teil 2)

8.3 Planerlöskalkulation

In Fortsetzung des Beispiels der Abb. 7-3 und 7-4 zeigt die Abb. 8-7
die Erlöskalkulation für die drei Produktarten A, B und C, wobei die
Erlösträger stets erlös**stellen**bezogen auszuweisen sind. Die Gemeinerlöse werden den Erlösträgereinheiten (Produkteinheiten) gemäß
dem Verfahren der Zuschlagskalkulation, d. h. nach dem **Durchschnittsprinzip** zugerechnet.[i] Wird ein einheitlicher Nettoerlös pro
Produktart benötigt, so muss das **Durchschnittsprinzip** ein weiteres
Mal angewandt werden, indem z. B. ein mit den Planabsatzmengen

---

[i] Vgl. Kloock / Sieben / Schildbach 2005, S. 176.

gewichteter Durchschnitts-Nettoerlös für alle Erlösstellen ermittelt wird.

Erlösträger	A		B		C
Erlösstellen	Inland	Ausland	Inland	Ausland	Inland
Einzelerlöse [€/Stk]	25	35	20	34	30
Kalkulationssatz [%] Gemeinerlöse [€/Stk]	-21,6 % -5,40	-3 % -1,05	-21,6 % -4,32	-3 % -1,02	-21,6 % -6,48
Nettoerlöse [€/Stk]	19,60	33,95	15,68	32,98	23,52

Abb. 8-7:   Erlöskalkulation

8.4 Informationsversorgung der operativen Programmplanung

Die Anwendung der KER als Informationsversorgungsinstrument im Rahmen der Programmplanung soll anhand des folgenden, einfachen Zahlenbeispiels erfolgen:[i]

Fallbeispiel

Ein mittelständischer Industriebetrieb der Kraftfahrzeug-Zulieferung stellt zwei Einzelteile A und B für die Automobilindustrie in Serienfertigung her. Dabei durchlaufen beide Produkte (Einzelteile) die drei Produktionsstufen Grobbearbeitung (1), Feinbearbeitung (2) und Härterei (3). Die Beschäftigungskoeffizienten für diese drei Produktionsstufen und die gegebenen Kapazitäten in Fertigungsstunden pro Periode zeigt die Abbildung 8-8. Diese dient zur **Informationsversorgung** der operativen Programmplanung mit **technischen Daten**.

---

[i]   Vgl. Hoitsch 1993, S. 274 ff.

	Beschäftigungs-koeffizient [Fertigungsstunden / Stück]		Kapazität [Fertigungsstunden / Periode]
	Produkt (Einzelteil)		
Produktionsstufe	A	B	
1-Grobbearbeitung	3	5	400
2-Feinbearbeitung	2	4	600
3-Härterei	2,5	2	300

Abb. 8-8:   Beschäftigungskoeffizient und Kapazität

Unter Berücksichtigung der geplanten Nettoerlöse pro Stück zeigen die Absatzprognosen für die nächste Planungsperiode (ein Monat) die in Abb. 8-9 angeführten Zahlen. Die gleiche Abbildung zeigt auch die geplanten Grenzselbstkosten und Deckungsbeiträge für die beiden Produkte und dient zur **Informationsversorgung** der operativen Programmplanung mit (Absatz-)Prognoseinformationen sowie Kosten-, Erlös- und Ergebnisinformationen.

	Produkte	
Informationen	A	B
prognostizierte Absatzmenge für die Planungsperiode $x_{ah,j}$	50 Stück	70 Stück
Plannettoerlös pro Stück	2.000 €	3.500 €
Plan-Grenzselbstkosten pro Stück	1.100 €	2.400 €
Plandeckungsbeitrag pro Stück	900 €	1.100 €

Abb. 8-9:   Informationsversorgung aus der KER sowie Prognose-rechnung

Für die nächste Planungsperiode (ein Monat) ist das optimale, d. h. gewinnmaximale Absatz- und Produktionsprogramm unter folgenden **Prämissen** zu ermitteln:

- Produktions- und Absatzmengen stimmen in der Planungsperiode überein, d. h. es treten keine Bestandsveränderungen im Fertigwarenlager auf.

- Über den Einsatz absatzpolitischer Instrumente (Marketing-Mix) wurde bereits entschieden, die Absatzprognosen stellen Absatz-Höchstmengen dar.

- Die beiden Produkte A und B konkurrieren nur um die gegebenen Produktionskapazitäten. Es existieren keine weiteren Beschränkungen aus anderen betrieblichen Teilbereichen.

- Die Deckungsbeiträge, also die Differenz zwischen Nettoerlös und Grenzselbstkosten pro Stück, sind konstant. Dies bedeutet, dass lineare Kosten- und Erlösfunktionen vorliegen.

- Die Produktionskapazitäten sind gegeben und für die Planungsperiode als unveränderlich anzusehen. Dies bedeutet, dass die für die Betriebsbereitschaft anfallenden beschäftigungsfixen Kosten nicht relevant sind.

Im Rahmen der Programmplanung ist zuerst zu überprüfen, ob die gegebenen Kapazitäten zur Realisierung der prognostizierten Absatzhöchstmengen ausreichen. Wenn keine Produktionsfaktorbeschränkungen vorliegen, können die Absatzprognosen realisiert werden (Faktorkonstellation 1). Relevante Informationen für die Programmplanung sind dann die **Plandeckungsbeiträge** der Produkte. Jedes Produkt mit einem **positiven** Deckungsbeitrag trägt dazu bei, die fixen Kosten der Periode zu decken und wird deshalb in das Produktions- und Absatzprogramm **aufgenommen**.

Da die Plandeckungsbeiträge für beide Produkte positiv sind, würde das Produktions- und Absatzprogramm für die Planungsperiode in diesem Fall lauten: $\underline{x_A = 50 \text{ Stück}, x_B = 70 \text{ Stück}}$.

Der maximale Deckungsbeitrag der Planungsperiode wäre dann:

$$DB(x) = \sum_{j=A}^{B} db_j \cdot x_j = \qquad\qquad (8.3)$$

$$900 \cdot 50 + 1.100 \cdot 70 = 45.000 + 77.000 = 122.000 \text{ €}$$

DB: Plandeckungsbeitrag der Planungsperiode
db_j: Plandeckungsbeitrag pro Mengeneinheit der Produktart j, wobei j = 1 = A und j = 2 = B = n
x_j: Produktions- und Absatzmenge der Produktart j in der Planungsperiode

Bei geplanten beschäftigungsfixen Kosten der Periode von z. B. 90.000 €/Monat ergäbe sich im Beispiel ein Plangewinn von 122.000 minus 90.000 = 32.000 €.

Die Engpassrechnung (s. Abb. 8-10) zeigt jedoch, dass in Produktionsstufe 1 100 Stunden fehlen. Somit ergibt sich ein Engpass (Faktorkonstellation 2) und die Höchstmengen der Absatzprognose können nicht mehr vollständig realisiert werden.

	Produktionsstufe		
	1	2	3
Kapazitätsbedarf	50*3+70*5= 500	50*2+70*4= 380	50*2,5+70*2= 265
gegebene Kapazität	400	600	300
freie Kapazität (+) Kapazitätsdefizit (-)	-100 (Engpass E)	+220	+35

Abb. 8-10:   Engpassrechnung

Aufgrund der beschränkten Kapazität der Produktionsstelle 1 erfolgt eine rechnerische Optimierung mithilfe der **engpassspezifischen Deckungsbeiträge** db_{jE}. Diese können nicht aus der laufenden KER zur Verfügung gestellt werden. Hierzu muss eine **Sonderrechnung** (s. Abb. 8-11) nach folgender formaler Beziehung durchgeführt werden:

$$db_{jE}\,[€/h] = \frac{db_j\,[€/Stk]}{a_{E_j}\,[h/Stk]} \; f\ddot{u}r\; alle\; j \tag{8.4}$$

a_{Ej}:   Von einer Produkteinheit j in Anspruch genommene Menge des Eng-
         passfaktors E (hier: Beschäftigungskoeffizient) (aus Abb. 8-8)

Produktart j	db_j [€/Stk]	b_{Ej} [h/Stk]	db_{jE} [€/h]
A	900	3	300
B	1.100	5	220

Abb. 8-11:   Engpass-Deckungsbeiträge

Unter Berücksichtigung der prognostizierten Absatzhöchstmengen
wird im Fallbeispiel nunmehr eine stufenförmige **grafische Lösung**
anhand der Abb. 8-12 vorgenommen. Dabei wird zuerst die Produktart, die den höchsten engpassspezifischen Deckungsbeitrag erbringt, mit ihrer prognostizierten Absatzhöchstmenge in das Programm aufgenommen. Im Fallbeispiel ist das Produkt A, obwohl der
Stückdeckungsbeitrag für das Produkt B höher als für Produkt A
ist. Lässt sich die Absatzhöchstmenge realisieren, so wird die Produktart mit dem nächsthöheren engpassspezifischen Deckungsbeitrag unter Berücksichtigung ihrer Absatzhöchstmenge in das Programm aufgenommen usw. Dieser Lösungsprozess setzt sich so
lange fort, bis die Kapazität des Engpassfaktors vollständig und somit auch deckungsbeitragsmaximal ausgeschöpft ist.

Bei Auftreten einer relativ hohen Restkapazität muss für die Grenzproduktart (letzte ins Programm aufgenommene Produktart) geprüft
werden, ob durch Reduzierung der geplanten Menge der vorletzten
Produktart um **eine** Mengeneinheit und Erhöhung der Menge der
Grenzproduktart um **zwei** Mengeneinheiten ein insgesamt höherer
Periodendeckungsbeitrag durch bessere Ausnutzung der Restkapazität erreicht werden kann.[i]

Bei Ausschöpfung der Absatzhöchstmengen von A (50 Stück) werden 150 Stunden benötigt. Somit verbleiben im Engpass nur mehr

---

[i]   Vgl. Hoitsch 1993, S. 316 ff.

400 minus 150, also 250 Stunden für B. Mit einem Beschäftigungskoeffizienten von 5 Stunden pro Stück können somit nur mehr 50
Stück von B hergestellt und verkauft werden. Der Rest zur Absatzhöchstmenge von 70 Stück, also 20 Stück, kann aufgrund des Engpasses in Produktionsstelle 1 nicht mehr realisiert werden (Kapa-
zitätsdefizit 100 Stunden, siehe Abb. 8-12).

Ergebnis: Das optimale Produktions- und Absatzprogramm der Planungsperiode lautet: $\underline{x_A = 50 \text{ Stück}, \ x_B = 50 \text{ Stück}}$

Der **maximale Deckungsbeitrag der Planungsperiode** kann entweder mit den Stück-Deckungsbeiträgen (Formel 8.5) oder mit den engpassspezifischen Deckungsbeiträgen (Opportunitätskosten) (Formel
8.6) ermittelt werden:

$$DB(x) = \sum_{j} db_j \cdot x_j \qquad (8.5)$$

$$=900 \cdot 50 + 1.100 \cdot 50 = 45.000 + 55.000 = \underline{\underline{100.000\text{€}}}$$

$$DB(x) = \sum_{j} db_{jE} \cdot b_{Ej} \cdot x_j \qquad (8.6)$$

$$=300 \cdot 3 \cdot 50 + 220 \cdot 5 \cdot 50 = 45.000 + 55.000 = \underline{\underline{100.000 \text{ €}}}$$

Grafisch dargestellt, repräsentiert die Fläche unter der Treppenkurve
der Abb. 8-12 den maximalen Deckungsbeitrag der Periode.

Die Programmplanung bei **mehreren** (vorab unbekannten) **Faktor-
beschränkungen** (Faktorkonstellation 3) ist nur mehr mit dem Einsatz **mathematischer Optimierungsverfahren** möglich. Zu deren
Informationsversorgung benötigt man Grenzkosten und Grenzerlöse,
d. h. die Informationsversorgung entspricht jener der Faktorkonstellation 1.

Der Standardansatz der Linearen Programmierung in der Programmplanung lautet:

Zielfunktion: $max\ DB(x) = \sum_j db_j \cdot x_j$ (8.7)

Nebenbedingungen:

Kapazitätsrestriktionen[i]: $\sum_j b_{ij} \cdot x_j \leq B_i^{max}$ (i=1,...,m) (8.8)

Absatzrestriktionen: $x_{aMj} \leq x_j \leq x_{aHj}$ (j=1,...,n) (8.9)

b_{ij}:   Beschäftigungskoeffizient von Kostenstelle i in Bezug auf Produkt j
B_i^{max} : Kapazität von Kostenstelle i
x_{aHj}: Absatzhöchstmenge der Produktart j in der Periode
x_{aMj}: Absatzmindestmenge der Produktart j (z. B. aufgrund bereits abge-
            schlossener Verträge bzw. Aufträge) in der Periode

---

[i] Die Darstellung erfasst nur den hier behandelten Fall eines Potenzialfak-
    torengpasses. Selbstverständlich können in analoger Form auch Repetier-
    faktorengpässe modelliert werden.

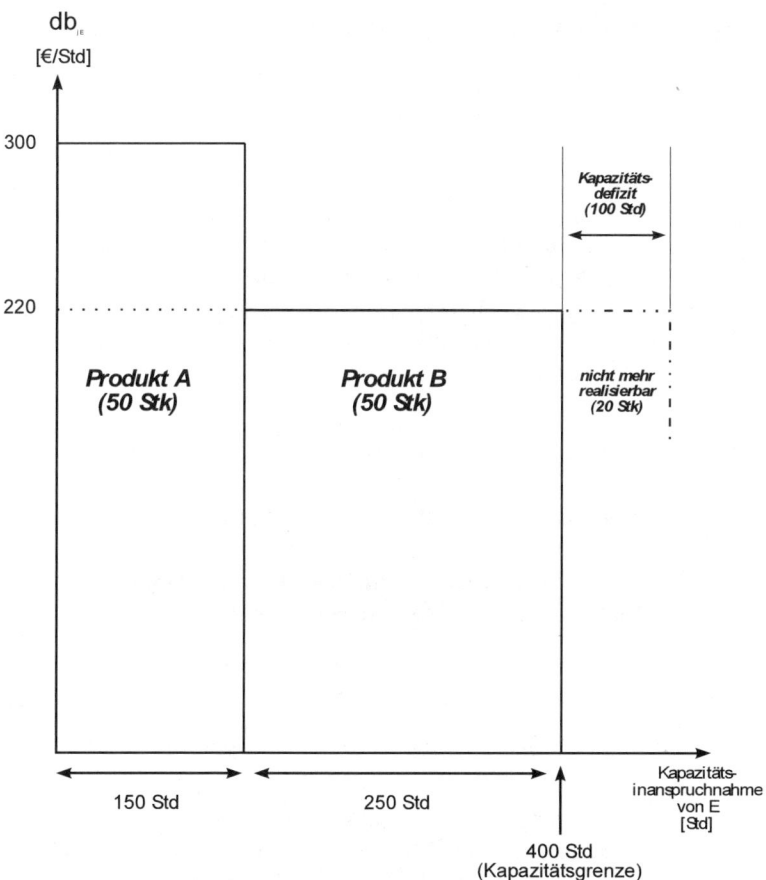

Abb. 8-12:   Grafische Lösung bei einem Engpass

Die bei maximal zwei Produktarten mögliche grafische Lösung des optimalen Programms hat nur didaktischen Wert. Ansonsten erfolgt die Lösung rechnerisch mithilfe von Standardsoftware.[i]

---

[i]   Vgl. Hoitsch 1993, S. 319 ff.

8.5 Informationsversorgung der Break-Even-Analyse

8.5.1 Grundlagen

Die **Break-Even-Analyse** (BEA) (Gewinnschwellen-, Deckungs-punkt-Analyse) gibt einen Überblick über die Zusammenhänge von Erlösen, Kosten und Ergebnissen (Gewinnen und Verlusten) für alternative Beschäftigungsgrade.[i] Gesucht ist die Beschäftigung, für die das Betriebsergebnis gerade gleich null ist. Diese „**Break-Even-Beschäftigung**" wird als „**Break-Even-Point**" (BEP), „Gewinn-schwellenpunkt" oder auch „Deckungspunkt" bezeichnet. An dieser Stelle sind die Erlöse genauso hoch wie die Kosten, der Deckungs-beitrag entspricht also den Fixkosten:

$$BE = E - K = E - (K_p + K_f) = DB - K_f = 0 \qquad (8.10)$$

Berücksichtigt man, dass sich der Perioden-Deckungsbeitrag DB als Produkt von Beschäftigung B und dem Deckungsbeitrag pro Be-schäftigungseinheit db_B errechnet, erhält man für die Break-Even-Be-schäftigung B_{BEP} folgende allgemeine Beziehung:

$$B_{BEP} = \frac{K_f}{db_B} = \frac{K_f}{\dfrac{DB}{B}} \qquad (8.11)$$

Die BEA ist ein besonders anschauliches Instrument für die operative Planung, Steuerung und Kontrolle der Unternehmung und ihrer Produkte. Mit ihr können unter anderem folgende Fragen geklärt werden:

- Wie wirken sich Absatzschwankungen auf den Gewinn der Unternehmung aus?

- Bei welcher Beschäftigung (Kapazitätsauslastung) gerät die Unternehmung in die Verlustzone („rote Zahlen")?

---

[i]   Beschäftigungsgrad = Istbeschäftigung : Vergleichsbeschäftigung (z. B. Planbeschäftigung).

- Welche Gewinnchancen und Verlustrisiken ergeben sich bei unterschiedlichen Beschäftigungsgraden der Unternehmung?

- Wie wirken sich Kosten- und Erlösveränderungen (Kostensteigerungen, Preisverfall) auf die Ergebnislage der Unternehmung aus?

Zur **Informationsversorgung** der BEA müssen folgende Informationen aus der KER bereitgestellt werden:

- geplanter Nettoerlös pro Produkteinheit e_j

- geplante beschäftigungsvariable Selbstkosten (Plan-Grenzselbstkosten) pro Produkteinheit k_{pj}

- daraus ergibt sich der geplante Deckungsbeitrag pro Produkteinheit db_j

- geplante beschäftigungsfixe Kosten pro Periode K_f

Grafisch lässt sich die BEA sowohl mithilfe der Identität von Erlösen und Kosten, d. h. nach dem **Erlös-Kosten-Modell** (s. Abb. 8-13), als auch mithilfe der Identität von Deckungsbeitrag und Fixkosten, d. h. nach dem **Deckungsbeitrags-Modell** (s. Abb. 8-14), darstellen.

8.5.2 Einproduktbetrachtung

Die Einproduktbetrachtung der BEA hat eher theoretisch-didaktische Bedeutung und dient hier zur Vorbereitung auf die komplexe Mehrproduktbetrachtung der Praxis. Die **Beschäftigung** kann in der Einproduktunternehmung unter der Voraussetzung **konstanter Prozessbedingungen**[i] anschaulich als abzusetzende **Stückzahl** interpretiert werden (s. Abb. 8-13):

$$B_{BEP} = x_{BEP} = \frac{K_f}{\dfrac{DB}{x}} = \frac{K_f}{db} \tag{8.12}$$

---

[i]   S. hierzu die Ausführungen zur Beschäftigung in Modul 2.

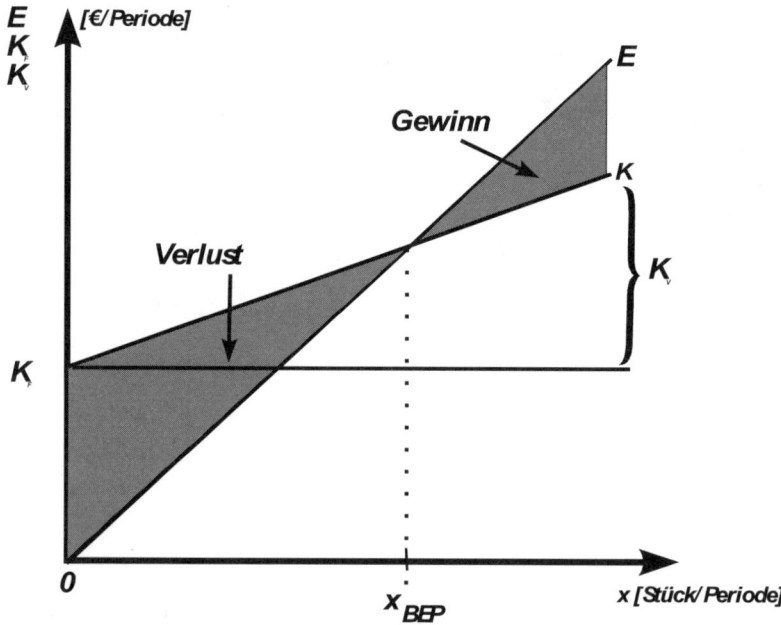

Abb. 8-13:   Break-Even-Analyse mit Erlös-Kosten-Modell

Eine wichtige Kennzahl der BEA stellt der **Sicherheitskoeffizient S** dar. Er gibt an, um wie viel Prozent die Beschäftigung pro Periode gegenüber der aktuellen oder geplanten Beschäftigung höchstens sinken darf, wenn ein (Betriebs-)Verlust vermieden werden soll:

$$S = \frac{x_{aktuell(geplant)} - x_{BEP}}{x_{aktuell(geplant)}} \cdot 100 \qquad (8.13)$$

Wäre z. B. die aktuelle Beschäftigung der Periode 10.000 Stück/Monat und der BEP läge bei 8.000 Stück/Monat, so ergäbe sich für S:

$$S = \frac{10.000 - 8.000}{10.000} \cdot 100 = 20\%$$

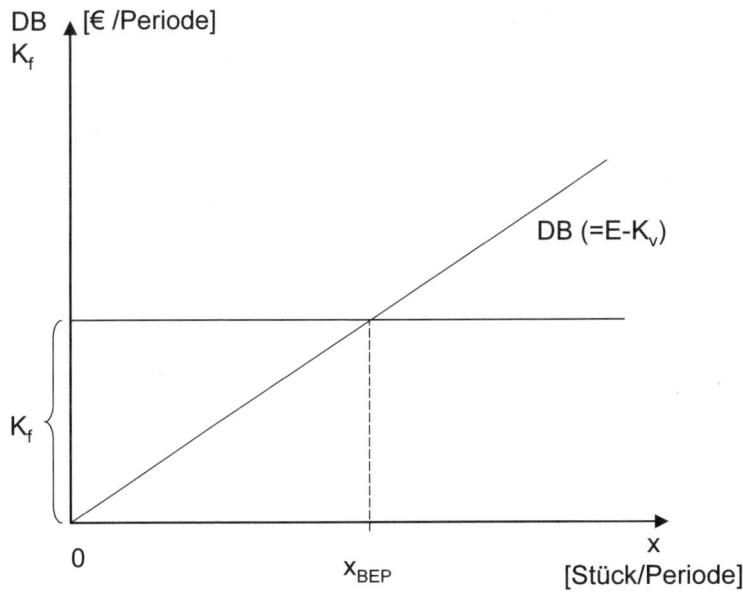

Abb. 8-14:   Break-Even-Analyse mit Deckungsbeitrags-Modell

8.5.3 Mehrproduktbetrachtung

In der Mehrproduktbetrachtung der BEA kann die Beschäftigung
nicht durch die Produktions- und Absatzmengen gemessen werden,
da die Mengen der unterschiedlichen Produktarten nicht direkt vergleichbar sind. Deshalb werden die Mengen mit den Nettoerlösen pro
Mengeneinheit **bewertet**. Als **Beschäftigungsmaßstab** ergibt sich
daher der **Umsatzerlös**. Die BEA ist hier **mehrdeutig**. D. h. es gibt
bei gegebenen Nettoerlösen pro Mengeneinheit und konstanten variablen Selbstkosten der Produkteinheiten eine große Anzahl von Ab-
satzmengen-Kombinationen, die alle zur Kostendeckung führen. Berücksichtigt man zusätzlich, dass häufig auch die Nettoerlöse pro
Stück innerhalb bestimmter Grenzen variiert werden können (z. B.
aufgrund unterschiedlicher Rabattgestaltung), so nimmt die Anzahl
der Deckungsmöglichkeiten weiter zu. Um dennoch eine operable

BEA durchführen zu können, werden die Nettoerlöse und variablen (proportionalen) Selbstkosten pro Produkteinheit sowie die Zusammensetzung des Umsatzes (Erlöses) als **konstant** angenommen. Für die Break-Even-Beschäftigung als Umsatzgröße UE_{BEP} sowie für S ergibt sich:

$$B_{BEP} = UE_{BEP} = \frac{K_f}{\dfrac{DB}{\sum_j e_j \cdot x_j}} = \frac{K_f}{\dfrac{\sum_j db_j \cdot x_j}{\sum_j e_j \cdot x_j}} \qquad (8.14)$$

$$S = \frac{\sum_j e_j \cdot x_j - UE_{BEP}}{\sum_j e_j \cdot x_j} \cdot 100 \qquad (8.15)$$

Die BEA ist zwar ein recht anschauliches Ergebnis-Planungs- und -Kontrollinstrument, aufgrund der genannten Prämissen wird ihre Aussagefähigkeit jedoch stark eingeschränkt. Sie sollte daher durch eine differenzierte Ergebnisplanung und -kontrolle ergänzt werden.

8.6 Informationsversorgung der Planung von Preisen und Preisgrenzen

8.6.1 Planung optimaler Preise

Eine der schwierigsten Aufgaben der betrieblichen Absatzpolitik besteht in der Bestimmung möglichst **gewinnmaximaler** Verkaufspreise. Hierzu müssen nicht nur Kostengesichtspunkte und Marktreaktionen, sondern auch reale und politische Wirkungen der Preisfestsetzung berücksichtigt werden. Die Praxis hat immer wieder versucht, Probleme der betrieblichen Preispolitik weitgehend von der Kostenseite her zu lösen, indem zur Preisbildung auf die mithilfe des Durchschnittsprinzips kalkulierten vollen Selbstkosten pro Produkteinheit ein Gewinnzuschlag in Prozent aufgeschlagen wird. In marktwirtschaftlichen Wirtschaftssystemen erfolgt die **Preisbildung** jedoch durch **Angebot** und **Nachfrage**. Zwischen den Selbstkosten

der Produkte und den der Marktsituation entsprechenden Verkaufspreisen besteht **kein** eindeutiger Zusammenhang. Die Anwendung
der Selbstkostenpreisbildung führt hier zu Verkaufspreisen, die sich
antizyklisch zum Konjunkturverlauf verhalten (im Aufschwung zu
niedrige, in der Krise zu hohe Preise aufgrund der Proportionalisierung beschäftigungsfixer Kostenanteile in den Selbstkosten). Wird
dieser Effekt nicht erkannt, gefährdet eine Preisbildung aufgrund von
Selbstkosten den Bestand der Unternehmung.

Eine mikroökonomisch begründete und damit leider **nur theoretisch**
exakte Planung von optimalen (gewinnmaximalen) Verkaufspreisen
lässt sich mithilfe bekannter **Preis-Absatz-** und **Grenzkosten-
Funktionen** für die Produkte folgendermaßen durchführen (Nettoerlös pro Stück e = Verkaufspreis p):

$$\textit{max } BE(p) = E(p) - K(x(p)) = p \cdot x(p) - K(x(p)) \qquad (8.16)$$

Notwendige Bedingung für ein Maximum des Betriebsergebnisses
(Gewinnmaximum) ist, dass die erste Ableitung von (8.16) Null beträgt:

$$BE' = x(p) + p \cdot \frac{dx}{dp} - K'(x) \cdot \frac{dx}{dp} = 0 \qquad (8.17)$$

Hinter Formel (8.17) verbirgt sich die aus der Mikroökonomik bekannte Gleichung für den **optimalen Verkaufspreis** p* im **Cournot-
schen Punkt**, bei dem der **Grenzerlös** (die beiden ersten Terme in
(8.17)) und die **Grenzkosten** (der dritte Term in (8.17)) gerade
gleich sind. Voraussetzung ist allerdings, dass hinreichend Kapazität
zur Erzeugung von x(p*) zur Verfügung steht. Die Abbildung 8-15
zeigt die Situation für den Fall einer linear-fallenden Preis-Absatz-
Funktion und einer linearen Gesamtkostenfunktion, bei der die
Grenzkosten in Abhängigkeit von der Beschäftigung konstant verlaufen.

Preis-Absatz-Funktionen sind eine Abstraktion der Mikroökonomik,
bei der (**unrealistisch**) unterstellt wird, dass die Absatzmengen **ausschließlich** von den Verkaufspreisen abhängig sind. Auf realen
Märkten hängen sie aber vom Einsatz des gesamten absatzpolitischen

Instrumentariums, von der Konkurrenzsituation, von Konjunktureinflüssen sowie von Nachfrage- und Einkommensveränderungen ab. In der Praxis ist es deshalb kaum möglich, Preis-Absatz-Funktionen empirisch zu ermitteln. Eine Verkaufspreisplanung mithilfe von Preis-Absatz-Funktionen kommt aus diesem Grunde für die Mehrzahl betrieblicher Produkte nicht in Frage.

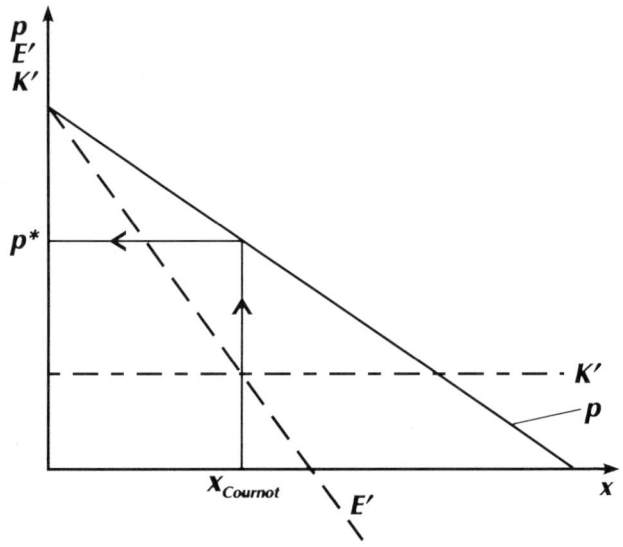

Abb. 8-15: Optimaler Verkaufspreis

Die bisherigen Ausführungen haben ergeben, dass in der Praxis weder die Selbstkostenpreisbildung noch die Modelle der Mikroökonomik eine optimale Preisplanung ermöglichen. Dennoch kann keine Unternehmung auf Dauer existieren, wenn die Verkaufspreise (Nettoerlöse pro Stück) ihrer verkauften Produkte nicht zur Deckung aller Kosten (Vollkosten der Periode) führen. Der optimale (gewinnmaximale) Verkaufspreis lässt sich durch keine Kostenrechnung bestimmen. Die KER kann als Informationsversorgungsinstrument der Preisplanung bestenfalls die Nutzkosten eines Produktes ermitteln. Dieser den Produkten nach dem **Beanspruchungsprinzip** zugerechnete Faktoreinsatz sollte mittel- bis langfristig durch die Verkaufserlöse gedeckt werden. Insbesondere bei neuen Produkten sollte die Frage jedoch nicht lauten: „Wie hoch muss der Preis sein, um die

Kosten zu decken?", sondern „Wie hoch dürfen die Kosten für den am Markt erzielbaren Preis sein?".[i] Lediglich bei Leistungen für öffentliche Auftraggeber, für die keine marktorientierte Preisbildung möglich ist (z. B. im militärischen Bereich), wird der Preis aus Informationen der Kostenrechnung ermittelt.[ii]

8.6.2 Planung von Preisuntergrenzen

Die bisherigen Ausführungen zur Preisplanung haben gezeigt, dass die Bestimmung marktgerechter Verkaufspreise in hohem Maße von unsicheren Marktdaten abhängig ist. Oft wird die endgültige Höhe der Verkaufspreise erst durch Verhandlungen mit dem Kunden bestimmt. Weiterhin kommt es häufig vor, dass einer Unternehmung während des laufenden Geschäftsjahres **Zusatzaufträge** erteilt werden, die über das geplante Produktions- und Absatzprogramm hinausgehen und für die eine gesonderte Preisbestimmung (Preise für Zusatzaufträge liegen meist **unter** den Listenpreisen) erforderlich wird.[iii]

Sind die Verkaufspreise unsichere Daten oder Aktionsparameter der Absatzplanung, so sollten **Preisuntergrenzen** für alle Produktarten bestimmt werden. Hierunter versteht man **kritische Werte für Verkaufspreise**, bei deren Unterschreitung die betreffende Produktart nicht in das geplante – bei Zusatzaufträgen auch nicht in das laufende – Produktions- und Absatzprogramm aufgenommen werden soll. Je nach Entscheidungssituation unterscheidet man verschiedene Arten von Preisuntergrenzen (siehe Abb. 8-16).

Preisuntergrenzen (PUG) geben Grenzwerte der Verkaufspreise von Produkten an. Entspricht der Verkaufspreis diesem Grenzwert, so verändert die Aufnahme des Produktes in das Produktions- und

---

[i]   S. hierzu die Ausführungen zur Zielkostenrechnung in Modul 11.

[ii] Vgl. die „Preisermittlung bei öffentlichen Aufträgen" in Modul 12.

[iii] Ähnliche Überlegungen liegen den „Last-Minute-Angeboten" im Tourismus- und Transportbereich zugrunde.

Absatzprogramm das Betriebsergebnis einer Unternehmung **nicht** (Zusatzgewinn = 0). Liegt der Preis über diesem Grenzwert, erhöht sich das Betriebsergebnis, andernfalls sinkt es. Unter den Prämissen der kurzfristig orientierten **operativen Planung** sind **kurzfristige PUG** von Bedeutung. Sie werden im Folgenden näher untersucht. **Langfristige PUG** sind kritische Verkaufspreise, die beim Aufbau der langfristig orientierten **strategischen Planung** bestimmt werden. Dabei treten meist Kapazitätsveränderungen auf, sodass die Kapitalbindung eine besondere Rolle spielt. Die hierfür relevanten Informationen liefert die **Investitionsrechnung**.

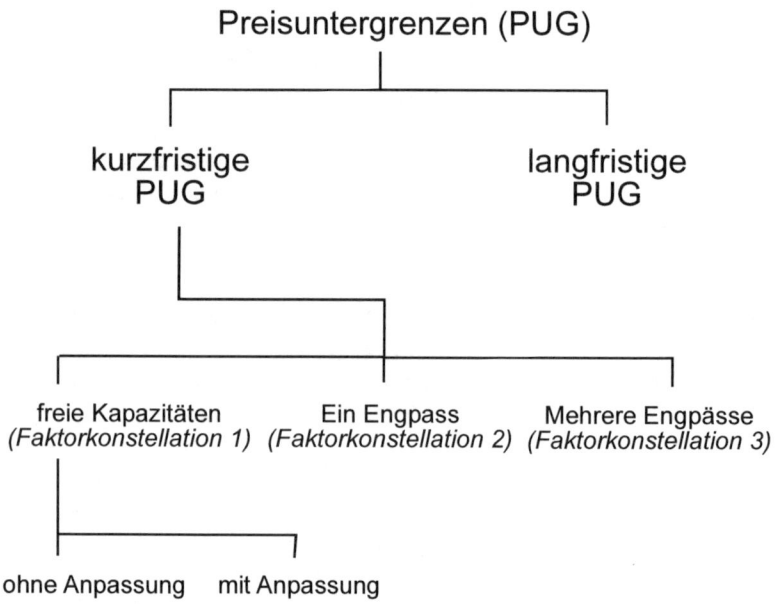

Abb. 8-16:   Arten von Preisuntergrenzen

Die Bestimmung von PUG führt nur dort zu eindeutigen Ergebnissen, wo sie sich auf **einzelne Produktarten** (Aufträge) beziehen. Soll die Planung von PUG jedoch auf die Absatzmengen **mehrerer Produktarten oder Aufträge** ausgerichtet werden, so kann man lediglich Verkaufspreis-Kombinationen bestimmen, für die zahlreiche Lösungsmöglichkeiten existieren.

Bei der **Planung** des **optimalen** Produktions- und Absatzprogramms für Unternehmungen mit **standardisierten** Produkten hat die Bestimmung von PUG **keine** Bedeutung. Die Informationsversorgung der Programmplanung mithilfe von Plan-Grenzselbstkosten bzw. Opportunitätskosten führt dazu, dass die ungünstigsten Produkte – auf jeden Fall jene mit negativen Deckungsbeiträgen – nicht in das Produktions- und Absatzprogramm aufgenommen werden. Die PUG-Planung hat hier insbesondere für **Zusatzaufträge** eine Bedeutung, die **nach** der periodischen Programmplanung eingehen und qualitative und/oder marktspezifische Unterschiede zu den Standardprodukten aufweisen. Weiterhin müssen **Zusatzaufträge zeitlich befristet** sein, da sie sonst in die periodische Programmplanung eingehen und damit die Eigenschaft des „**Zusätzlichen**" verlieren. Bei einer Entscheidung über die Annahme oder Ablehnung eines Zusatzauftrages muss auch stets überprüft werden, ob zwischen ihm und den Produkten des geplanten Produktions- und Absatzprogramms **interdependente** Beziehungen auftreten. Hier sollen nur Fälle untersucht werden, bei denen **keine Interdependenzen** auftreten.

Allgemein entspricht die kurzfristige PUG den **entscheidungsrelevanten Kosten**; d. h. den Kosten, die durch Annahme des Auftrags **zusätzlich** entstehen. Diese gilt es in Abhängigkeit von der jeweiligen Faktorkonstellation zu ermitteln.

Sind ausreichend **freie** Kapazitäten zur Erfüllung eines Zusatzauftrages vorhanden (Faktorkonstellation 1), so wird die **PUG** durch die **Plan-Grenzselbstkosten** des Auftrages bestimmt. Sind zur Bearbeitung eines Zusatzauftrages jedoch **kurzfristige** kapazitätsumgehende oder kapazitätserhöhende **Anpassungsmaßnahmen** erforderlich, so müssen darüber hinaus die hierdurch verursachten **Mehrkosten** berücksichtigt werden.[i] **Beschäftigungsvariable** Mehrkosten treten in folgenden Fällen auf:

- Einsatz kosten**un**günstiger Fertigungsverfahren

---

[i] Im Gegensatz zu den oben diskutierten Opportunitätserlösen liegt hier keine Konkurrenzsituation um den Engpass vor, da es sich nur um die Frage Ablehnung oder Annahme des Zusatzauftrages handelt.

- Einsatz von Lohnarbeit (Bearbeitung in fremder Unternehmung)
- teurer Fremdbezug von Vorprodukten (Teilen, Baugruppen)
- Einsatz von Überstunden

Kurzfristig wirksame **sprungfixe** Mehrkosten können z. B. auftreten, wenn vorübergehend ein Lagerraum gemietet werden muss oder eine zeitlich begrenzte Dienstleistung (z. B. Personal-Leasing) in Anspruch genommen werden muss.

Die PUG für den Zusatzauftrag bestimmt sich hier wie folgt:

$$PUG = k_{vZ}^{(p)} + \Delta k_{vz}^{(p)} + \Delta K_{FZ}^{(p)} \cdot T_Z^{(p)} \qquad (8.18)$$

$k_{vZ}^{(p)}$: planmäßige beschäftigungsvariable Selbstkosten (Plan-Grenzselbstkosten) des Entscheidungsobjekts (z. B. Zusatzauftrag)

$\Delta k_{vz}^{(p)}$: zusätzliche variable kapazitätsumgehende bzw. -erhöhende Anpassungskosten des Entscheidungsobjekts (z. B. Überstundenzuschläge)

$\Delta K_{FZ}^{(p)}$: zusätzliche (sprung-)fixe Kosten des Zusatzauftrages pro Periode (z. B. Monat)

$T_Z^{(p)}$: Anzahl Perioden (z. B. Monate), für die zusätzliche fixe Kosten des Zusatzauftrags anfallen

Gegebenenfalls müssen auch noch **zusätzliche erlösabhängige Sondereinzelkosten des Vertriebs** (z. B. zusätzliche umsatzproportionale Verkaufsprovisionen) berücksichtigt werden.

Tritt bei Annahme eines Zusatzauftrages **ein** Engpass (Faktorkonstellation 2) auf, der sich durch kurzfristige kapazitätsumgehende bzw. -erhöhende Anpassungsmaßnahmen **nicht** beseitigen lässt, so konkurriert der Zusatzauftrag mit den Absatzmengen anderer Produktarten um den Engpass, die ggf. aus dem geplanten Produktions- und Absatzprogramm **eliminiert** werden müssen. Hierbei wird nach Möglichkeit jene Produktart ausgewählt, bei welcher der geringste Deckungsbeitragsverlust eintritt (Opportunitätskosten = engpassspezifischer Deckungsbeitrag). Damit ergibt sich für Faktorkonstellation 2 folgende PUG für den Zusatzauftrag:

$$PUG_E = k_{vZ}^{(p)} + \Delta k_{vz}^{(p)} + \Delta K_{FZ}^{(p)} \cdot T_Z^{(p)} + db_{Ej*}^{(p)} \cdot B_E \qquad (8.19)$$

$db_{Ej*}^{(p)}$: engpassbezogener Deckungsbeitrag der verdrängten Produktart j*
pro Mengen- bzw. Zeiteinheit des Engpass-Produktionsfaktors E
[z. B. in € pro Fertigungsstunde]

B_E : Größe des nicht beseitigbaren Engpasses [z. B. in Fertigungsstunden].

Der letzte Term in Formel (8.19) gibt die Opportunitätskosten an, die der Zusatzauftrag tragen muss, weil er die Produktart j* ganz oder teilweise aus dem geplanten Produktions- und Absatzprogramm verdrängt hat.

Werden bei Annahme eines Zusatzauftrages **mehrere** (vorab unbekannte) **Engpässe** wirksam (Faktorkonstellation 3), so können die für die PUG-Planung notwendigen **Opportunitätskosten** der knappen Kapazitäten nur mithilfe der Dualitätsbeziehungen der **Linearen Programmierung** ermittelt werden.[i] Diese beziehen sich aber auf die ursprüngliche Ausgangssituation der Programmplanung. Durch die spätere Annahme eines Zusatzauftrags können sich die Engpassrelationen jedoch derart verschieben, dass sich auch die Opportunitätskostensätze ändern. Mithilfe der sogenannten **parametrischen Programmierung** kann ermittelt werden, wie weit die Belegung der vorhandenen knappen Kapazitäten durch den Zusatzauftrag geändert werden darf, bevor eine **neue** Optimierung und damit auch neue Opportunitätskostensätze zur PUG-Bestimmung erforderlich werden. In das **neue Optimierungsverfahren** muss der Zusatzauftrag mit seinem mit dem Auftraggeber vereinbarten Preis, seinen variablen Selbstkosten und seiner Produktionsfaktor-Inanspruchnahme eingegeben werden, wobei dann das lineare Programm ermittelt, ob eine Annahme oder Ablehnung erfolgen soll. Die sich daraus ergebenden Opportunitätskosten sind damit wieder überflüssig geworden. **Näherungsweise** kann auch so vorgegangen werden, dass der **Zusatzauftrag** von vornherein **abgelehnt** wird, wenn sein vereinbar-

---

[i] Vgl. hierzu und zu den folgenden Ausführungen Coenenberg 2003, S. 321 ff.

ter Preis **unter** den Opportunitätskosten des ursprünglichen Aus-
gangsmodells liegt. Liegt der Preis **über** den Opportunitätskosten, so
muss ein neuer Optimierungslauf mit dem Zusatzauftrag durchgeführt werden.

8.6.3 Planung von Preisobergrenzen

Einen weiteren Einsatzbereich der KER als Informationsversorgungsinstrument der Planung stellt die Bestimmung von **kurzfristigen Preisobergrenzen für Produktionsfaktoren** (insbesondere
Rohstoffe und Vorprodukte) dar. Dies ist immer dann nötig, wenn
bei einem Produktionsfaktor ein Engpass auftritt und nun entschieden werden muss, bis zu welchem Preis eine kurzfristige Ersatzbe-
schaffung erfolgen soll. Üblicherweise liegen die Einstandspreise für
kurzfristige Beschaffungen über denen der planmäßigen Beschaffung
(z. B. Express- oder Mindermengenzuschläge). Die **Preisobergrenze
(POG)** ist damit jener **Einstandspreis** für einen **benötigten Produktionsfaktor**, den eine Unternehmung höchstens zu zahlen bereit ist.
Ist der Einstandspreis höher als die POG, so sinkt das Betriebsergebnis im Vergleich zur Nicht-Beschaffung, anderenfalls steigt es. Allgemein ist die Preisobergrenze erreicht, wenn der **zusätzliche**
Einstandspreis genau dem (planmäßig) auf eine Mengeneinheit des
Produktionsfaktors entfallenden Produkt-Deckungsbeitrag entspricht.
Zur Planung von POG gelten im Wesentlichen die Ausführungen zur
PUG-Planung. Aus diesem Grunde soll hier nur ein kurz gefasster
Einblick in dieses Thema unter Berücksichtigung der bekannten Faktorkonstellation 1 (freie Kapazitäten) gegeben werden. Dabei muss
unterschieden werden, ob der betrachtete Produktionsfaktor nur in
ein (End-)Produkt (Fall a)) oder in **mehrere** (End-)Produkte (Fall b))
eingeht.

Fall a): POG für Faktorkonstellation 1 bei einem (End-)Produkt

Die POG entspricht hier dem Einstandspreis, für den der Deckungsbeitrag des (End-)Produktes pro Mengeneinheit gerade gleich Null
wird.

$$POG_k = \frac{e_j^{(p)} - \left(k_{evj}^{(p)} - c_{kj}^{(p)}\right)}{r_{kj}^{(p)}} = \frac{db_j^{(p)} + k_{kj}^{(p)}}{r_{kj}^{(p)}} \qquad (8.20)$$

$e_j^{(p)}$: Plan-Nettoerlös pro Stück des Produktes j, in das der Produktionsfaktor k eingeht

$k_{evj}^{(p)}$: planmäßige entscheidungsvariable Selbstkosten pro Produkteinheit j
(inklusive Kosten von Produktionsfaktor k auf Basis des alten, d. h.
planmäßigen Einstandspreises)

$k_{kj}^{(p)}$: ursprünglich geplante Produktionsfaktorkosten des Produktionsfaktors k pro Produkteinheit der Produktart j [z. B. 8 €/Stück]

$r_{kj}^{(p)}$: Einsatzmenge von Produktionsfaktor k pro Produkteinheit der Produktart j [z. B. 3 kg/Stück]

Fall b): POG für Faktorkonstellation 1 bei mehreren (End-) Produkten

Hier existiert grundsätzlich für jede einzelne Produktart, in die der Produktionsfaktor eingeht, eine **produkt**spezifische **POG**. Liegt der Preis zwischen der höchsten und der niedrigsten produktspezifischen POG, wird der Produktionsfaktor nur für diejenigen Produktarten beschafft, für die sein Preis unter deren produktspezifischer POG liegt. Für alle anderen Produktarten wird er nicht beschafft. Die höchste produktspezifische POG ist damit die **absolute POG**. Wird diese überschritten, wird der Produktionsfaktor für keine Produktart mehr beschafft.

Da häufig Interdependenzen innerhalb des Produktions- und Absatzprogramms auftreten, wird zumeist eine mehrere Produktarten umfassende produkt**gruppen**spezifische **POG** nach Formel (8.21) ermittelt. Diese liegt zwischen der niedrigsten und der höchsten **produkt**spezifischen POG der berücksichtigten Produktarten. Liegt der Einstandspreis **über** der produkt**gruppen**spezifischen POG, wird der Produktionsfaktor **gar nicht** beschafft, liegt der Einstandspreis **unter** dieser POG, wird der Produktionsfaktor für **alle** Produktarten der Produktgruppe beschafft.

$$POG_k = \frac{\sum_j \left[e_j - \left(k_{vj} - k_{kj} \right) \right] \cdot x_j}{\sum_j x_j \cdot r_{kj}} = \frac{\sum_j \left[db_j + k_{kj} \right] \cdot x_j}{\sum_j x_j \cdot r_{kj}} \qquad (8.21)$$

Kontrollfragen

1. Welche Entscheidungen können von der KER mit relevanten Informationen versorgt werden?

2. Unterscheiden Sie operative und strategische Entscheidungen.

3. Unterscheiden Sie die möglichen Faktorkonstellationen bei der Verfügbarkeit von Produktionsfaktoren.

4. Welche Unterteilung von Entscheidungen in Bezug auf ihre Auswirkungen ist für die Ermittlung der relevanten Informationen bei Faktorkonstellation 1 vorzunehmen?

5. Welches sind die jeweils relevanten Informationen?

6. Was sind sunk costs?

7. Was versteht man unter dem Nettoerlös?

8. Was versteht man unter dem Deckungsbeitrag?

9. Welche Unterteilung von Entscheidungen in Bezug auf ihre Auswirkungen ist für die Ermittlung der relevanten Informationen bei Faktorkonstellation 2 vorzunehmen?

10. Welches sind die jeweils relevanten Informationen?

11. Geben Sie ein Beispiel für Opportunitätskosten.

12. Geben Sie ein Beispiel für Opportunitätserlöse.

13. Warum sind Opportunitätskosten keine Kosten und Opportunitätserlöse keine Erlöse?

14. Welche Informationen werden für die Plankalkulation in der Grenzplankostenrechnung benötigt?

15. Erläutern Sie die Ermittlung der Selbstkosten pro Produkteinheit im Rahmen der Bezugsgrößenkalkulation der Grenzplankostenrechnung.

16. In welchen Bereichen verstößt dieses Verfahren gegen das Verursachungsprinzip?

17. Wie lässt sich die Aussagekraft der Plankalkulation erhöhen?

18. Welche Bedeutung haben die vorab angestellten Überlegungen für die operative Programmplanung?

19. Formulieren Sie den Standardansatz der Linearen Programmierung.

20. Welche Zusammenhänge stellt die Break-Even-Analyse dar?

21. Wie kann der Break-Even-Punkt allgemein definiert werden?

22. Wie kann die Break-Even-Beschäftigung im Einproduktfall interpretiert werden?

23. Wie ist der Sicherheitskoeffizient definiert?

24. Wie ist die Break-Even-Beschäftigung im Mehrproduktfall definiert?

25. Warum ist die Break-Even-Analyse im Mehrproduktfall mehrdeutig?

26. Warum ist die KER das falsche Instrument zur Bestimmung von Verkaufspreisen?

27. Welche Informationen kann die KER bestenfalls zur Unterstützung der Preisplanung geben?

28. Wie ist die kurzfristige Preisuntergrenze allgemein definiert?

29. Wie wird die kurzfristige Preisuntergrenze bei Faktorkonstellation 1 ermittelt?

30. Wie wird die kurzfristige Preisuntergrenze bei Faktorkonstellation 2 ermittelt?

31. Wie wird die kurzfristige Preisuntergrenze bei Faktorkonstellation 3 ermittelt?

32. Wie wird die kurzfristige produktspezifische Preisobergrenze bei Faktorkonstellation 1 ermittelt?

33. Wie wird die kurzfristige produktgruppenspezifische Preisobergrenze bei Faktorkonstellation 1 ermittelt?

9. Lernmodul
Kurzfristige Erfolgsrechnung in der Grenzplankostenrechnung

Lernziele:

Nach dem Studium dieses Lernmoduls sollten Sie insbesondere folgende Punkte verstanden haben:

- die Problematik der Ermittlung eines Periodenergebnisses

- die Charakteristika von Gesamtkosten- und Umsatzkostenverfahren

- den Aufbau einer Deckungsbeitragsrechnung

- die Gründe, warum das Istergebnis nur näherungsweise errechnet werden kann

- die Verfahren zur Abstimmung von KER und Fibu.

Die „Frisch & Knackig GmbH" hat das erste Geschäftsjahr unter Ihrer Beratung abgeschlossen. Stolz präsentieren Sie Ihrer Tante eine Gegenüberstellung von Ist- und Planergebnissen: „Dein Gewinn war um 2.300 € höher als geplant. Das ist in Höhe von 1.500 € durch Abweichungen zwischen Ist- und Planabsatzmengen zu erklären. In Höhe von 200 € haben Preisabweichungen dein Ergebnis allerdings negativ beeinflusst – das sind die ungeplanten Sonderpreise für die Würstchenbude. Außerdem musst du noch die kalkulatorische Spezialabweichung bei deinen Herstellkosten berücksichtigen, was zu einer internen Deckungsbeitragsabweichung in Höhe von 500 € geführt hat. Und du hattest eine Fixkostenabweichung von -400 €." Ihre Tante schaut gleichermaßen beeindruckt und verwirrt, sodass Sie ihr das Studium des 9. Lernmoduls empfehlen...

9.1 Ergebnisplanung

9.1.1 Grundlagen der Ergebnisplanung

Wenn Kosten und Erlöse der Periode bereits geplant sind, erscheint die Ermittlung des Plan-Periodenergebnisses auf den ersten Blick unproblematisch. Dies gilt jedoch nur für den Fall, dass produzierte und abgesetzte Menge der Periode identisch sind, es also zu keinen Lagerbestandsveränderungen kommt. Ansonsten fallen die Kosten für die Produktion und die Erlöse für den Absatz in verschiedenen Perioden an, sodass der Erfolg der Erstellung und der Verwertung der betrieblichen Leistung dementsprechend korrekt auch nur dem gesamten Produktions- und Absatzzeitraum, also mehreren Perioden, zugerechnet werden kann. Es handelt sich damit um einen „Gemeinerfolg" mehrerer Perioden. Die Frage nach dem Erfolg **einer** Periode lässt sich daher ohne Schlüsselung dieses „Gemeinerfolges" nicht beantworten.

Im Mittelpunkt einer derartigen Schlüsselung steht die Frage nach dem Wert der gelagerten fertigen und unfertigen Erzeugnisse. Als mögliche Wertansätze bieten sich Marktpreise, die bei der Produktion angefallenen Herstellkosten oder von der Unternehmensleitung festgesetzte interne Verrechnungspreise an. Letztere werden insbesondere unter dem Aspekt ihrer verhaltensbeeinflussenden Wirkung diskutiert. Üblich ist die Bewertung der Bestände zu Herstellkosten, um so die entsprechenden Material- und Fertigungskosten der Periode zu kompensieren. Produktion und Lagerung von Gegenständen sind damit rechnerisch **erfolgsneutral**. Die Herstellkosten − und damit die Wirkungen der Entscheidungen im Herstellkostenbereich − werden entsprechend in die Periode des Absatzes „verschoben". Das Ergebnis der Absatzperiode wird so durch **periodenfremde Entscheidungen** beeinflusst, was seine Aussagekraft schmälert. Verwendet man das Ergebnis zur Bewertung eines betrieblichen Ergebnisbereiches (z. B. Profit-Center), so ist außerdem zu berücksichtigen, dass **bereichsfremde Entscheidungen** (nämlich über die Art der Bestandsbewertung) das Ergebnis beeinflussen.[i]

---

[i] Bei der Ermittlung des Ist-Ergebnisses wird diese Problematik noch dadurch verschärft, dass zusätzlich die Frage zu beantworten ist, welche

Berücksichtigt man ferner, dass weder für Wirtschaftlichkeitsbetrachtungen noch für betriebliche Entscheidungen das Periodenergebnis als solches relevant ist, so stellt sich die Frage nach der Notwendigkeit der Ermittlung des internen Betriebsergebnisses im Rahmen der Kosten- und Erlösrechnung, zumal dieses zumeist auch noch nicht unerheblich von dem im Rahmen des Jahresabschlusses ermittelten externen Ergebnis abweicht. Diese Unterschiede zwischen externem und internem Ergebnis sind nur schwer zu vermitteln und die Erklärung der Differenzen wird schnell wichtiger als die Interpretation des Ergebnisses selbst. Hinzu kommen Akzeptanzprobleme bei einer erfolgsorientierten Entlohnung, wenn für das obere Management die Daten des Jahresabschlusses und für tiefere Führungsebenen die interne Erfolgsrechnung maßgebend sind. Deswegen lässt sich in der Praxis eine gewisse Tendenz beobachten, kein eigenständiges internes Betriebsergebnis mehr zu ermitteln, sondern für interne und externe Zwecke das externe Ergebnis zu verwenden. Dadurch wird gegenüber allen Stakeholdern in einer „Sprache" gesprochen („one truth"), sodass die präsentierten Zahlen eine höhere Glaubwürdigkeit aufweisen. In diesem Zusammenhang wird auch von der **Konvergenz** von externem und internem Rechnungswesen gesprochen.

Damit stellt sich die Frage, warum hier überhaupt noch eine Darstellung der internen Erfolgsrechnung stattfindet. Zum einen gibt es durchaus auch Argumente für deren Beibehaltung; insbesondere die systematische Verzerrung von Informationen im externen Rechnungswesen deutscher Unternehmen durch das **Maßgeblichkeitsprinzip** und das **Vorsichtsprinzip**. Interessanterweise mehren sich sogar im „Mutterland" der Konvergenz, den USA, Stimmen, die die Entwicklung eines eigenständigen internen Rechnungswesens fordern, obwohl es dort weder das Maßgeblichkeits- noch das Vorsichtsprinzip gibt. Des Weiteren gibt es massive Kritik an der Aussagekraft des externen Ergebnisses. Zum Teil werden bis zu 170 Änderungen für eine aussagekräftige Umformung des Jahresergebnisses vorgeschlagen. Schließlich ist der Ablauf der Ergebnisermittlung im

---

Abweichungen der Herstellkosten für die Bestandsbewertung herangezogen werden sollen (vgl. Abschnitt 9.2).

internen und im externen Rechnungswesen identisch und für die Ermittlung des externen Ergebnisses wird die Kosten- und Erlösrechnung in jedem Fall benötigt, um die Bestandsbewertungen durchzuführen.

Daher werden zunächst die grundsätzlichen Verfahren der Ergebnisbzw. Erfolgsermittlung, das Gesamtkosten- und das Umsatzkostenverfahren, kurz dargestellt. Anschließend wird auf die Weiterentwicklung des Umsatzkostenverfahrens in Form von ein- und mehrstufigen Deckungsbeitragsrechnungen eingegangen.

9.1.2 Verfahren der Ergebnisermittlung

Wie oben dargestellt, sollen Bestandsveränderungen an fertigen und unfertigen Erzeugnissen in der Ergebnisermittlung durch Bewertung mit ihren Herstellkosten „neutralisiert" werden. Dies kann zum Einen geschehen, indem man von den **gesamten Kosten der Periode** ausgeht und das Betriebsergebnis entsprechend des Wertes der Bestandsveränderungen korrigiert. Diesen Weg geht das **Gesamtkostenverfahren**. Zum Anderen kann man nur die **Kosten der abgesetzten Produkte** berücksichtigen. Diesen Weg geht das **Umsatzkostenverfahren**.

9.1.2.1 Gesamtkostenverfahren

Das Gesamtkostenverfahren der kurzfristigen Erfolgsrechnung entspricht weitgehend der Erfolgsermittlung innerhalb der Gewinn- und Verlustrechnung der Finanzbuchhaltung.[i] Das **Betriebsergebnis**, also der Erfolg der eigentlichen (typischen) betrieblichen Leistungserstellung und -verwertung, lässt sich nach dem **Gesamtkostenverfahren** folgendermaßen ermitteln:

---

[i]   Zur Abstimmung von KER und Fibu s. Abschnitt 9.3.

$$BE = \sum_j [\; \underbrace{x_{Aj} \cdot e_j}_{\substack{Perioden-\\Umsatz-\\erl\ddot{o}se}} + \underbrace{(x_{Pj} - x_{Aj}) \cdot k_{Hj}}_{\substack{wertm\ddot{a}\beta ige\\Bestandsver-\\\ddot{a}nderungen}}\;] - \underbrace{\sum_i K_i}_{\substack{Perioden-\\Gesamtkosten}} \qquad (9.1)$$

e_j: Nettoerlös pro Mengeneinheit der Kostenträgerart j

x_{Aj}:   Absatzmenge der Periode der Kostenträgerart j

x_{Pj}:   Produktionsmenge der Periode aller Absatzleistungen (bereits abgesetzte Fertigerzeugnisse **und** auf Lager gelegte fertige und unfertige Erzeugnisse) sowie aktivierbaren innerbetrieblichen Leistungen (selbsterstellte Anlagen = aktivierte Eigenleistungen) der Kostenträgerart j (kann auch ein Werksauftrag [innerbetrieblicher Kostenträger] für eine eigenerstellte Anlage sein)

k_{Hj}:   Herstellkosten (zu **Voll**kosten) pro Mengeneinheit der Kostenträgerart j

K_i: primäre (Voll-)Kosten der Periode der Kostenart i

Bei einer wertmäßigen Bestandserhöhung liegen Verrechnungserlöse, bei einer wertmäßigen Bestandsverringerung Verrechnungskosten vor.

Ein kleines **Beispiel** soll die Zusammenhänge verdeutlichen (siehe Abb. 9-1).

Kosten-trägerart (KT) j	Produk-tions-menge x_{Pj}	Absatz-menge x_{Aj}	Netto-erlöse e_j	Her-stell-kosten k_{Hj}	Mengen-mäßige Be-standsände-rungen	Wert-mäßige Be-standsände-rungen	Umsatz-erlöse E_j
	[Stk / Periode]	[Stk / Periode]	[€ / Stk]	[€ / Stk]	[Stk / Periode]	[€ / Periode]	[€ / Periode]
1	2.000	2.500	40	20	-500	-10.000	100.000
2	20.000	18.000	45	30	2.000	60.000	810.000
3	4.800	4.000	35	25	800	20.000	140.000
4	1	-	-	6.000	1	6.000	-
Summe der primären (Voll-)Kosten der Periode: 1.026.000 €							

Abb. 9-1:   Gesamtkostenverfahren

$$BE = [40 \cdot 2.500 + 45 \cdot 18.000 + 35 \cdot 4.000 + (2.000 - 2.500) \cdot 20 +$$
$$+ (20.000 - 18.000) \cdot 30 + (4.800 - 4.000) \cdot 25 + (1 - 0) \cdot 6.000] -$$
$$- 1.026.000 =$$
$$= \underline{100.000 \,€}$$

Das Betriebsergebnis nach dem Gesamtkostenverfahren kann in **Kontenform** als Gegenüberstellung der nach Erlös- bzw. Kosten-**trägern** (KT) gegliederten Umsatz- sowie Verrechnungserlöse und der nach Kosten**arten** gegliederten Kosten sowie Verrechnungskos-ten folgendermaßen dargestellt werden (s. Abb. 9-2).

Das Gesamtkostenverfahren der kurzfristigen Erfolgsrechnung erfor-dert zur Ermittlung des Ist-Ergebnisses Informationen über die Be-stände an fertigen und unfertigen Erzeugnissen sowie selbsterstellten Anlagen. Werden die Konten für unfertige Erzeugnisse in der Fi-nanzbuchhaltung als ruhende Konten geführt, so ist mithilfe des Ge-samtkostenverfahrens zwischen den Inventurterminen keine Ermitt-lung des Ergebnisses (z. B. in Form von Quartals- oder Monatser-gebnissen) möglich. Da außerdem eine Gliederung des Betriebser-gebnisses nach Kostenträgern sowie Erlösstellen und Ergebnisberei-chen nicht möglich ist, kann dieses Verfahren zwar grundsätzlich zur Ergebnis**ermittlung**, d. h. -**dokumentation**, nicht jedoch zur **Pla-nung** und **Kontrolle** des Ergebnisses herangezogen werden.

Soll	Betriebsergebniskonto		Haben
Personalkosten	400.000	Umsatzerlöse KT 1	100.000
Werkstoffkosten	380.000	Umsatzerlöse KT 2	810.000
Betriebsmittelkosten	95.000	Umsatzerlöse KT 3	140.000
Kapitalkosten	110.000	Aktivierte Eigenleistungen KT4	6.000
Sonstige Kosten	41.000	Bestandserhöhung KT 2	60.000
Bestandsminderung KT 1	10.000	Bestandserhöhung KT 3	20.000
Betriebsergebnis	100.000		
Summe	1.136.000	Summe	1.136.000

KT: Kostenträgerart

Abb. 9-2:   Gesamtkostenverfahren in Kontenform

9.1.2.2 Umsatzkostenverfahren

Das Umsatzkostenverfahren der kurzfristigen Erfolgsrechnung kann
auf eine Zerlegung der Periodengesamtkosten K in Formel (9.1) mithilfe der Kostenstellen- und Kostenträgerstückrechnung in die (vollen) Selbstkosten der abgesetzten Produkte k_{Sj} und die den Bestandsveränderungen der fertigen und unfertigen Erzeugnisse sowie
aktivierten Eigenleistungen entsprechenden (vollen) Herstellkosten
zurückgeführt werden (siehe Formel (9.2) und (9.3)). Somit saldieren
sich Letztere mit den wertmäßigen Bestandsveränderungen zu Null,
und man erhält für das Betriebsergebnis BE die formalen Beziehungen (9.4) und (9.5):

$$BE = \sum_j [x_{Aj} \cdot e_j + (x_{Pj} - x_{Aj}) \cdot k_{Hj}] - \sum_j (x_{Aj} \cdot k_{VVj} + x_{Pj} \cdot k_{Hj}) \qquad (9.2)$$

wobei: $k_{Hj} + k_{VVj} = k_{Sj}$ $\qquad\qquad$ (9.3)

k_{VVj}:   (volle) Verwaltungs- und Vertriebskosten pro abgesetzter Mengeneinheit der Produktart j

Daraus ergibt sich:

$$BE = \sum_j \underbrace{x_{Aj} \cdot e_j}_{\substack{Perioden- \\ Umsatzerlöse}} - \underbrace{x_{Aj} \cdot k_{Sj}}_{\substack{Perioden-Umsatzkosten \\ (Kosten\ des\ Umsatzes)}} \qquad (9.4)$$

$$= \sum_j x_{Aj} \cdot (e_j - k_{Sj}) \qquad\qquad (9.5)$$

Bei einer Bewertung der Bestandsveränderungen zu Herstellkosten führen Gesamtkosten- und Umsatzkostenverfahren zu demselben Betriebsergebnis.

Das **Umsatzkostenverfahren** hat gegenüber dem Gesamtkostenverfahren zwei wesentliche **Vorteile**:

- Mithilfe einer Erlösstellen-, Erlösträger- und Kostenträgerstückrechnung lassen sich die Ergebnisse beliebig nach Erlös- bzw. Kostenträgern, Absatzgebieten, Kunden- und Kundengruppen sowie betrieblichen Ergebnisbereichen (Profit-Center) gliedern.

- Weiterhin kann das Ist-Betriebsergebnis nach Formel (9.4) für beliebig kurze Perioden ermittelt werden.

Da eine **künstliche Proportionalisierung** der fixen Kosten zu falschen Schlüssen in der Ergebnisanalyse und damit zu Fehlentscheidungen bei der Verkaufssteuerung führt, ist allerdings auch das Umsatzkostenverfahren auf **Vollkostenbasis** (Formel (9.4) und (9.5)), trotz seiner Vorteile gegenüber dem Gesamtkostenverfahren, zur Informationsversorgung der Planung und Kontrolle **nicht** geeignet. Die kurzfristige Erfolgsrechnung und damit die Ergebnisplanung muss deshalb zur Deckungsbeitragsrechnung, d. h. zum Umsatzkostenverfahren auf **Teil**kostenbasis ausgebaut werden, die dann die kurzfristige Erfolgsrechnung innerhalb einer GPKR repräsentiert. Die Möglichkeiten von Deckungsbeitragsrechnungen werden im folgenden Abschnitt beschrieben.

9.1.3 Ergebnisplanung in der Deckungsbeitragsrechnung

9.1.3.1 Einstufige Deckungsbeitragsrechnung

Die einstufige Deckungsbeitragsrechnung ist die Grundform der kurzfristigen Erfolgsrechnung innerhalb einer „normalen" GPKR. Sie arbeitet nach dem **Umsatzkostenverfahren auf Grenzkostenbasis**, wobei folgende Prämissen zugrunde gelegt werden:

- Eine Unternehmung produziert und verkauft j = 1 bis n Produktarten.

- Aus der Absatzplanung liegen für alle n Produktarten Planabsatzmengen $x_{Aj}^{(p)}$ der Planungsperiode vor.

- Für alle n Produktarten liegen feste Plannettoerlöse pro Mengeneinheit $e_j^{(p)}$ aus der Erlösplanung vor, die für alle Kunden gleich hoch sind.

- Aufgrund von Plankalkulationen liegen für alle n Produktarten die Plangrenzselbstkosten (proportionale Planselbstkosten) pro Mengeneinheit $k_{Spj}^{(p)}$ vor.

- Aus der Kostenstellenplanung liegen für alle (Hilfs- und Haupt-) Kostenstellen i = 1 bis m die Planfixkosten der (Planungs-) Periode $K_{fi}^{(p)}$ vor.

Die Grundform der einstufigen Plan-Deckungsbeitragsrechnung kann folgendermaßen formal (Formel (9.6)) und als Zahlen**beispiel** (Abb. 9-3) dargestellt werden:

$$BE^{(p)} = \sum_j (\underbrace{e_j^{(p)} - k_{Spj}^{(p)}}_{db_j^{(p)}}) \cdot x_{Aj}^{(p)} - \sum_i K_{fi}^{(p)} \tag{9.6}$$

$$\underbrace{\phantom{(e_j^{(p)} - k_{Spj}^{(p)}) \cdot x_{Aj}^{(p)}}}_{DB_j^{(p)}}$$

$$\underbrace{\phantom{\sum_j (e_j^{(p)} - k_{Spj}^{(p)}) \cdot x_{Aj}^{(p)}}}_{DB^{(p)}}$$

wobei:
$$e_j^{(p)} \cdot x_{Aj}^{(p)} = E_j^{(p)}$$

$$k_{Spj}^{(p)} \cdot x_{Aj}^{(p)} = K_{Spj}^{(p)}$$

$db_j^{(p)}$: Plandeckungsbeitrag (Artikelergebnis) pro Mengeneinheit der Produktart j

$DB_j^{(p)}$: Plandeckungsbeitrag der Periode der Produktart j

$DB^{(p)}$: Plandeckungsbeitrag der Periode eines Ergebnisbereiches (z. B. Profit-Center, Gesamtunternehmung)

$K_{fi}^{(p)}$: Planfixkosten der Periode für die (Hilfs- oder Haupt-) Kostenstelle i

$E_j^{(p)}$: Plannettoerlös der Periode der Produktart j

$K_{Spj}^{(p)}$: Plan-Grenzselbstkosten der Periode der Produktart j

Die einstufige Plan-Deckungsbeitragsrechnung nach dem Umsatzkostenverfahren der kurzfristigen Erfolgsrechnung erfordert **keine** Planung von **Bestandsveränderungen** der fertigen und unfertigen Erzeugnisse. Ihr liegt allerdings die Prämisse zugrunde, dass die aus der Plankalkulation stammenden Plangrenzselbstkosten für alle in der Periode abzusetzenden Erzeugnisse gelten, also auch für die bereits in Vorperioden produzierten und auf Lager liegenden Erzeugnisse. Man bezeichnet diese Form der kurzfristigen Erfolgsrechnung in der GPKR auch als „**nicht geschlossene Kostenträgererfolgsrechnung**" oder als „(Plan-)**Artikelergebnisrechnung**".

In der Artikelergebnisrechnung werden zuerst die einzelnen Erlösarten – ohne Trennung in Einzel- und Gemeinerlöse – den Erlösträgereinheiten, die zugleich Kostenträgereinheiten sind, planmäßig zugerechnet. Dabei wird für (nicht ausgewiesene) Gemeinerlöse (z. B. Erlösschmälerungen) das **Durchschnittsprinzip** angewandt.

Produkt-art j	Plan-netto-erlös $e_j^{(p)}$ [€/Stk]	Plan-Grenz-selbst-kosten $k_{Spi}^{(p)}$ [€/Stk]	Plande-ckungs-beitrag $db_j^{(p)}$ [€/Stk]	Plan-absatz-menge $x_{Ai}^{(p)}$ [Stk/Mo]	Plan-netto-erlös $E_j^{(p)}$ [€/Mo]	Plan-Grenz-selbst-kosten $K_{Spi}^{(p)}$ [€/Mo]	Plan-deckungsbeitrag $DB_j^{(p)}$ [€/Mo]	$\frac{DB_j^{(p)} \cdot 100}{K_{Spi}^{(p)}}$ [%]
_1_	_2_	_3_	_4_	_5_	_6_	_7_	_8_	_9_
1	30	20	10	2.000	60.000	40.000	20.000	50%
2	28	16	12	4.000	112.000	64.000	48.000	75%
3	35	24	11	3.000	105.000	72.000	33.000	46%
Summe					277.000	176.000	101.000 Plan-Deckungsbeitrag $DB^{(p)}$	

Planfixkosten $K_f^{(p)}$ [€/Mo]   71.000

Planbetriebsergebnis $BE^{(p)}$ [€/Mo]   30.000

Abb. 9-3:   Plan-Artikelergebnisrechnung

Die Plannettoerlöse pro Produkteinheit werden um die Plan-Grenzselbstkosten vermindert und ergeben dann den Plandeckungsbeitrag (das Planartikelergebnis) pro Produkteinheit. Multipliziert mit der Planabsatzmenge der einzelnen Produktarten ergibt sich der Plandeckungsbeitrag der (Planungs-)Periode. Dieser wird um die Planfixkosten der (Planungs-)Periode der Hilfs- und Hauptkostenstellen vermindert und ergibt das Planbetriebsergebnis.

Soll auch eine Planung von Bestandsveränderungen der fertigen und unfertigen Erzeugnisse vorgenommen werden, so wendet man in der GPKR eine zweite Organisationsform der kurzfristigen Erfolgsrechnung an, die als „**geschlossene Kostenträgererfolgsrechnung**" bezeichnet wird. Bei dieser wird das Umsatzkostenverfahren durch eine rechnerische Bestandsführung ergänzt. Auf eine weitere detaillierte Darstellung und Beurteilung der geschlossenen Kostenträgererfolgsrechnung muss hier verzichtet werden.[i]

9.1.3.2 Mehrstufige Deckungsbeitragsrechnung

In der „normalen" GPKR werden die Planfixkosten der Periode über alle (Hilfs- und Haupt-)Kostenstellen summiert und als Planfixkostenblock in der Betriebsergebnisplanung dem Plandeckungsbeitrag der Periode gegenübergestellt. Zur Erhöhung des Informationsgehalts der kurzfristigen Erfolgsrechnung lässt sich diese um eine differenzierte Fixkostendeckungsrechnung ergänzen, bei der eine möglichst weitgehende Aufspaltung des Fixkostenblocks in verschiedene Fixkostenschichten vorgenommen wird. Diese unterscheiden sich durch ihre unterschiedliche „Produktnähe". Eine solche Ergänzung der (einstufigen) Plan-Deckungsbeitragsrechnung auf Grenzkostenbasis wird als „stufenweise Fixkostendeckungsrechnung" oder „mehrstufige (Plan-)Deckungsbeitragsrechnung auf Grenzkostenbasis" bezeichnet.[ii]

---

[i]   Zur geschlossenen Kostenträgererfolgsrechnung vgl. Kilger / Pampel / Vikas 2007, S. 559 ff.

[ii] Vgl. Kilger / Pampel / Vikas 2007, S. 571 ff.

Der Fixkostenblock eines Ergebnisbereiches (z. B. Profit-Center, Gesamtunternehmung) lässt sich z. B. in folgende Fixkostenschichten zerlegen:

Produktartenfixkosten   → Bezugsobjekt: Produktart

Produktgruppenfixkosten   → Bezugsobjekt: Produktgruppe

Bereichsfixkosten   → Bezugsobjekt: Bereich

Unternehmungsfixkosten   → Bezugsobjekt: Unternehmung

Die Fixkostenschichten dürfen den Bezugsobjekten als Plan-Periodenfixkosten nur insoweit zugerechnet werden, als diese vollständig vom Bezugsobjekt in Anspruch genommen werden. Eine Schlüsselung von Fixkosten ist **nicht** zulässig. Ein kleines **Beispiel** soll den Ablauf der stufenweisen Fixkostendeckungsrechnung verdeutlichen (Abb. 9-4). Die dazugehörigen Bezugsobjekthierarchien für die Zurechnung der Fixkostenschichten zeigt die Abb. 9-5.

Mit der stufenweisen Fixkostendeckungsrechnung kann gezeigt werden, bis zu welcher „Produktionstiefe" die jeweiligen Deckungsbeiträge zur Fixkostendeckung ausreichen. Können z. B. Produktarten- oder Produktgruppenfixkosten nicht mehr durch ihre speziellen Produktarten- oder Produktgruppen-Deckungsbeiträge (**Restdeckungsbeiträge**) gedeckt werden, so sollte im Rahmen der **strategischen** Programmplanung[i] überprüft werden, ob diese Produktarten oder Produktgruppen aus dem Produktprogramm herausgenommen und unter Umständen die zugehörigen Unternehmungsbereiche stillgelegt werden sollen. Zur Informationsversorgung solcher strategischer Planungen müssen allerdings die Wirtschaftlichkeitskriterien der dynamischen Investitionsrechnung herangezogen werden. Die stufenweise Fixkostendeckungsrechnung sendet hier jedoch „schwache Signale" aus, die solche strategischen Überlegungen „anstoßen".[ii]

Die stufenweise Fixkostendeckungsrechnung kann aber auch ein wertvolles Instrument der Informationsversorgung im operativen

---

[i]   Vgl. Hoitsch 1993, S. 45 ff.

[ii]   Vgl. Kilger / Pampel / Vikas 2007, S. 85f..

Unternehmungsbereich (z. B. Werk) Nr.	Produktgruppen-Nr.	Produktarten-Nr.	Produktartendeckungsbeitrag [€/Mo]	Produktartenfixkosten [€/Mo]	Restdeckungsbeitrag I [€/Mo]	Produktgruppenfixkosten [€/Mo]	Restdeckungsbeitrag II [€/Mo]	Bereichsfixkosten [€/Mo]	Restdeckungsbeitrag III [€/Mo]	Unternehmungsfixkosten [€/Mo]	Betriebsergebnis [€/Mo]
1	11	111	120.000	20.000	100.000						
		112	170.000		170.000						
		113	100.000	10.000	90.000						
		Summe	390.000	30.000	360.000	80.000	280.000				
	12	121	250.000	25.000	225.000						
		122	130.000		130.000						
		Summe	380.000	25.000	355.000	115.000	240.000				
Werk 1		Summe	770.000	55.000	715.000	195.000	520.000	170.000	350.000		
2	21	211	70.000		70.000						
		212	190.000		190.000						
		213	210.000	50.000	160.000						
		Summe	470.000	50.000	420.000	190.000	230.000				
	22	221	60.000		60.000						
		222	100.000		100.000						
		Summe	160.000	0	160.000	120.000	40.000				
Werk 2		Summe	630.000	50.000	580.000	310.000	270.000	150.000	120.000		
Unternehmung		Summe	1.400.000	105.000	1.295.000	505.000	790.000	320.000	470.000	250.000	220.000

Abb. 9-4:   Stufenweise Fixkostendeckungsrechnung

Controlling von Profit-Center-(Geschäftsbereich-, Sparten-) Organisationen zum Zwecke der Vorgabe von Plandeckungsbeiträgen für die einzelnen Bezugsobjekt-Hierarchieebenen sein. Für betroffene Produktions- und insbesondere Vertriebsbereiche können in diesem Zusammenhang dann auch stufenweise Deckungsbeitrags-Soll-Ist-Vergleiche durchgeführt werden.

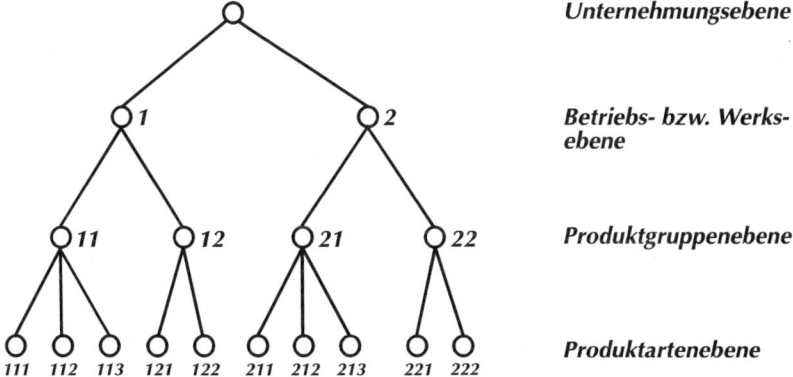

Abb. 9-5:   Bezugsobjekthierarchie für Fixkosten

Die stufenweise Fixkostendeckungsrechnung wurde bereits zum so genannten „Fixkostenmanagement" bzw. zur so genannten „fixkostenmanagementorientierten Plankostenrechnung", auch in Verbindung mit der Prozesskostenrechnung[i] erweitert. Dabei werden die Fixkostenschichten zusätzlich noch nach ihrer Abbaufähigkeit (z. B. abbaufähig in 3, 6, 12 Monaten) unterteilt. Hier spielen Überlegungen eine Rolle, die auch zur Entwicklung der Dynamischen GPKR geführt haben.[ii] Wegen des hohen Planungs- und auch Abrechnungsaufwandes haben sich weder die Dynamische GPKR noch die fixkostenmanagementorientierte Plankostenrechnung in der Praxis durchsetzen können. Deren Darstellung würde den Rahmen dieser Einführung in die KER sprengen.

---

[i]   Vgl. Reichmann / Fröhling 1993, S. 63 ff.

[ii]   S. Modul 12.

9.2 Ergebniskontrolle

9.2.1 Ergebniskontrolle in der Artikelergebnisrechnung

9.2.1.1 Grundlagen

Im Rahmen der nicht geschlossenen Kostenträgererfolgsrechnung (**Artikelergebnis(kontroll)rechnung**) erfolgt **keine** rechnerische Bestandsführung.[i] Grundgedanke ist es, die Ursachen für Abweichungen des Betriebsergebnisses zu analysieren, indem Erlös- und Kostenabweichungen pro Erlös- bzw. Kostenträgereinheit ermittelt werden.

In der Artikelergebnisrechnung werden sämtliche Kosten auf die **abgesetzte** Menge bezogen. Das gilt damit auch für die Differenz zwischen Ist- und Plankosten, die **Kostenabweichungen**. Die in der Artikelergebnisrechnung fehlende Bestandsrechnung hat Konsequenzen für die periodengerechte Zurechnung der Kostenabweichungen. Hierbei muss zwischen den Abweichungen der Verwaltungs- und Vertriebskosten einerseits und denen der Material- und Fertigungskosten andererseits unterschieden werden.

Da Verwaltungs- und Vertriebskosten **nicht** zur Bewertung von Beständen verwendet werden, ist die in der Artikelergebnisrechnung fehlende Bestandsrechnung für die periodengerechte Zurechnung dieser Kostenabweichungen **ohne** Bedeutung. Bei der Zurechnung von Kostenabweichungen der Verwaltungs- und Vertriebskostenstellen sowie der Sondereinzelkosten des Vertriebs treten daher keine **zeitlichen** Abgrenzungsprobleme auf. Es bleibt allerdings das Problem, wie die Periodenabweichung der Verwaltungs- und Vertriebskosten auf die einzelnen Kostenträgereinheiten zugerechnet werden soll. In Anlehnung an die Vorgehensweise beim Kostenstellen Soll-Ist-Vergleich bietet es sich an, die Abweichungen der Istkosten von den Sollkosten 0 proportional zu den Grenz-Sollkosten 0 in Form einer „aktualisierten Istkalkulation" zu berücksichtigen.[ii]

---

[i]   S. Abschnitt 9.1.

[ii] Diese Vorgehensweise verstößt allerdings gegen das Verursachungsprinzip, wie weiter unten noch erläutert wird. Bei den Verwaltungs- und Ver-

Anders ist die Situation bei den Abweichungen der **Herstellkosten**. Diese entstehen in der Periode der **Produktion** der Erzeugnisse,
die häufig weit vor der Absatzperiode liegt. Hier stellt sich die Frage,
in welcher Periode diese Abweichungen erfolgswirksam werden sollen: In der Produktions- oder der Absatzperiode. Entscheidet man
sich für ersteres, so ist der in der **Absatz**periode ermittelte „Ist"-De-
ckungsbeitrag für die dort abgesetzten Erzeugnisse systematisch zu
hoch, da den abgesetzten Produkten dann ja nur ihre **Plan-**
Grenzherstellkosten zugerechnet werden. Entscheidet man sich für
die zweite Variante, so werden die in der **Produktions**periode aufge-
tretenen Abweichungen „gelagert" und das Ergebnis der Produkti-
onsperiode wird systematisch zu hoch ausgewiesen. Man kann dies
auch so ausdrücken, dass die Bezugsobjekte „abgesetzte Leistungseinheiten" und „Rechnungsperiode" nicht deckungsgleich sind, so
dass die Frage nach der Höhe des Erfolges der durch den Absatz von
Leistungseinheiten in **einer bestimmten** Periode erzielt wurde, formal nicht zu beantworten ist, da die Leistungseinheiten erfolgswirksame Komponenten aus **mehreren** Perioden enthalten.

Soll auch in der Kostenkontrolle das Verursachungsprinzip zur Anwendung kommen, so dürfen nur solche Abweichungen den Kostenträgereinheiten zugerechnet werden, für die ein (indirekt) funktiona-
les Verhältnis zwischen Abweichungshöhe und Kostenträgermenge
besteht. Damit ist die Zurechnung von **echten Verbrauchsabweichungen** auf Kostenträgereinheiten nicht mit dem Verursachungsprinzip vereinbar, da echte Verbrauchsabweichungen ja gerade nicht
beschäftigungsabhängig anfallen. Anders sieht dies bei den **Spezialabweichungen** aus. Diese führen zu einer Änderung des Beschäftigungskoeffizienten, sodass die aufgrund dieses geänderten „Propor-
tionalitätsfaktors" anfallenden Mehrverbräuche verursachungsgerecht auf die Kostenträgereinheiten zugerechnet werden können. Zur
Ermittlung der Spezialabweichungen ist allerdings die Kenntnis der
Ist-Produktionsmenge und damit eine Bestandsrechnung erforderlich,

---

triebskosten scheint dies jedoch tolerierbar zu sein, da zum einen die
Abweichungen periodengerecht zugerechnet werden und zum anderen
schon bei der Kalkulation das Durchschnittsprinzip angewendet wurde
(vgl. Abschnitt 8.2).

die es aber in der Artikelergebnisrechnung gerade nicht gibt.[i] Die **Programmabweichung** pro Kostenträgereinheit ist gleich null, da die proportionalen Plankosten pro Kostenträgereinheit und die proportionalen Sollkosten 0 pro Kostenträgereinheit identisch sind. Die Perioden-Programmabweichung resultiert einzig und allein aus der Differenz zwischen Ist- und Planleistungsmenge, die jeweils mit dem Plan-Beschäftigungskoeffizienten und dem proportionalen Plankostensatz der Kostenstelle multipliziert werden. Da allerdings die Perioden-Beschäftigungsabweichung aufgrund der fehlenden Bestandsrechnung nicht in Programm- und Spezialabweichung aufgeteilt werden kann, müsste wiederum zu irgendwelchen Näherungsverfahren gegriffen werden, um den Teil der Beschäftigungsabweichung zu ermitteln, der auf die Kostenträgereinheiten zugerechnet werden soll. Aus all diesen Gründen muss die Aussagekraft eines dermaßen ermittelten „Ist-Artikelergebnisses" als eher gering eingestuft werden.[ii]

Die zum Teil angeführte Problematik, dass für die Berücksichtigung der Kostenabweichungen von **Hilfskostenstellen** eine erneute innerbetriebliche Leistungsverrechnung für die Abweichungen erforderlich ist, dürfte dagegen in EDV-gestützten KER-Systemen nur einen relativ unbedeutenden Mehraufwand darstellen.

---

[i]   In der Literatur werden zahlreiche Näherungsverfahren zur hilfsweisen Lösung dieses Problems diskutiert. Vgl. Haberstock 2004, S. 400 f.; Kilger / Pampel / Vikas 2007, S. 533 f.

[ii] Der Sinn einer Zurechnung von Kostenabweichungen auf Kostenträgereinheiten wird in der Literatur kontrovers diskutiert (vgl. Kilger / Pampel / Vikas 2007, S. 534; Haberstock 2004, S. 400 ff.). In der Praxis ist eine derartige Zurechnung allerdings weit verbreitet.

Die **Erlösabweichungen** können wie bei der Erlöskalkulation nach dem Durchschnittsprinzip auf die Kostenträgereinheiten zugerechnet werden.[i] Eine zeitliche Abgrenzungsproblematik besteht hier nicht, da Erlöse grundsätzlich immer für die abgesetzte Menge anfallen.

9.2.1.2 Durchführung

Unter Berücksichtigung der zuvor erörterten Probleme bei der Ermittlung des „tatsächlichen" Periodenerfolges soll im Folgenden eine Vorgehensweise dargestellt werden, die soweit möglich auf nicht verursachungsgerechte Schlüsselungen verzichtet. In Ergänzung zur Plan-Artikelergebnisrechnung der Abbildung 9-3 zeigt die Abbildung 9-6 die Erlös- und Ergebnisplanung (Zeilen 2-14) sowie die **Erlös-** (Zeilen 16-24) und **Ergebniskontrolle** (Zeilen 25-44) als Artikelergebnisrechnung einer Grenzplankosten- und (einstufigen) Deckungsbeitragsrechnung.

Multipliziert man den Plandeckungsbeitrag pro Stück (Zeile 11) mit der Absatzmengendifferenz (Zeile 17), so erhält man die Abweichung des Deckungsbeitrages aufgrund der Differenz zwischen Ist- und Planabsatzmengen (**programmbedingte Deckungsbeitragsabweichung**, Zeile 25). Zusammen mit der Verkaufspreisabweichung (Zeile 23) ergibt diese die **absatzbedingte Deckungsbeitragsabweichung** (Zeile 26).

Auf der **Kostenseite**[ii] werden zunächst die Istabsatzmengen einer Abrechnungsperiode (Zeile 16) mit den Plan-Grenzselbstkosten pro Stück (Zeile 9) multipliziert, sodass sich die nach Produktarten gegliederten **Soll-Grenzselbstkosten 0 des Umsatzes** (Absatzes) ergeben (Zeile 27).

---

[i] Vgl. Abschnitt 9.1. Wie grundsätzlich bei der Anwendung des Durchschnittsprinzips, so ist auch hier die betriebswirtschaftliche Aussagekraft der „durchschnittlichen Abweichungen pro Stück" gering.

[ii] Es sei nochmals daran erinnert, dass es hier um die Kontrolle der Kosten der abgesetzten Menge geht.

Die Differenz von Isterlösen (Zeile 20 oder 21) und Plan-Grenzselbstkosten (Zeile 9 oder 10) stellt den **Soll-Deckungsbeitrag 0** (Zeile 28 oder 29) dar. Dieser wäre erwirtschaftet worden, wenn für die mit Isterlösen abgesetzte Istabsatzmenge die geplanten Selbstkosten pro Stück angefallen wären.

Die Differenz von retrograd aus der Istabsatzmenge errechneten **Soll-Grenz-Verwaltungs- und Vertriebskosten 0** (Zeile 30) und **Ist-Grenz-Verwaltungs- und Vertriebskosten** (Zeile 31) ergibt die **globale Verbrauchsabweichung der Verwaltungs- und Vertriebskosten** (Zeile 32), die proportional zu den Soll-Grenz-Verwaltungs- und Vertriebskosten 0 den einzelnen Produkten zugerechnet wird („aktualisierte Istkalkulation").

Da die Spezialabweichungen im Herstellkostenbereich aufgrund der fehlenden Bestandsrechnung nicht ermittelt werden können, bietet es sich an, analog zur Ermittlung kalkulatorischer Wagniskosten, eine **kalkulatorische Spezialabweichung der Herstellkosten** (Zeile 33) zu berechnen, indem die Summe der Spezialabweichungen der letzten Perioden durch die Summe der Plan-Grenzherstellkosten dieser Perioden dividiert und der so erhaltene „Spezialabweichungs-Zuschlagssatz" (in Zeile 33 wurde dieser mit 3% angesetzt) mit den Plan-Grenzherstellkosten der Planperiode multipliziert wird. Hierbei muss allerdings berücksichtigt werden, dass bei fehlender Bestands-rechnung die auf Basis des Inventur-Endbestands ermittelte Spezial-abweichung auch die Inventurabweichung (z. B. durch Schwund) enthält.

Subtrahiert man vom Soll-Deckungsbeitrag 0 (Zeile 28) die globale Verbrauchsabweichung der Verwaltungs- und Vertriebskosten (Zeile 32) und die kalkulatorische Spezialabweichung der Herstellkosten (Zeile 33), so erhält man den **kalkulatorischen Rohdeckungsbei-trag** (Zeile 34), der zur Deckung der Restabweichung und der Fix-kosten zur Verfügung steht. Die Differenz zwischen Rohdeckungs-beitrag und Soll-Deckungsbeitrag 0 entspricht der **internen,** (auf Kostenträgereinheiten) **zugerechneten Deckungsbeitragsabwei-chung** (Zeile 36). Addiert man zu dieser die absatzbedingte De-ckungsbeitragsabweichung (Zeile 26), erhält man die **gesamte** (auf Kostenträgereinheiten) **zugerechnete Deckungsbeitragsabwei-**

chung (Zeile 37). Da die aus dem Kostenstellen-Soll-Ist-Vergleich bekannte **Restabweichung der Herstellkosten** (Zeile 38) nicht verursachungsgerecht auf die Kostenträgereinheiten zugerechnet werden kann, wird diese (in voller Höhe) als Summe berücksichtigt. Deren Subtraktion von der gesamten zugerechneten Deckungsbeitragsabweichung (Zeile 37) ergibt die **gesamte Deckungsbeitragsabweichung** der Periode (Zeile 39). Addiert man diese zum Plandeckungsbeitrag (Zeile 12) erhält man den **kalkulatorischen Istdeckungsbeitrag** (Zeile 40). Der Istdeckungsbeitrag wird also **errechnet**, indem man den Plandeckungsbeitrag um die Abweichungen korrigiert. **Fixkostenabweichungen** (Zeile 41), z. B. aufgrund nicht planmäßiger oder ungeplanter Kapazitäts- bzw. Betriebsbereitschaftsveränderungen, werden zu den Planfixkosten addiert und ergeben die **Istfixkosten**. Die gesamte Deckungsbeitragsabweichung (Zeile 39) und die Fixkostenabweichung (Zeile 41) ergeben die **Betriebsergebnisabweichung** (Zeile 43), mit deren Hilfe dann das kalkulatorische **Istbetriebsergebnis** (Zeile 44) **errechnet** wird. Zu beachten ist hierbei jeweils das Vorzeichen: Kostenabweichungen, die das Ergebnis negativ beeinflussen („Verlustabweichungen") haben ein positives Vorzeichen, Verlustabweichungen bei Erlösen, Deckungsbeiträgen und Betriebsergebnis haben dagegen ein negatives Vorzeichen.

Zusammenfassend kann die Ergebnisabweichungsanalyse wie folgt beurteilt werden: Für die **Erlöskontrolle** ergibt sich durch die Ermittlung der programmbedingten Deckungsbeitragsabweichung eine Verbesserung gegenüber der „reinen" Erlöskontrolle (vgl. Abschnitt 7.3). Der Verkaufsbereich der Unternehmung ist danach für die programmbedingte Deckungsbeitragsabweichung und die Verkaufspreisabweichung, also die gesamte absatzbedingte Deckungsbeitragsabweichung verantwortlich. Für eine aussagefähige **Kostenkontrolle** sollte die Ergebnisabweichungsanalyse dagegen nicht herangezogen werden. Hierfür ist vielmehr der Kostenstellen-Soll-Ist-Vergleich zu verwenden (vgl. Modul 6). Die Aussagekraft des kalkulatorischen **Istbetriebsergebnisses** ist gering. Hier wäre zu prüfen, ob nicht gemäß der Aussage: „Profit is opinion, cash is fact" eine cash-flow-Rechnung geeigneter wäre. Diese Überlegungen gehen aber über eine Einführung in die Kosten- und Erlösrechnung hinaus.

Nr	Bezeichnung	Dimension	Berechnung	Summe	Produktions- und Absatzprogramm		
					1	2	3
2	Artikelnummer				1	2	3
3			Ergebnisplanung				
4	Planabsatzmenge	Stk/Mo			2.000	4.000	3.000
5	Plannettoerlös	€/Stk			30,00	28,00	35,00
6		€/Mo	5*4	277.000,00	60.000,00	112.000,00	105.000,00
7	Plan-Grenzherstellkosten	€/Stk			16,00	12,80	19,20
8		€/Mo	7*4	140.800,00	32.000,00	51.200,00	57.600,00
9	Plan-Grenzselbstkosten	€/Stk			20,00	16,00	24,00
10		€/Mo	9*4	176.000,00	40.000,00	64.000,00	72.000,00
11	Plandeckungsbeitrag	€/Stk	5-9		10,00	12,00	11,00
12		€/Mo	11*4	101.000,00	20.000,00	48.000,00	33.000,00
13	Planfixkosten	€/Mo		71.000,00			
14	Planbetriebsergebnis	€/Mo	12-13	30.000,00			
15			Ergebniskontrolle				
16	Istabsatzmenge	Stk/Mo			2.200	3.800	3.000
17	Absatzmengendifferenz	Stk/Mo	16-4		200	-200	0
18	erlösseitige Programmabweichung	€/Mo	5*17	400,00	6.000,00	- 5.600,00	0,00
19	Sollerlös	€/Mo	5*16	277.400,00	66.000,00	106.400,00	105.000,00
20	Isterlös	€/Stk			28,00	29,00	34,00
21		€/Mo	16*20	273.800,00	61.600,00	110.200,00	102.000,00
22	Verkaufspreisdifferenz	€/Stk	20-5		- 2,00	1,00	- 1,00
23	Verkaufspreisabweichung	€/Mo	16*22	- 3.600,00	- 4.400,00	3.800,00	- 3.000,00
24	Erlösabweichung gesamt	€/Mo	18+23	- 3.200,00	1.600,00	- 1.800,00	- 3.000,00
25	programmbedingte Deckungsbeitragsabw.	€/Mo	11*17	- 400,00	2.000,00	- 2.400,00	0,00
26	absatzbedingte Deckungsbeitragsabw.	€/Mo	23+25	- 4.000,00	- 2.400,00	1.400,00	- 3.000,00
27	Soll-Grenzselbstkosten 0	€/Mo	9*16	176.800,00	44.000,00	60.800,00	72.000,00
28	Soll-Deckungsbeitrag 0	€/Stk	20-9		8,00	13,00	10,00
29		€/Mo	20-27	97.000,00	17.600,00	49.400,00	30.000,00
30	Soll-Grenz-VV-Kosten 0	€/Mo	(9-7)*16	35.360,00	8.800,00	12.160,00	14.400,00
31	Ist-Grenz-VV-Kosten	€/Mo		40.000,00			
32	Globale Verbrauchsabw. VV-Kosten	€/Stk	(($\sum$31-$\sum$30) :$\sum$30)*30:16		0,52	0,42	0,63
33	Kalk. Spezialabw. HK	€/Stk	3%*7		0,48	0,38	0,58
34	Kalk.	€/Stk	28-32-33		7,00	12,20	8,79
35	Rohdeckungsbeitrag	€/Mo	34*16	88.116,80	15.389,25	46.345,14	26.382,41
36	interne, zugerechnete Deckungsbeitragsabw.	€/Mo	(34-28)*16	- 8.883,20	-2.210,75	-3.054,86	-3.617,59
37	gesamte zuger. DB-Abw.	€/Mo	26+36	- 12.883,20	-4.610,75	-1.654,86	-6.617,59
38	Restabweichung HK	€/Mo		2.356,80			
39	gesamte Deckungsbei-tragsabweichung	€/Mo	37-38	- 15.240,00			
40	Kalk. Istdeckungsbeitrag	€/Mo	12+39	85.760,00			
41	Fixkostenabweichung	€/Mo		2.000,00			
42	Istfixkosten	€/Mo	13+41	73.000,00			
43	Betriebsergebnisabw.	€/Mo	39-41	- 17.240,00			
44	Kalk. Istbetriebsergebnis	€/Mo	14+43	12.760,00			

Abb. 9-6:   Artikelergebnisplanungs- und -kontrollrechnung

9.3 Abstimmung der Kosten- und Erlösrechnung mit der Finanzbuchhaltung

9.3.1 Abgrenzung von Rechnungsgrößen

Sowohl die Kosten- und Erlösrechnung als auch die aus der Finanzbuchhaltung abgeleitete Gewinn- und Verlustrechnung dienen u. a. der Ermittlung eines Periodenerfolgs.[i] In beiden Rechnungen wird bewertete Gütererstellung und –verwertung (Ertrag bzw. Erlös) dem bewerteten Gütereinsatz (Aufwand bzw. Kosten) gegenübergestellt. **Abweichungen** zwischen beiden Rechnungen können zwei Ursachen haben, die hier nur für Kosten und Aufwendungen dargestellt werden, analog aber auch für Erlöse und Erträge gelten:[ii]

- Der erfasste Gütereinsatz weicht **dem Grunde nach** voneinander ab, d. h. der Gütereinsatz wird nur in einer der beiden Rechnungen erfasst. Wird ein Gütereinsatz nur in der **GuV** erfasst, so ist er regelmäßig **nicht leistungsbezogen**, steht also nicht mit der Erreichung des Betriebszweckes in Zusammenhang (**betriebsfremder Aufwand**). Wird ein Gütereinsatz nur in der **KER** erfasst, so ist er regelmäßig nicht auf entsprechende **Ausgaben** zurückzuführen (**Zusatzkosten**).

- Der Gütereinsatz wird zwar dem Grunde nach in beiden Rechnungen erfasst, jedoch in **unterschiedlicher Höhe**. Derartige Aufwendungen können als **Andersaufwand** bezeichnet werden, denen auf der Kostenseite **Anderskosten** gegenüber stehen.

Zusammenfassend werden Zusatz- und Anderskosten auch als **kalkulatorische Kosten**, betriebsfremder Aufwand und Andersaufwand auch als **neutraler Aufwand** bezeichnet.

Ein typisches Beispiel für Anderskosten bzw. -aufwendungen sind **Abschreibungen.** Sie basieren in KER und GuV auf unterschiedlichen Nutzungsdauern (real versus handels- bzw. steuerrechtlich vorgeschrieben).

---

[i] S. Modul 1.

[ii] Auch hier gibt es in Literatur und Praxis unterschiedliche Abgrenzungen.

Bei **Zusatzkosten** handelt es sich um bewertete Produktionsfaktoreinsätze, die nicht mit **Ausgaben** verbunden sind. Dazu zählen folgende Positionen:

- „Preis" für die Nutzung des in betriebsnotwendigen Vermögensgegenständen gebundenen Eigenkapitals („**Eigenkapitalzinskosten**")

- „Preis" der Tätigkeit eines geschäftsführenden Gesellschafters in einer Personengesellschaft („**Unternehmerlohnkosten**")

- „Preis" der für betriebliche Zwecke genutzten Privaträume von Eigentümern einer Personengesellschaft („**Eigenmietkosten**")

Werden Aufwendungen und Kosten in beiden Rechnungssystemen identisch erfasst, so spricht man von **Zweckaufwand** bzw. **Grundkosten**.

Zusammenfassend besteht Aufwand aus folgenden Bestandteilen:

1. **Zweckaufwand**

   Größter Teil des Aufwandes; stellt gleichzeitig Kosten (= Grundkosten) dar.

2. **Neutraler Aufwand**

   Aufwandspositionen, die von Kostenpositionen abweichen. Der neutrale Aufwand kann wie folgt gegliedert werden:

2.1 Betriebsfremder Aufwand

Hat nichts mit dem Zweck der Unternehmung zu tun und wird deshalb **überhaupt nicht** als Kosten erfasst (z. B. Spenden für wohltätige Zwecke).

2.2 Andersaufwand

Der Aufwandsposition entspricht dem Grunde nach eine Kostenposition, jedoch in unterschiedlicher Höhe.

2.2.1 Periodenfremder Aufwand

Wurde bereits in früheren Perioden verursacht und nicht periodengerecht verrechnet und wird deshalb **in dieser Periode nicht** als Kosten erfasst (z. B. Steuernachbelastung).

2.2.2 Außerordentlicher Aufwand

Steht im Zusammenhang mit dem Zweck der Unternehmung, könnte aber wegen seines schwankenden Anfalls (z. B. Diebstahl), wegen seines unvorhersehbaren Eintritts (z. B. Feuerschaden) oder wegen seiner außerordentlichen Höhe (z. B. Reparatur) die Aussagefähigkeit der KER beeinträchtigen und wird deshalb in dieser Periode **nicht in voller Höhe**, sondern nur in Höhe des Erwartungswerts als „Wagniskosten" erfasst.

2.2.3 Bewertungsbedingt neutraler Aufwand

Ergibt sich durch unterschiedliche Bewertung in Bilanz/GuV und Kostenrechnung aufgrund unterschiedlicher Zwecke (z. B. unterschiedliche Zinssätze für Fremdkapital) und wird deshalb in dieser Periode **nicht in voller Höhe** als Kosten erfasst.

Zusammenfassend bestehen Kosten aus folgenden Bestandteilen:

1. Grundkosten

Entsprechen dem Zweckaufwand.

2. Kalkulatorische Kosten

Kostenpositionen, die von Aufwandspositionen abweichen. Kalkulatorische Kosten können wie folgt gegliedert werden:

2.1 Anderskosten

Der Kostenposition entspricht dem Grunde nach eine Aufwandsposition, jedoch in unterschiedlicher Höhe (z. B. Abschreibungsaufwand 20.000 €, Abschreibungskosten 25.000 €: Neutraler Aufwand 20.000 €, Kalkulatorische Kosten (Anderskosten) 25.000 €).

2.2 Zusatzkosten

Dem Kostenbetrag steht **dem Grunde nach** kein Aufwandsbetrag gegenüber (z. B. Eigenkapitalzinskosten).

Die formal gleichen Abgrenzungen bestehen zwischen Erträgen und Erlösen.

Beispiele für Erträge sind:

1. Zweckerträge = Grunderlöse

2. Neutrale Erträge

2.1 Betriebsfremde Erträge

Z. B. Spekulationsgewinne bei Wertpapieren

2.2 Anderserträge

2.2.1 Periodenfremde Erträge

Z. B. nachträgliche Steuerrückvergütung

2.2.2 Außerordentliche Erträge

Z. B. bei Verkauf einer alten Maschine über Restbuchwert

2.2.3 Bewertungsbedingt neutrale Erträge

Z. B. Bewertung von aktivierten Eigenleistungen zu „Herstellungskosten" (= Herstellungs**aufwand**)[i]

Beispiele für Erlöse sind:

1. Grunderlöse = Zweckerträge

2. Kalkulatorische Erlöse

---

[i] Die bisherigen Abgrenzungen sollten deutlich gemacht haben, dass es sich bei den Herstellungskosten inhaltlich um Aufwendungen handelt. Die irreführende Bezeichnung als „Kosten" ist allerdings in der Definition des § 255 HGB festgeschrieben, sodass hier auf die Verwendung der eigentlich korrekten Bezeichnung „Herstellungsaufwand" verzichtet wird.

2.1 Anderserlöse

Z. B. durch von den Herstellungskosten abweichende Bewertungsansätze bei Bestandserhöhungen an fertigen und unfertigen Erzeugnissen

2.2 Zusatzerlöse

Z. B. selbsterstelltes immaterielles Gut, für das wegen gesetzlicher Bestimmungen („Aktivierungsverbot") kein Ertrag angesetzt werden darf.

Die Abbildung 9-7 zeigt noch einmal die Zusammenhänge zwischen Ertrag und Erlös bzw. Aufwand und Kosten. Die gestrichelten Pfeile sollen dabei symbolisieren, dass Andersaufwand und Anderskosten bzw. Anderserträge und Anderserlöse sich **dem Grunde nach** entsprechen.

Die Aufwands- und Ertragskonten der Finanzbuchhaltung sind die wichtigsten Informationsquellen zur Ermittlung von Kosten- und Erlösdaten der **abgelaufenen** Periode (**Ist**kosten und **Ist**erlöse). Zur Ableitung von Istkosten und Isterlösen aus Aufwands- und Ertragsdaten sind Letztere zuerst von neutralen Aufwendungen und Erträgen zu bereinigen. Die übrigen Aufwendungen und Erträge gehen unverändert als Ist-Grundkosten und Ist-Grunderlöse in die KER ein. Dort müssen die Ist-Grundkosten und Ist-Grunderlöse um kalkulatorische Kosten und Erlöse (rechnerisch) ergänzt werden, um die vollständigen Istkosten und Isterlöse der Periode zu erhalten. Für diese Abstimmung gibt es unterschiedliche organisatorische Ansätze, die im Folgenden dargestellt werden.

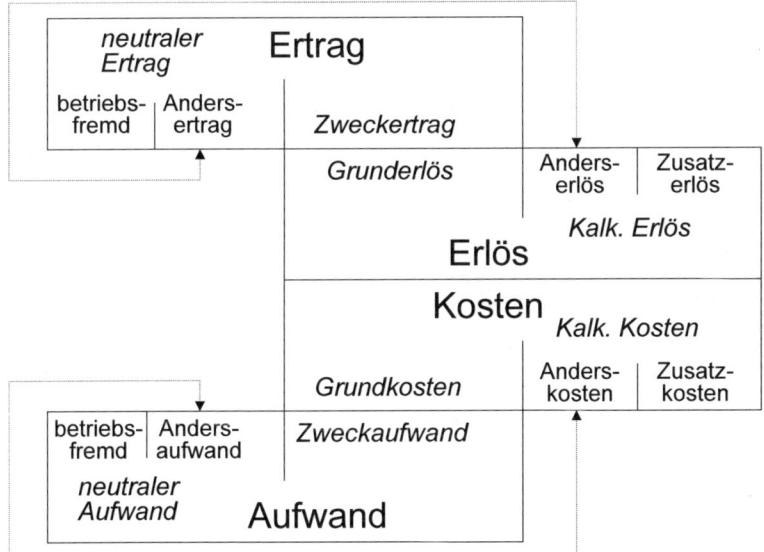

Abb. 9-7:   Zusammenhänge zwischen Ertrag und Erlös bzw. Aufwand und Kosten

9.3.2 Organisatorische Lösungen

Die Kosten-, Erlös- und Ergebnisrechnung sowie die Bilanz-, Gewinn- und Verlustrechnung sind die dominierenden Teilbereiche des betrieblichen Rechnungswesens. Obwohl sie unterschiedliche Funktionen haben, hängen sie doch stark voneinander ab. Da den Istkosten der KER und den Aufwendungen der Finanzbuchhaltung überwiegend die gleichen Geschäftsvorfälle zugrunde liegen, sind folgende organisatorische Anforderungen an das betriebliche Rechnungswesen zu stellen:

- Finanzbuchhaltung und KER müssen so gestaltet werden, dass bei der nur einmaligen belegmäßigen Erfassung, aber unterschiedlichen Auswertung der Geschäftsvorfälle, Doppelarbeit vermieden wird.

- Soweit sich die Ergebnisse der KER und der Finanzbuchhaltung auf gleiche Tatbestände beziehen, sind sie miteinander abzustim-

men, wobei Unterschiede zu erklären sind (z. B. bei der Perioden-
erfolgsermittlung in der KER und in der Gewinn- und Verlustrechnung).

Zur Erfüllung dieser Anforderungen sind folgende organisatorische
Lösungen entwickelt worden:

- Im **Einkreissystem** wird die KER vollständig in das Kontensys-
  tem der Finanzbuchhaltung integriert, wobei die Kostenrechnung
  meist in Kontenform (reines Einkreissystem), gelegentlich aber
  auch in tabellarischer Form durchgeführt wird.

- Im **Zweikreissystem** werden sowohl die KER als auch die Finanzbuchhaltung organisatorisch selbstständig durchgeführt, wobei die KER entweder relativ selten in einem eigenen Kontensys-
  tem oder meist in tabellarischer Form realisiert wird. Beide Ver-
  rechnungskreise werden mithilfe von Übergangs- oder Spiegel-
  konten miteinander verbunden.

Dem **Einkreissystem** liegt der Gemeinschaftskontenrahmen der Industrie (GKR) zugrunde, der 1949 veröffentlicht wurde und bis heute
in Industrieunternehmungen eingesetzt wird. Das **reine** Einkreissystem hat sich in der Praxis nicht durchgesetzt, da die Kosten-
stellen- und Kostenträgerrechnung in Kontenform zu unübersichtlich
ist. Bei tabellarischer Ausgliederung der Kostenrechnung mit BAB
und Kalkulationsformularen (Tabellen) eignet sich das Einkreissystem jedoch grundsätzlich auch für die Einbindung einer Plankostenrechnung in das Gesamtsystem.

Das **Einkreissystem mit tabellarischer Ausgliederung** der Kostenstellenrechnung und Kalkulation weist zwar gegenüber dem reinen
Einkreissystem erhebliche Vorteile auf, hat sich aber in der Praxis
ebenfalls **nicht** bewährt. Dies ist darauf zurückzuführen, dass der Er-
folgsausweis der Finanzbuchhaltung der KER untergeordnet wird.
Die Gewinn- und Verlustrechnung der Finanzbuchhaltung ist eine
reine Aufwands- und Ertragsrechnung, die den handelsrechtlichen
Gliederungsvorschriften folgen sollte. Im Einkreissystem werden jedoch zunächst die Gesamtkosten der Abrechnungsperiode dem Ge-
winn- und Verlustkonto belastet, um eine Abstimmung zwischen
KER und Finanzbuchhaltung herbeizuführen. Da in den Gesamtkosten auch kalkulatorische Kosten enthalten sind, müssen Korrek-

turen über ein Abgrenzungssammelkonto und weitere Ergän-
zungsbuchungen über Spiegelbildkonten durchgeführt werden, um
die Gewinn- und Verlustrechnung in ihre ursprüngliche Form zurückzuführen.[i]

Die unbefriedigenden Erfahrungen mit dem Einkreissystem haben
dazu geführt, dass sich der 1971 vom Betriebswirtschaftlichen Ausschuss des Bundesverbandes der Deutschen Industrie (BDI) ver-
öffentlichte und nach dem **Zweikreissystem** aufgebaute **Industrie-
Kontenrahmen (IKR)** im Zusammenhang mit der Einführung leistungsfähiger KER-Systeme in der Bundesrepublik Deutschland heute
(fast) nur mehr mit tabellarischer KER durchgesetzt hat. Im Folgenden soll auf die Abstimmung der KER mit der Finanzbuchhaltung im
Rahmen des IKR mit tabellarischer KER eingegangen werden.

Der IKR enthält folgende **Kontenklassen**:

- **Bilanzkonten:**
  Klasse 0:   Sachanlagen und immaterielle Anlagewerte
  Klasse 1:   Finanzanlagen und Geldkonten
  Klasse 2:   Vorräte, Forderungen und aktive Rechnungsab-
                   grenzungsposten
  Klasse 3:   Eigenkapital, Wertberichtigungen und Rückstel-
                   lungen
  Klasse 4:   Verbindlichkeiten und passive Rechnungsabgren-
                   zungsposten

---

[i] Zu einem durchgerechneten Beispiel vgl. Kilger 1992, S. 457 ff.

- **Erfolgskonten:**
  Klasse 5 :   Erträge
  Klasse 6 :   Material- und Personalaufwendungen, Abschreibun-
                gen und Wertberichtigungen
  Klasse 7 :   Zinsen, Steuern und sonstige Aufwendungen

- **Eröffnung und Abschluss:**
  Klasse 8 :   Eröffnungsbilanz, Abschluss der Gewinn- und Ver-
                lustrechnung und Schlussbilanz

- Klasse 9 :   frei für Kosten- und Erlösrechnung[i]

Die **Kontenklassen 0 bis 8** werden dem **Regelkreis I** zugeordnet und sind ausschließlich der Finanzbuchhaltung vorbehalten. Er folgt dem Abschlussgliederungsprinzip sowie den handelsrechtlichen Mindestgliederungsvorschriften und führt durch seine Saldenzeilen direkt zum Jahresabschluss.

Die **Kontenklasse 9** bildet den **Regelkreis II**, der eine freie Gestaltung der KER ermöglicht. Die Kontenklasse 9 hat folgende **Doppelfunktion**:

- Abstimmung zwischen Finanzbuchhaltung und KER (Kontengruppen 90 und 91)

- Aufbau einer branchen- bzw. betriebsindividuellen KER (übrige Kontengruppen)

In der **Kontengruppe 90** erfolgen unternehmungsbezogene Abgrenzungen, d. h. Eliminierungen von neutralen Erträgen und Aufwendungen. Die **Kontengruppe 91** ist für kostenrechnerische Korrekturen, insbesondere für die Verrechnung der nicht als Aufwand erfassten kalkulatorischen Kosten und für die Berücksichtigung von Bewertungsunterschieden der Bestände an fertigen und unfertigen Erzeugnissen sowie selbsterstellten Anlagen vorgesehen. Somit handelt es sich bei den Kontengruppen 90 und 91 um Abgrenzungskonten zwischen Finanzbuchhaltung und KER.

---

[i]   Im IKR wird die Bezeichnung „Leistungsrechnung" verwendet.

In der betrieblichen Praxis wird heute die KER meist als **konten-
freie Rechnung** durchgeführt. Damit werden die Konten der Klasse
9, mit Ausnahme der Kontengruppen 90 und 91, praktisch nicht benutzt. In den meisten Unternehmungen wird auch die Abstimmung
zwischen Finanzbuchhaltung und KER wesentlich übersichtlicher in
tabellarischer Form erstellt. Diese tabellarischen Übersichten (s.
Abb. 9-8), die durch Kosten- bzw. Kostenartenangaben und Kon-
tierungshinweise ergänzt werden können, sind so flexibel, dass mit
ihrer Hilfe der Unterschied zwischen dem ausgewiesenen Erfolg der
Gewinn- und Verlustrechnung und jenem der kurzfristigen Erfolgsrechnung einwandfrei geklärt werden kann. Diese tabellarischen Ab-
stimmungsübersichten sind nach dem Gesamtkostenverfahren der
kurzfristigen Erfolgsrechnung aufgebaut und greifen auf die oben
dargestellten Zusammenhänge zwischen Aufwand und Kosten bzw.
Ertrag und Erlösen zurück.

In integrierten EDV-Software-Paketen des betrieblichen Rechnungswesens sind heute mitlaufende Abstimm- und Kontrollzahlen-Sys-
teme enthalten. Hier sind die relevanten Abstimminformationen ein-
schließlich wichtiger statistischer Informationen für die wichtigsten
monatlichen Abrechnungskomplexe – wie z. B. Kostenstellenrechnung, Auftragsabrechnung, Bestandsführung, Ergebnisrechnung – in
bestimmten Segmenten einer dafür eingerichteten Kontroll- und Ab-
stimmdatenbank gespeichert. Mithilfe eines eigenen Abstimmpro-
gramms werden diese kontinuierlich gespeicherten Abstimminformationen verarbeitet, kontrolliert und sowohl in Bezug auf die KER als
auch auf die Finanzbuchhaltung ausgewertet.

Nr	Bezeichnung	1	2		3 [1-2]	4		5 [3+4]
		Erträge / Aufwendungen	Neutrale Erträge / Neutrale Aufwendungen		Zweckerträge / Zweckaufwendungen bzw. Grunderlöse / Grundkosten	Kalk. Erlöse / Kosten		Erlöse / Kosten
			betriebsfr. Erträge / Aufwendungen	Anderserträge / -aufwendungen		Anderserlöse / -kosten	Zusatzerlöse / -kosten	
1	Bruttoerträge/-erlöse	400.000	35.000	15.000	350.000	-	-	350.000
2	Ertrags-/Erlösschmälerungen	10.000	-	1.000	9.000	600	-	9.600
3	**Nettoerträge/-erlöse [1-2]**	**390.000**	**35.000**	**14.000**	**341.000**	**-600**	**-**	**340.400**
4	Personalaufwendungen/-kosten	150.000	-	16.000	134.000	3.000	-	137.000
5	Werkstoffaufwendungen/-kosten	120.000	-	-	120.000	-	-	120.000
6	Betriebsmittelaufwendungen/-kosten	25.000	-	3.500	21.500	2.100	-	23.600
7	Kapitalaufwendungen/-kosten	1.500	-	1.500	-	7.500	1.000	8.500
8	Sonst. Aufwendungen/Kosten	15.000	3.000	2.000	10.000	1.800	1.000	12.800
9	**Summe Aufwand / Kosten [4 bis 8]**	**311.500**	**3.000**	**23.000**	**285.500**	**14.400**	**2.000**	**301.900**
10	Bestandsveränderungen HF u. FF	28.000	-	2.000	26.000	800	-	26.800
11	Aktivierte Eigenleistungen	4.000	-	600	3.400	400	-	3.800
12	**Summe [3+10+11]**	**422.000**	**35.000**	**16.600**	**370.400**	**600**	**-**	**371.000**
13	**Erfolg (Ergebnis) [12-9]**	**110.500**	**32.000**	**-6.400**	**84.900**	**-13.800**	**-2.000**	**69.100**

Abb. 9-8:   Tabellarische Abstimmung der Finanzbuchhaltung mit der Kosten- und Erlösrechnung

Die Abb. 9-9 zeigt in zusammenfassender Form die Zusammenhänge der Elemente eines konventionellen KER-Systems und die
Verbindung der KER zur Finanzbuchhaltung auf. Die Istkosten werden durch entsprechende Korrekturen aus den Aufwandskonten entnommen, wobei eine Differenzierung in Einzel- und Gemeinkosten
stattfindet. Die Erfassung der Istkosten und die Unterteilung in Ein-
zel- und Gemeinkosten werden unter dem Begriff Kostenartenrechnung zusammengefasst. Die Gemeinkosten werden auf diejenigen Kostenstellen gebucht (kontiert), in denen sie angefallen sind.
Anschließend werden die Kosten der Hilfskostenstellen unter Berücksichtigung gegenseitiger Leistungsverflechtungen auf die Hauptkostenstellen verrechnet (innerbetriebliche Leistungsverrechnung).
Mit der Bildung von Kalkulationssätzen in den Hauptkostenstellen
ist die Kostenstellenrechnung abgeschlossen. Die Gemeinkosten
werden mithilfe der Kalkulationssätze den einzelnen Kostenträgereinheiten zusammen mit den Einzelkosten (aus der Kostenartenrechnung) in der Kostenträgerrechnung (Kalkulation) zugerechnet. Die
Herstellkosten werden nach handels- und steuerrechtlichen Korrekturen zu Herstellungskosten. Als solche werden sie zur Bewertung
von Beständen an fertigen und unfertigen Erzeugnissen sowie an
selbsterstellten Anlagen herangezogen (siehe folgenden Exkurs). Die
Selbstkosten gehen in die kurzfristige Erfolgsrechnung ein. Die Isterlö-
löse werden durch entsprechende Korrekturen aus den Ertragskonten
entnommen und zumeist ohne eigenständige Erlösrechnung direkt in
die kurzfristige Erfolgsrechnung übernommen. Eine Abstimmung
des kurzfristigen Erfolges der KER mit dem Erfolg aus der Gewinn-
und Verlustrechnung wird über eine Abstimmbrücke erreicht. Diese
berücksichtigt die Beziehungen zwischen Kosten und Aufwand bzw.
Erlösen und Ertrag.

Der Erfolg (das Ergebnis) der Unternehmung kann damit in folgende
Komponenten zerlegt werden:

- **GuV-Ergebnis**   = Erträge minus Aufwendungen

- **Neutrales Ergebnis** = Neutrale Erträge minus neutrale
                            Aufwendungen

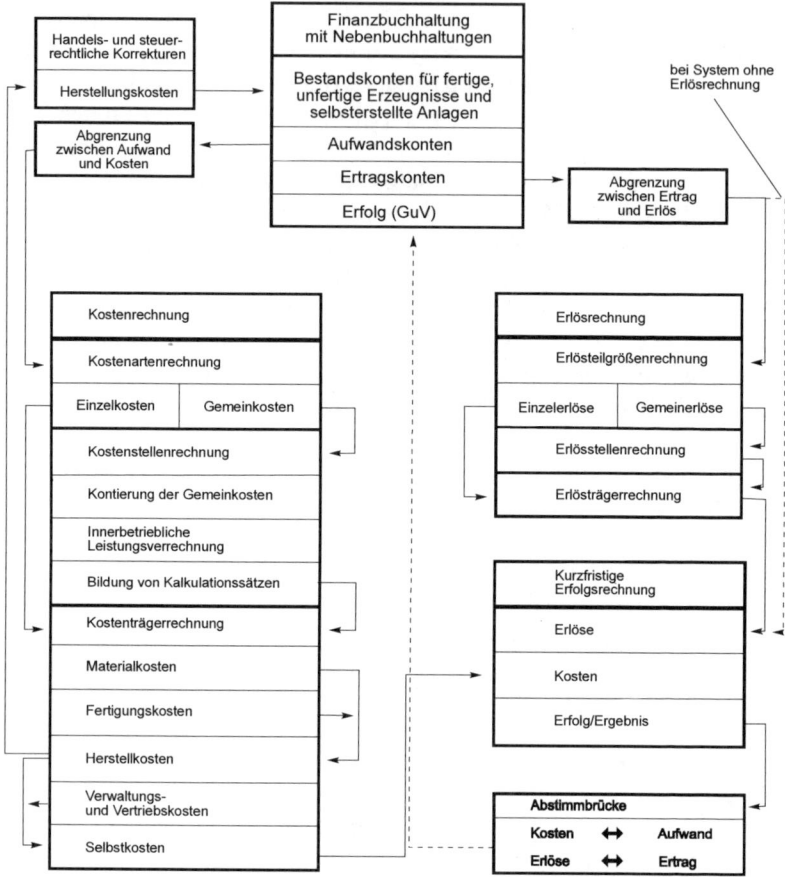

Abb. 9-9:   Verbindungen zwischen KER und Finanzbuchhaltung

- **Betriebsergebnis**   = Erlöse minus Kosten

- **Abstimmdifferenz**   = Kalkulatorische Erlöse minus
                          kalkulatorische Kosten

Das GuV-Ergebnis ergibt sich demgemäß als Summe aus Betriebsergebnis und neutralem Ergebnis abzüglich der Abstimmdifferenz.

Exkurs:

Zur Bewertung von fertigen und unfertigen Erzeugnissen sowie selbsterstellten Anlagen in der Handelsbilanz mit Herstell**ungs**kosten nach § 255 Abs. 2 und 3 HGB.[i]

Die Ermittlung von Herstell**ungs**kosten erfolgt aus den **Herstell-kosten** der KER, wobei nicht als Aufwand verrechnete primäre kalkulatorische Kosten (wie z. B. Abschreibungs- und Zinskosten) zu eliminieren sind. An deren Stelle sind jedoch die entsprechenden neutralen Aufwendungen (wie z. B. Abschreibungsaufwendungen, periodengerechte Fremdkapital-Zinsaufwendungen für die Herstellung) anzusetzen. Somit handelt es sich bei den handelsrechtlichen Herstellungskosten betriebswirtschaftlich um Herstellungs**aufwendungen**. Aufgrund von Aktivierungsgeboten, -wahlrechten und -verboten ergeben sich folgende **Bewertungsspielräume**:

- Wert**unter**grenze: Einzelmaterialkosten und Einzellöhne sowie Sondereinzelkosten der Fertigung

- Wert**ober**grenze: wie oben, zuzüglich volle Material- und Fertigungsgemeinkosten (...aufwand!) sowie volle allgemeine (anteilige) Verwaltungsgemeinkosten (...aufwand!)

Obwohl die Ansichten von Experten darüber sehr unterschiedlich sind,[ii] können darüber hinaus folgende Wertansätze gewählt werden, die **zwischen** der Wertunter- und -obergrenze liegen:

- Grenzherstellkosten (...aufwand!)

- Grenzherstellkosten und allgemeine (anteilige) Grenzverwaltungsgemeinkosten (...aufwand!)

- volle Herstellkosten (...aufwand!)

Ein Aktivierungs**verbot** besteht für Vertriebskosten (...aufwand!).

---

[i] Vgl. Wöhe 1997, S. 385 ff. und Kilger / Pampel / Vikas 2007, S. 585 ff.

[ii] Vgl. Kilger / Pampel / Vikas 2007, S. 585 ff. und Wöhe 1997, S. 390 ff.

Kontrollfragen

1. Warum ergibt sich das Betriebsergebnis nicht aus der Differenz von Periodenerlösen und Periodenkosten?

2. Inwiefern ist der Erfolg einer bestimmten Produktart als Gemeinerfolg mehrerer Perioden anzusehen?

3. Wie erfolgt eine erfolgsneutrale Bewertung von Bestandsveränderungen?

4. Erläutern Sie die Vorgehensweise im Rahmen des Gesamtkostenverfahrens.

5. Warum kann das Gesamtkostenverfahren grundsätzlich zur Ergebnisermittlung, nicht jedoch zur Ergebnisplanung und -kontrolle verwendet werden?

6. Erläutern Sie die Vorgehensweise im Rahmen des Umsatzkostenverfahrens.

7. Welche Vorteile hat das Umsatzkostenverfahren gegenüber dem Gesamtkostenverfahren?

8. Erläutern Sie die Vorgehensweise im Rahmen der einstufigen Plan-Deckungsbeitragsrechnung.

9. Erläutern Sie die Vorgehensweise im Rahmen der mehrstufigen Plan-Deckungsbeitragsrechnung.

10. Was versteht man unter Restdeckungsbeiträgen im Rahmen der mehrstufigen Plan-Deckungsbeitragsrechnung?

11. Welche Konsequenzen hat die in der Artikelergebnisrechnung fehlende Bestandsrechnung?

12. Wie können Spezialabweichungen in der Artikelergebnisrechnung ermittelt werden?

13. Welche Abweichungen können nach dem Verursachungsprinzip auf Kostenträgereinheiten zugerechnet werden?

14. Erläutern Sie anhand der Abb. 9-6 die einzelnen Schritte der Artikelergebnisplanungs- und -kontrollrechnung.

15. Was bedeutet die programmbedingte Deckungsbeitragsabweichung?

16. Welche prinzipiellen Ursachen können abweichende Ergebnisse von GuV und KER haben?

17. Erläutern Sie die Zusammenhänge zwischen Aufwand und Kosten sowie Ertrag und Erlös.

18. Warum hat sich das Einkreissystem in der Praxis nicht durchgesetzt?

19. Wie kann das Zweikreissystem organisatorisch umgesetzt werden?

20. Welche Kontenklassen umfasst der IKR und wie werden sie zusammengefasst und Regelkreisen zugeordnet?

21. Inwieweit handelt es sich bei den Kontengruppen 90 und 91 um Abgrenzungskonten zwischen Finanzbuchhaltung und KER?

22. Erläutern Sie die Abstimmung zwischen Finanzbuchhaltung und KER in tabellarischer Form.

23. Erläutern Sie die Verbindungen zwischen KER und Fibu anhand der Abb. 9-9.

24. Erläutern Sie die Unterschiede zwischen Herstell- und Herstellungskosten und die Bewertungsspielräume in der Handelsbilanz.

Teil C: Erweiterungen und Ergänzungen der Grenzplankostenrechnung

10. Lernmodul

Prozesskostenrechnung

Lernziele:

Nach dem Studium dieses Lernmoduls sollten Sie insbesondere folgende Punkte verstanden haben:

- die Bedeutung des Beanspruchungsprinzips für die Prozesskostenrechnung,

- die Gründe für Unterschiede im Planungsablauf bei Grenzplankosten- und Prozesskostenrechnung,

- die Vereinfachungen, die in der Prozesskostenrechnung vorgenommen werden.

Zwischenzeitlich haben sich die Absatzzahlen der „Frisch & Knackig GmbH" leider alles andere als zufrieden stellend entwickelt. Um diese Situation zu verbessern, hat Ihre Tante ein Marketingseminar besucht und festgestellt, dass das Angebot der „Frisch & Knackig GmbH" zielgruppenspezifischer gestaltet werden muss. Eine Umfrage ergibt, dass für individuell gestaltete Bio-Sahnetorten ein beachtlicher Bedarf besteht. Sofort will Ihre Tante das Angebot entsprechend erweitern. „Zu welchem Preis willst du die individuellen Torten denn verkaufen?", fragen Sie. „Ganz einfach, ich habe festgestellt, dass die individuellen Torten die gleichen variablen Kosten verursachen wie meine bisherigen Standardtorten. Da werde ich einfach den alten Preis beibehalten, so muss ich nicht einmal neue Preisschilder drucken lassen." „Ja, aber die Vorbereitung der Produktion einer individuellen Torte dauert doch doppelt so lange!", wenden Sie ein. „Du hast mir doch gerade erst erklärt, dass für kurzfristige Entscheidungen nur die variablen Kosten relevant sind.", kommt prompt die Antwort. „Wie lange willst du die Torten denn anbieten?" „Hm, wenn die Kunden sich erst einmal an die neue Vielfalt gewöhnt haben, kann ich das wohl kaum noch rückgängig machen. Das hat auch der Seminarleiter gesagt: Wertewandel und so." „Siehst du, damit ist das nämlich gar keine kurzfristige Entscheidung, die lediglich dazu dient, freie Kapazitäten auszulasten. Du musst damit rechnen, dass über kurz oder lang deine individuellen Torten sogar die Standardtorten aus dem Sortiment verdrängen. Deshalb solltest du dir schon jetzt überlegen, in welchem Umfang die Produktion der individuellen Torten die Kapazitäten beansprucht und welche Kosten für die beanspruchten Kapazitäten anfallen. Wenn es dir nicht gelingt, einen Preis durchzusetzen, der über den Kosten der beanspruchten Kapazitäten liegt, solltest du die Finger von den individuellen Torten lassen." Ihre Tante ist beeindruckt von dieser betriebswirtschaftlich fundierten Analyse, gibt aber zu bedenken, dass die von Ihnen eingeführte Grenzplankostenrechnung leider keine Auskunft über die Kosten der beanspruchten Kapazitäten gibt. Nach dem Studium dieses Lernmoduls können Sie da zum Glück Abhilfe schaffen!

10.1 Grundlagen der Prozesskostenrechnung

Die bisherigen Module hatten die Planung beschäftigungsvariabler Kosten zum Inhalt. Durch die Kenntnis der variablen Plankosten kann die in der Planungsperiode mögliche **Veränderung** der Kosten durch operative Entscheidungen im Voraus ermittelt werden. Darüber hinausgehende Kostenwirkungen operativer Entscheidungen werden jedoch nicht berücksichtigt. Alle Entscheidungen, die Einfluss auf die Höhe der Beschäftigung haben, führen jedoch automatisch auch zu einer Veränderung des Verhältnisses von Nutz- zu Leerkosten. Wird z. B. anstelle der bisherigen Eigenerstellung eine Komponente nunmehr fremdbezogen, so sinkt die Beschäftigung der betroffenen Bereiche entsprechend. Dadurch sinken auch die Periodenkosten um die dem Beschäftigungsrückgang entsprechenden variablen Kosten. Gleichzeitig führt die zurückgehende Beschäftigung jedoch auch zu einer Umwandlung von Nutz- in Leerkosten. Diese zusätzlichen Leerkosten können jedoch durch entsprechende länger- fristige Entscheidungen ggf. zumindest teilweise abgebaut werden. Dieser Effekt und das damit verbundene Einsparpotenzial werden in der Grenzplankostenrechnung nicht berücksichtigt. Allgemein aus- gedrückt, ermittelt die GPKR bei einem Beschäftigungsrückgang al- so nur den Umfang des planmäßigen, beschäftigungsvariablen Kos- ten**rückgang**s (Untergrenze der Kostenreduktion), nicht jedoch die Höhe des beschäftigungsinduzierten[i] Kostensenkungs**potenzials** (Obergrenze der Kostenreduktion). Berücksichtigt man, dass die fi- xen Kosten einen immer größer werdenden Anteil an den Gesamt- kosten haben, ist die pauschale (Nicht-)Berücksichtigung der Fix- kosten in der GPKR zu kritisieren.

Diese „Unzulänglichkeit" der GPKR ist darin begründet, dass sie von ihrer Konzeption her eine Veränderungsrechnung ist, die entschei- dungsrelevante Informationen für Fragestellungen z. B. der folgen- den Art liefert: „Wie verändern sich die Kosten, wenn wir eine Ein- heit von Produkt 4711 zusätzlich produzieren?". Die Frage: „Wie hoch ist der Wert der von Produkt 4711 insgesamt genutzten Produk- tionsfaktoren?", kann die GPKR dagegen nicht beantworten. In der Unternehmenspraxis wurde und wird gerade dieser Frage aber eine hohe Bedeutung zugemessen, sodass üblicherweise eine zusätzliche Verteilung der Fixkosten erfolgt[ii] und die GPKR damit als parallele Grenz- und Vollkostenrechnung eingesetzt wird. Die derart ermittel- ten vollen Kosten sind allerdings weder für operative noch für strate- gische **Entscheidungen** zu verwenden, da die Verteilung nicht die Wirkung von Kosteneinflussgrößen berücksichtigt, sondern nach dem Durchschnittsprinzip erfolgt. Weil die Verteilung der Fixkosten insbesondere nicht auf Basis der beanspruchten Kapazität, sondern pauschal nach dem Durchschnittsprinzip erfolgt, ist daher im Endef- fekt auch durch diese Erweiterung der GPKR keine fundierte Ant- wort auf die obige Frage möglich. Dies wäre nur dann (näherungs-

---

[i]   Zur Unterscheidung von beschäftigungsvariablen und beschäftigungsin- duzierten Kosten vgl. Modul 2.

[ii] Vgl. hierzu die Ausführungen zur Planung tertiärer Kosten in Modul 5.

weise) der Fall, wenn alle Produktarten die Kapazitäten in vergleichbarer Weise nutzen. Ein derartiges **homogenes** Produktionsprogramm war früher keine Seltenheit, sodass die ermittelten Vollkosten
pro Stück zumindest im Verhältnis zwischen den einzelnen Produktarten die Ressourcenbeanspruchung recht gut wiedergaben. Der gesellschaftliche Wandel, der Wandel der Marktbedingungen sowie der
technische Fortschritt haben jedoch dazu geführt, dass mittlerweile
innerhalb einer Produktart eine häufig unüberschaubare Zahl von
Varianten in stark voneinander abweichenden Stückzahlen produziert wird.[i] Die vollen Kosten können daher nicht mehr als Hilfsgröße für den Wert der genutzten Produktionsfaktoren herangezogen
werden. Das durch Beschäftigungsänderungen induzierte Kostensenkungspotenzial, das dem Wert der genutzten Produktionsfaktoren
entspricht, muss daher durch eine Ergänzung der GPKR ermittelt
werden. Eine solche Ergänzung stellt die **Prozesskostenrechnung**
dar, die im Folgenden beschrieben wird.

Im Grunde genommen geht es darum, eine Kostenzurechnung nach
dem **Beanspruchungsprinzip** vorzunehmen, d. h. neben den beschäftigungsvariablen auch die beschäftigungsinduzierten Kosten zu
planen. Der Planungs**ablauf** gleicht dabei formal demjenigen in der
GPKR, d. h. zunächst müssen geeignete Bezugsgrößenarten zur Messung der Beschäftigung gefunden werden. Die Grenzplankostenrechnung kann in dieser Situation wenig Unterstützung bieten, da sie sich
auf die direkten Bereiche konzentriert. In diesen wird die Beschäftigung mit einem differenzierten System direkter Bezugsgrößen geplant.[ii] In den indirekten Bereichen wird die Beschäftigung dagegen
zumeist nur mithilfe **indirekter** Bezugsgrößen geplant. Bei diesen
besteht **keine funktionale Beziehung** zwischen der Höhe der Periodenkosten und der Bezugsgrößenmenge. Vielmehr wird hier auf
Plausibilitätsüberlegungen zurückgegriffen.[iii] Aufgrund des in diesen

---

[i]   Im Automobilbau ist diese Entwicklung besonders deutlich: Während
     das berühmte Modell T von Ford nur in einer Form angeboten wurde,
     findet man heute kaum zwei Fahrzeuge desselben Typs, die identisch
     sind.

[ii] Vgl. Modul 3.

[iii] Vgl. die Ausführungen zum Durchschnittsprinzip in Modul 2.

Bereichen geringen Anteils an variablen Kosten ist die damit verbundene Ungenauigkeit in der Kostenzurechnung allerdings von untergeordneter Bedeutung für Wirtschaftlichkeitsbeurteilungen und operative Entscheidungen. Unabhängig davon wird aber die unzureichende planerische Durchdringung der indirekten Bereiche bei gleichzeitiger Zunahme der Kosten in diesen Bereichen als Schwachpunkt der GPKR kritisiert.

Für die Messung der Kapazität – und damit auch der Beschäftigung – muss berücksichtigt werden, dass eine Erfassung der Istzeiten pro Tätigkeit in den indirekten Bereichen, anders als in den direkten Bereichen, nicht üblich ist. Bezugsgrößen, die auf diesen basieren, sind damit zur Beschäftigungsmessung in indirekten Bereichen grundsätzlich ungeeignet.[i] Eine Erfassung der Istbezugsgrößenmengen ist jedoch für die Kostenkontrolle unabdingbar.[ii] Wie in Modul 2 dargestellt, wird daher die Kapazität und deren Inanspruchnahme (Beschäftigung) auf Tätigkeiten bezogen und mit der Kenngröße „Anzahl der Arbeitsergebnisse" gemessen.

10.2 Tätigkeitsanalyse

Zunächst werden im Rahmen einer **Tätigkeitsanalyse** in den Kostenstellen die anfallenden Arbeitsvorgänge analysiert. Die Summe der Tätigkeiten stellt das (heterogene) **Leistungsprogramm** der Kostenstelle dar. Anschließend wird für jede Tätigkeit eine geeignete **Maßgröße** für die Quantifizierung des Arbeitsergebnisses gesucht. Diese Maßgröße stellt damit gleichzeitig einen Teilbeschäftigungsmaßstab für die Kostenstelle dar.[iii] Derartige Maßgrößen lassen sich allerdings nur für Tätigkeiten finden, die einen standardisierten Ab-

---

[i] Vielfach werden volumenabhängige Bezugsgrößen und Beschäftigung gleichgesetzt, sodass gefolgert wird, die Beschäftigung sei in den indirekten Bereichen keine wesentliche Kosteneinflussgröße. Die bisherigen Ausführungen (insbesondere in Modul 2) sollten klar gemacht haben, dass dieser Behauptung eine verkürzte Interpretation des Konstruktes Beschäftigung zugrunde liegt.

[ii] Vgl. Modul 6.

[iii] Vgl. Coenenberg 2003, S. 211 ff.

lauf bei relativ geringem Entscheidungsspielraum aufweisen und zudem häufig wiederholt werden. In diesem Fall spricht man von **repetitiven Tätigkeiten**. Bei diesen kann unterstellt werden, dass die mit einer Maßgröße erfassten Abläufe jedesmal zu einer hinreichend vergleichbaren Kapazitätsinanspruchnahme führen. Anschließend wird für alle repetitiven Tätigkeiten die **Maßgrößenmenge** (Beschäftigung) geplant. Ein Beispiel für eine Tätigkeitsanalyse in der Kostenstelle Einkauf findet sich in Abb. 10-1. Die Tätigkeiten „Abteilung leiten" und „Seminarteilnahme" sind nicht repetitiv. Das Arbeitsergebnis dieser Tätigkeiten kann daher auch nicht durch eine Maßgröße quantifiziert werden.

Aufgrund der unterschiedlichen Maßgrößen sind die von den einzelnen Tätigkeiten beanspruchten Kapazitätsanteile nicht vergleichbar. Bei konstanten Prozessbedingungen (homogene Kostenverursachung) können die verschiedenen Maßgrößen jedoch prinzipiell in eine gemeinsame Bezugsgröße umgerechnet werden. Diese Tatsache wird in der Prozesskostenrechnung ausgenutzt, indem im Rahmen der Tätigkeitsanalyse eine (einmalige) Erhebung der Gesamtkapazitätsinanspruchnahme vorgenommen wird. Aufgrund der Dominanz der Personalkapazität in den indirekten Bereichen erfolgt diese Messung typischerweise in Mitarbeitertagen oder -jahren. Die in diesen Zeiteinheiten gemessene „beanspruchte Gesamtkapazität" kann somit als Vergleichsmaßstab für das heterogene Leistungsprogramm verwendet werden.

Die Voraussetzung konstanter Prozessbedingungen bedeutet, dass z. B. jede DV-Freigabe einer Bestellung die gleiche Zeit in Anspruch nehmen muss. Sollte dies z. B. für Eilbestellungen nicht zutreffen, müsste eine weitergehende Differenzierung in Anzahl der Eilbestellungen und Anzahl der Normalbestellungen erfolgen.

10.3 Teilprozessbildung

Untersucht man die einzelnen Tätigkeiten weiter, so stellt man fest, dass diese typischerweise Teile **übergeordneter logischer Abläufe** sind. Derartige logisch zusammengehörende Tätigkeiten werden in der Kostenstelle zu einem **Teilprozess** zusammengefasst. Dies könnte im Beispiel für die Tätigkeiten „Weitergabe Bestellformulare"

| Nr. | Tätigkeit | Maßgröße | | beanspruchte |
---	Bezeichnung	Art [Anzahl...]	Menge	Gesamtkapazität [MT]
01	Bestellungen schreiben	Bestellpositionen	10.000	210
02	Genehmigung einholen	Sonderbestellungen	340	25
03	Weitergabe Bestellformulare	Bestellungen	1.000	38
04	DV-Freigaben erteilen	Bestellungen	1.000	32
05	Anfragen bearbeiten	Anrufe	4.000	35
06	Lieferanten mahnen	Mahnungen	50	3
...	...	...	...	...
32	Seminarteilnahme	X	X	12
33	Abteilung leiten	X	X	180
				Summe 1.320

Abb. 10-1:   Tätigkeitsanalyse

und „DV-Freigaben erteilen" gelten. Augenfällig ist hier, dass beide Tätigkeiten die gleiche Maßgröße aufweisen. Nach dem Gesetz der Austauschbarkeit der Maßgrößen[i] können jedoch auch logisch zusammengehörende Tätigkeiten zusammengefasst werden, die **unterschiedliche** Maßgrößen aufweisen, sofern diese Maßgrößen einen bekannten **funktionalen** Zusammenhang haben. Ist z. B. die Anzahl der Bestellpositionen pro Bestellung hinreichend konstant, so könnte auch die Tätigkeit „Bestellungen schreiben" mit den beiden oben angeführten Tätigkeiten zu einem Teilprozess zusammengefasst werden.

Bei der Teilprozessbildung werden typischerweise alle Tätigkeiten, für die keine Maßgrößen gefunden wurden, zu einem Teilprozess zusammengefasst, der in der Prozesskostenrechnung als **leistungsmengenneutral** (lmn) bezeichnet wird.[ii] Die übrigen Teilprozesse werden als **leistungsmengeninduziert** (lmi) bezeichnet.[iii] Für jeden Teilprozess wird die Gesamtkapazitätsinanspruchnahme auf Basis der zugrundeliegenden Tätigkeiten ermittelt.

Für die lmi-Teilprozesse muss außerdem eine geeignete **Maßgröße** für die Messung der **Prozessmenge** gefunden werden. Wurden nur Tätigkeiten mit identischen Maßgrößen zu einem lmi-Teilprozess zusammengefasst, so stellt diese Maßgröße auch die Maßgröße für den Teilprozess dar. Bei der Zusammenfassung von Tätigkeiten mit unterschiedlichen Maßgrößen kann prinzipiell jede dieser Maßgrößen auch als Maßgröße für den Teilprozess verwendet werden. Sind die Relationen zwischen den einzelnen Maßgrößen jedoch nicht völlig konstant, sollte diejenige Maßgröße für den Teilprozess ausgewählt werden, die den größten Teil der Gesamtkapazitätsinanspruchnahme widerspiegelt. Im Beispiel wäre es wahrscheinlich, dass die Anzahl

---

[i] Vgl. Modul 2.

[ii] Die Bezeichnung beschäftigungsneutral wäre eigentlich exakter. Hier soll jedoch trotzdem die Bezeichnung leistungsmengenneutral verwendet werden, da diese als „terminus technicus" bereits eingeführt ist.

[iii] Analog zu dem zuvor Gesagten wäre hier die Bezeichnung beschäftigungsinduziert präziser.

der Bestellpositionen pro Bestellung in gewissem Umfang schwankt. Fasst man trotzdem die Tätigkeiten 01, 03 und 04 zusammen, so sollte als Maßgröße für den Teilprozess die Anzahl der Bestellpositionen gewählt werden, da diese den Großteil der von den drei Tätigkeiten beanspruchten Gesamtkapazität erfasst. Ein Beispiel für eine Teilprozessbildung in der Kostenstelle Einkauf findet sich in der Abb. 10-2.

Durch die Verdichtung der Tätigkeiten zu Teilprozessen ist eine erhebliche **Vereinfachung** der Kostenplanung und -kontrolle verbunden. Bis zu diesem Punkt handelt es sich um eine reine **Mengenbetrachtung**: Aktivitäten und Teilprozessen wurde die **Menge** beanspruchter Kapazitätseinheiten zugerechnet. Die Kostenplanung kann nun für jeden Teilprozess analog zu der in Modul 5 dargestellten Vorgehensweise erfolgen. Ein Unterschied ergibt sich jedoch in folgender Hinsicht: Eine **Kostenauflösung** je Maßgrößenart in lmi- und lmn-Kosten ist **nicht** erforderlich, da sich die Teilprozesse in dieser Hinsicht aus „reinen" Kosten zusammensetzen.

In der Praxis wird allerdings häufig auf eine eigenständige Kostenplanung je Teilprozess verzichtet. Vielmehr werden die bereits zuvor z. B. im Rahmen der GPKR ermittelten Gesamtkosten der Kostenstelle proportional zur ermittelten Gesamtkapazitätsbeanspruchung auf die Teilprozesse zugerechnet.[i] Die Gesamtkapazitätsbeanspruchung ist damit nicht nur Kapzitätsvergleichsmaßstab sondern auch Maßstab der Kostenzurechnung.

In jeder Kostenstelle werden für die so gebildeten Teilprozesse die Prozesskosten nach folgender Beziehung ermittelt:

$$K_{proz} = K_{ges} \cdot \frac{KAP_{proz}}{KAP_{ges}} \tag{10.1}$$

K_{proz}: (Teil-)Prozesskosten
K_{ges}: gesamte Kosten der Kostenstelle
KAP_{proz}: vom Teilprozess in Anspruch genommene Gesamtkapazität
KAP_{ges}: Gesamtkapazität der Kostenstelle

---

[i] Vgl. Horváth 2006, S. 527 ff.

Kostenstelle: Einkauf (EK)

Planjahr: 03
Plankostensumme: 513.333 €
Plan-Gesamtkapazität: 7 MJ

Kostenstellenleitung: Obermayer
Bearbeitung: Untermayer

Teilprozesse		Maßgrößen		beanspr. Gesamtkapazität	Teilkosten	Umlage Imn-Kosten	Umlage Leerkosten	Gesamtkosten	Imi-Kostensatz	Gesamt-Kostensatz
Nr.	Bezeichnung	Bezeichnung	Menge							
Imi-Teilprozesse										
EK-01	Material bestellen	Bestellpositionen	10.000	2,80	205.333	35.763	40.183	281.279	20,53	28,13
EK-02	Lieferanten betreuen	Lieferanten	370	1,16	85.067	14.816	16.647	116.530	229,91	314,95
EK-03	Reklamationen bearbeiten	Reklamationen	480	0,50	36.667	6.386	7.175	50.228	76,39	104,64
EK-04	Neue Lieferanten auswählen	Lieferantenanwärter	55	0,65	47.667	8.302	9.328	65.297	866,67	1.187,21
	Summe Imi			5,11	374.733	65.267	73.333	513.333		
Imn-Teilprozesse										
EK-05	Abteilung leiten usw.	x	x	0,89	65.267					
	Summe Imn			**0,89**	**65.267**					
	Summe Imi + Imn			**6,00**	**440.000**					
	Leerkapazität			1,00	73.333					
	Summe Kostenstelle			**7,00**	**513.333**					

Abb. 10-2: Teilprozesse in der Kostenstelle Einkauf

Subtrahiert man die Summe von lmi- und lmn-Kosten von der Plankostensumme erhält man die **Leerkosten**. Die lmi-Kosten setzen sich
aus einem beschäftigungsvariablen und einem beschäftigungsfixen
Teil zusammen. Die Summe aus Leerkosten und dem beschäftigungsfixen Teil der lmi-Kosten, sowie die lmn-Kosten bleiben bei
Beschäftigungsänderungen konstant.[i] Diese Zusammenhänge verdeutlicht noch einmal Abb. 10-3.[ii]

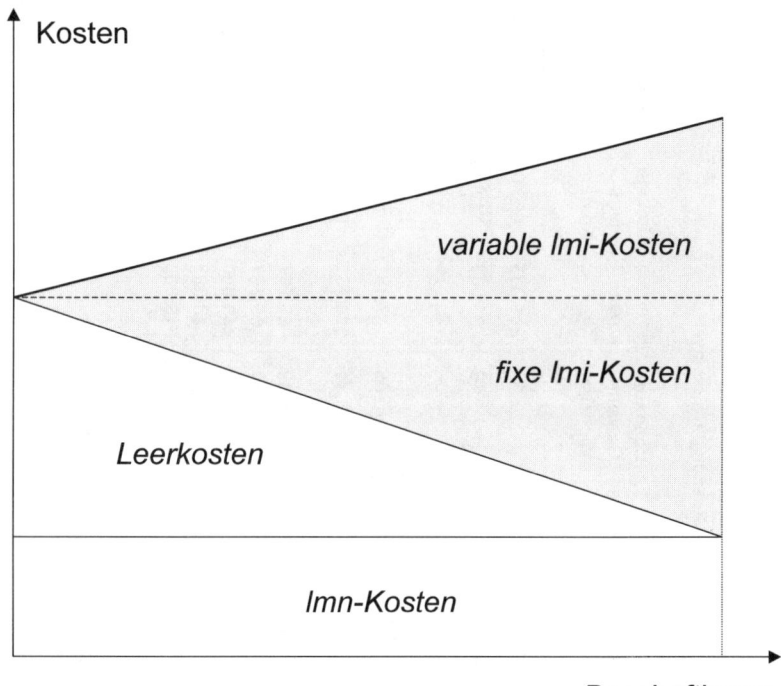

Abb. 10-3:   lmi-Kosten, lmn-Kosten, Leerkosten

---

[i]   Dies gilt (natürlich) nur unter der in der Kostenrechnung üblichen Annahme konstanter Kapazitäten.

[ii] Dabei wird unterstellt, dass es nur einen lmi-Teilprozess in der betrachteten Kostenstelle gibt.

Im Beispiel der Abbildung 10-2 ergeben sich die Kosten für den lmi-Teilprozess „Material bestellen" damit wie folgt:

$$K_{proz} = 513.333 \cdot \frac{2,8}{7} = 205.333,33 \frac{\text{€}}{Jahr}$$

Sollen unter Verstoß gegen das Beanspruchungsprinzip die lmn-Kosten ebenfalls auf die Kostenträger verteilt werden, so wird ein **lmn-Zuschlagssatz** (in %) nach folgender Beziehung gebildet:

$$z_{lmn} = \frac{\sum K_{lmn}}{\sum K_{lmi}} \cdot 100 \tag{10.2}$$

z_{lmn}:   lmn-Zuschlagssatz
$\sum K_{lmn}$: Summe der lmn-Kosten der Kostenstelle
$\sum K_{lmi}$: Summe der lmi-Kosten der Kostenstelle

Im Beispiel der Abb. 10-2 ergibt sich der lmn-Zuschlagssatz damit wie folgt:

$z_{lmn} = 65.267 : 374.733 \cdot 100 = 17,4\,\%$

Mit diesem Zuschlagssatz werden die Kosten der lmi-Teilprozesse multipliziert. Man erhält so die **lmn-Umlage.** Analog erfolgt die Verteilung der **Leerkosten** auf die lmi-Teilprozesse. Auch hierbei wird also das **Durchschnittsprinzip** angewandt.

Dividiert man abschließend die lmi-Kosten bzw. die Summe aus lmi-Kosten, lmn-Umlage und Leerkostenumlage durch die Maßgrößenmenge, so erhält man den lmi- bzw. Gesamt-**Prozesskostensatz** in $\frac{\text{€}}{\text{Maßgrößeneinheit}}$.

Im Beispiel der Abb. 10-2 beträgt der lmi-Kostensatz für den Teilprozess „Material bestellen" 20,53 $\frac{\text{€}}{\text{Bestellposition}}$. Mit anderen Worten: Für jede Bestellposition werden Produktionsfaktoren im Wert von 20,53 € genutzt und zwar unabhängig von der jeweiligen

Bestellmenge. Bei einem **Beschäftigungsrückgang**, d. h. einer Abnahme der Bestellpositionen ist jedoch zu berücksichtigen, dass der überwiegende Teil dieser Kosten beschäftigungs**fix** ist, d. h. weiter in gleicher Höhe anfällt. Nur ein relativ geringer Teil der Kosten, z. B. für Papier- und Tonerverbrauch oder Telefongebühren, ist beschäftigungsvariabel und fällt damit weg. Der überwiegende Teil der Kosten kann nur über einen Kapazitätsabbau reduziert werden. Können die betroffenen Mitarbeiter (Personalkapazität!) im Umfang ihrer freien Kapazität auch in anderen Bereichen eingesetzt werden, so ist eine relativ kurzfristige Kapazitätsanpassung in kleinen Stufen möglich. Besteht diese Möglichkeit jedoch nicht, so ist eine Kapazitätsanpassung nur langfristig (Kündigungsfristen) und in größeren Stufen (z. B. im Umfang eines Mitarbeiterjahres bei einer vollen Stelle) möglich.

10.4 Hauptprozessbildung

Während die bisherige Vorgehensweise in weitgehender Analogie zur GPKR erfolgte, stellt der nächste Schritt eine Erweiterung der traditionellen Sichtweise dar. Er baut auf der Erkenntnis auf, dass wichtige Abläufe in Unternehmungen **bereichsübergreifend** stattfinden. Einzelne sachlich zusammengehörende Teilprozesse aus unterschiedlichen Kostenstellen bilden daher nach diesen Überlegungen einen **Hauptprozess**. Ein solcher Hauptprozess könnte z. B. die Bereitstellung von Material sein. Dieser setzt sich aus Teilprozessen der Kostenstellen Einkauf, Eingangslager und Qualitätssicherung zusammen (vgl. Abb. 10-4, 10-5, 10-6).

Die Hauptprozesse stellen den Kernpunkt der Prozesskostenrechnung dar. Wie für die Teilprozesse, so kann auch für die **Hauptprozesse** die **Beschäftigung** mithilfe von Bezugsgrößen gemessen werden, die hier zumeist als „**cost driver**" bzw. „**Kostentreiber**" bezeichnet werden. Dabei kommen überwiegend die gleichen Größen zum Einsatz wie sie als Maßgrößen für lmi-Teilprozesse verwendet werden:

- Anzahl der Fertigungs-, Versand-, Kundenaufträge bzw. -auftragspositionen

- Anzahl der Produktvarianten, Teilenummern eines Produktes, Produktänderungen

- Anzahl der Stücklisten- und Arbeitsplanpositionen eines Produktes

- Anzahl der Bestellvorgänge, Bestelldispositionen, Wareneingänge

- Anzahl der Kunden, Lieferanten usw.

Die Menge jedes einzelnen in den Hauptprozess eingehenden Teilprozesses, bewertet mit dessen Teilprozesskostensatz, ergibt die Teilprozesskosten im Hauptprozess. Dabei kann **ein** Teilprozess auch in **mehrere** Hauptprozesse eingehen. In Abb. 10-6 gilt dies für den Teilprozess „Prüfpläne ändern". Erkennbar ist dies daran, dass nicht die gesamte Maßgrößenmenge in den Hauptprozess eingeht. Die Summe aller Teilprozesskosten, die zu einem Hauptprozess gehören, ergibt die Plan-Hauptprozesskosten. Je nachdem ob die Bewertung der Teilprozessmengen nur mit dem lmi-Kostensatz oder mit dem Gesamtkostensatz erfolgte, handelt es sich dabei um lmi-Hauptprozesskosten oder gesamte Hauptprozesskosten. Die Hauptprozesskosten werden abschließend durch die Planmenge der Kostentreiber dividiert und ergeben den **Hauptprozesskostensatz**. Dies erfolgt getrennt für die lmi-Kosten und die Gesamtkosten. Der Prozesskostensatz stellt also die **durchschnittlichen** Kosten für eine Prozessdurchführung dar.

Die Verdichtung der Teilprozesse zu Hauptprozessen weist zwei Vorteile gegenüber der „klassischen" Kostenstellenbetrachtung auf. Zum einen ist für die Zurechnung von Prozesskosten auf Kostenträger eine geringere Zahl von Kostensätzen zu berücksichtigen, was die Zurechnung einfacher und transparenter macht.[i] Bedeutender ist jedoch, dass nur durch die Hauptprozessbetrachtung kostenstellenübergreifende Abläufe geplant und kontrolliert werden können. Fragen, wie z. B. „Was kostet die Bearbeitung eines Kundenauftrages?", können damit über alle betroffenen Kostenstellen hinweg beantwortet werden.

---

[i] S. hierzu auch Modul 8.

Kostenstelle: Eingangslager (EL)

Planjahr: 03   Plankostensumme: 366.667 €

Kostenstellenleitung: Oberhuber   Bearbeitung: Unterhuber   Plan-Gesamtkapazität: 5 MJ

Teilprozesse		Maßgrößen		beanspr. Gesamt-kapazität	Teil-kosten	Umlage Imn Kosten	Umlage Leer-kosten	Gesamt-kosten	Imi-Kosten-satz	Gesamt-Kosten-satz
Nr.	Bezeichnung	Bezeichnung	Menge							
Imi-Teilprozesse										
EL-01	Lieferungen annehmen	Waren-eingänge	1.200	1,30	95.333	9.301	11.626	116.260	79,44	96,88
EL-02	Material einlagern	Bestell-positionen	10.000	0,80	58.667	5.724	7.154	71.545	5,87	7,15
EL-03	Material auslagern	Fremdbezugs-positionen	46.000	2,00	146.667	14.309	17.886	178.862	3,19	3,89
Summe Imi				**4,10**	**300.667**	**29.333**	**36.667**	**366.667**		
Imn-Teilprozesse										
EL-04	Abteilung leiten usw.	x	x	0,40	29.333					
Summe Imn				**0,40**	**29.333**					
Summe Imi + Imn				**4,50**	**330.000**					
Leerkapazität				0,50	36.667					
Summe Kostenstelle				**5,00**	**366.667**					

Abb. 10-4:   Teilprozesse in der Kostenstelle Eingangslager

Kostenstelle: Qualitätssicherung (QS)

Planjahr: 03		Plankostensumme: 331.852 €
Kostenstellenleitung: Obermüller	Bearbeitung: Untermüller	Plan-Gesamtkapazität: 4 MJ

Teilprozesse		Maßgrößen		beanspr. Gesamt-kapazität	Teil-kosten	Umlage Imn-Kosten	Umlage Leer-kosten	Gesamt-kosten	Imi-Kosten-satz	Gesamt-kosten-satz
Nr.	Bezeichnung	Bezeichnung	Menge							
Imi-Teilprozesse										
QS-01	Eingangskontrollen	Bestellpositionen	10.000	0,90	74.667	12.986	42.203	129.855	7,47	12,99
QS-02	Fertigungskontrollen	Fertigungsaufträge	8.000	0,50	41.481	7.214	23.446	72.142	5,19	9,02
QS-03	Ausgangskontrollen	Endprodukte	5.500	0,30	24.889	4.329	14.068	43.285	4,53	7,87
QS-04	Prüfpläne ändern	Produktänderungen	15.000	0,60	49.778	8.657	28.135	86.570	3,32	5,77
Summe Imi				**2,30**	**190.815**	**33.185**	**107.852**	**331.852**		
Imn-Teilprozesse										
QS-05	Abteilung leiten usw.	x	x	0,40	33.185					
Summe Imn				**0,40**	**33.185**					
Summe Imi + Imn				**2,70**	**224.000**					
Leerkapazität				1,30	107.852					
Summe Kostenstelle				**4,00**	**331.852**					

Abb. 10-5:   Teilprozesse in der Kostenstelle Qualitätssicherung

Hauptprozess: Material bereitstellen

Kostentreiberart:	Fremdbezugspositionen	Planmenge:	46000
Prozessverantwortlich:	Obermayer (EK)	Planjahr:	03

Teilprozesse		Maßgrößenmenge		TP-Kostensatz		TP-Kosten im HP	
Nr.	Bezeichnung	im HP	gesamt	lmi	gesamt	lmi	gesamt
EK-01	Material bestellen	10.000	10.000	20,53	28,13	205.300	281.300
EK-02	Lieferanten betreuen	370	370	229,91	314,95	85.067	116.532
EK-03	Reklamationen bearbeiten	480	480	76,39	104,64	36.667	50.227
EL-01	Lieferungen annehmen	1.200	1.200	79,44	96,88	95.328	116.256
EL-02	Material einlagern	10.000	10.000	5,87	7,15	58.700	71.500
EL-03	Material auslagern	46.000	46.000	3,19	3,89	146.740	178.940
QS-01	Eingangskontrollen	10.000	10.000	7,47	12,99	74.700	129.900
QS-04	Prüfpläne ändern	4.500	15.000	3,32	5,77	14.940	25.965
	Hauptprozesskosten [€/Jahr]:					717.442	970.620
	HP-Kostensatz						
	[€/Fremdbezugsposition]:					15,60	21,10

Abb.10-6:   Hauptprozess Material bereitstellen

Die **Verdichtung** der Teilprozesse zu Hauptprozessen bildet **logisch** den **letzten** Schritt in der Prozesskostenrechnung. Bei der **Einführung** einer Prozesskostenrechnung wird man allerdings bereits **Hypothesen** über mögliche Hauptprozesse und deren Kostentreiber haben. Tätigkeitsanalyse und Teilprozessbildung erfolgen damit nicht „blind" sondern sind bereits auf die wahrscheinlichen Hauptprozesse ausgerichtet.

Die Beziehungen zwischen Tätigkeiten, (lmi-)Teilprozessen und Hauptprozessen werden zusammenfassend und beispielhaft noch einmal in Abbildung 10-7 dargestellt. Dabei wird auch deutlich, dass es insgesamt vier Möglichkeiten gibt, einen Hauptprozess aus Teilprozessen zu bilden:

- Hauptprozess 1 wird aus **mehreren** Teilprozessen **einer** Kostenstelle gebildet. Die Teilprozesse können **ganz** oder **teilweise** in einen derartigen Hauptprozess eingehen.

- Hauptprozess 2 wird aus **mehreren** Teilprozessen **unterschiedlicher** Kostenstellen gebildet. Die Teilprozesse können **ganz** oder **teilweise** in einen derartigen Hauptprozess eingehen.

- Hauptprozess 3 wird aus **einem von mehreren** Teilprozessen **einer** Kostenstelle gebildet. Der Teilprozess kann sinnvoll nur **ganz** in einen derartigen Hauptprozess eingehen.

- Hauptprozess 4 wird aus dem **einzigen** Teilprozess **einer** Kostenstelle gebildet. Der Teilprozess kann sinnvoll nur **ganz** in einen derartigen Hauptprozess eingehen.

Hauptprozesse, die nur aus einem Teilprozess bestehen (HP 3 und HP 4), werden auch als **unechte** Hauptprozesse bezeichnet.

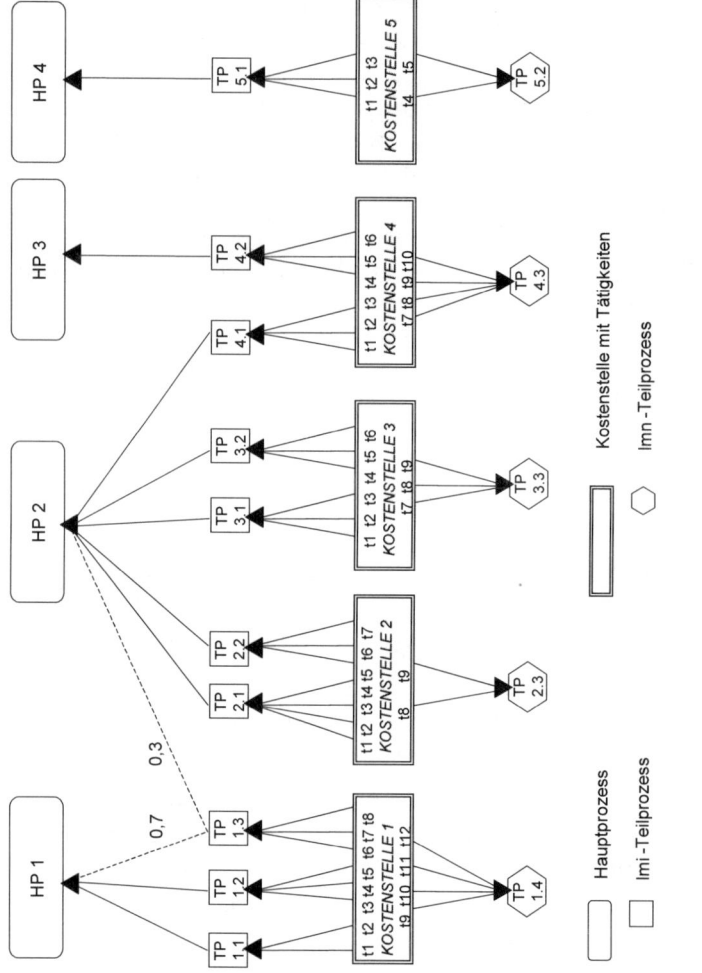

Abb. 10-7:   Tätigkeiten, Teilprozesse und Hauptprozesse

10.5 Plankalkulation in der Prozesskostenrechnung

Eine aussagefähigere Plankalkulation lässt sich durch Kombination von Elementen der GPKR mit Elementen der Prozesskostenrechnung erstellen. Die Kalkulation der **Fertigungskosten ohne indirekte Bereiche** und **ohne Rüstkosten** verbleibt bei der **GPKR**, die mit ihrem differenzierten System direkter Bezugsgrößen für den Fertigungsbereich zufriedenstellende Ergebnisse erzielt. Für die fertigungsunterstützenden **indirekten Bereiche** und für **Rüstprozesse** sowie für die **Material-, Vertriebs-** und evtl. auch **Verwaltungsbereiche** sind die Einsatzmöglichkeiten einer Prozesskostenkalkulation zu prüfen. Diese ist Gegenstand des folgenden Abschnitts.

In der Prozesskostenrechnung werden, wie eben dargestellt, Kalkulationssätze für alle Hauptprozesse ermittelt, indem die Hauptprozesskosten durch die Kostentreibermenge dividiert werden. Für eine Zurechnung von Prozesskosten auf Kostenträgereinheiten nach dem **Beanspruchungsprinzip** dürfen nur die **lmi-**Kostensätze verwendet werden, da nur für die lmi-Kosten ein funktionaler Zusammenhang zwischen Nutzkosten und Kostentreibern besteht.[i] Weiterhin muss für die Zurechnung von Prozesskosten auf Kostenträgereinheiten der Prozesskostensatz zusätzlich Ausdruck einer funktionalen Beziehung zwischen Kostenträgereinheiten und Kostentreibern sein.[ii] Auch in der Prozesskostenrechnung wird dabei unterstellt, dass dieser funktionale Zusammenhang in proportionaler Form vorliegt. Eine genauere Betrachtung von Hauptprozessen zeigt aber, dass diese für alle möglichen Bezugsobjektebenen der betrieblichen Leistung anfallen können (vgl. Abb. 10-8).[iii]

---

[i]   Dies entspricht der Beschäftigung-Kosten-Funktion (vgl. Modul 2).

[ii] Dies entspricht der Kostenträger-Beschäftigung-Funktion (vgl. Modul 2).

[iii] Zu Bezugsobjekthierarchien vgl. Modul 2.

Hauptprozess	Kostentreiber [Anzahl...]	Prozessart
Material beschaffen	Bestellungen	auftragsbezogen
Fertigung steuern	Arbeitsplanpositionen	auftragsbezogen
Auftragsabwicklung	Aufträge	auftragsbezogen
Teile verwalten	Teilenummern	produktbezogen
Varianten verwalten	Varianten	produktbezogen
Neuteile einführen	Neuteile	produktlebenszyklus-bezogen
Neuprodukte einführen	Neuprodukte	produktlebenszyklus-bezogen
Personal betreuen	Mitarbeiter	programmbezogen
Lohn- und Gehaltsabrechnung	Abrechnungen	programmbezogen
Kostenplanung und -kontrolle	Bezugsgrößen	programmbezogen

Abb. 10-8:   Typische Hauptprozesse im Überblick

Nur für **produkteinheitenbezogene** Prozesse können die Kosten nach dem Beanspruchungsprinzip auf die Kostenträger zugerechnet werden. Allerdings weisen nur die wenigsten Prozesse einen derartigen Kostenträgerbezug auf (z. B. Hauptprozess „Qualitätssicherung" bei einer 100%-Prüfung mit Kostentreiber „Produktmenge"). Produkteinheitenbezogene Hauptprozesse sind daher in Abb. 10-8 nicht aufgeführt.

Auftragsbezogene Prozesse beinhalten alle Tätigkeiten zur Abwicklung von Beschaffungs-, Produktions- oder Vertriebsaufträgen. Sie werden deshalb auch als **Abwicklungsprozesse** bezeichnet.[i] Die Abwicklungsprozesskosten sind damit abhängig von der Anzahl der Aufträge aber unabhängig von der Anzahl der Einheiten, die der Auftrag umfasst. Abwicklungsprozesskosten können nach dem Beanspruchungsprinzip den einzelnen Aufträgen und nur bei konstanten Auftragsgrößen auch den Kostenträgereinheiten zugerechnet werden. Im Normalfall schwankender Auftragsgrößen können die Abwicklungsprozesskosten nur mithilfe des Durchschnittsprinzips auf Kos-

---

[i]   Vgl. Horváth / Mayer 1993, S. 17.

tenträgereinheiten zugerechnet werden, indem die Abwicklungsprozesskosten des Auftrags durch die Auftragsgröße dividiert werden.

Produktbezogene Prozesse setzen sich aus Tätigkeiten zusammen, die durch die bloße Existenz von Produkten oder Einzelteilen anfallen. Es handelt sich dabei um Tätigkeiten, die nach Einführung einer neuen Variante oder eines neuen Teils permanent notwendig sind, damit ein Produkt überhaupt produziert und verkauft werden kann. Diese Tätigkeiten fallen daher grundsätzlich auch dann an, wenn in einer Periode weder Produktion noch Verkauf von Produkten stattfinden. Diese Prozesse werden auch als **Betreuungsprozesse** bezeichnet. Die Betreuungsprozesskosten sind sowohl unabhängig von der Produktionsmenge als auch von der Zahl der Aufträge. Sie können daher auf Kostenträgereinheiten nur mithilfe des Durchschnittsprinzips zugerechnet werden, indem z. B. für den Hauptprozess „Varianten verwalten" für jede Variante der Kostensatz durch die Produktionsmenge der Periode dividiert wird. Für den Hauptprozess „Teile verwalten" müsste zunächst für jede Variante der Kostensatz mit der Anzahl der Teile dieser Variante multipliziert werden. Anschließend müsste das Ergebnis wiederum durch die Produktionsmenge der Periode dividiert werden.

Produktlebenszyklusbezogene Prozesse bestehen aus administrativ-planerischen Tätigkeiten in der Produktentwicklungsphase. Die Konstruktions- und Entwicklungstätigkeiten selbst sind **nicht** Bestandteil dieser Prozesse. Produktlebenszyklusbezogene Prozesse werden auch als **Vorleistungsprozesse** bezeichnet.[i] Anders als die produktbezogenen Prozesse, werden Vorleistungsprozesse nur einmalig durchgeführt. Typische derartige Prozesse sind „Neuteile einführen" oder „Neuprodukte einführen" mit Tätigkeiten wie „Arbeitspläne erstellen" oder „Wartungspläne erstellen".[ii] Diese Kosten sind unabhängig

---

[i] S. hierzu auch die Ausführungen zur Lebenszykluskostenrechnung in Modul 11.

[ii] Vorleistungs- und Betreuungsprozesskosten fallen damit jeweils in spezifischen Phasen des Lebenszyklus eines Produktes an. Diese Unterschiede im Kostenanfall während der Lebensdauer eines Produktes sind Gegenstand der Lebenszykluskostenrechnung, die in Modul 11 behandelt wird.

von der Produktionsmenge, der Zahl der Aufträge und der Anzahl der Perioden, in denen das Produkt verkauft wird. Sie können den einzelnen Produkteinheiten nur mithilfe des Durchschnittsprinzips zugerechnet werden, indem die Vorleistungsprozesskosten der Periode durch die gesamte Produktionsmenge während der ganzen Lebensdauer der entsprechenden Produktart dividiert werden.

Programmbezogene Prozesse fallen für mehrere oder alle Produktarten gemeinsam an. Dies ist typisch für produktionsferne Hauptprozesse insbesondere im Verwaltungsbereich. Eine Zurechnung von programmbezogenen Prozesskosten auf Kostenträger wird üblicherweise nicht vorgenommen.

Eine Kostenzurechnung auf die Kostenträgereinheiten nach dem **Beanspruchungsprinzip** ist für die meisten Hauptprozesse also nicht möglich. Da die Anwendung des Durchschnittsprinzips jedoch die existierenden Abhängigkeiten verschleiert, sollte für die Prozesskalkulation in erster Linie der **Auftrag** als Bezugsobjekt verwendet werden. Die Kosten höherer Bezugsobjektebenen (wie z. B. Produktart, Produktprogramm) sollten für eine entscheidungsorientierte Informationsversorgung gesondert ausgewiesen werden.

Die Einbeziehung von Ansätzen der Prozesskostenrechnung in die Plankalkulation der GPKR kann sicherlich nicht alle oben beschriebenen Mängel der Grenzplankalkulation beseitigen. Der Schwerpunkt der Verbesserungen liegt im Bereich der fertigungsunterstützenden Prozesse sowie im Material- und Vertriebsbereich. Mit der **Plankalkulation in der Prozesskostenrechnung** lassen sich z. B. die kostenmäßigen Auswirkungen folgender Alternativen deutlich besser als in der GPKR unterscheiden:

a) Einsatz vieler **oder** weniger Materialarten bei einer Produktart:

Sind die Prozesskostensätze für den Prozess „Bestellung und Lagerung von Serienmaterial" mit dem Kostentreiber „Anzahl Materialarten" oder „Anzahl Fremdbezugspositionen" bekannt, wird eine Produktart je nach der Anzahl fremdbezogener Materialarten höher oder niedriger belastet.

b) hoher **oder** geringer Anteil an fremdbezogenen Vorprodukten bei
   einer Produktart:

Mit dem Kostentreiber „Anzahl Arbeitsplanpositionen" für den
Hauptprozess „Fertigung steuern" werden einer Produktart mit hohem Fremdbezugsanteil an Vorprodukten, d. h. geringer Fertigungs-
tiefe,[i] weniger Gemeinkosten der fertigungsunterstützenden Bereiche
zugerechnet, als einer Produktart, für die ein hoher Anteil an Eigenfertigung bei Vorprodukten (Einzelteilen, Baugruppen) vorliegt.

c) Produkt ist ein Großserienprodukt **oder** eine exotische Variante:

Unterstellt man z. B., dass der Planungs- und Koordinierungsauf-
wand für jede Variante gleich groß ist, wird auch jede Variante mit
dem Planprozesskostensatz des Hauptprozesses „Varianten betreuen"
belastet. Wird dieser durch die geplante Stückzahl dividiert, so werden Großserienprodukte deutlich weniger belastet als eine exotische
Variante.

Dies zeigt folgendes Beispiel: Für den Hauptprozess „Varianten
betreuen" beträgt der lmi Planprozesskostensatz 12.000 € pro Variante. Bei einer Planproduktionsmenge von 20.000 Stück / Jahr für
Variante A beträgt der Plankalkulationssatz 0,60 €/Stück, bei der
exotischen Variante B mit einer Planproduktionsmenge von nur 200
Stück/Jahr wären dies immerhin 60 €/Stück.

d) Auftrag ist ein Groß- **oder** Kleinauftrag:

Mithilfe des Hauptprozesskostensatzes für „Aufträge abwickeln" ergeben sich die in der Plankalkulation zu verrechnenden Stückkosten
durch Division des Hauptprozesskostensatzes durch die Auftrags-
stückzahl.

e) Vertriebsweg bei einem Produkt ist mehr **oder** weniger aufwendig:

Wird in der Prozesskostenplanung zwischen zwei Hauptprozessen
„Auftrag abwickeln Inland" und „Auftrag abwickeln Ausland" unterschieden, so kann man unterschiedliche Vertriebswege beanspru-
chungsgemäß kalkulieren.

---

[i] Vgl. Hoitsch 1993, S. 144 ff.

Kritiker der Prozesskostenrechnung wenden gegen den oben angewandten „Divisionsvorgang" ein, dass hier – wie z. B. bei der Verrechnung der Rüstkosten und Sondereinzelkosten in der GPKR –
ebenfalls „künstlich proportionalisiert" wird. Eigentlich handelt es
sich um Einzelkosten hierarchisch höher gelegener Bezugsobjekte.

Der laufende **Einbezug der Prozesskostenrechnung** in die Ermittlung von **Herstellkosten** in der **Plankalkulation** einer parallelen
Grenz- und Vollplankostenrechnung ist (insbesondere für die Kosten
der fertigungsunterstützenden Bereiche) nur über eine Verbindung
der Kostenrechnung mit der **Grunddatenverwaltung** (Verwaltung
der Stücklisten, Arbeitsplan- und Teilestammdaten) der **Produktionsplanung** und -steuerung[i] möglich. Diese liefert die folgenden
relevanten Informationen zur Zurechnung der Hauptprozesskosten
auf die Kostenträgereinheiten:

- Anzahl der in eine Produktart eingehenden Einzelteile oder Baugruppen bzw. Materialarten

- Anzahl der Fertigungsstufen (Fertigungskostenstellen), die ein
  Produkt durchläuft, oder Anzahl der Arbeitsplanpositionen

- Standard-Bestellmengen für fremdbezogene Materialarten bzw.
  Standard-Seriengrößen für eigene Fertigungsaufträge.

Über eine **Verknüpfungs-** oder **Prozesstabelle** müssen Informationen darüber gespeichert werden, welche Hauptprozesse einem Kal-
kulationsobjekt zuzurechnen sind und durch welche Größen die
Hauptprozesskosten dividiert werden. Eine entsprechende Fortführung des Beispiels zur Kalkulation in der GPKR (Abb. 8-3 und
8-4) enthält Abb. 10-9.

---

[i] Vgl. Hoitsch 1993, S. 177 ff.

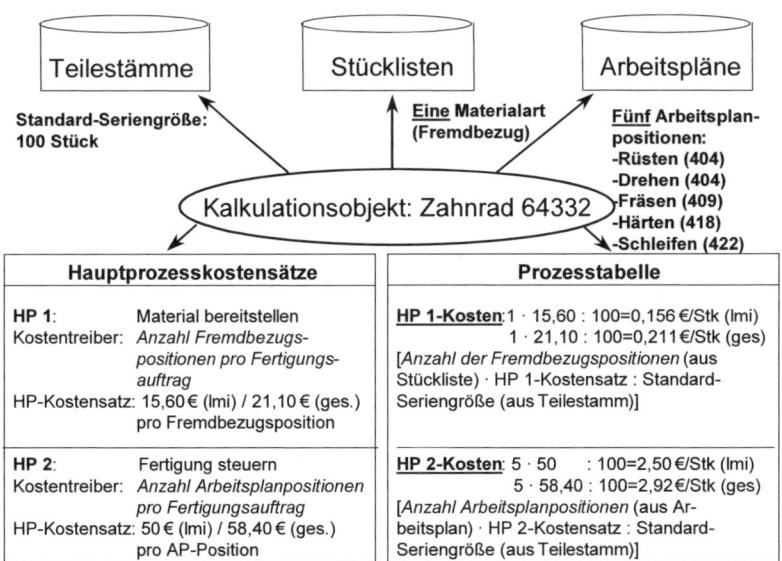

Abb. 10-9:   Prozesskalkulation und Grunddatenverwaltung[i]

Im Vergleich zur Plankalkulation der Grenz- und Vollplankostenrechnung aus Abb. 8-3 bis 8-6 könnte eine entsprechende kombinierte Grenz-/Voll-/Prozessplankalkulation für die Herstellkosten gemäß
Abb. 10-10 und Abb. 10-11 ausgestaltet sein.

Bei einer derartigen Kombination muss jedoch beachtet werden, dass
keine **Doppelerfassung** von Kosten stattfindet. Dies betrifft insbesondere die sekundären Leitungskosten, die inhaltlich für die Fertigungssteuerung anfallen. Von den proportionalen Fertigungskosten
aus der GPKR-Kalkulation sind daher noch die sekundären Leitungskosten zu subtrahieren, die, wie in der GPKR üblich, voll proportional angesetzt werden.[ii] Entsprechend sind von den fixen Fertigungskosten die tertiären Leitungskosten zu subtrahieren. Dies wird
nachstehend beispielhaft für die sekundären Leitungskosten des Ar-

---

[i]   Vgl. Horváth 2006, S. 534.

[ii]   Vgl. Modul 5.

tikels 64332 in Kostenstelle 404 gezeigt. Die entsprechenden Informationen finden sich in der Abb. 5-7 aus Modul 5 sowie in den Abb. 8-3 und 8-8 aus Modul 8.

Sekundäre Leitungskosten pro Kostenträgereinheit für Artikel 64332 in Kostenstelle 404:

Rüststunden: $\dfrac{600\,€}{300\,R-h} \cdot \dfrac{0,9\,\dfrac{R-min}{Stk}}{60\,\dfrac{R-min}{R-h}} = 0,03\ €/Stk$

Fertigungsstunden: $\dfrac{1.510\,€}{900\,F-h} \cdot \dfrac{10,8\,\dfrac{F-min}{Stk}}{60\,\dfrac{F-min}{F-h}} = 0,302\ €/Stk$

Maschinenstunden: $\dfrac{2.820\,€}{1.800\,M-h} \cdot \dfrac{21,6\,\dfrac{M-min}{Stk}}{60\,\dfrac{M-min}{M-h}} = 0,564\ €/Stk$

Unter Berücksichtigung der Rundungsfehler betragen die sekundären Leitungskosten damit 0,90 €/Stück für Artikel 64332 in Kostenstelle 404. Die tertiären Leitungskosten in Kostenstelle 404 sowie die sekundären und tertiären Leitungskosten der anderen Kostenstellen können nicht aus den in diesem Buch vorhandenen Informationen ermittelt werden. Unterstellt man sekundäre Leitungskosten von insgesamt 2,56 €/Stück in den restlichen Fertigungskostenstellen ergibt sich ein Leitungskostenanteil an den Grenzfertigungskosten in Höhe von 3,46 €/Stück für Artikel 64332. Des Weiteren seien tertiäre Leitungskosten in gleicher Höhe unterstellt.[i]

Für Artikel 64333 beträgt der Leitungskostenanteil an den Grenzfertigungskosten der Kostenstelle 404 1,37 €/Stück, der allein darauf be-

---

[i] Diese Annahme impliziert, dass in der Leitungskostenstelle proportionale und fixe Kosten gleich hoch sind, und dass als Verteilungsbasis für die fixen Kosten die proportionalen Kosten verwendet werden.

ruht, dass aufgrund der kleineren Seriengröße 9 statt 0,9 Rüstminuten pro Stück kalkuliert werden. Da die restlichen Fertigungskostenstellen von beiden Kostenträgern in gleichem Maße beansprucht werden, betragen auch für Artikel 64333 die Leitungskosten in den restlichen Fertigungskostenstellen 2,56 €/Stück. Damit ergibt sich insgesamt ein sekundärer Leitungskostenanteil an den Grenzfertigungskosten in Höhe von 3,73 €/Stück für Artikel 64333. Der tertiäre Leitungskostenanteil beträgt dann ebenfalls 3,73 €/Stück.

Das Beispiel zeigt, dass die Herstellkosten des Artikels 64332 in diesem Fall mit einer prozessorientierten Plankalkulation etwas niedriger liegen als in der Plankalkulation der parallelen Grenz- und Vollkostenrechnung. Sowohl die Kosten der Materialbereitstellung als auch jene der Fertigungssteuerung sind nach dem Prozessprinzip niedriger als bei einer Verrechnung mithilfe von indirekten Bezugsgrößen in der GPKR. Für Artikel 64333 liegen die prozessorientierten Herstellkosten dagegen **über** den Herstellkosten der parallelen Grenz- und Vollkostenrechnung. Dies ist insbesondere darauf zurückzuführen, dass die auftragsbezogenen Kosten hier für eine **kleinere** Seriengröße anfallen und daher pro Stück höher liegen als bei Artikel 64332. Dagegen liegen die produkteinheitenproportionalen Kosten von Artikel 64333 **unter** denjenigen von Artikel 64332. Nur diese würden wegfallen, wenn eine Einheit des jeweiligen Kostenträgers weniger produziert würde. Die auftragsproportionalen Kosten würden dagegen nur entfallen, wenn eine ganze Serie (=Auftrag) weniger produziert würde. Die Kostenreduktion würde sich dann wie folgt ergeben: (produkteinheitenproportionale Kosten pro Stück + auftragsproportionale Kosten pro Stück) · Seriengröße.

Maschinenbau-GmbH

Plankalkulation:
Artikelbezeichnung: Zahnrad
Artikel-Nr. 64332
Planjahr ...03

Menge: 1 Stück
Seriengröße: 100 Stück

Nr	Text	Kosten [€]			davon bezogen auf					
					Produkteinheit			Auftrag		
		ges.	prop.	lmi.	ges.	prop.	lmi.	ges.	prop.	lmi.
1	Einzelmaterial-kosten	15,60	15,60		15,60	15,60				
2	Materialbereitstel-lung (Prozesskosten)	0,21		0,16				0,21		0,16
3	korr. Fertigungskosten ohne sek. / tert. Leitungskosten	93,27	58,78		90,22	55,76		*3,05	*3,02	
4	Fertigungssteuerung (Prozesskosten)	2,92		2,50				2,92		2,50
5	**Summe Herstellkosten**	**112,00**	**74,38**	**2,66**	**105,82**	**71,36**		**6,18**	**3,02**	**2,66**

*Rüstkosten (ohne Leitungskosten) und SEK d .Fert.

Abb. 10-10:　　Kombinierte Grenz-/Voll-/Prozessplankalkulation (Artikel 64332)

Maschinenbau-GmbH

Plankalkulation:
Artikelbezeichnung: Zahnrad
Artikel-Nr.: 64333
Planjahr: "03

Menge: 1 Stück
Seriengröße: 100 Stück

Nr	Text	Kosten [€]			davon bezogen auf				
					Produkteinheit		Auftrag		
		ges.	prop.	lmi.	ges.	prop.	ges.	prop.	lmi.
1	Einzelmaterial-kosten	6,00	6,00		6,00	6,00			
2	Materialbereitstellung (Prozesskosten)	2,11		1,56			2,11		1,56
3	korr. Fertigungskosten ohne sek. / tert. Leitungskosten	120,72	85,93		90,22	55,76	*30,50	*30,17	
4	Fertigungssteuerung (Prozesskosten)	29,20		25,00			29,20		25,00
5	**Summe Herstellungskosten**	**158,03**	**91,93**	**26,56**	**96,22**	**61,76**	**61,81**	**30,71**	**26,56**

*Rüstkosten (ohne Leitungskosten) und SEK d.Fert.

Abb. 10-11: Kombinierte Grenz-/Voll-/Prozessplankalkulation (Artikel 64333)

10.6 Schwächen und Stärken der Prozesskostenrechnung

Nach der Darstellung der Prozesskostenrechnung soll abschließend eine kritische Würdigung dieses relativ neuen Ansatzes der Kostenrechnung erfolgen. Problematisch bei der Anwendung der Prozesskostenrechnung ist insbesondere, dass die **Genauigkeit** der ermittelten Prozesskosten davon abhängt, inwieweit die zugrundeliegenden Prämissen in der Realität erfüllt werden:

1. Zwischen **Tätigkeitsmaßgrößen** und **Kapazitätsinanspruchnahme** besteht ein **funktionaler** Zusammenhang. Dies setzt insbesondere voraus, dass die in einer Tätigkeit erfassten Leistungen **homogen** sind, z. B., dass die Bearbeitung jeder Bestellposition identisch abläuft. Dienstleistungen unterscheiden sich von Sachleistungen aber u. a. dadurch, dass sie weitaus weniger homogen sind, da bei ihrer Erbringung menschliche Einflussgrößen einen stärkeren Einfluss haben als technische.

2. Zwischen **Teilprozessmaßgrößen** und **Tätigkeitsmaßgrößen** besteht ein **funktionaler** Zusammenhang. Dies setzt insbesondere voraus, dass die **Zusammensetzung** der zu einem Teilprozess zusammengefassten Tätigkeiten **konstant** ist. Je heterogener das Leistungsprogramm einer Unternehmung ist, desto wahrscheinlicher ist jedoch, dass auch die Abläufe in den Kostenstellen je nach Programmzusammensetzung schwanken.

3. Zwischen **Kostentreibern** und **Teilprozessmaßgrößen** besteht ein **funktionaler** Zusammenhang. Die unter 2. angestellten Überlegungen gelten hier analog für die Konstanz der zu einem Hauptprozess zusammengefassten Teilprozesse.

Bei der Zurechnung von Prozesskosten auf Kostenträgereinheiten ergeben sich weitere Probleme, die im vorausgehenden Abschnitt behandelt wurden.

Zusammenfassend weist eine Ergänzung der GPKR durch eine Prozesskostenrechnung, unter Berücksichtigung der oben angeführten Einschränkungen, folgende Vorteile auf:

- genauere Erfassung steigender Gemeinkostenanteile der indirekten Bereiche an den Gesamtkosten bei zunehmend differenziertem Produktangebot,

- Unterstützung der Entwicklung der Unternehmungsorganisation von einer (stark arbeitsteiligen) funktionsorientierten Organisation zu einer wesentlich leistungsfähigeren (abteilungsübergreifenden) Prozessorganisation der Unternehmung,

- effizientere Prozessgestaltung im Sinne einer kontinuierlichen Prozessverbesserung durch prozessbezogene Kosteninformationen.

Beim Kostenstellen-Soll-Ist-Kostenvergleich im Rahmen der Kostenkontrolle in der **Prozesskostenrechnung** werden – wie in der GPKR – die Istmengen der lmi-Teilprozesse zur (proportionalen) Umrechnung der geplanten lmi-Kosten in **Soll-lmi-Kosten** herangezogen, die – ergänzt um die lmn- und Leerkosten – den **Referenz-Istkosten** gegenübergestellt werden. Neben Faktorpreis- und Kostenstellen-Verbrauchsabweichungen (wie in der GPKR) können dabei auch **Kapazitätsauslastungsabweichungen** auftreten, die durch die beschränkte Abbaubarkeit der proportional vorgegebenen lmi-Kosten (lmi-Prozesskosten) verursacht werden.

Kontrollfragen

1. Inwiefern stellen Leerkosten ein beschäftigungsinduziertes Kostensenkungspotenzial dar?

2. Warum können volle Kosten nicht (mehr) als Hilfsgröße für den Wert der genutzten Produktionsfaktoren herangezogen werden?

3. Nach welchem Prinzip erfolgt die Kostenzurechnung in der Prozesskostenrechnung?

4. Was ist bei der Kapazitätsmessung im Rahmen der Prozesskostenrechnung zu beachten?

5. Wie wird das Leistungsprogramm einer Kostenstelle im Rahmen der Prozesskostenrechnung ermittelt?

6. Was sind repetitive Tätigkeiten?

7. Welche Bedeutung haben repetitive Tätigkeiten für die Prozesskostenrechnung?

8. Wie wird die Gesamtkapazität üblicherweise gemessen?

9. Welche Bedeutung hat die beanspruchte Gesamtkapazität?

10. Was versteht man unter Teilprozessen?

11. Was versteht man unter einem lmn-Teilprozess?

12. Warum wäre die Bezeichnung beschäftigungsneutral eigentlich exakter als leistungsmengenneutral?

13. Was sind leistungsmengeninduzierte Teilprozesse?

14. Wie erfolgt üblicherweise die Kostenplanung?

15. Wie ermittelt man die Leerkosten?

16. Wie werden lmn- und Leerkosten verteilt?

17. Warum ist eine Zurechnung von Prozesskosten auf Kostenträgereinheiten nach dem Beanspruchungsprinzip in den meisten Fällen nicht möglich?

18. Unterscheiden Sie die folgenden Prozessarten: produkteinheiten-, auftrags-, produkt-, produktlebenszyklus- und programmbezogen.

19. In welchem Zusammenhang stehen diese Prozesse mit Abwicklungs-, Betreuungs- und Vorleistungsprozessen?

20. Warum sollte für die Prozesskalkulation in erster Linie der Auftrag als Bezugsobjekt verwendet werden?

21. Was sollte mit Kosten höherer Bezugsobjektebenen geschehen?

22. In welcher Form muss für eine Prozesskalkulation eine Verbindung mit der Grunddatenverwaltung erfolgen?

23. Warum und wie muss bei der Ergänzung einer Grenzplankostenkalkulation um eine Prozesskostenkalkulation eine Korrektur der Grenzkostenkalkulation erfolgen?

11. Lernmodul

Kosten- und Erlösrechnung als Informationsversorgungsinstrument für strategische Entscheidungen

Lernziele:

Nach dem Studium dieses Lernmoduls sollten Sie insbesondere folgende Punkte verstanden haben:

- den Informationsbedarf zur Steuerung und Überwachung des Erfolgspotenzials,

- die Aussagen der Kostenerfahrungskurve,

- das Konzept der Lebenszykluskostenrechnung,

- den Ansatz und den Ablauf der Zielkostenrechnung,

- die strategische Dimension der Prozesskostenrechnung.

Ihre Tante ist mit dem erzielten Betriebsergebnis nunmehr hoch zufrieden und hat sich ausgerechnet, dass sie sich „bei diesen Gewinnen" schon in zehn Jahren zur Ruhe setzen kann. Leider müssen Sie die Freude schon wieder dämpfen: „Derartig langfristige Überlegungen kannst du nicht ohne Weiteres aus der Kostenrechnung ableiten, die ist nämlich kurzfristig orientiert. Hast du dir z. B. schon mal Gedanken darüber gemacht, wie sich in den nächsten Jahren die Absatzzahlen und die Kosten für deine Sahnetorten entwickeln werden? Um derartige periodenübergreifende Kostenwirkungen zu erfassen, brauchst du eine strategieorientierte Kostenrechnung. Was das ist, erkläre ich dir mithilfe des 11. Lernmoduls, das ich zufällig dabei habe."

11.1 Strategische Planung und deren Informationsbedarf

In Modul 1 wurde das betriebliche Rechnungswesen als Controlling-instrument dargestellt, dessen Aufgabe in der Informationsversorgung von Planung, Kontrolle und Dokumentation besteht. Die Planung hat zielbezogen zu erfolgen, in der Kontrolle wird der tatsächliche Zielerreichungsgrad gemessen. Die Teilbereiche des betrieblichen Rechnungswesens werden deshalb an betriebswirtschaftlichen Zielen ausgerichtet, wobei Erfolg und Liquidität als die zentralen Zielgrößen zu betrachten sind. So konnten Funktionen und Begriffe (Rechnungsgrößen) des Rechnungswesens dargestellt und der Zusammenhang der Teilbereiche aufgezeigt werden.

Neben der Steuerung und Überwachung des Erfolgs- und Liquiditätsziels muss jedoch auch eine Steuerung und Überwachung des **Erfolgspotenzials** als wesentlicher Zielgröße der **strategischen** Unternehmungsführung erfolgen. Wie in Modul 1 bereits erwähnt, dient die Steuerung und Überwachung des Erfolgspotenzials der **Vorsteuerung** der operativen Zielgrößen Erfolg und Liquidität.

Während zur Informationsversorgung der operativen Planung und Kontrolle die oben beschriebenen Rechengrößen des betrieblichen Rechnungswesens Auszahlung/Einzahlung, Ausgaben/Einnahmen, Aufwand/Ertrag sowie Kosten/Erlöse dominieren, treten zur Informationsversorgung der strategischen Planung eher **qualitative** Größen – wie Chancen/Risiken der Umwelt und Stärken/Schwächen der Unternehmung – in den Vordergrund, die sich nur bedingt auf die Informationen aus dem betrieblichen Rechnungswesen stützen können.

Die Umsetzung strategischer Pläne, die an der Zielgröße Erfolgspotenzial ausgerichtet sind, erfolgt über konkrete strategische Investitionsprojekte, die kurzfristig häufig zu Lasten des Erfolgs- und Liquiditätsziels gehen. Aus diesem Grunde erfordert eine erfolgspotenzialorientierte strategische Planung auch eine Informationsversorgung aus dem betrieblichen Rechnungswesen, wobei die **Erfolgs- und Liquiditätswirkungen** der geplanten Strategien der Unternehmung oder eines Geschäftsfeldes einer Unternehmung untersucht werden müssen. Aus der Sicht des strategischen Controllings stellt dies besondere Anforderungen an das betriebliche Rechnungswesen, die innerhalb einer strategieorientierten Finanz- und Investitionsrechnung, einer strategieorientierten Bilanz-, Gewinn- und Verlustrechnung sowie einer strategieorientierten Kosten-, Erlös- und Ergebnisrechnung erfüllt werden sollen. Letztere wird in jüngerer Zeit immer häufiger unter dem Begriff des **strategischen Kostenmanagements** gefordert, da die Informationen, welche die heutige KER zur Verfügung stellt, in erster Linie für die kurzfristig orientierte operative Steuerung der Unternehmung relevant sind.

11.2 Strategieorientierte Finanz- und Investitionsrechnung

Mit strategieorientierten Finanzrechnungen werden Unternehmungs- bzw. Geschäftsfeldstrategien auf die mit deren Umsetzung verbundenen langfristigen **Liquiditätswirkungen** untersucht. Die entstehenden Finanzmittelbedarfe oder -überschüsse werden mit dem verfügbaren Finanzierungspotenzial (Kapitalbudget) der Unternehmung abgestimmt. Der Aufbau und die Erhaltung des Erfolgspotenzials in Form langfristig verteidigbarer Wettbewerbspositionen wird durch diese Abstimmung abgesichert. Dazu müssen die Liquiditätswirkungen der Unternehmungsstrategien, insbesondere der damit verbundenen strategischen Investitionsprojekte, in Form von Aus- und Einzahlungsströmen im Zeitablauf bis hin zum strategischen Planungshorizont abgebildet werden. Durch den Einbezug von Zahlungsströmen, die nicht auf Unternehmungsstrategien zurechenbar sind, entsteht eine **gesamtunternehmungsbezogene Finanzrechnung**, deren Saldo (Differenz zwischen Einzahlungen und Auszahlungen) als **Cash Flow** eine Maßgröße für das sogenannte **strategische Innenfinanzierungspotenzial** der Unternehmung darstellt.

Zur Steuerung und Überwachung des langfristigen finanziellen Gleichgewichts, der langfristigen Liquidität der Unternehmung, muss zusätzlich das **strategische Außenfinanzierungspotenzial** (z. B. geplante Kapitalerhöhung) in die Rechnung einbezogen werden. Die dynamischen Verfahren der **Investitionsrechnung** (Kapitalwert-, Endwert-, Annuitäten-, Interne Zinsfuß-Methode)[i] arbeiten mit Aus- und Einzahlungsinformationen, die auf- oder abgezinst zu be-

---

[i] Vgl. Kruschwitz 2005, S. 44 ff.

stimmten Zielgrößen (Kapital-, Endwert, Annuität, Interner Zinsfuß) verarbeitet werden. Diese Investitionsrechnungen eignen sich zur Informationsversorgung der Planung von **operativen** Investitionsprojekten, wie Ersatz-, Rationalisierungs- und Erweiterungsinvestitionen.

Die Planung von Unternehmungsstrategien erfordert eine **strategische Investitionsplanung**. So müssen z. B. bei Einführung neuer Technologien in der Produktion zur Verbesserung der Wettbewerbsposition der Unternehmung alle monetär und nicht monetär erfassbaren Wirkungen solcher Investitionen ermittelt werden. Zu diesem Zweck sollten spezielle Verfahren der strategischen Investitionsplanung eingesetzt werden, die hier nicht beschrieben werden können. Innerhalb dieser speziellen Verfahren nimmt jedoch die **strategieorientierte Investitionsrechnung** wiederum einen wichtigen Platz ein. Diese kann als eine **erweiterte dynamische Investitionsrechnung** bezeichnet werden, mit deren Hilfe die finanziellen Konsequenzen von Unternehmungsstrategien anhand von Szenarien durchgespielt werden können. Neben den Zielgrößen der (traditionellen) dynamischen Investitionsrechnungen (Kapitalwert, Endwert, Annuität, Interner Zinsfuß) werden in einer strategieorientierten Investitionsrechnung zusätzlich **Risikoprofile** für strategische Investitionsprojekte ermittelt, die eine fundierte Informationsversorgung für die strategische Planung gewährleisten. Daraus kann die Unternehmungsführung erkennen, welches Risiko mit der Erzielung eines Erfolgs einer bestimmten Unternehmungsstrategie (z. B. zur Einführung einer computerintegrierten Produktion) verbunden ist.[i]

---

[i] Vgl. Hoitsch 1993, S. 221 ff.

11.3 Strategieorientierte Bilanz-, Gewinn- und Verlustrechnung

Im Rahmen des Jahresabschlusses von Kapitalgesellschaften für **externe** Adressaten müssen im Anhang und im Lagebericht Informationen zur Erläuterung strategischer Vorhaben enthalten sein. Eine **strategieorientierte** Bilanz-, Gewinn- und Verlustrechnung richtet sich dagegen an **interne** Adressaten (Unternehmungsführung) und dient der Informationsversorgung der strategischen Planung und Kontrolle und **nicht** der Dokumentation. In solchen **internen Plan-Jahresabschlüssen** versucht man, die Veränderungen des Erfolgspotenzials der Unternehmung in der Form abzubilden, dass in der Gewinn- und Verlustrechnung zwischen operativen und strategischen Aufwendungen und in der Bilanz zwischen operativen und strategischen Investitionen und deren Finanzierung differenziert wird.

Mit der Aufstellung von **Planbilanzen** und **Plan-GuV-Rechnungen** erhält die Unternehmungsführung somit Informationen über die bilanziellen Auswirkungen der strategischen Planung. Umgekehrt können die Informationen aus der Planbilanz über die zukünftige Erfolgssituation sowie Vermögens- und Finanzstruktur wiederum Auswirkungen auf die strategische Planung und unter Umständen auch Vorgabecharakter für diese haben. Bei Bedarf können Plan-Jahresabschlüsse auch zur Information externer Adressaten (z. B. Kreditgeber) eingesetzt werden, wenn diese z. B. zur (Fremd-)Finanzierung großer strategischer Projekte herangezogen werden. Eine weitere wichtige Aufgabe von Plan-Jahresabschlüssen für die Unternehmungsführung ist die Informationsversorgung bei der Abwägung und Auswahl folgender bilanzpolitischer Maßnahmen:

- Bewertungspolitik

- Rücklagenpolitik

- Kapital- und Substanzerhaltungspolitik

- langfristige Finanzierungspolitik (Selbstfinanzierung, Kapitalstruktur, Liquiditätsverbesserung)

- Steuerpolitik (Steuerminimierung)

- Ausschüttungs- bzw. Dividendenpolitik

• Meinungsbildungspolitik

Die handels- und steuerrechtlichen Rechnungslegungsvorschriften gehen von der Fiktion des **konstanten** Geldwertes aus. Dies bedeutet „€ = €", also **nominelle Kapitalerhaltung**. Im ex-post-Jahresabschluss werden daher bei der Gewinnermittlung Gewinnanteile ausgewiesen, die durch Preissteigerungen auf dem Absatzmarkt entstanden sind und eigentlich zur Deckung der meist höheren Wiederbeschaffungsausgaben für Produktionsfaktoren auf dem Beschaffungsmarkt erforderlich sind. Die Konsequenz ist, dass der Teil des Gewinns, der zum Ausgleich der höheren Wiederbeschaffungpreise erforderlich ist, besteuert (Scheingewinnbesteuerung) bzw. ausgeschüttet (Scheingewinnausschüttung) wird. Die Unternehmung verliert dadurch an Leistungsfähigkeit. Im Rahmen der Kapital- und Substanzerhaltungspolitik der Unternehmung kann für die Erstellung von Plan-Jahresabschlüssen dagegen das Prinzip der **realen Kapitalerhaltung** und **Substanzerhaltung** verfolgt werden. Bei der realen Kapitalerhaltung liegt ein Gewinn erst vor, wenn die Kaufkraft des Endkapitals die Kaufkraft des Anfangskapitals übersteigt. Substanzerhaltung ist dann erreicht, wenn der Wert der Vermögensgegenstände am Ende der Periode denen am Anfang der Periode entspricht. Reale Kapitalerhaltung und Substanzerhaltung können in Plan-Jahresabschlüssen mit Sonderrechnungen durch zahlreiche Varianten des „**Inflation Accounting**" und der Berechnung der Abschreibungen vom Wiederbeschaffungswert sowie der Bildung spezieller Rücklagen berücksichtigt werden. Auf die Darstellung dieser Möglichkeiten kann hier nicht eingegangen werden.[i]

11.4 Strategieorientierte Kosten-, Erlös- und Ergebnisrechnung

11.4.1 Strategische Ausrichtung der Kostenrechnung

Die Kosten-, Erlös- und Ergebnisrechnung ist primär am kurzfristig orientierten operativen Erfolgsziel ausgerichtet. Die ständig steigende Bedeutung der strategischen Unternehmungsführung und des strategischen Controllings mündet in der Forderung an die KER, die-

---

[i] Vgl. hierzu Horváth 2006, S. 579

ses bislang operative Controllinginstrument auch zu einem Informationsversorgungssystem der strategischen Planung und Kontrolle auszubauen. Geplante Unternehmungsstrategien müssen auch hinsichtlich ihrer Kosten- und Erlöswirkungen beurteilt werden. Sie beeinflussen die zukünftige Wettbewerbsfähigkeit der Unternehmung und somit deren Erfolgspotenzial. Dessen Planung und Kontrolle dient – wie bereits oben erwähnt – der systematischen Vorsteuerung des kurzfristigen Erfolges.

Die Sicherung des Erfolgspotenzials einer Unternehmung beruht auf Differenzierungs- und Kostenvorteilen. Unternehmungen, die eine **Differenzierungsstrategie** verfolgen, müssen in ihrer Planung die Kundenwünsche und deren Wandel besonders berücksichtigen. Dabei dürfen sie jedoch die daraus folgenden Kostenkonsequenzen nicht außer Acht lassen. Bei Verfolgung einer **Kostenführerschaftsstrategie** sind Unternehmungen darauf angewiesen, das Kostenniveau, die Kostenstrukturen und das Kostenverhalten so zu steuern, dass sie im Vergleich zur Konkurrenz einen Kostenvorteil erzielen. Die Planung und Kontrolle einer Kostenführerschaftsstrategie erfordert zur Informationsversorgung eine **strategieorientierte KER**, die in der Lage ist, die maßgeblichen Kostenantriebskräfte (Kostentreiber) zu identifizieren und **Kostensenkungspotenziale** aufzudecken, sodass Maßnahmen zur Kostensenkung geplant werden können.[i]

Empirische Untersuchungen haben gezeigt, dass in vielen Industriebranchen der größte Teil der Herstellkosten eines Produkts in dessen Entwicklungs- und Konstruktionsphasen festgelegt wird. In diesen Frühphasen des Produktlebenszyklus werden bereits Entscheidungen über die technische Ausgestaltung, das Qualitätsniveau, das Produktionsverfahren und den Anteil der Eigen- und Fremdfertigung von Produktkomponenten gefällt. Derartige Entscheidungen lassen sich in der auf die Entwicklungs- und Konstruktionsphase folgenden Produktionsphase kaum noch revidieren. Im Rahmen einer strategieorientierten KER müssen Methoden der **entwicklungs- und kon-**

---

[i] Vgl. zu diesen Wettbewerbsstrategien sowie den Voraussetzungen für ihren erfolgreichen Einsatz Hoitsch/Lingnau 1995, S. 390 ff.

struktionsbegleitenden Kalkulation bereitgestellt werden, die eine möglichst frühzeitige, wenn auch zunächst nur grobe Kalkulation der Produktkosten in Form von Schätz-, Ähnlichkeits- und Baukastenkalkulationen sowie eine Ermittlung der voraussichtlichen Produkterfolge (Artikelergebnisse) ermöglichen.[i]

Wird ein bestimmtes Produkt über einen längeren Zeitraum hinweg produziert und verkauft, so können sich Herstell- und Vertriebskosten im Zeitablauf recht unterschiedlich entwickeln. Dabei können **Erfahrungs- und Lernkurveneffekte** auftreten, die eine Kostenreduzierung ermöglichen und deshalb in eine strategieorientierte KER aufgenommen werden müssen. Aufgrund des wettbewerbsbedingten schnellen technologischen Wandels werden die Produktions- und die Vermarktungsphase industrieller Erzeugnisse immer kürzer. Neben den laufenden Herstell- und Vertriebskosten werden deshalb die so genannten **Vorlauf-** und **Nachlaufkosten** für die Planung strategischer Produktentscheidungen besonders relevant. Eine strategieorientierte KER muss deshalb auch eine **Lebenszykluskostenrechnung** (life cycle costing) beinhalten.

Mit zunehmender Verschärfung und Internationalisierung des Wettbewerbs erkannte man, dass nicht die aufgrund kostenrechnerischer Kalküle ermittelten Kosten das Preisniveau eines Produktes bestimmen, sondern die im Markt durchsetzbaren Preise das Niveau der vertretbaren Kosten bestimmen. In den vergangenen Jahren wurde vor allem in Japan ein kompaktes, geschlossenes Konzept der so genannten **Zielkostenrechnung** (target costing) entwickelt, das, ausgehend von einem vorgegebenen bzw. angestrebten Marktpreisniveau und einer gewünschten Rentabilität, die in den Preisen vertretbaren und vom Markt akzeptierbaren Kosten bestimmt. Eine solche Zielkostenrechnung ist ebenfalls Bestandteil einer strategieorientierten KER.

Soll der primär auf Produkte abstellende Denkansatz der Zielkostenrechnung erfolgreich sein, so muss für Produkte ersichtlich sein, welche Ressourcen für ihre Entwicklung, Konstruktion, Produktion und

---

[i] Vgl. Hoitsch 1993, S. 66 ff.

Distribution in Anspruch genommen werden, welche Prozesse dies auslöst und welche Kosten letztendlich produktspezifisch entstehen. Demzufolge ist es wichtig, die Beziehungen zwischen Ressourcen (Potenzialen), Prozessen und Produkten möglichst genau abzubilden und für Produkte aufzuzeigen, welche Kosten hierfür entstehen. Eine strategieorientierte KER umfasst deshalb auch eine **Prozesskostenrechnung**, welche die oben genannten Anforderungen erfüllt. Im Folgenden wird auf die angeführten Bestandteile einer strategieorientierten KER im Überblick eingegangen.

11.4.2 Erfahrungskurve und Kostensenkungspotenziale

Im Rahmen der strategischen Planung wird eine **Unternehmungsanalyse** durchgeführt, bei der die Beurteilung der Kostensituation eine besondere Bedeutung hat. Um ihr Erfolgspotenzial voll ausschöpfen zu können, muss die Unternehmung oder einer ihrer Teilbereiche – z. B. eine strategische Geschäftseinheit – output-, input- und prozessbezogene **Kostensenkungspotenziale** mithilfe kurz- und langfristiger Maßnahmen zur Kostensenkung realisieren. Die Abb. 11-1 zeigt Möglichkeiten zur Realisierung von für die strategische Planung besonders bedeutsamen **langfristigen** Kostensenkungspotenzialen auf.[i]

---

[i]   Vgl. Hoitsch 1993, S. 55.

Kostensenkungspotenziale		
outputbezogen	inputbezogen	prozessbezogen
• Realisierung kostengünstiger Konstruktion und Produktgestaltung bei Stückgütern - Einsatz der konstruktionsbegleitenden Kalkulation - Normung, Typung - Baukastensysteme - Einsatz der Wertanalyse • Realisierung kostengünstiger Werkstoffmischungen bei Fließgütern (z. B. Flüs- sigkeiten, Schüttgüter)	• Einsatz kostengünstiger Werkstoffarten • Wahl zwischen Eigenerstellung und Fremdbezug von Vorprodukten	• Einsatz rationellerer technologischer Verfahren (mutative Betriebsgrößenvariation) • Übergang zu rationelleren organisatorischen Verfahren (z. B. von Werkstatt- zur Fließproduktion) • Ausnutzung von Erfahrungseffekten mit zunehmenden Stückzahlen • Kapazitätsabbau bei langfristiger Überkapazität

Abb. 11-1: Langfristige Kostensenkungspotenziale

Die Erschließung von Kostensenkungspotenzialen erfordert eine detaillierte Analyse mithilfe von Methoden der analytischen Kostenplanung, wie sie in den Modulen 3 bis 5 und 10 beschrieben wurde. Um ohne den Einsatz dieser aufwendigen Analysemethoden Kostensenkungsmöglichkeiten bei der Informationsversorgung der **strategischen** Planung berücksichtigen zu können, wurde das Modell der **Kostenerfahrungskurve** entwickelt. Dieses überträgt die Überlegungen des Lernkurvenmodells, das sich nur auf die Lohnkosten pro Stück von Produkten bezieht, auf die gesamten Kosten der so genannten Wertschöpfung (= gesamte Selbstkosten eines Produktes abzüglich dessen Materialkosten). Demnach vermindern sich die inflationsbereinigten Stückkosten der Wertschöpfung um einen konstanten Prozentsatz (meist zwischen 20 und 30%), wenn sich die kumulierte Produktionsmenge verdoppelt. Die Kostensenkungen werden allerdings nur wirksam, wenn alle Rationalisierungs- und Innovationsmöglichkeiten ausgeschöpft werden. Danach muss gelten:

$$k_x = k_1 \cdot (1-s)^v \qquad (11.1)$$

Hierbei sind:

k_x: Stückkosten bei einer kumulierten Gesamtproduktionsmenge von $\overline{x}$

k_1: Stückkosten bei einer bis zum Zeitpunkt 1 hergestellten Ausgangsmenge x_1

s: Kostensenkungs-Prozentsatz

ν :   Anzahl der Verdoppelungen der Menge, ausgehend von x_1

Nach logarithmischen Umformungen erhält man das Funktionsgesetz der Kostenerfahrungskurve:

$$k_x = k_1 \cdot \left(\frac{\overline{x}}{x_1}\right)^{\frac{log(1-s)}{log2}} \tag{11.2}$$

Die Abb. 11-2 gibt ein Beispiel für die Kostenerfahrungskurve bei logarithmischer Achseneinteilung.

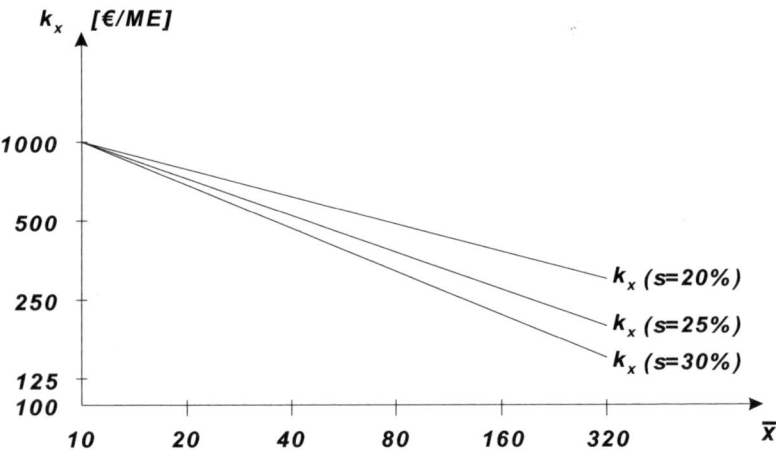

Abb. 11-2:   Kostenerfahrungskurve

Nach dem Modell der Erfahrungskurve sind die Kostensenkungen auf folgende Ursachen zurückzuführen:

- Übergang zu rationelleren technologischen Verfahren der Produktion aufgrund des technischen Fortschritts

- Übergang zu rationelleren Organisationstypen der Produktion (z. B. von Werkstatt- zur Fließproduktion)

- Lerneffekte des Personals bei wachsenden Produktionsmengen

- Einführung verbesserter Arbeitsmethoden

- Verbesserung der Lagerhaltung von Werkstoffen und End-produkten

- Rationalisierung der Vertriebsmethoden bei wachsenden Um-sätzen

- Degression der Fixkosten pro Stück bei zunehmender Beschäfti-gung

Die **Degression der Fixkosten** wird auch als **statischer** Effekt be-zeichnet, da dieser nicht durch den Bezug auf die über den Zeitablauf kumulierte Menge entsteht, sondern durch eine Steigerung der Aus-bringungsmenge pro Periode. Analog werden die anderen Effekte als **dynamisch** bezeichnet.

Obwohl die Kostenerfahrungskurve wegen ihrer Unschärfen und An-wendungsprobleme ausreichend Anlass zu berechtigter Kritik gibt, wird sie in der Praxis zur Informationsversorgung der strategischen Planung (insbesondere zur Planung von Preisstrategien) herangezo-gen. Anstelle des Einsatzes des Kostenerfahrungskurvenkonzeptes führt jedoch eine detaillierte **analytische Planung der Kostensen-kungspotenziale** bei steigenden Produktions- und Absatzmengen[i] zu einer wesentlich fundierteren Informationsversorgung der strategi-schen Planung, in deren Rahmen auch kurzfristige Kostensenkungs-potenziale aufgedeckt werden.

11.4.3 Lebenszykluskostenrechnung

Ein wichtiger Bestandteil einer strategieorientierten KER ist die Le-benszykluskostenrechnung (life cycle costing). In ihr wird versucht, die gesamte Entwicklung der Kosten von Produkten oder Projekten inklusive ihrer Vorlauf- und Nachlaufkosten über deren gesamte Le-bensdauer abzubilden.[ii]

---

[i]   S. Module 3 bis 5 und 10.

[ii] Vgl. Ewert/Wagenhofer 2005, S. 297 ff.

Zu den **Vorlaufkosten** zählen vor allem Kosten der Forschung, Entwicklung, Konstruktion und Produktionsvorbereitung. Dazu gehören auch Kosten der Bereitstellung produkt- oder projektspezifischer Technologien, Kosten der Lieferantensuche für Zulieferteile sowie Kosten für die Erschließung von Absatzmärkten. In ihrem Bestreben, Wettbewerbsvorteile zu erlangen und damit ihr Erfolgspotenzial zu stärken und zu sichern, nehmen Unternehmungen dafür immer mehr Zeit-, Personal- und Kapitaleinsatz und somit Kosten in Kauf. Weiterhin steigen die nach Beendigung der Produktions- und Vermarktungsphase anfallenden **Nachlaufkosten** aufgrund von Entsorgungs- und Recyclingerfordernissen. Zu den Nachlaufkosten zählen auch Kosten für Garantie- und Rücknahme- sowie Ersatzteilverpflichtungen.

Während **Nachlaufkosten** für jede einzelne Produkteinheit entstehen können, fallen **Vorlaufkosten** innerhalb des gesamten Lebenszyklus eines über einen längeren Zeitraum hinweg produzierten Erzeugnisses nur einmalig an. Deshalb muss eine produktlebenszyklusorientierte KER aufzeigen, wann sich diese für die Gesamtmenge eines Produktes insgesamt einmalig anfallenden Vorlaufkosten amortisieren[i] und wie sich Erfolg und Rentabilität[ii] der Produktion und Vermarktung nach diesem Amortisationszeitpunkt entwickeln. Dazu muss die strategieorientierte KER um eine dynamische Investitionsrechnung ergänzt werden.

Die Abb. 11-3 zeigt den Kostenanfall der einzelnen Phasen des Lebenszyklus.

---

[i]   d. h. durch Erlöse kompensieren

[ii] d. h. Verzinsung des eingesetzten Kapitals

Lebenszyklusphasen	Prozesse (Aktivitäten)	Kosten
Entwicklungsphase	Innovation, Forschung, Entwicklung, Konstruktion	Vorlaufkosten
Einführungsphase	Produktion, Test, Einführung	Vorlaufkosten, Herstellkosten, Vertriebskosten, Verwaltungskosten
Wachstumsphase, Reifephase, Degenerationsphase	Produktion, Vertrieb, Service	Herstellkosten, Vertriebskosten, Verwaltungskosten
Stilllegungsphase	Demontage, Entsorgung, Recycling	Nachlaufkosten

Abb. 11-3: Lebenszykluskosten

Lebenszykluskostenrechnungen sollen für alle Objektbereiche der strategischen Planung erstellt werden, für die sich im Zeitablauf ihrer Lebens- bzw. Nutzungsdauer Veränderungen im Kostenanfall (aber auch Erlös-, Ergebnisanfall) ergeben. Somit handelt es sich bei Lebenszyklusrechnungen um perioden**übergreifende** Informationsversorgungsinstrumente zur mittel- und langfristigen Planung, Steuerung und Kontrolle von Forschung und Entwicklung, Produktion, Absatz und Entsorgung.

Folgende, nach den jeweiligen Bezugsobjekten unterteilte, Lebenszykluskostenrechnungen sind denkbar:

- Produktlebenszyklus-KER

- Produktprogrammlebenszyklus-KER

- Kundenlebenszyklus-KER

- Marktlebenszyklus-KER

- Lieferantenlebenszyklus-KER

- Kooperationslebenszyklus-KER

Insbesondere in der **Produktlebenszykluskostenrechnung** stellt sich das Problem der Abgrenzung des betrachteten Objektes: Was gilt als eigenständiges neues Produkt, was ist lediglich Variation eines bisherigen Produktes? Welche Veränderungen führen dazu, dass ein neues Produkt entsteht, welche sind lediglich als (zusätzliche) Variante eines Produktes anzusehen? Je enger diese Definitionen getroffen werden, desto mehr Vor- und Nachlaufkosten fallen **produktübergreifend** an.

Die Lebenszykluskostenrechnung muss zur Entscheidungsunterstützung als Plankostenrechnung bereits vor der genauen Spezifizierung des Produktes durchgeführt werden. Zu diesem frühen Zeitpunkt können daher noch gar keine verlässlichen Kosteninformationen vorliegen, sodass für die Prognose der Kosten, ähnlich wie bei einer konstruktionsbegleitenden Kalkulation, Pauschalkalkulationen mit Richtwerten herangezogen werden müssen.[i]

11.4.4 Zielkostenrechnung

Mit zunehmender Verschärfung und Internationalisierung des Wettbewerbs wurde den Unternehmungsführungen klar, dass die am Markt erzielbaren Preise eindeutig das Niveau der in der Unternehmung vertretbaren oder erlaubten Kosten determinieren und nicht umgekehrt.

Die vor allem in Japan und den USA entwickelte **Zielkostenrechnung (target costing**, auch: Zielkostenmanagement)[ii] läuft in folgenden Schritten ab:

1. Festlegung (Vorgabe) realistischer (marktorientierter) Zielpreise **(target price)** für Produkte aufgrund der in Marktstudien ermittelten Zahlungsbereitschaft potentieller Kunden. Hierbei muss berücksichtigt werden, dass diese Preise, z. B. je nach der zugrundeliegenden Marketingstrategie, im Verlauf des Produktlebenszyklus schwanken können.

---

[i] Vgl. Hoitsch 1993, S. 66 ff.

[ii] Vgl. hierzu auch Seidenschwarz 2007. Die Grundüberlegung ist allerdings nicht völlig neu. So wurde der „Volkswagen" in den 30er Jahren auf Basis eines „Zielpreises" von „unter 1.000 Reichsmark" entwickelt.

2. Bestimmung der gewünschten Erfolgs- bzw. Ergebnisspanne (**target profit**), die mit den Produkten realisiert werden soll.

3. Subtraktion der Erfolgsspanne vom vorgegebenen Zielpreis ergibt die vom Markt erlaubten Kosten (**allowable costs**). Diese liegen zumeist unter den „fortgeschriebenen Kosten" (**drifting costs**), die unter den gegebenen Umständen von der Unternehmung erreicht werden können.

4. Bestimmung der Zielkosten (**target costs**). Die Festlegung der Zielkosten erfolgt markt- und strategieabhängig zwischen allowable und drifting costs. Bei Verfolgung einer Strategie der Kostenführerschaft in einem Markt mit hoher Wettbewerbsintensität entsprechen die Zielkosten den vom Markt erlaubten Kosten. Kann in einem Markt eine Differenzierungsstrategie verfolgt werden, hat die Unternehmung einen größeren Spielraum bei der Festlegung ihrer Zielkosten. Da diese beiden grundsätzlichen Wettbewerbsstrategien (Kostenführerschaft, Differenzierung) in der Realität zunehmend verschmelzen, werden die Zielkosten immer mehr in Richtung der vom Markt erlaubten Kosten verlaufen. Die Höhe der Zielkosten soll sowohl einen Anreiz zur Kostensenkung geben, als auch demotivierende Wirkungen bei als unrealistisch angesehenen Kostenzielen verhindern. Die Zielkosten sind als ein flexibles Ziel (moving target) zu verstehen, das permanent an sich ändernde Entscheidungssituationen aufgrund von Umwelt- und Unternehmungsentwicklungen angepasst werden muss.

5. Die Zielkosten für das **gesamte** Produkt sind als Vorgabe insbesondere für die Konstruktion ungeeignet. Es muss vielmehr ein „Herunterbrechen" der Zielkosten auf einzelne Produktkomponenten erfolgen (**Zielkostenspaltung**). Diese Zielkostenspaltung erfordert die Zusammenarbeit von Konstruktion und Marketing. Aus dem **Marketingbereich** werden Informationen dazu benötigt, welche Bedeutung die Kunden einzelnen **Eigenschaften** des Produktes zumessen (z. B. Handhabung, Design, Umweltverträglichkeit). Man erhält so die **relative Bedeutung der Eigenschaften** aus Kundensicht in Prozent. Aus der **Konstruktion** werden Informationen darüber benötigt, welchen Anteil die einzelnen **Komponenten** des Produktes (z. B. Motor, Elektrik, Fahrwerk) an der Erfüllung dieser Eigenschaften haben. Man er-

hält so die **relative technische Bedeutung der Komponenten** in Prozent. Die multiplikative Verknüpfung beider Informationen ergibt die (theoretische) Bedeutung, die eine Komponente aus Kundensicht hat. Dieser Prozentwert wird mit den gesamten Zielkosten multipliziert und ergibt die **Komponentenzielkosten**. Die Komponentenzielkosten entsprechen dem Preis, der (theoretisch) aus Kundensicht für die jeweilige Komponente angemessen ist. Sind in dem Produkt Leistungsmerkmale enthalten, die der Kunde nicht entsprechend honoriert, liegen die drifting costs der betroffenen Komponenten über den Komponentenzielkosten. Diese, durch ein „Over-Engineering" verursachten Kosten können durch Reduktion der enthaltenen Leistungsmerkmale gesenkt werden, ohne dass dies negative Folgen auf die Kundenakzeptanz hat.

Mit der anschaulichen Steuerungsgröße der Zielkosten wird die Informationsversorgung der strategischen Planung und Kontrolle erst vervollständigt. Die Zielkostenrechnung verfolgt eine Koordination der Planung von Wettbewerbsstrategien mit dem betrieblichen Rechnungswesen (speziell mit der KER), sodass eine Unternehmungsführung durch Zielvereinbarung (**management by objectives**) ermöglicht wird. Die strategische Stoßrichtung und damit die Strategieorientierung der Zielkostenrechnung setzt dabei an zwei Punkten an:

1. Die **Produkt-Markt-Strategie** bestimmt, zu welchem Preis das Produkt in Abhängigkeit von seiner Qualität auf dem jeweiligen Absatzmarkt verkauft werden kann.

2. Die **Ressourcenstrategie** legt unter Beachtung existierender Personal- und Sachkapazitäten fest, mit welcher Infrastruktur das markterforderliche Kostenniveau nachhaltig erreicht werden kann.

Die Zielkostenrechnung kann für bereits existierende Produkte sowie in der Konstruktion neuer Produkte eingesetzt werden. Bei bereits **existierenden Produkten** werden konsequent Kosten für nicht-werterhöhende Aktivitäten, die dem Kunden keinen Nutzen bringen, eliminiert. So wird z. B. versucht, die Produktkomplexität durch Verringerung der Anzahl der Einzelteile eines Produktes zu reduzieren, da die Produktkomplexität in der Regel der Hauptverursacher der Gemeinkosten ist. Erreicht wird dies, indem man diese Gemeinkosten nach der Anzahl der Einzelteile auf die Produkte verteilt. Die Kostenverantwortlichen sind somit permanent bemüht, die Anzahl der Einzelteile zu reduzieren, um dadurch langfristig eine Reduktion der Gemeinkosten zu erreichen.

Beim Einsatz der Zielkostenrechnung in der Entwicklung **neuer Produkte** geben Marketing und Controlling ein am stärksten Konkurrenten orientiertes Kostenziel vor. Ist dieses nicht überzogen, so regt dieses Vorgehen neue kostengünstige Lösungen und Produktinnovationen an, die in permanenten Diskussionsprozessen erörtert werden. Die zentrale Fragestellung lautet: Was **darf** das Produkt kosten? Nicht: Was **wird** das Produkt kosten? Im Sinne der Strategieorientierung der KER stehen somit nicht reine Kostenaspekte, sondern vor allem **Marktaspekte** im Vordergrund.

Innerhalb einer strategieorientierten KER sind Ziel- und Lebenszykluskostenrechnung miteinander zu verbinden. Die marktorientierte Zielkostenrechnung bewirkt, dass schon in frühen Phasen des Produktlebenszyklus mit dem Prozess der Kostenbeeinflussung begonnen wird. Damit werden schon die Rahmenbedingungen des Produktentstehungs- und -verwertungsprozesses kostenorientiert gestaltet. Dies bedeutet, dass in einer strategieorientierten KER eine vollständige Verknüpfung der beiden Konzepte notwendig wird.

Zur Ermittlung der drifting costs, die den Bezugspunkt aller weiteren Anstrengungen zur Verwirklichung des Kundenwunsches und damit der vom Markt erlaubten Kosten bilden, wird die Prozesskostenrechnung als besonders bedeutsam erachtet, deren Eignung zur Informationsversorgung strategischer Entscheidungen im Folgenden untersucht wird.

11.4.5 Prozesskostenrechnung

Die Prozesskostenrechnung[i] kann als neuer Ansatz verstanden werden, die **Kostentransparenz** in den **indirekten Leistungsbereichen**

---

[i]   Vgl. Modul 10.

(z. B. Forschung & Entwicklung, Beschaffung, Logistik, Arbeitsvorbereitung, Produktionsplanung und -steuerung, Qualitätssicherung, Auftragsabwicklung, Vertrieb, Versand, Verwaltung) zu erhöhen, die **Kapazitätsauslastung** aufzuzeigen, die **Produktkalkulati-
onen**[i] zu verbessern und damit strategische Fehlentscheidungen zu
vermeiden. Die Prozesskostenrechnung dient der Informationsversorgung sowohl der kurzfristig orientierten operativen als auch der langfristig orientierten strategischen Planung und Kontrolle. An dieser
Stelle interessiert der strategische Aspekt der Prozesskostenrechnung.

Die Schaffung und Sicherung nachhaltiger Wettbewerbsvorteile
(d. h. Kosten- oder Nutzenvorteile gegenüber dem Konkurrenten) erfordern die genaue Kenntnis der betrieblichen Kosten als Schlüssel-
faktoren für die erfolgreiche Durchführung von Unternehmungs- o-
der Geschäftsfeldstrategien. In der Grenzplankostenrechnung werden
die Gemeinkosten der indirekten Bereiche typischerweise über Zuschlagssätze auf die Einzel- oder Herstellkosten verrechnet. So ergibt
z. B. ein Zuschlag von 3% für Lagerhaltungskosten auf die Rohstoffkosten von 50 €/Stück 1,50 € Materialgemeinkosten/Stück. Solche
Methoden führen zu einer Fehlverrechnung von Gemeinkosten, da
kein funktionaler Zusammenhang zwischen den Gemeinkosten der
indirekten Bereiche und den Einzel- bzw. Herstellkosten besteht. Für
eine ordnungsgemäße Kostenzurechnung ist ein funktionaler Zusammenhang jedoch die Voraussetzung.[ii]

Die Stärkung des Erfolgspotenzials der Unternehmung erfordert eine
Erhöhung der Flexibilität der Unternehmung durch Anpassung an die
Kundenwünsche (z. B. hohe Variantenvielfalt, d. h. **eine Produktart**
wird kundengerecht in **vielerlei Varianten** angeboten). Dadurch verschiebt sich die Kostenstruktur im Zeitablauf zu einem immer stärker
steigenden Anteil der Gemeinkosten indirekter Bereiche an den Gesamtkosten der Unternehmung, der durch einen steigenden Aufwand
für Planungs-, Steuerungs-, Kontroll- und Koordinationsaufgaben im
Verhältnis zu reinen Produktionsaufgaben begründet ist.

---

[i]   Vgl. Modul 8.

[ii] Vgl. Modul 2.

Am Beispiel eines Standardproduktes im Verhältnis zu einer exoti-schen kundenindividuellen Variante wird deutlich, wie **ungenaue Kosteninformationen** zu **strategischen Fehlentscheidungen** führen können:

- Der Planungs-, Steuerungs-, Kontroll- und Koordinationsauf-wand bei komplexen Produkten (kundenindividuelle Varianten) mit kleiner Auflage ist wesentlich höher als bei einem Standard-produkt mit Großserienproduktion.

- Bei hohen Gemeinkosten für Planungs-, Steuerungs-, Kontroll- und Koordinationsaufgaben können „konventionelle" Gemein-kostenzuschläge zu erheblichen Verzerrungen der tatsächlichen Kostenstruktur führen. Standardprodukte werden dadurch viel zu hoch, „Exoten" dagegen zu niedrig kalkuliert, sodass letztere vergleichsweise profitabel erscheinen.

- Orientiert sich die Unternehmungsführung an diesen Zahlen, so wären der Absatz und die Produktion von „Exoten" zu fördern und die Variantenvielfalt auszuweiten.

- Bei zu niedrigen Preisen der „Exoten" kann dies fatale Folgen haben. Die Gemeinkosten steigen weiter, die Erfolge (Ergebnis-se) gehen zurück.

In einer Prozesskostenkalkulation werden die Kosten der indirekten Bereiche gemäß der Inanspruchnahme der Kapazitäten dem Produkt zugerechnet (belastet). Deshalb müssen Beziehungszusammenhänge zwischen dem Produkt und den dafür notwendigen Prozessen in den indirekten Bereichen (Planungs-, Steuerungs-, Kontroll- und Koordi-nationsprozesse) analysiert und quantifiziert werden.

Die mit einer Prozesskostenrechnung ermittelten Kosteninforma-tionen liefern Hinweise für die Planung von Produktprogramm- und Preisstrategien. Steigende Gemeinkosten werden dort verrechnet, wo sie entstehen. Kundenorientierte Flexibilität bzw. exotische Varian-tenproduktion und die daraus folgende Typen- und Teilevielfalt (Komplexität) erfordern eine Prozesskostenkalkulation.

11.4.6 Beurteilung der strategieorientierten Kosten-, Erlös- und Ergebnisrechnung

Traditionelle Aufgabe einer KER ist die Informationsversorgung der kurzfristig orientierten operativen Planung, Kontrolle und Dokumentation. Die KER geht dabei von durch Investitionsentscheidungen vorgegebenen und für die Planungsperiode konstanten Kapazitäten aus. Damit werden alle von diesen Kapazitäten abhängigen Kosten als unbeeinflussbar angenommen und in Bezug auf operative Entscheidungen als nicht relevant angesehen. Zur Informationsversorgung der strategischen Planung und Kontrolle sind langfristig ausgerichtete Instrumente des betrieblichen Rechnungswesens, wie z. B. die Investitions- und Finanzrechnung, einzusetzen.

In jüngster Zeit wird immer vehementer der Ausbau der KER zu einem Instrument der Informationsversorgung der strategischen Planung und Kontrolle gefordert. Fragen der Produktvielfalt (Variantenproblematik), der Flexibilität und der Kundenorientierung überfordern das vorhandene Instrumentarium einer konventionellen KER. Bei zunehmender Komplexität betrieblicher Strukturen und Prozesse auch in den indirekten Bereichen und einer stetigen Zunahme der Gemeinkosten erscheint es erforderlich, das interne betriebliche Rechnungswesen und damit die KER dem neuen Kontext anzupassen. Nur dann ist es möglich, weiterhin Wettbewerbsvorteile zu schaffen, zu erhalten und damit das Ziel der Sicherung des Erfolgspotenzials zu gewährleisten.

Die nach wie vor bedeutsame operative Ausrichtung der KER muss deshalb um eine strategieorientierte KER ergänzt werden. Dieser Weg zur strategieorientierten KER ist gegenwärtig nur über spezielle Rechnungen möglich, die in diesem Modul beschrieben wurden. Diese ergänzen die bereits vorhandenen operativ ausgerichteten Systeme der KER. Dabei stellt sich die berechtigte Frage, wie die Arbeitsteilung zwischen KER und Investitionsrechnung zu gestalten sei. An dieser Stelle kann keine theoretische Diskussion über die Beziehungen von Investitionsrechnung und KER geführt werden. Die Arbeitsteilung soll wie folgt verstanden werden:

Die **dynamische Investitionsrechnung** ist die geeignete Methodik, die Wirtschaftlichkeit langfristig orientierter strategischer Entscheidungen zu ermitteln. Als Informationsversorgungsinstrument der strategischen Planung bildet sie die **Schaffung von Ressourcen** (Kapazitäten) ab. Die **KER** hat die Aufgabe, die **Nutzung von Ressourcen** (Kapazitäten) abzubilden. Damit bleibt auch unbestritten, dass die KER zur Informationsversorgung der kurzfristig orientierten Planung und Kontrolle das adäquate Instrument ist. In Anbetracht der sich wandelnden Kostenstrukturen verlieren kurzfristig orientierte operative Entscheidungsprobleme und damit auch die ausschließlich operativ ausgerichtete KER allerdings zunehmend an Bedeutung.

Die **strategieorientierte KER** ist demgegenüber ein Informationsversorgungsinstrument der langfristig orientierten strategischen Planung und Kontrolle. Sie ermittelt die **langfristige Ressourceninanspruchnahme**. Sie kann auf die Ausnutzung bzw. Nichtausnutzung vorhandener Kapazitäten hinweisen und liefert Signale für die langfristige Planung. Weiterhin liefert eine strategieorientierte KER auch entscheidende Informationen für die langfristig orientierte strategische Marktpositionierung und damit für Investitions- und Desinvestitionsentscheidungen. Eine strategieorientierte KER **ergänzt** und **detailliert** somit den Informationsinput für Investitionsrechnungen. Sie ist daher **nicht** als **Ersatz** für Investitionsrechnungen, sondern als deren notwendige **Ergänzung** zu betrachten. In einer dynamischen Investitionsrechnung sind Kapitalbindung und Zinseffekte (Ab- bzw. Aufzinsung) exakt zu berücksichtigen. Dies ist bei einer strategieorientierten KER nicht der Fall. Strategieorientierte Kosten-, Erlös- und Ergebnisinformationen liefern auch ohne exakte Berücksichtigung der Zinseffekte **strategische Signale** oder auch **Frühwarninformationen** in der richtigen Größenordnung. Hierauf kommt es meist in der Praxis an. Eine durch besondere Rechenkomplexität erkaufte Scheingenauigkeit mit ohnehin recht unsicheren Informationen findet in der Praxis meist kein besonderes Interesse.

Die strategieorientierten Kosten- und Erlösrechnungen werden heute auch als **strategisches Kostenmanagement** bezeichnet, um deutlich zu machen, dass es hier nicht um die (genaue) **Ermittlung** von Kosten sondern um deren **Beeinflussung** geht. Strategisches Kostenmanagement will in allen Phasen des strategischen Managements Entscheidungsunterstützung leisten. Der Weg zum strategischen Kostenmanagement ist gegenwärtig – wie oben bereits erwähnt – nur über spezielle Rechnungen möglich, um welche die bereits in den Unternehmungen vorhandenen, primär operativ ausgerichteten Systeme der KER ergänzt werden. Nach wie vor haben Letztere als Informationsversorgungssysteme der operativen Planung, Kontrolle und Dokumentation große Bedeutung.

Kontrollfragen

1. Welche Aufgabe haben strategieorientierte Finanzrechnungen?

2. Für welche bilanzpolitischen Maßnahmen sind Planjahresabschlüsse ein wichtiges Informationsversorgungsinstrument?

3. Erläutern Sie die Problematik des Prinzips der nominellen Kapitalerhaltung.

4. Erläutern Sie das Modell der Kostenerfahrungskurve.

5. Auf welche Ursachen lassen sich die Kostensenkungen nach dem Erfahrungskurvenmodell zurückführen?

6. Erläutern Sie den Zusammenhang von Lebenszyklusphasen, Prozessen und Kosten im Rahmen der Lebenszykluskostenrechnung.

7. Erläutern Sie die Grundidee der Zielkostenrechnung.

8. Erklären Sie folgende Begriffe: target price, target profit, allowable costs, drifting costs, target costs.

9. Wie erfolgt die Zielkostenspaltung?

10. Inwieweit kann die Prozesskostenrechnung relevante Informationen für strategische Entscheidungen liefern?

11. Zeigen Sie am Beispiel eines Standardproduktes im Vergleich zu einer exotischen kundenindividuellen Variante, wie ungenaue Kosteninformationen zu strategischen Fehlentscheidungen führen können.

12. Wie kann die Arbeitsteilung zwischen Investitionsrechnung und Kosten- und Erlösrechnung beschrieben werden?

13. Warum spricht man häufig vom strategischen Kostenmanagement?

12. Lernmodul

Alternative Ausgestaltungsformen der Kosten- und Erlösrechnung

Lernziele:

Nach dem Studium dieses Lernmoduls sollten Sie insbesondere folgende Punkte verstanden haben:

- die Charakteristika der nach Sachumfang und Zeitbezug differenzierten Kostenrechnungssysteme,

- Idee und Grundaufbau der Relativen Einzelkostenrechnung,

- die Grenzen der Relativen Einzelkostenrechnung.

„Der Kollege von der Backstube ´Knackig und Frisch` macht seine Kostenrechnung aber ganz anders als wir!", berichtet Ihre Tante unter Berufung auf für gewöhnlich gut unterrichtete Kreise. „Der hat eine super Software für nur 19 € aus dem Großmarkt, da gibt er einfach alle Rechnungsbeträge ein und die macht dann die Kostenrechnung." Ihre gesamte Überzeugungsarbeit der letzten Wochen droht vergebens zu sein. Da müssen Sie nochmals alle Register Ihres betriebswirtschaftlichen Wissens ziehen. Begriffe wie Entscheidungsorientierung, Planung und Kontrolle sprudeln nur so aus Ihnen heraus. Als letzten Trumpf stellen Sie fest: „Der macht eine Vollkostenrechnung auf Istkostenbasis, damit kann der gar nichts anfangen." – Ihre Tante leider zunächst auch nicht. Schweren Herzens trennen Sie sich daher von Ihrem Lieblingsbuch, nach dessen Studium Ihre Tante dem Bäckergeschäft den Rücken kehrt und fortan als gut bezahlte Dozentin bei einem renommierten Veranstalter von Managementseminaren arbeitet...

12.1 Kriterien der Systematisierung

Nach dem **Inhalt** der Kosten- und Erlösinformationen können die Ausgestaltungsformen der KER, die auch als Kosten- und Erlösrechnungssysteme bezeichnet werden, durch eine Vielzahl von Merkmalen gekennzeichnet werden. In dieser Einführung sollen nur die folgenden zwei wichtigen Kriterien zur Systematisierung von Kosten- und Erlösrechnungen herangezogen werden. Diese reichen aus, heute eingesetzte KER-Systeme mit ihren wesentlichen inhaltlichen Merkmalen voneinander abzugrenzen:

- Sachumfang der zugerechneten Kosten und Erlöse

- Zeitbezug der zugerechneten Kosten und Erlöse

12.1.1 Sachumfang der zugerechneten Kosten und Erlöse

Einer Kostenträgereinheit bzw. einem sonstigen Bezugsobjekt können unterschiedlich abgegrenzte Kosten (Kostenkategorien) und Erlöse (Erlöskategorien) in verschiedenem Umfang zugerechnet werden. Rechnet man die gesamten (vollen) Kosten und Erlöse einer Abrechnungsperiode den Kostenträgereinheiten zu, so nennt man das zugehörige KER-System eine Vollkosten- und Vollerlösrechnung (kurz: **Vollkostenrechnung**). Rechnet man den Kostenträgereinheiten nur einen Teil der Gesamtkosten und Gesamterlöse bzw. nur eine bestimmte Kosten- und Erlöskategorie zu, so spricht man von einer Teilkosten- und Teilerlösrechnung (kurz: **Teilkostenrechnung**).

Handelt es sich bei den Teilkosten bzw. Teilerlösen um die (beschäftigungs-)variablen Kosten und Erlöse, so bezeichnet man ein solches System als Teilkosten- bzw. Teilerlösrechnung auf der Basis von (beschäftigungs-)variablen Kosten und Erlösen. Da in einer solchen KER als kostentheoretisches Basismodell **lineare Kosten- und Erlösverläufe** in Abhängigkeit der Beschäftigung unterstellt werden und dabei die proportionalen Kosten und Erlöse gleich den Grenzkosten und Grenzerlösen sind, werden solche KER-Systeme auch als Grenzkosten- und Grenzerlösrechnung (kurz: **Grenzkostenrechnung**) bezeichnet. In der kurzfristigen Erfolgsrechnung werden bei diesen KER-Systemen zur Ermittlung des Ergebnisses die variablen Erlöse um die variablen Kosten gemindert und ergeben als Erfolgsgröße den Deckungsbeitrag. Aus diesem Grunde werden diese KER-Systeme auch als **Deckungsbeitragsrechnung** auf der Basis variabler Kosten (Grenzkosten) und Erlöse (Grenzerlöse) bezeichnet.

Werden die Teilkosten und Teilerlöse als bezugsobjektbezogene Einzelkosten bzw. Einzelerlöse abgegrenzt, so nennt man ein solches KER-System dann Teilkosten- und Teilerlösrechnung auf der Basis von relativen Einzelkosten und Einzelerlösen.[i] In so genannten Auswertungsrechnungen werden bei diesen KER-Systemen die relativen Einzelerlöse um die relativen Einzelkosten gemindert und ergeben ebenfalls **Deckungsbeiträge.** Deshalb kann man diese KER-Systeme auch als **Deckungsbeitragsrechnungen** auf der Basis relativer Einzelkosten und Einzelerlöse bezeichnen.

12.1.2 Zeitbezug der zugerechneten Kosten und Erlöse

Neben dem Sachumfang dient das Kriterium des Zeitbezugs der zugerechneten Kosten und Erlöse als wichtiger Maßstab zur Systematisierung von Kosten- und Erlösrechnungen. Danach lassen sich Istkosten- und Isterlösrechnungen sowie Plankosten- und Planerlösrechnungen unterscheiden. Wird eine bestimmte Periode (z. B. ein Monat) als Abrechnungsperiode gewählt, und ermittelt man **nach** Ablauf der Periode die zugehörigen Periodenkosten und Periodenerlöse, so hat eine solche KER den Charakter einer Nachrechnung. Man nennt sie Istkosten- und Isterlösrechnung (kurz: **Istkostenrechnung**), weil in ihr die tatsächlich realisierten Kosten und Erlöse, die „Istkosten" und „Isterlöse", erfasst werden.

Werden die zukünftig anfallenden Kosten und Erlöse der Periode (hier: **Planungs**periode) vor Beginn der (Planungs-)Periode festgelegt, d. h. **geplant,** so hat diese KER den Charakter einer Vorrechnung. Man bezeichnet sie als Plankosten- und Planerlösrechnung (kurz: **Plankostenrechnung**), weil sie zukünftige Kosten und Erlöse vorweg rechnerisch festlegt. In diesen KER-Systemen werden auf der Basis **geplanter** Einstands- und Verkaufspreise sowie **geplanter**

---

[i] Zu diesen vgl. Abschnitt 12.2.4.2.

Faktoreinsatzmengen und Produktmengen **Plankosten** und **Planer-löse** festgelegt, die primär **Vorgabecharakter** für Kosten- und Erlös-stellen und sekundär **Prognosecharakter** haben.

12.2 Systeme der Kosten- und Erlösrechnung in Theorie und Praxis

Zur Charakterisierung von KER-Systemen ist eine Kombination der oben beschriebenen Kriterien Sachumfang und Zeitbezug der zuge-rechneten Kosten und Erlöse erforderlich, wobei sich grundsätzlich vier Möglichkeiten ergeben:

- Vollkosten- und Vollerlösrechnung auf Istkosten- und Isterlösba-sis **oder** Istkosten- und Isterlösrechnung auf Vollkosten- und Vollerlösbasis (Abkürzung: VIKER)

- Teilkosten- und Teilerlösrechnung auf Istkosten- und Isterlösbasis **oder** Istkosten- und Isterlösrechnung auf Teilkosten- und Teil-erlösbasis (Abkürzung: TIKER)

- Vollkosten- und Vollerlösrechnung auf Plankosten- und Planer-lösbasis **oder** Plankosten- und Planerlösrechnung auf Vollkosten-und Vollerlösbasis (Abkürzung: VPKER)

- Teilkosten- und Teilerlösrechnung auf Plankosten- und Planer-lösbasis **oder** Plankosten- und Planerlösrechnung auf Teilkosten-und Teilerlösbasis (Abkürzung: TPKER)

Die Abb. 12-1 zeigt diese Möglichkeiten,[i] auf die im Folgenden im Überblick eingegangen werden soll.

Zeitbezug Sachumfang	Istkosten- und Isterlösrechnungen	Plankosten- und Planerlösrechnungen
Vollkosten- und Vollerlösrechnungen	① VIKER	③ VPKER
Teilkosten- und Teilerlösrechnungen	② TIKER	④ TPKER

Abb. 12-1: Kosten- und Erlösrechnungssysteme

---

[i] Vgl. ähnlich Männel, 1992, S. 191.

In der betrieblichen Praxis findet man noch alle denkbaren KER-Systeme. Es ergibt wenig Sinn, sich in dieser Einführung in die KER noch mit KER-Systemen zu befassen, die eigentlich nur mehr historische Bedeutung haben und die die hier immer wieder hervorgehobenen wichtigsten Aufgaben der KER – Informationsversorgung von Planung und Kontrolle – überhaupt nicht oder nur unvollständig erfüllen können. Die **Informationsversorgung der Planung** erfordert eine **Plan**kosten- und **Plan**erlösrechnung. Zur **Informationsversorgung der Kontrolle** muss diese um eine **Ist**kosten- und **Ist**erlösrechnung ergänzt werden. Zwecks **Kontrolle** von Kosten und Erlösen muss jede Plan-KER auch eine Ist-KER umfassen, sodass Plan- und Istkosten sowie Plan- und Isterlöse einander gegenübergestellt werden können.

12.2.1 Vollkostenrechnung auf Istkostenbasis

12.2.1.1 Grundlagen

Vollkosten- und Vollerlösrechnungssysteme auf Istkosten- und Isterlösbasis ① sind dadurch gekennzeichnet, dass sie die gesamten (vollen) Kosten und Erlöse der abgelaufenen Abrechnungsperiode den in dieser Periode hergestellten bzw. abgesetzten Kosten- und Erlösträgern zurechnen. Ein Kosten- und Erlösträger ist dabei in der Regel eine Produkteinheit oder ein Auftrag. Die Zurechnung der vollen Istkosten erfolgt direkt für die dem Kostenträger zurechenbaren Kostenträgereinzelkosten und indirekt unter Verwendung von Kalkulationssätzen für die nicht direkt zurechenbaren Kostenträgergemeinkosten. Letztlich werden **alle** in der Abrechnungsperiode angefallenen **Kosten** und auch **Erlöse** den hergestellten bzw. abgesetzten **Kostenträgern** (entsprechen hier auch den Erlösträgern) **zugerechnet**, wobei dazu das Durchschnittsprinzip angewandt wird.

Istkosten sind mit **Istfaktorpreisen** bewertete **Isteinsatzmengen** an Produktionsfaktoren. **Zufällige** Preis- und Mengenschwankungen (z. B. durch Börsenkursschwankungen und Unwirtschaftlichkeiten) wirken voll auf die Höhe der Periodenkosten und damit auch auf die Höhe der in der Kalkulation ermittelten Kosten pro Stück ein. Um diese Schwankungen zu eliminieren, wurde (und wird) in der Praxis die **Normalkostenrechnung** als Sonderform der Vollkostenrechnung auf Istkostenbasis eingesetzt.[i] Aus den Kalkulationssätzen der vergangenen Perioden (z. B. die letzten fünf Jahre) wird ein durchschnittlicher **Normalkalkulationssatz** errechnet, der zur Verteilung der Gemeinkosten auf die Kostenträgereinheiten benutzt wird. Sind die dermaßen auf die Kostenträger verrechneten Normalkosten einer Kostenstelle niedriger als die Istkosten, spricht man von einer (Kostenstellen-)**Unterdeckung** andernfalls von einer **Überdeckung**.

Die Zurechnung von **Vollkosten** auf die Kostenträger verstößt sowohl gegen das **Verursachungs-** als auch gegen das **Beanspruchungsprinzip**.[ii] Nach diesen lassen sich nur beschäftigungsvariable bzw. -induzierte Kostenanteile den Kostenträgern zurechnen. Zur Informationsversorgung der operativen Planung sind in der Regel nur beschäftigungsvariable Kostenanteile relevant. Da eine Vollkostenrechnung keine Teilkosteninformationen liefern kann, ist sie als Informationsversorgungsinstrument der operativen Planung ungeeignet. Darüber hinaus kann dieses KER-System keine **Plan**informationen liefern und scheidet auch aus diesem Grunde als Informationsversorgungsinstrument der Planung aus. Da kein Maßstab zur Beurteilung der vollen Istkosten vorhanden ist, ist dieses KER-System auch zur Informationsversorgung der Kontrolle nicht geeignet. Mit diesem KER-System wären nur inner- oder zwischenbetriebliche Zeitvergleiche von Kosten und Erlösen möglich. Hiermit kann aber keine wirksame Kontrolle der Wirtschaftlichkeit vorgenommen werden, da lediglich Kosten und Erlöse verschiedener Perioden miteinander verglichen werden. Somit bleibt an Aufgaben für ein solches KER-System lediglich die Informationsversorgungsfunktion der **Dokumentation**. Diese VIKER kann zur nachfolgend beschriebenen Preisermittlung aufgrund von Selbstkosten bei öffentlichen Aufträgen und – nach handels- bzw. steuerrechtlichen Korrekturen – zur Ermittlung der Herstell**ungs**kosten für Bestände an unfertigen und fertigen Erzeugnissen sowie anderen aktivierten Eigenleistungen herangezogen werden.

---

[i] Vgl. Kilger 1992, S. 56 ff. und S. 192 ff.

[ii] Zu diesen vgl. Modul 2.

12.2.1.2 Preisermittlung bei öffentlichen Aufträgen

Erbringt eine Unternehmung Leistungen für öffentliche Auftraggeber (z. B. Bundesministerien, Länder, Gemeinden), so hat die Preisgestaltung nach der Verordnung über die Preisbildung bei öffentlichen Aufträgen (VPÖA) zu erfolgen. Hiernach sind **grundsätzlich Marktpreise** für die erbrachten Leistungen anzusetzen. Ist für die Leistungen eine marktorientierte Preisstellung **nicht** möglich, so werden die Preise mithilfe der **Leitsätze für die Preisermittlung aufgrund von Selbstkosten** (LSP) ermittelt, die Anlage zur VPÖA sind.

Im Rahmen der LSP wird für die Ermittlung von **Selbstkostenpreisen** die in Abb. 12-2 dargestellte **Mindestgliederung der Kalkulation** vorgegeben.

Fertigungsstoffeinzelkosten (z. B. Rohstoffkosten)	1
Fertigungsstoffgemeinkosten (z. B. Kosten des Eingangslagers)	2
Fertigungseinzelkosten (z. B. Fertigungslöhne)	3
Fertigungsgemeinkosten (z. B. Kosten der Fertigungsstelle Drehen)	4
Sondereinzelkosten der Fertigung (z. B. Kosten für Spezialwerkzeuge)	5
Entwicklungs- und Entwurfseinzelkosten (z. B. auftragsbezogene Konstruktionskosten)	6
Entwicklungs- und Entwurfsgemeinkosten (z. B. anteilige Kosten der Grundlagenforschung)	7
Herstellkosten (Summe 1 bis 7)	8
Verwaltungsgemeinkosten (z. B. Kosten der Finanzbuchhaltung)	9
Vertriebsgemeinkosten (z. B. Kosten der Auftragsakquisition)	10
Sondereinzelkosten des Vertriebs (z. B. Frachtkosten für Auftrag)	11
Selbstkosten (Summe 8 bis 11)	12
Kalkulatorischer Gewinn (geregelt in Nr. 52 LSP)	13
Selbstkostenpreis (Summe 12 + 13)	14

Abb. 12-2:   LSP-Kalkulationsschema

Die **LSP** repräsentieren eine **Dokumentationsfunktion** der KER. Zur Informationsversorgung dieser Selbstkostenpreisplanung müssen **Vollkosteninformationen** bereitgestellt werden. Die LSP verpflichten den Auftragnehmer zur Führung eines geordneten Rechnungswesens, das folgende Anforderungen erfüllt:

- Abstimmung der Kosten- und Erlösrechnung (hier „Betriebsbuchhaltung" genannt) mit der Aufwands- und Ertragsrechnung (Finanzbuchhaltung)

- Erfassung und Verrechnung der Kosten über eine Kostenarten-, Kostenstellen- und Kostenträgerrechnung

- Ermittlung von Selbstkostenpreisen

Zur Preis**prüfung** muss die Ordnungsmäßigkeit der Kostenrechnung (Betriebsbuchhaltung) jederzeit gewährleistet sein.

Die Ermittlung von Selbstkostenpreisen ist häufig bereits bei der Bewerbung um einen öffentlichen Auftrag entscheidend. Für nicht marktmäßig gehandelte Leistungen (z. B. im militärischen Bereich) stehen **drei Vergabeverfahren** zur Auswahl:

- öffentliche Ausschreibung (simuliert freien Wettbewerb)

- beschränkte Ausschreibung (beschränkte Zahl von Bewerberunternehmungen)

- freihändige Vergabe (keine Ausschreibung)

Innerhalb der LSP sind preistaktische Manipulationen relativ leicht möglich, da die LSP nur **Preisobergrenzen** festlegen und deshalb insbesondere im Bereich der Zurechnung beschäftigungsfixer Kosten gewisse Spielräume bestehen. Bei Ausschreibungen kommt grundsätzlich der Anbieter mit den niedrigsten Preisforderungen zum Zuge.

12.2.2 Teilkostenrechnung auf Istkostenbasis

Teilkosten- und Teilerlösrechnungssysteme auf Istkosten- und Isterlösbasis ② weisen im Hinblick auf den **Zeitbezug** der zugerechneten Kosten alle Mängel der **Ist**kosten- und **Ist**erlösrechnung von ① auf. Bezüglich des **Sachumfangs** der zugerechneten Kosten auf die

Kostenträgereinheiten berücksichtigen sie jedoch das Verursachungsprinzip,[i] indem neben den Kostenträgereinzelkosten nur die
beschäftigungsvariablen Kostenanteile der Kostenträgergemeinkosten den Kostenträgern zugerechnet werden. Die beschäftigungsfixen Kosten werden in der kurzfristigen Erfolgsrechnung en bloc
(„Fixkostenblock") verrechnet. Dort werden sie dem Ist-Perioden-
Deckungsbeitrag gegenübergestellt. Die Differenz ergibt das positive
(Betriebsgewinn) oder negative (Betriebsverlust) Betriebsergebnis.

Diese KER-Systeme werden auch als Ist-Grenzkostenrechnung, Ist-
Deckungsbeitragsrechnung, Direct Costing,[ii] Variable Costing, Mar-
ginal Costing und Bruttogewinnrechnung bezeichnet. In diesen Systemen werden die in der Abrechnungsperiode tatsächlich angefallenen vollen Istgemeinkosten im Rahmen der Kostenauflösung nachträglich, also nur statistisch, in von der Istbeschäftigung abhängige
(variable) und von der Istbeschäftigung unabhängige (fixe) Gemeinkosten aufgespalten. Die Isteinzelkosten werden als variable Kosten
betrachtet. Eine betriebswirtschaftlich fundierte Kostenauflösung
kann jedoch nur planmäßig, d. h. ex ante, im Rahmen einer Kostenplanung erfolgen, wie in Modul 3 dargestellt.

Die Ist-Grenzkostenrechnung liefert aufgrund des Vergangenheits-
bezugs **keine** relevanten Informationen für die **Planung** und – wegen
des fehlenden Vergleichsmaßstabes – auch nicht für die **Kontrolle**.
Somit eignet sich auch dieses KER-System nur als Informationsversorgungsinstrument der **Dokumentation**. Wegen ihres vergleichsweise hohen Aufwandes (statistische Kostenauflösung) und ihres
stark eingeschränkten Anwendungsbezuges (nur Dokumentation) hat
dieses KER-System in der Praxis keine weite Verbreitung gefunden.

---

[i] Grundsätzlich wäre hier auch die Anwendung des Beanspruchungsprin-
    zips möglich, wie dies in einigen Formen des amerikanischen Activity
    Based Costing geschieht.

[ii] Das heutige amerikanische Direct Costing wird auch auf Plankosten- und
    Planerlösbasis durchgeführt.

12.2.3 Vollplankostenrechnung

Vollkosten- und Vollerlösrechnungen auf Plankosten- und Planerlösbasis ③ sind zwar in Bezug auf den **Sachumfang** der zugerechneten Kosten mit allen Mängeln der Vollkostenrechnung behaftet
(siehe oben), gehen aber von (ex ante) **geplanten** Faktorpreisen und
Faktormengen einer Planungsperiode aus. Nach Ablauf dieser Planungsperiode, die ex post dann als Abrechnungsperiode bezeichnet
wird, lassen sich die **Plankosten** als Beurteilungsmaßstab für die in
der Periode tatsächlich entstandenen **Istkosten** verwenden. Diese
Systeme werden durch den Vorgabecharakter der Kosten auch als
Vorgabekosten-, Richtkosten-, Standardkosten- sowie Budgetkosten-
rechnung bezeichnet. Da diese KER-Systeme meist über keine aus-
gebaute Erlösrechnung verfügen, wird der Zusatz „und ...-erlösrech-
nung" weggelassen.

Die erste Entwicklungsstufe einer Plankostenrechnung auf Vollkostenbasis bezeichnet man als **starre Plankostenrechnung**. Bei ihr
werden die Plankosten, d. h. das Produkt aus geplanten Faktormengen und geplanten Faktorpreisen, für die Planbeschäftigung festgelegt. Als **starre** Rechnung werden die Plankosten in der laufenden
Abrechnung nicht an Beschäftigungsschwankungen angepasst. Somit
werden die bei Istbeschäftigung in der Abrechnungsperiode angefallenen **Istkosten** den bei Planbeschäftigung vorgegebenen **Plankosten** gegenübergestellt. **Beschäftigungs-** und **Verbrauchsabweichung** der Kosten können nicht getrennt ausgewiesen werden. Um
diesen Mangel zu beheben, wurde die starre Plankostenrechung „flexibilisiert".

Die nächste Entwicklungsstufe einer Plankostenrechnung auf Vollkostenbasis wird als **flexible Plankostenrechnung** bezeichnet. Bei
ihr werden die Plankosten nach Ablauf der Abrechnungsperiode an
die tatsächliche Istbeschäftigung der Kostenstellen angepasst und damit zu **Sollkosten** umgerechnet. Der Vergleich dieser Sollkosten mit
den tatsächlich in der Abrechnungsperiode angefallenen Istkosten
führt zu einer leistungsfähigen Kostenkontrolle, dem **Soll-Ist-Vergleich** der Kosten. Voraussetzung hierfür ist, dass die Plankosten bereits bei der Kostenplanung mithilfe einer planmäßigen Kostenauflösung in beschäftigungsfixe und variable Plankosten unterteilt werden.

In der flexiblen Plankostenrechnung auf Vollkostenbasis werden in der Kostenträgerstückrechnung (**Plankalkulation**), wie in der starren Plankostenrechnung jedoch weiterhin die **vollen** Plankosten verrechnet. Die planmäßige Kostenauflösung dient daher nur zur Umrechnung der Plankosten in Sollkosten innerhalb der Kostenkontrolle in den Kostenstellen. Insofern ist dieses System für die Zwecke der **Kontrolle** durchaus geeignet. Zur Informationsversorgung der operativen **Planung** mit relevanten variablen Plankosten kann es jedoch **nicht** eingesetzt werden, da in den Kalkulationen eine künstliche Proportionalisierung der beschäftigungsfixen Plankosten vorgenommen wird.

12.2.4 Teilplankostenrechnung

Sowohl die starre als auch die flexible Plankostenrechnung auf Vollkostenbasis haben heute keine praktische Bedeutung mehr. Sie wurden von Teilkosten- und Teilerlösrechnungen auf Plankosten- und Planerlösbasis ④ verdrängt, die auch als moderne Systeme der Plankosten- und Planerlösrechnung bezeichnet werden. Zu diesen zählen die Grenzplankosten- und Deckungsbeitragsrechnung und die Prozesskostenrechnung sowie die noch zu behandelnde Relative Einzelkosten- und Deckungsbeitragsrechnung. Der heutige Entwicklungsstand dieser Teilkosten- und Teilerlösrechnungssysteme ist aufgrund der Fortschritte in der EDV soweit gediehen, dass je nach Bedarf jederzeit parallele Teil-(Grenz-) und Vollkostenrechnungen durchführbar sind. Die Kalkulation im Rahmen der Prozesskostenrechnung wird sogar häufig nur als Vollkostenrechnung durchgeführt und müsste somit streng genommen dem Feld ③ in Abb. 12-1 zugeordnet werden. Kritiker der Prozesskostenrechnung haben deshalb in diesem System einen „Rückfall in die finsteren Zeiten der Vollkostenrechnung" entdeckt.[i]

Die Grenzplankostenrechnung und die Prozesskostenrechnung sind in dieser Schrift ausführlich behandelt worden. Daher soll im Folgenden nur auf die Weiterentwicklung der Grenzplankostenrechnung zur Dynamischen Grenzplankostenrechnung und die von ihrer Ge-

---

[i] Vgl. hierzu auch Kilger / Pampel / Vikas, 2007, S. 82 ff.

samtkonzeption her stark von den bisher behandelten Systemen abweichende Relative Einzelkosten- und Deckungsbeitragsrechnung eingegangen werden. Abschließend wird – gewissermaßen als Ausblick in die Zukunft – eine mögliche Weiterentwicklung in Richtung einer kombinierten Grenz-/Voll-/Prozessplankosten- und Deckungsbeitragsrechnung skizziert.

12.2.4.1 Dynamische Grenzplankostenrechnung

Die Kritik an fest vorgegebenen Fristigkeitsgraden für die Kostenauflösung (Planungsperiode in der Regel: 1 Jahr), die unter Umständen mit dem Fristigkeitsgrad der Informationsverwendung (z. B. operative Planung) nicht übereinstimmen, hat zu einer Weiterentwicklung der Grenzplankostenrechnung geführt, die als **Dynamische Grenzplankostenrechnung** bezeichnet wird.[i] Bei ihr wird eine mehrfache Auflösung der Kosten in fixe und variable Kosten in Bezug auf unterschiedlich lange Betrachtungs- bzw. Planungsperioden vorgenommen. So werden z. B. bei einem gewählten zeitlichen Horizont I von **einem** Jahr alle Kosten, die innerhalb eines Jahres abgebaut werden können, den variablen Kosten zugeordnet. Bei den gewählten zeitlichen Horizonten II und III, z. B. drei Monate und ein Monat, erhöht sich dementsprechend der Anteil der fixen Kosten an den Gesamtkosten. Stark vereinfacht ausgedrückt bedeutet dies, dass auf lange Sicht alle Kosten relativ disponibel, d. h. variabel sind.

Eine solche Dynamische Grenzplankostenrechnung wird derart flexibilisiert, dass sie für nahezu alle Probleme der kurzfristig orientierten und ergebnisorientierten operativen Planung relevante Kosten zur Verfügung stellen kann. Von den Kritikern wird allerdings der Einwand erhoben, dass **relevante Kosten** nur **fallweise**, aber nicht schlechthin und im vorhinein ermittelt werden können. Da darüber hinaus der Aufwand für die Implementierung und den laufenden Betrieb einer solchen Dynamischen Grenzplankostenrechnung gegenüber einer „normalen" Grenzplankostenrechnung erheblich ansteigt, hat sich dieses System bisher in der Praxis nicht durchsetzen

---

[i] Vgl. Kilger / Pampel / Vikas 2007, S. 7 ff.

können.[i] Darüber hinaus darf nicht vergessen werden, dass die Anpassungsproblematik der Kosten nicht von der Kostenplanung und Kostenrechnung, sondern von der Unternehmungsführung zu lösen ist.

12.2.4.2 Relative Einzelkosten- und Deckungsbeitragsrechnung

Die Entwicklung der Relativen Einzelkosten- und Deckungsbeitragsrechnung (REKR) geht auf die Arbeiten von *Paul Riebel* zurück.[ii] Mit der REKR sollte ein Informationsversorgungssystem geschaffen werden, das für **alle** ergebnisorientierten Planungs- und Kontrollbereiche eingesetzt werden kann. Die Trennung zwischen kurzfristig orientierten operativen und langfristig orientierten strategischen Planungs- und Kontrollbereichen sollte damit aufgehoben werden. Ein solches universell einsetzbares System kann nur **generelle Grundsätze** umfassen, die eine optimale Entscheidungsvorbereitung ermöglichen, unabhängig davon, in welchem Bereich die Entscheidungen liegen. Die REKR ist deshalb kein geschlossenes und vorgefertigtes System, das einfach schematisch angewandt werden kann, sondern es repräsentiert eine bestimmte Denkweise in der Entscheidungsvorbereitung, für die sich einige Grundsätze wie folgt aufstellen lassen:

- **Entscheidungen** werden als die eigentlichen Erfolgsquellen einer Unternehmung betrachtet. Zur Zurechnung monetärer Konsequenzen von Entscheidungen sind zunächst **Bezugsobjekte** relevant. Da Entscheidungen zur Entstehung oder Vernichtung bestimmter Bezugsobjekte führen, bestehen enge Beziehungen zwischen unternehmerischen Entscheidungen und Bezugsobjekten. Unternehmerische Maßnahmen, über die optimal entschieden werden soll, können als Kombination von Bezugsobjekten aufgefasst werden, zwischen denen hierarchische Beziehungen bestehen. Diese Beziehungen der Zurechnungsobjekte für Kosten und Erlöse werden in sach- und zeitraumbezogenen (mehrdimensiona-

---

[i] Zur kritischen Beurteilung der Dynamischen Grenzplankostenrechnung vgl. Schehl 1994, S. 325 ff.

[ii] Vgl. Riebel, 1994.

len) **Bezugsobjekthierarchien** abgebildet. Relevante Kosten-
und Erlösinformationen können deshalb nur Einzelkosten und
Einzelerlöse des jeweiligen Bezugsobjektes sein. Diese werden
als relative Einzelkosten bzw. relative Einzelerlöse bezeichnet.
Eine Schlüsselung echter Gemeinkosten ist nicht zulässig.[i]

- Abkehr vom wertmäßigen Kosten- und Erlösbegriff. Während der
  Faktoreinsatz auf einzelne Entscheidungen zurückgeführt werden
  kann, ist die **Bewertung** der Faktormenge mit Preisen eine hiervon unabhängige Entscheidung, sodass das Produkt von Faktormenge und Faktorpreis, die Kosten, nicht mehr eindeutig **einer**
  Entscheidung zugerechnet werden kann. *Riebel* hat daher einen
  entscheidungsorientierten Kostenbegriff geprägt: **Kosten** sind
  die mit der Entscheidung über das betrachtete Objekt ausgelösten
  Ausgaben.[ii] Ähnliche Überlegungen prägen auch den **entscheidungsorientierten Erlösbegriff**, nach dem **Erlöse** die mit der
  Entscheidung über das betrachtete Objekt ausgelösten **Einnahmen** sind. Dies führt dazu, dass die REKR gar kein KER-System
  im herkömmlichen Sinne ist, sondern ein universell einsetzbares
  Rechnungssystem, das zur Informationsversorgung aller auf der
  Basis monetärer Zielgrößen arbeitenden Planungsbereiche (also
  auch Investitionsplanung) herangezogen werden kann. Mit einem
  solchen Rechnungssystem könnte auch die bisherige Aufgaben-
  teilung zwischen KER und Investitionsrechnung überwunden
  werden.

- Für die Zurechnung von Kosten (=Ausgaben) und Erlösen
  (=Einnahmen) auf Bezugsobjekte wurden beide zuvor angestellten Überlegungen von *Riebel* zum **Identitätsprinzip** verknüpft:
  Kosten (=Ausgaben) und Erlöse (=Einnahmen) dürfen einem Bezugsobjekt nur dann zugerechnet werden, wenn beide (Kosten
  bzw. Erlöse und ihr jeweiliges Bezugsobjekt) auf eine gemeinsame Entscheidung zurückgeführt werden können. Wird z. B. Material beschafft, das zur Produktion von 100 Stück eines Produktes
  eingesetzt wird, so sind die Beschaffungsausgaben dem Bezugs-

---

[i] Siehe zu diesem Absatz insgesamt die Ausführungen zum Entscheidungsprinzip in Modul 2.

[ii] Vgl. Riebel, 1994, S. 76 f.

objekt „100 Produkteinheiten" nach dem Identitätsprinzip zuzurechnen, da Ausgaben und Bezugsobjekt auf den gleichen dispo-
sitiven Ursprung zurückgeführt werden können.

Diese kostentheoretischen Überlegungen haben auch Konsequenzen
für die Gestaltung des Systems der REKR:

Die REKR weist eine Systemarchitektur auf, die aus **Grund- und
Auswertungsrechnungen** (Letztere werden teilweise auch als Sonderrechnungen bezeichnet) besteht. Bei den **Grundrechnungen** handelt es sich konzeptionell um **Datenspeicher**, die für alle denkbaren
Auswertungen die relevanten Informationen bereitstellen sollen und
dementsprechend als „**zweckneutral**"[i] bezeichnet werden. **Auswertungsrechnungen** sind **zweckbezogen** (z. B. zur Planung und Kontrolle) und dienen der konkreten Informationsversorgung. Dabei sind
alle mit einer Planungsmaßnahme zusammenhängenden Bezugsobjekte aufzulisten und aus der Grundrechnung die ihnen zuzurechnenden relativen Einzelkosten und Einzelerlöse zu entnehmen. Die Differenz aus den relativen Einzelerlösen und Einzelkosten ergibt den
Deckungsbeitrag der betrachteten Maßnahme.

Die REKR besteht demgemäß aus den in Abb. 12-3 aufgeführten
Systemelementen.

- **Kostenrechnung:**
  - Grundrechnung der
    Kosten
  - Kosten-Auswertungs-
    rechnungen

- **Erlösrechnung:**
  - Grundrechnung der
    Erlöse
  - Erlös-Auswertungs-
    rechnungen

- **Erfolgs-Auswertungsrechnungen**

Abb. 12-3:   Systemarchitektur der REKR

---

[i]   besser wäre: „zweckplural"

Die **Basis** dieses **KER-Systems** bilden die folgenden Grundrechnungen:

- Grundrechnung der Kosten

- Grundrechnung der Erlöse

Die **Grundrechnung der Kosten** erfasst die relevanten Kosten aller für spätere Auswertungen in Betracht kommenden Bezugsobjekte. Stark vereinfacht ausgedrückt könnte man sie als kombinierte Kostenarten-, Kostenstellen- und Kostenträgerrechnung bezeichnen. In der Grundrechnung der Kosten werden die einzelnen Kostenarten als **Einzelkosten** in Bezug auf ein bestimmtes Bezugsobjekt erfasst. Letzteres ist Bestandteil einer festgelegten **Bezugsobjekthierarchie**, wie sie in Modul 2 beschrieben wurde. Da für Einzelkosten mehrdimensionale Bezugsobjekthierarchien denkbar sind, fällt auch die Grundrechnung der Kosten mehrdimensional aus und ist als Tabelle in Matrixform nicht mehr darstellbar. In vereinfachter Form ähnelt die Grundrechnung der Kosten einem BAB, bei dem die Zeilen durch die Kostenarten und die Spalten durch die Bezugsobjekte (wie Kostenstellen, Abteilungen, Kostenträger, Kostenträgergruppen usw.) gebildet werden. Letztendlich stellt die Grundrechnung der Kosten eine Zusammenstellung von relativen Einzelkosten der Bezugsobjekte von festgelegten Bezugsobjekthierarchien dar.

In der Grundrechnung der Kosten werden die Kostenarten nach den Kostenkategorien **Leistungskosten** und **Bereitschaftskosten** gegliedert. Eine planmäßige Auflösung von Kosten und Erlösen in beschäftigungsfixe und -variable Bestandteile wie in der GPKR ist nicht vorgesehen. Eine gewisse Ähnlichkeit zwischen Leistungskosten und variablen bzw. Bereitschaftskosten und fixen Kosten ist allerdings unübersehbar.

Die Kostenrechnung ist grundsätzlich eine **Periodenrechnung.** Dies bedeutet, dass Kosten neben einer sachbezogenen auch eine zeitraumbezogene Zurechnung erfordern, die insbesondere für kalenderzeitabhängige Bereitschaftskosten von Bedeutung ist. Als zeitraumbezogene Bezugsobjekte werden (Kalender-)Perioden unterschiedlichsten Ausmaßes herangezogen (z. B. Tage, Wochen, Monate, Quartale, Jahre). In der Relativen Einzelkostenrechnung unterscheidet man dann Tages-, Monats-, Quartals- und Jahres**einzel**kosten. Tageseinzelkosten wären z. B. die Anlauf-Energiekosten für den einzelnen Arbeitstag (z. B. bei Ein-Schicht-Betrieb), Monatseinzelkosten wären z. B. die Personalkosten für eine mit zwei Wochen zum Monatsende kündbare Aushilfskraft, und Jahreseinzelkosten wären z. B. Mietkosten aufgrund eines Mietvertrages für eine Lagerhalle, der mit dreimonatiger Frist jeweils zum Jahresende kündbar ist.

Einzelkosten, die infolge mehrjähriger Bindungsdauer die Jahresperiode übersteigen (z. B. Lizenzkosten aufgrund eines fünfjährigen Lizenzvertrages), werden in einer Jahresrechnung als **Gemeinkosten geschlossener Perioden** mit Angabe des Beginns und des Endes ihrer Bindungsdauer erfasst. Einzelkosten für Produktionsfaktoren, die in der Unternehmung über mehrere Perioden hinweg eingesetzt (genutzt) werden (z. B. Maschinen) und deren Nutzungsdauer nicht genau bekannt ist, werden als **Gemeinkosten offener Perioden** mit unbekannter Bindungsdauer (diese kann nur geschätzt werden) ausgewiesen.

Die **Grundrechnung der Erlöse** erfasst die relevanten Erlöse aller für spätere Auswertungen in Betracht kommenden Bezugsobjekte. In der Grundrechnung der Erlöse werden die einzelnen **Erlösteilgrößen** (Grunderlöse, Erlösschmälerungen usw.) als **Einzelerlöse** in Bezug auf ein bestimmtes Bezugsobjekt erfasst. Auch hier können sich mehrdimensionale Grundrechnungen ergeben. Die einfachste Form wäre ein VAB, bei dem die Zeilen durch die Erlösteilgrößen und die Spalten durch die Bezugsobjekte (wie Kunden, Kundengruppen, Erlösträger, Erlösträgergruppen usw.) gebildet werden. Auch die Grundrechnung der Erlöse stellt letztlich eine Zusammenstellung von relativen Einzelerlösen der Bezugsobjekte von festgelegten Bezugsobjekthierarchien dar.

Zusätzlich zu den Grundrechnungen der Kosten und Erlöse sind im System der Relativen Einzelkosten- und Deckungsbeitragsrechnung weitere Grundrechnungen vorgesehen, die außerhalb der eigentlichen KER geführt werden und Bestandteile eines umfassenden Informationssystems der Unternehmung sind.

Die **Grundrechnung der Potenziale** erfasst alle verfügbaren personellen, sachlichen und finanziellen Nutzungsalternativen, die in der
Dispositionsmöglichkeit der Unternehmung liegen.

Die **Grundrechnungen der Mengen** (Zugangs-, Einsatz-, Ausbrin-
gungs- und Abgangsmengen bzw. produzierte und abgesetzte Leistungsmengen) enthalten reine Mengendaten für alle in Betracht ge-
zogenen Auswertungen.[i]

Die **konkrete Informationsversorgung**, insbesondere der **Planung**,
findet stets im Rahmen von zweckbezogenen **Auswertungsrechnungen** statt.[ii] Dabei werden unternehmerische Maßnahmen als Kombination von Bezugsobjekten interpretiert, denen mithilfe der Grundrechnungen die jeweiligen relativen Einzelkosten bzw. Einzelerlöse
zugeordnet werden können. Die Differenz aus allen relativen Einzelerlösen und Einzelkosten ergibt den **Deckungsbeitrag** (Erfolg) der
betrachteten Maßnahme. Da zwischen den relevanten Bezugsobjekten planerischer Maßnahmen hierarchische Beziehungen bestehen
können, handelt es sich bei den Auswertungsrechnungen in der
REKR häufig um **mehrstufige Deckungsbeitragsrechnungen**. Dabei lässt sich auch das Betriebsergebnis der Periode mithilfe einer
Auswertungsrechnung in Form einer mehrstufigen Deckungsbeitragsrechnung ermitteln.[iii]

Für eine **periodische kurzfristige Erfolgsrechnung** hat das **Identitätsprinzip** weitreichende Konsequenzen. Durch die Zuordnung von
Kosten und Erlösen zu zeitraumbezogenen Bezugsobjekten entstehen
bei einer auf eine **bestimmte** Periode (z. B. einen Monat, ein Quar-
tal, ein Jahr) bezogenen kurzfristigen Erfolgsrechnung **Periodengemeinkosten** und **Periodengemeinerlöse**, die Periodeneinzelkosten
bzw. Periodeneinzelerlöse einer **übergeordneten** (längeren) Periode
sind und deshalb in einer periodischen Deckungsbeitragsrechnung

---

[i] Vgl. Riebel, 1994, S. 436 ff.

[ii] Diese werden für spezielle fallweise und situationsbezogene Auswertungen auch **Sonderrechnungen** genannt.

[iii] Zu dieser s. weiter unten in diesem Abschnitt.

gar nicht berücksichtigt werden. Der Erfolg (das Ergebnis) der Un-
ternehmungstätigkeit kann genau genommen nur für die gesamte Lebensdauer einer Unternehmung in Form einer **Totalrechnung** ermittelt werden. In der Grundrechnung der Kosten unterscheidet man
deshalb bei periodenübergreifenden Kosten (insbesondere Bereitschaftskosten) zwischen **Kosten geschlossener Perioden** (vorgege-
bener Anfall, z. B. überperiodische Zinsen) und **Kosten offener Perioden** (noch ungewisser Anfall, z. B. aktivierungspflichtige Großre-
paratur aufgrund von Zeitverschleiß).

Nach den strengen Grundsätzen der REKR kann eine periodenorientierte kurzfristige Erfolgsrechnung also überhaupt nicht durchgeführt werden, da in der Unternehmung Einzelkosten offener Perioden existieren, die nur unter Verletzung des Identitätsprinzips auf abgegrenzte Perioden bezogen werden können. Ein Betriebsergebnis
wäre somit nur für die Gesamtlebensdauer der Unternehmung (To-
talperiode) ermittelbar. Insofern muss hier ein durch praktische Erfordernisse notwendiger „Kunstgriff" angewandt werden, um letztlich alle Kosten und Erlöse der Planungsperiode zurechnen zu können. Dieser „Kunstgriff" besteht darin, dass Einzelkosten offener Perioden als (unechte) Periodengemeinkosten der Planungs- bzw. Abrechnungsperiode zugerechnet werden.

Die **mehrstufige Deckungsbeitragsrechnung auf Einzelkostenbasis** wird in der Weise (stark vergröbert und vereinfacht) vollzogen,
dass, von den geplanten Einzelerlösen ausgehend, sukzessiv die auf
den einzelnen Hierarchieebenen des Bezugsobjektsystems jeweils direkt zurechenbaren Plan-Erlösschmälerungen und Mehrerlöse sowie
und relativen Planeinzelkosten zum Abzug gebracht werden. Insofern ähnelt der formale Aufbau dieser mehrstufigen Deckungsbeitragsrechnung weitgehend dem retrograden Rechenschema der mehrstufigen Deckungsbeitragsrechnung auf Grenzkostenbasis. Die Bezugsobjekthierarchie bezog sich dort auf geplante Periodenfixkosten,
während hier jeweils geplante relative Einzelkosten zugerechnet
werden.

In der REKR wird der **Deckungsbeitrag** als eine durch eine bestimmte Maßnahme ausgelöste Erfolgsänderung definiert, wobei diese als Überschuss relativer Einzelerlöse über die relativen Einzel-

kosten eines sachlich und zeitlich abzugrenzenden Bezugsobjektes rechnerisch zu ermitteln ist.[i]

Diese mehrstufige Deckungsbeitragsrechnung kann als laufend durchzuführende Auswertungs- oder fallweise erforderliche Sonderrechnung verstanden werden, die wichtige Basisinformationen zur Vorbereitung unternehmerischer Entscheidungen zur Verfügung stellt. Ist der Deckungsbeitrag für ein Bezugsobjekt positiv, so führt die Realisierung der betrachteten Handlungsalternative ceteris paribus zu einer Erhöhung des Periodenerfolges der Unternehmung. Aus diesem Grunde soll die betrachtete Alternative realisiert werden.

Die Abb. 12-4 zeigt den stark vereinfachten Grundaufbau einer mehrstufigen Deckungsbeitragsrechnung auf Einzelkostenbasis, wobei alle Daten als Planinformationen aufzufassen sind. Die Bezugsobjekthierarchie für die relativen Einzelkosten entspricht im Beispiel in etwa jener der Abbildung 9-5 für Fixkosten. Relative Einzelerlöse und Einzelkosten werden der Grundrechnung der Erlöse und Kosten entnommen.

Die REKR wird von ihrem Selbstverständnis als **entscheidungsorientiertes** KER-System aufgefasst. Dies bedeutet, dass ihr Schwerpunkt im Bereich der Informationsversorgung der Planung (Entscheidungsvorbereitung) liegt. Zur Informationsversorgung der Kontrolle sind Deckungsbudgets, d. h. Plan-Perioden-Deckungsbeiträge, den Verantwortungsbereichen ex ante vorzugeben und ex post Ist-Perioden-Deckungsbeiträge diesen Deckungsbudgets gegenüberzustellen. Durch Verrechnung von Periodengemeinkosten bzw. Periodengemeinerlösen wird dabei das Identitätsprinzip verletzt.

Als Ansatz einer integrierten ergebnis- **und** liquiditätsorientierten Unternehmungsrechnung zur Informationsversorgung der kurzfristig orientierten operativen **und** langfristig orientierten strategischen Planung und Kontrolle erscheint die REKR auf den ersten Blick theoretisch bestechend konzipiert. In ihrer praktischen Anwendung führt

---

[i] Vgl. Riebel, 1994, S. 759 f.

Brutto-Einzelerlöse von Produkteinheiten in €/ME
÷ Einzelkosten von Produkteinheiten in €/ME (z. B. Einzelmaterialkosten)

= Deckungsbeitrag I von Produkteinheiten in €/ME;
multipliziert mit den Absatzmengen =
= Deckungsbeitrag I von Produktarten in €/Periode
÷ Erlösschmälerungen und Einzelkosten von Produktarten in
€/Periode

= Deckungsbeitrag II von Produktarten in €/Periode;
summiert über alle Produktarten einer Produktgruppe =
= Deckungsbeitrag II von Produktgruppen in €/ Periode
÷ Einzelkosten von Produktgruppen

= Deckungsbeitrag III von Produktgruppen in €/Periode;
summiert über alle Produktgruppen eines Unternehmungs-
bereiches
= Deckungsbeitrag III von Unternehmungsbereichen in €/Periode
÷ Einzelkosten von Unternehmungsbereichen in €/Periode

= Deckungsbeitrag IV von Unternehmungsbereichen in €/Periode;
summiert über alle Unternehmungsbereiche der Gesamtunternehmung =
= Deckungsbeitrag IV der Gesamtunternehmung in €/Periode
÷ Einzelkosten der Gesamtunternehmung in €/Periode (z. B. Gehälter Vorstand)

= Betriebsergebnis der Gesamtunternehmung in €/Periode

Abb. 12-4:   Mehrstufige Deckungsbeitragsrechnung auf Einzelkostenbasis

sie allerdings zu (fast) unlösbaren Schwierigkeiten. Während es bereits ex post kein leichtes Unterfangen ist, für bereits getroffene und
realisierte Entscheidungen alle mit ihnen zusammenhängenden Bezugsobjekte zu finden und nachträglich Isteinzelerlöse[i] und Isteinzelkosten gemäß dem Identitätsprinzip zu erfassen, scheint dies ex
ante kaum realisierbar. Man müsste für jede zu treffende Entscheidung eine ganze Kette von zwischengeschalteten (Vor-)Entschei-
dungen mit ihren sämtlichen unmittelbaren und mittelbaren Bezie-

---

[i]   Zur Problematik der Zurechnung von Erlösen auf betriebliche Entscheidungen vgl. darüber hinaus Modul 7.

hungen durchleuchten, um die mit einer unternehmerischen Maßnahme verbundenen (Einzel-)Kosten und Erlöse präzise planen zu können. Dieses Geflecht interdependenter Beziehungen kann zumeist nur willkürlich in Entscheidungsgruppen (z. B. Absatz-, Produktions- und Beschaffungsentscheidungen) oder gar Einzelentscheidungen aufgeteilt werden. Die Entscheidung, Produkt XY zu produzieren, kann z. B. dadurch ausgelöst werden, dass zuvor im Absatzbereich eine Verkaufsentscheidung getroffen wurde. Um Produkt XY zu produzieren, müssen nun weitere Entscheidungen im Produktionsbereich getroffen werden, wie die Festlegung von Losgröße und Bearbeitungsreihenfolge. Die Produktionsentscheidungen lösen ihrerseits Entscheidungen im Beschaffungsbereich aus. Welche Ausgaben (=Kosten) der auslösenden Absatzentscheidung zuzurechnen sind, hängt damit von einer Vielzahl anderer Entscheidungen ab und ist nicht von vornherein eindeutig zu beantworten. Eine Lösung über den Entwurf sogenannter **genereller Anordnungen für typische Entscheidungsketten** stellt wiederum das Konzept von zweck**neutralen** Grundrechnungen in Frage, das auch andere Ausprägungen von Entscheidungsketten zulassen sollte.

Weiterhin verhindert das Problem der exakten zeitraumbezogenen Zurechnung von Einzelkosten bzw. Einzelerlösen einen praktischen Einsatz der REKR. Führt man über die Verrechnung von Periodengemeinkosten und Periodengemeinerlösen eine von der Praxis des betrieblichen Rechnungswesens geforderte periodenorientierte Abgrenzung für die kurzfristige Erfolgsermittlung durch, so wird ein Grundsatz der REKR gebrochen und die Nähe zu konventionellen Plankosten- und Planerlösrechnungssystemen (z. B. zur Grenzplankosten- und Deckungsbeitragsrechnung) evident.

Die Entwicklung der REKR hat zweifelsfrei dazu beigetragen, die Problematik und Relativität von Kostenzurechnungen überzeugend aufzuzeigen. Durch ihren Einfluss hat sich in Theorie und Praxis das Bewusstsein für unsachgemäße (künstliche) Proportionalisierungen und Schlüsselungen von Kosten und Erlösen geschärft. Zur Weiterentwicklung leistungsfähiger KER-Systeme hat sie deshalb einen unschätzbaren Beitrag geleistet. Obwohl sie als **laufende** KER derzeit nur schwer realisierbar ist, muss das ihr zugrundeliegende Gedan-

kengut für eine **fallweise** Entscheidungsunterstützung als un-
entbehrlich betrachtet werden.

Mit zunehmendem Fortschritt in der Datenbanktechnik werden in
Zukunft jedoch verstärkt Elemente dieses Systems, insbesondere dessen Systemarchitektur, in neueren datenbankorientierten KER-Systemen Eingang finden.[i] Für die **Datenbankorientierung** zukünftiger
KER-Systeme erweist sich eine Systemarchitektur mit Grund- und
Auswertungsrechnungen als besonders zweckmäßig. Dies wird mög-
licherweise dazu führen, dass die Entwicklung der Informationstech-
nologie, speziell der Datenbanktechnologie (z. B. Entwicklung ob-
jektorientierter Datenbanken), die Entwicklung von KER-Systemen
vorantreibt.

12.2.4.3 Kombinierte Grenz-/Voll-/Prozessplankosten- und De-ckungsbeitragsrechnung

In der Praxis ist bei Unternehmungen der gleichen Branche ein häufig völlig unterschiedlicher Entwicklungsstand des internen Rechnungswesens, insbesondere bei KER-Systemen zu beobachten. Während manche Unternehmung einer Branche noch mit einem völlig an-
tiquierten und hier gar nicht mehr behandelten Vollkostenrechnungs-
system auf Istkostenbasis arbeitet, setzen andere Unternehmungen
gleicher Größe und Branche bereits moderne Softwarekonzepte in
Form kombinierter Grenz- und Vollkostenrechnungen auf Plan-
kostenbasis mit einem Prozesskostenmodul für die Abrechnung der
indirekten Bereiche ein.

Die Entwicklung von KER-Systemen innerhalb der betriebswirtschaftlichen Forschung und Praxis sollte durch eine kontinuierliche
Verbesserung der bestehenden und bewährten Verfahren der KER
sowie Anpassung an sich ständig ändernde Unternehmungsstrukturen
und Umweltbedingungen gekennzeichnet sein. Dabei sollten in Zukunft in einer ersten Stufe, auf der Basis der in der Praxis bewährten
parallelen Grenz- und Vollplankostenrechnung leistungsfähige und
die Aussagekraft dieses Informationsversorgungsinstruments stei-
gernde Elemente sowohl der Prozesskostenrechnung als auch der Re-

---

[i]   Vgl. Männel 1992, S. 1251 ff.

lativen Einzelkosten- und Deckungsbeitragsrechnung in ein KER-System aufgenommen werden. Die in diesem Abschnitt gewählte Bezeichnung „Kombinierte Grenz-/Voll-/Prozessplankosten- und Deckungsbeitragsrechnung" für ein solches System besitzt dabei keine systembestimmende Relevanz. Im neueren Schrifttum wurden auch bereits Begriffe wie „Flexible Prozessplankostenrechnung und Deckungsbcitragsrcchnung" oder „Prozessteilkosten- und Deckungsbeitragsrechnung" für solche kombinierten KER-Systeme geprägt.[i]

Ein solches KER-System sollte grob folgende Elemente aufweisen:

- **Systemarchitektur**: Zweckplurale Grundrechnungen und zweckbezogene Auswertungsrechnungen. Basis der Grundrechnungen für Kosten und Erlöse sind mehrdimensionale objekt- und zeitraumbezogene Bezugsobjekthierarchien, denen primäre Plankosten und Planerlöse als Einzelkosten und Einzelerlöse zurechenbar sind. Kernstücke der Grundrechnungen sollen die Kostenstellen- und Erlösstellenrechnung sein, für die Kosten- und Erlösverantwortliche zu benennen sind. Für indirekte Leistungsbereiche sind **Prozesskostenbereiche** zu bilden, für die Prozess(kosten)verantwortliche anzugeben sind.

- **Kostenkategorien**: Basis des Kostenartenplans ist die traditionelle Gliederung der Kostenarten nach Produktionsfaktoren. Die auf dem wertmäßigen Kostenbegriff basierenden Kostenarten werden in beschäftigungsfixe und -variable Bestandteile aufgelöst. Bezugsgrößen für den direkten Fertigungsbereich sind die aus der GPKR bekannten direkten Bezugsgrößen (Fertigungsstunden, Maschinenstunden, Rüststunden), die zur Kostenkontrolle im Soll-Ist-Kostenvergleich und für die Plankalkulation herangezogen werden können. Für alle übrigen Bereiche, die sinnvollerweise zum indirekten Leistungsbereich zusammengefasst werden (z. B. Fertigungshilfskostenstellen, Forschung und Entwicklung/Konstruktion, Logistik, Vertrieb, Verwaltung/ EDV) sind prozessorientierte Bezugsgrößen anzusetzen. Somit kann man beispielsweise zwischen beschäftigungsfixen bzw. -variablen, auftragsfixen bzw. -variablen und prozessfixen bzw. -variab-

---

[i] Vgl. Kloock 1993, S. 55 ff.

len Kostenbestandteilen unterscheiden. Beschäftigungsfixe bzw. -variable Kosten sind aufgrund unterschiedlicher Abbaufähigkeit bzw. Bindungsdauer und eines gewählten Planungshorizonts nur relativ fix bzw. variabel und daher zusätzlich zeitraumbezogenen Bezugsobjekten zuzuordnen.

- **Erlöskategorien**: Die auf dem wertmäßigen Erlösbegriff basierenden Erlöskategorien orientieren sich an den Erlöseinflussgrößen. Für den Erlösteilgrößenplan sind branchenspezifische Gliederungen zu verwenden

- **Auswertungs- bzw. Sonderrechnungen**: Zur Informationsversorgung der Planung, Kontrolle und Dokumentation werden laufende Auswertungs- und fallweise Sonderrechnungen in Form von Soll-Ist-Vergleichen, Kostenträgerrechnungen bzw. Kalkulationen, Deckungsbeitragsrechnungen und Ergebnisrechnungen durchgeführt. Innerhalb der Deckungsbeitragsrechnung sollen mehrstufige Deckungsbeitragsrechnungen auf der Basis von Grenzkosten[i] und auf der Basis relativer Einzelkosten möglich sein. Zweckbezogene Kosten- und Erlösinformationen sind aus den zweckpluralen Grundrechnungen zu entnehmen. Die Plankalkulation, die als parallele Voll- und Grenzplankostenkalkulation zu erstellen ist, besteht aus zwei Teilen: Kalkulation der direkten Fertigungskosten (wie in der GPKR) und prozessorientierte Plankalkulation der Kosten der indirekten Bereiche.

12.3 Alternative Kalkulationsverfahren

Neben den bereits behandelten Kalkulationsverfahren in der Grenzplankostenrechnung und der Prozesskostenrechnung gibt es noch eine Vielzahl weiterer Kalkulationsverfahren, die zumeist in einer Vollkostenrechnung auf Istkostenbasis eingesetzt werden und die nachfolgend im Überblick dargestellt werden sollen.

Allgemein kann man zwei Hauptgruppen von Kalkulationsverfahren unterscheiden: Divisions- und Zuschlagskalkulationen. Während bei den Divisionskalkulationen üblicherweise keine Trennung der Kos-

---

[i] d. h. Fixkostendeckungsrechnungen mit Differenzierung fixer Kosten nach ihrer zeitlichen Abbaufähigkeit

ten in Einzel- und Gemeinkosten erfolgt, ist diese Trennung für die Zuschlagskalkulationen typisch. Die Abb. 12-5 zeigt die einzelnen Kalkulationsverfahren innerhalb der beiden Hauptgruppen.

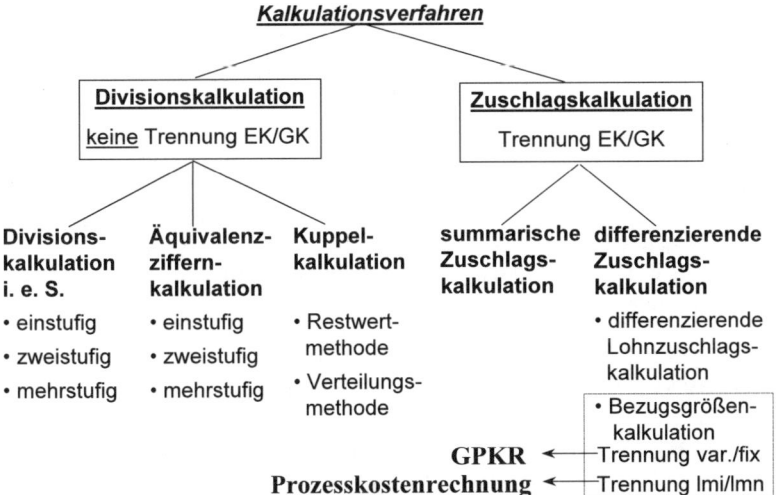

Abb. 12-5:   Kalkulationsverfahren

12.3.1 Divisionskalkulation

In **Divisionskalkulationen** i. e. S. werden die Gesamtkosten einer Unternehmung oder einzelner Unternehmungsbereiche **ohne** Differenzierung in Einzel- und Gemeinkosten durch die hergestellte oder abgesetzte Stückzahl dividiert, sodass sich Durchschnittskosten in € pro Produkteinheit ergeben. Diese massive Vereinfachung der Kalkulation kann nur bei Unternehmungen der **Massenproduktion** als Näherungslösung vorgenommen werden. Bei der **einstufigen Divisionskalkulation**, die nur für **Einproduktunternehmungen** mit **homogener Kostenverursachung** als Näherungslösung geeignet ist, werden die Selbstkosten pro Stück k_S folgendermaßen ermittelt:

$$k_S = \frac{K_G}{x} \tag{12.1}$$

K_G :   Perioden-Gesamtkosten

x: Produktionsmenge (=Absatzmenge) der Periode

Dabei dürfen in der Periode **keine Bestandsveränderungen** von unfertigen und fertigen Erzeugnissen auftreten. Ist Letzteres nicht der Fall, so ist als Näherungslösung die **zweistufige Divisionskalkulation** nach folgender Formel anzuwenden:

$$k_S = \frac{K_H}{x_p} + \frac{K_{VV}}{x_a} = k_H + k_{VV} \qquad (12.2)$$

K_H: gesamte Perioden-Herstellkosten
K_{VV}:   gesamte Periodenkosten des Verwaltungs- und Vertriebsbereiches
x_p: Produktionsmenge der Periode
x_a: Absatzmenge der Periode
k_H: Herstellkosten pro Stück
k_{VV}:   Verwaltungs- und Vertriebskosten pro Stück

Treten **Bestandsveränderungen** auch bei **un**fertigen Erzeugnissen auf, so ist als Näherungslösung die **mehrstufige Divisionskalkulation** anzuwenden:

$$k_S = e_M + \frac{K_{F1}}{x_{p1}} + ... + \frac{K_{Fn}}{x_{pn}} + \frac{K_{VV}}{x_a} \qquad (12.3)$$

$$= e_M + \sum_i \frac{K_{Fi}}{x_{pi}} + \frac{K_{VV}}{x_a} \qquad (12.4)$$

e_M: Materialkosten pro Stück (inklusive Materialgemeinkosten)
K_{Fi}:   Fertigungskosten der (Fertigungs-)Kostenstelle i

12.3.2 Äquivalenzziffernkalkulation

Äquivalenzziffernkalkulationen können als Näherungslösung für **Mehrproduktunternehmungen** eingesetzt werden, wenn die Produkte artverwandt (artähnlich) sind. Man spricht dann von **Sorten** und **Sortenproduktion** (z. B. Brauereien, Ziegeleien, Blechwalzwerke, Zigaretten- und Zementfabriken).[i] Außerdem müssen die Kosten der verschiedenen Produktarten (Sorten) aufgrund fertigungstechnischer Ähnlichkeiten in einem bestimmten Verhältnis zueinander stehen, das in einer Äquivalenzziffer ausgedrückt den Kostenanfall widerspiegelt. Die auf empirischem Wege ermittelte **Äquivalenzziffer** a_j gibt das Verhältnis der Kosten eines bestimmten Produktes j zu den Kosten eines **Einheitsproduktes** (Einheitssorte, Bezugssorte, Richtsorte) mit der Äquivalenzziffer 1 an. Analog zur Divisionskalkulation werden hier auch einstufige, zweistufige und mehrstufige Äquivalenzziffernkalkulationen eingesetzt. Die Selbstkosten pro Produkteinheit der Sorte j, k_{Sj}, werden in der einstufigen Äquivalenzziffernkalkulation folgendermaßen ermittelt:

$$k_{Sj} = \frac{K_G}{a_1 \cdot x_1 + .. + a_n \cdot x_n} \cdot a_j \qquad (12.5)$$

$$= \frac{K_G}{\sum_j a_j \cdot x_j} \cdot a_j \qquad (12.6)$$

Beispiel:

In einer Zementfabrik werden pro Periode 10.000 t von der Sorte 1, 5.000 t von der Sorte 2 und 8.000 t von der Sorte 3 produziert und verkauft. Die Gesamtkosten betragen 2.420.000 €. Die empirisch ermittelten Äquivalenzziffern betragen:

Sorte j	1	2	3
a_j	1,2	1 (Einheitssorte)	0,9

Die Selbstkosten für die einzelnen Sorten ergeben sich wie folgt:

---

[i] Vgl. Hoitsch 1993, S. 13.

$$k_{S2} = \frac{2.420.000}{1,2 \cdot 10.000 \, t + 1 \cdot 5.000 \, t + 0,9 \cdot 8.000 \, t} \cdot 1$$

$$= \frac{2.420.000}{24.200} = 100 \ \text{€/t}$$

$$k_{S1} = 100 \cdot 1,2 = 120 \ \text{€/t}$$

$$k_{S3} = 100 \cdot 0,9 = 90 \ \text{€/t}$$

12.3.3 Kuppelkalkulation

Die **Kuppelkalkulation** wird als Spezialfall der Divisionskalkulation in Industriezweigen mit **Kuppelproduktion** (verbundener Produktion)[i] eingesetzt. Diese kennzeichnet Produktionsprozesse, bei denen aus natürlichen oder technischen Gründen **zwangsläufig** verschiedene Produkte (Kuppelprodukte) hergestellt werden (anfallen) (z. B. bei Raffinerien Benzine, Öle, Gase, beim Hochofenprozess Roheisen, Gichtgas, Schlacke).

Eine **verursachungsgerechte** Kalkulation für die einzelnen Kuppelprodukte ist hier grundsätzlich **nicht** möglich. Mithilfe des **Durchschnittsprinzips** lassen sich **Näherungslösungen** erreichen, die für die Informationsversorgung der **Dokumentation** (z. B. bilanzielle Bestandsbewertung), jedoch **nicht** für Planungs- und Kontrollzwecke in Frage kommen. Während die **Verteilungsmethode** mithilfe des **Tragfähigkeitsprinzips** von Äquivalenzziffern (wie oben) ausgeht (z. B. Marktpreise, aber auch Heizwerte in kJ/kg oder anderen technischen Größen), arbeitet die **Restwertmethode** bei der Ermittlung der Herstellkosten des **Hauptproduktes** unter Anwendung des **Durchschnittsprinzips** nach folgender Formel:

$$k_{H,H} = \frac{K_G - \sum_j (e_{VNj} - k_{WNj}) \cdot x_{Nj}}{x_{Hp}} \qquad (12.7)$$

$k_{H,H}$: Herstellkosten pro Mengeneinheit des **H**auptproduktes

---

[i] Vgl. Hoitsch 1993, S. 17.

e_{VNj}:   Nettoerlös pro Mengeneinheit der Nebenproduktart **j**

k_{WNj}:   Weiterverarbeitungskosten pro Mengeneinheit der
            Nebenproduktart **j**

x_{Nj}:   Produktionsmenge der Nebenproduktart **j** pro Periode

x_{Hp}:   Produktionsmenge des Hauptproduktes pro Periode

Die Restwertmethode kann eingesetzt werden, wenn man die verschiedenen Kuppelprodukte in **ein Haupt-** und **mehrere Nebenprodukte** unterteilen kann. Für Letztere müssen die Nettoerlöse und eventuell zusätzlich noch anfallende Weiterverarbeitungskosten bekannt sein. Der Restwert ergibt sich aus den Gesamtkosten des Kuppelprozesses abzüglich der Periodennettoerlöse und zuzüglich eventuell anfallender Weiterverarbeitungskosten der Nebenprodukte. Zur Ermittlung der **Selbstkosten** des Hauptproduktes müssen noch Verwaltungs- und Vertriebskosten berücksichtigt werden, die nach dem Verfahren der Zuschlagskalkulation ermittelt werden können.

12.3.4 Zuschlagskalkulation

Die Verfahren der **Zuschlagskalkulation** werden schwerpunktmäßig in Unternehmungen der **Einzel- und Serienproduktion**[i] eingesetzt, die in **mehrstufigen** Produktionsprozessen mit **heterogener** Kostenverursachung und bei laufender Veränderung der Bestände an fertigen und unfertigen Erzeugnissen ihre Produkte herstellen.

Bei den **Zuschlagskalkulationen** ist die **Serie**, der **Auftrag** oder die **einzelne Mengeneinheit** einer Produktart der Ausgangspunkt der Rechnung und damit das Bezugsobjekt. Die **Gesamtkosten** der Periode werden hier in Kostenträger**einzel-** und **-gemeinkosten aufgespalten**. Die Einzelkosten werden verursachungsgerecht direkt, die Gemeinkosten mithilfe von Kalkulationssätzen dem Kostenträger zugerechnet. Je nach Differenziertheit der Kalkulationssätze unterscheidet man zwischen einer **summarischen** und einer **differenzierenden** Zuschlagskalkulation. Letztere wird noch in eine **differenzierende Lohnzuschlagskalkulation** und eine **Bezugsgrößenkalkulation** unterteilt. Als Standardform der Plankostenrechnung hat sich

---

[i]   Vgl. Hoitsch 1993, S. 15.

die Bezugsgrößenkalkulation durchgesetzt, wie sie im Rahmen der Grenzplankostenkalkulation ausführlich behandelt wurde.

In der **summarischen** bzw. **kumulativen** Zuschlagskalkulation werden die **gesamten** Gemeinkosten einer Periode auf die Einzelmaterial- oder Einzellohnkosten oder die gesamten Einzelkosten bezogen. Hierzu ist **keine Kostenstellenrechnung** erforderlich. Eine Variante dazu ist die summarische bzw. kumulative **Lohnzuschlagskalkulation**, die nach dem folgenden Schema abläuft und für die nur die vier Kostenstellen Material, Fertigung sowie Verwaltung und Vertrieb erforderlich sind (siehe Abb. 12-6):

Abb. 12-6:   Summarische Lohnzuschlagskalkulation

Diese Kalkulationsverfahren sind einfach. Mit nur einer Schlüsselgröße für relativ große Gemeinkostenblöcke und ohne Trennung von variablen und fixen Kosten verletzen sie jedoch das Verursachungsprinzip.

Eine Verbesserung bringen **differenzierende** bzw. **elektive** Zuschlagskalkulationen, die im Fertigungskostenbereich wert- oder mengenmäßige Schlüsselgrößen verwenden und von einer tieferen Gliederung der Unternehmung in Kostenstellen (insbesondere im Fertigungsbereich) ausgehen. Die folgende Formel zeigt den Aufbau der differenzierenden bzw. elektiven Lohnzuschlagskalkulation, die lange Zeit in der Praxis weit verbreitet war und erst mit der Einführung von GPKR-Systemen durch die Bezugsgrößenkalkulation verdrängt wurde:

$$k_{Sj} = [k_{EMj} \cdot (1 + \frac{z_M}{100}) + \sum_i k_{ELij} \cdot (1 + \frac{z_{Fi}}{100}) + k_{SEFj}] \cdot (1 + \frac{z_{VV}}{100}) + k_{SEVj} \qquad (12.8)$$

k_{EMj}:   Einzelmaterialkosten pro Mengeneinheit der Produktart j
z_M: Materialgemeinkostenzuschlag in % der Einzelmaterialkosten
k_{ELij}:   Lohneinzelkosten (Fertigungslöhne) für die Produktart j in der Fertigungskostenstelle i
z_{Fi}:   Fertigungsgemeinkostenzuschlag der Kostenstelle i in % der Lohneinzelkosten
k_{SEFj}:   Sondereinzelkosten der Fertigung pro Produkteinheit j
z_{VV}:   Verwaltungs- und Vertriebsgemeinkostenzuschlag in % der Herstellkosten
k_{SEVj}:   Sondereinzelkosten des Vertriebs pro Produkteinheit j

Beispiel:

	Einzelmaterialkosten	10		
+	Materialgemeinkosten 10%	1	= Materialkosten	11
+	Lohneinzelkosten			
	Fertigungsstelle 1	4		
+	Fertigungsgemeinkosten 1 40%	1,60	+	
+	Lohneinzelkosten			
	Fertigungsstelle 2	6		
+	Fertigungsgemeinkosten 2 60%	3,60		
+	Sondereinzelkosten der Fertigung	1	= Fertigungskosten	16,20
			= Herstellkosten	27,20
+	Verwaltungs und Vertriebs-			
	gemeinkosten 10%	2,72	+	
+	Sondereinzelkosten des			
	Vertriebs	2,20	= Verwaltungs- und	
			Vertriebskosten	4,92
			= Selbstkosten	32,12

$$k_{Sj} = \left[10(1 + \frac{10}{100}) + 4(1 + \frac{40}{100}) + 6(1 + \frac{60}{100}) + 1 \right] \bullet (1 + \frac{10}{100}) + 2,20 = \underline{32,12 €}$$

Gegen die differenzierende bzw. elektive Lohnzuschlagskalkulation wird der **Einwand** erhoben, dass mit den **Lohneinzelkosten** als **wertmäßiger Bezugsgröße** für die Fertigungsgemeinkosten das **Verursachungsprinzip** nicht berücksichtigt wird. Jede Tariferhöhung verlangt zudem eine Umrechnung der Zuschlagssätze und Kalkulationen. Mit zunehmender Automatisierung des Fertigungsbereichs werden die Lohnzuschlagssätze immer höher, sodass kaum noch eine Beziehung zwischen den Fertigungslöhnen und den Fertigungsgemeinkosten besteht. Dieser Einwand wäre mithilfe der Bezugsgrößenkalkulation beseitigt, die heute als Plankalkulation das Standardverfahren der GPKR ist.

Kontrollfragen

1. Welche beiden wichtigen Kriterien können zur Systematisierung von Kosten- und Erlösrechnungen herangezogen werden?

2. Ordnen Sie folgende Begriffe nach diesen Kriterien: Istkostenrechnung, Plankostenrechnung, Teilkostenrechnung, Vollkostenrechnung.

3. Was versteht man unter der Normalkostenrechnung?

4. Wie sind Vollkostenrechnungen auf Istkostenbasis zu beurteilen?

5. Welche Besonderheiten gibt es im Rahmen der Preisermittlung bei öffentlichen Aufträgen?

6. In welchem Zusammenhang wird eine statistische Kostenauflösung vorgenommen?

7. Worin unterscheiden sich die starre und die flexible Plankostenrechnung?

8. Warum wird in Bezug auf die Prozesskostenrechnung teilweise von einem „Rückfall in die finsteren Zeiten der Vollkostenrechnung" gesprochen?

9. Erläutern Sie den Grundaufbau der Dynamischen Grenzplankostenrechnung.

10. Welche prinzipiellen Überlegungen liegen der Relativen Einzelkosten- und Deckungsbeitragsrechnung zugrunde?

11. Worin unterscheiden sich Entscheidungs- und Identitätsprinzip?

12. Wie sieht die Systemarchitektur der REKR aus?

13. Welche Konsequenzen hat die Anwendung des Identitätsprinzips für die kurzfristige Erfolgsrechnung?

14. Welche Probleme gibt es für die praktische Anwendung der REKR?

15. Erklären Sie die Vorgehensweise im Rahmen der Divisionskalkulation (i. e. S.).

16. Für welche Unternehmungen eignet sich diese als Näherungslösung?

17. Erklären Sie die Vorgehensweise im Rahmen der Äquivalenzziffernkalkulation.

18. Für welche Unternehmungen eignet sich diese als Näherungslösung?

19. Wie erfolgt die Kuppelkalkulation nach der Restwertmethode?

20. In welchen Unternehmungen werden die Verfahren der Zuschlagskalkulation schwerpunktmäßig eingesetzt?

21. Worin unterscheiden sich summarische und differenzierende Zuschlagskalkulationen?

22. Erläutern Sie den Aufbau der differenzierenden Zuschlagskalkulation.

23. Erläutern Sie den Unterschied zwischen summarischer und differenzierender Zuschlagskalkulation.

Literaturverzeichnis

Blohm, H. et al., Produktionswirtschaft, 3. Aufl., Herne/Berlin 1997

Coenenberg, A. G.: Kostenrechnung und Kostenanalyse, 5. Aufl., Landsberg am Lech 2003

Cyert, R. M., March, J. G.: Eine verhaltenswissenschaftliche Theorie der Unternehmung, 2. Aufl., Stuttgart 1995

Eichhorn, P.: Das Prinzip Wirtschaftlichkeit: Basiswissen der Betriebswirtschaftslehre, 3 Auflage, Wiesbaden 2005

Ewert, R., Wagenhofer, A.: Interne Unternehmensrechnung, 6. Aufl., Berlin usw. 2005

Götzinger, M. K., Michael, H.: Kosten- und Leistungsrechnung: Eine Einführung, 6. Aufl., Heidelberg 1993

Haberstock, L.: Kostenrechnung I: Einführung mit Fragen, Aufgaben und Lösungen, 11. Aufl., Hamburg 2002

Haberstock, L: Kostenrechnung II: (Grenz-)Plankostenrechnung mit Fragen, Aufgaben und Lösungen, 9. Aufl., Hamburg 2004

Hoitsch, H.-J.: Produktionswirtschaft: Grundlagen einer industriellen Betriebswirtschaftslehre, 2. Aufl., München 1993

Hoitsch, H.-J., Lingnau, V.: Differenzierungsstrategie und Variantenvielfalt. In: WiSt 24 (1995), H. 8, S. 390 - 395

Horváth, P.: Controlling, 10. Aufl., München 2006

Horváth, P., Mayer, R.: Prozesskostenrechnung: Konzeption und Entwicklungen, in: Männel, W. (Hrsg.): Prozeßkostenrechnung, krp- Sonderheft 2/1993, S. 15 - 28

Kilger, W.: Einführung in die Kostenrechnung, 3. Aufl., Wiesbaden 1992

Kilger, W., Pampel, J., Vikas, K. : Flexible Plankostenrechnung und Deckungsbeitragsrechnung, 12. Aufl., , K., Wiesbaden 2007

Kloock, J., Sieben, G., Schildbach, T.: Kosten- und Leistungsrechnung, 9. Aufl., Düsseldorf 2005

Kloock, J.: Flexible Prozeßkostenrechnung und Deckungsbeitragsrechnung, in: Männel, W. (Hrsg.): Prozeßkostenrechnung, krp-Sonderheft 2/1993, S. 55 - 62

Kruschwitz, L.: Investitionsrechnung, 10. Aufl., München / Wien 2005

Lingnau, V.: wisu-Lexikon Kosten- und Erlösrechnung. In: wisu 27 (1998), H. 6, S. I - XVI

Lingnau, V.: Systematik von Kostenzurechnungsprinzipien, in: WiSt 29 (2000), H. 5, S. 256 - 263

Lingnau, V,: Studienbuch: Finanzbuchhaltung 2006, in Lingnau, V. (Hrsg.): Texte zu Unternehmensrechnung und Controlling, Ebersdorf 2006

Männel, W. (Hrsg.): Handbuch Kostenrechnung, Wiesbaden 1992

Rehkugler, H., Schindel, V.: Entscheidungstheorie: Erklärung und Gestaltung betrieblicher Entscheidungen, 5. Aufl., München 1990

Reichmann, T., Fröhling, O.: Integration von Prozeßkostenrechnung und Fixkostenmanagement, in: Männel, W. (Hrsg.): Prozeß-kostenrechnung, krp- Sonderheft 2/1993, S. 63 - 73

Riebel, P.: Einzelkosten- und Deckungsbeitragsrechnung: Grund-fragen einer markt- und entscheidungsorientierten Unter-nehmensrechnung, 7. Aufl., Wiesbaden 1994

Schehl, M.: Die Kostenrechnung der Industrieunternehmen vor dem Hintergrund unternehmensexterner und -interner Struktur-wandlungen: Eine theoretische und empirische Untersuchung, Berlin 1994

Scherrer, G.: Kostenrechnung, 3. Aufl., Stuttgart 1999

Schreckling, E.: Erlösrechnung im industriellen Produktgeschäft: Ein Beitrag zum Marketingcontrolling, Wiesbaden 1998

Schweitzer, M., Küpper, H.-U.: Produktions- und Kostentheorie, 2. Aufl., Wiesbaden 1997

Seidenschwarz, W.: Target Costing: Marktorientiertes Zielkosten-management, 2. Aufl., München 2007

Simon, H. A.: Administrative Behavior: A study of decision-making processes in administrative organizations, 4. Aufl., New York usw. 1997

Totok, A.: Controllinganwendungen mit OLAP, in: ZP 9 (1998), H. 2, S. 161 – 180

Wöhe, G.: Bilanzierung und Bilanzpolitik: Betriebswirtschaftlich - Handelsrechtlich - Steuerrechtlich - Mit einer Einführung in die verrechnungstechnischen Grundlagen, 9. Aufl., München 1997

Glossar[1]

Verweise auf andere Stichworte sind durch *Kursivdruck* hervorgehoben.

Abschreibungskosten: *Primäre Kostenart*, die den betriebsbedingten Wertverzehr des abnutzbaren Anlagevermögens umfasst. Als Nutzungsdauer wird eine betriebsindividuelle, wirtschaftliche Nutzungsdauer unterstellt, die unabhängig von handels- und steuerrechtlichen Vorschriften ist. Ziel ist es in erster Linie, den in einer Periode anfallenden Wertverzehr zu erfassen. Bei Fehleinschätzungen der Nutzungsdauer weicht die Summe der Periodenabschreibungen daher vom Anschaffungswert ab. Zur Planung der Abschreibungskosten wird in der *GPKR* das „Verfahren der gebrochenen Abschreibung" eingesetzt. Hierbei wird zusätzlich eine (hypothetische) Nutzungsdauer bei reinem Zeitverschleiß geschätzt. Die hieraus resultierenden Abschreibungsbeträge werden als *fixe Kosten* betrachtet. In der *REKR* wird zu Recht kritisch darauf hingewiesen, dass eine Verteilung des Anschaffungswertes auf einzelne Nutzungsperioden oder erstellte Leistungen lediglich formal-rechnerisch erfolgt. Da eine solche Schlüsselung von *Gemeinkosten* in der REKR abgelehnt wird, gibt es dort auch keine Abschreibungen.

Abweichungsanalyse: Im Rahmen der *Kostenkontrolle* durchgeführte Untersuchung der Differenz zwischen *Istkosten* und *Plankosten*. Dabei wird die *Gesamtabweichung* in Teilabweichungen aufgespalten.

Anderserlöse: Erlöse, denen Erträge in anderer Höhe gegenüberstehen, z. B. Bewertung von Bestandserhöhungen mit von den *Herstellungskosten* abweichenden *Herstellkosten* (siehe auch *Zusatzerlöse, Grunderlöse, Kalkulatorische Erlöse*).

Anderskosten: Kosten, denen Aufwendungen in anderer Höhe gegenüberstehen, z. B. *Abschreibungskosten* (siehe auch *Zusatzkosten, Grundkosten, Kalkulatorische Kosten*).

Anpassung: Veränderung der *Beschäftigung* durch Veränderung der Intensität (intensitätsmäßige A.), der Einsatzdauer (zeitliche A.) oder der Anzahl eingesetzter Potentialfaktoren (quantitative A.).

Artikelergebnisrechnung: Eine nach Produktarten differenzierte *Betriebsergebnis*rechnung, in der den *Nettoerlösen* die den einzelnen Artikeln zurechenbaren Kosten gegenübergestellt werden und Abweichungen ermittelt werden können. Sie dient der (meist monatlichen) Ergebniskontrolle und wird auch als kurzfristige Erfolgsrechnung bezeichnet.

---

[1] Das Glossar ist eine überarbeitete Fassung von Lingnau 1998.

Aufwand: Rechengröße aus dem *externen Rechnungswesen* (Gegenbegriff: *Ertrag*). Er kann als negative zeitpunktbezogene Bestandsveränderung des Fonds „Reinvermögen" aufgefasst werden, der dem Eigenkapital entspricht (siehe auch *Externes Rechnungswesen*).

Ausgabe: Rechengröße aus der Finanzierungsrechnung (Gegenbegriff: *Einnahme*). Ausgaben können als negative zeitpunktbezogene Bestandsänderung des Fonds „Netto-Finanzumlaufvermögen" aufgefasst werden, der sich aus „Liquiden Mitteln + Forderungen - Verbindlichkeiten" zusammensetzt.

Auswertungsrechnungen: Dienen der konkreten Informationsversorgung, insbesondere der Planung. Hierfür werden aus der *Grundrechnung* den durch die Entscheidung betroffenen *Bezugsobjekten* die entsprechenden (relativen) *Einzelkosten und -erlöse* zugeordnet.

Auszahlung: Rechengröße aus der Finanzrechnung (Gegenbegriff: *Einzahlung*). Auszahlungen können als negative Veränderung des zeitpunktbezogenen Bestands (Fonds) an „Liquiden Mitteln" aufgefasst werden. Dieser Fonds umfasst „Bargeld + Sichteinlagen".

BAB (Betriebsabrechnungsbogen): Wird als formales Hilfsmittel zur *Kostenstellenrechnung* eingesetzt. Der BAB ist spaltenweise nach *Kostenstellen*, zeilenweise nach *Kostenarten* gegliedert. Zur übersichtlicheren Darstellung wird in der *GPKR* pro Kostenstelle ein BAB (Kostenplan) erstellt.

Beanspruchungsprinzip: Einem *Bezugsobjekt* (Kostenträger) werden Kosten für diejenigen *Produktionsfaktoren* zugerechnet, die bei der Erstellung des Bezugsobjektes genutzt werden. Im Einzelnen sind dies Kostenträgereinzelkosten, beschäftigungsvariable Gemeinkosten und beschäftigungsfixe Nutzkosten. Das Beanspruchungsprinzip ist das grundlegende *Kostenzurechnungsprinzip* in der *Prozesskostenrechnung*.

Bedienungsverhältnis: Prozessbedingung, die das Verhältnis von Maschinenstunden zu Arbeitsstunden kennzeichnet (z. B. Maschinen-Std. : Fertigungs-Std. = 2:1, d. h. für 2 Std. Maschinenbetrieb ist 1 Arbeitsstd. nötig; 1 Arbeitsperson bedient 2 Maschinen). Das Bedienungsverhältnis kann sich je nach Auftrag ändern. Es können dann *Spezialabweichungen* entstehen (z. B. komplizierter Auftrag mit Bedienungsverhältnis 1:1, d. h. für 1 Std. Maschinenbetrieb ist 1 Arbeitsstd. nötig; 1 Arbeitsperson bedient nur 1 Maschine).

Beschäftigung: Umfang der genutzten Leistungsfähigkeit eines Bereiches (z. B. *Kostenstelle)*. Komplexes gedankliches Konstrukt, das nicht direkt beobachtet oder gar zahlenmäßig erfasst werden kann. Beobachtbar und messbar sind nur „Beschäftigungssymptome" in Form von *Bezugsgrö-*

ßen (z. B. produzierte Menge, Fertigungszeit, Anzahl Wareneingänge). Die häufig vorzufindende Gleichsetzung von Beschäftigung und produzierter Menge gilt nur unter der Annahme, dass das Verhältnis der erzeugten Leistungsmengen sowie die eingesetzten Produktionsfaktorarten und die Prozessbedingungen sich nicht ändern. Damit ist die erzeugte Menge praktisch nur dann sinnvoll als Beschäftigungsmaßstab anzuwenden, wenn lediglich eine Leistungsart unter technisch festgelegten Prozessbedingungen erzeugt wird (z. B. erzeugte kWh in einer Stromkostenstelle). Die Beschäftigung wird in der Kostenrechnung als entscheidende *Kosteneinflussgröße* angesehen. Sie ist von besonderer Bedeutung für Planung und Kontrolle der verbrauchten Faktormengen. Auf Grund der Wirkung von Beschäftigungsänderungen auf die jeweils betrachteten *Kostenarten* erfolgt in der *GPKR* die *Kostenauflösung* in (beschäftigungs)*variable* und (beschäftigungs)*fixe* Kosten und in der *Prozesskostenrechnung* die Unterteilung in leistungsmengeninduzierte und leistungsmengenneutrale Kosten. Hierbei wird jeweils ein proportionales Verhältnis zwischen Beschäftigung und entsprechenden Kosten unterstellt.

Beschäftigungsabweichung: Oberbegriff für *Programm-* und *Spezialabweichungen*. In der *Vollkostenrechnung* mit anderer Bedeutung verwendet für die durch Proportionalisierung der *fixen Kosten* entstehende Abweichung zwischen *Sollkosten* und verrechneten *Plankosten* (=volle Plankosten mal *Beschäftigungsgrad).*

Beschäftigungsgrad: Quotient aus Istbeschäftigung und Vergleichsbeschäftigung (z. B. Planbeschäftigung).

Betriebsbereitschaft: Zustand einer *Kostenstelle*, nachdem die *Beschäftigung* gerade auf null gesunken ist („Stand-by-Betrieb"). Ein Ansteigen der Beschäftigung aus diesem Zustand heraus führt nur zu variablen Kosten. Die zur Sicherstellung und Aufrechterhaltung der Betriebsbereitschaft erfolgenden Faktoreinsätze führen zu *fixen Kosten.*

Betriebsbereitschaftskoeffizient: Der Betriebsbereitschaftskoeffizient ist die auf eine Beschäftigungseinheit entfallende Faktormenge, die zur Aufrechterhaltung der Betriebsbereitschaft eingesetzt wird. Bei seiner Ermittlung kommt das Durchschnittsprinzip zur Anwendung. Durch Multiplikation des Betriebsbereitschaftskoeffizienten mit der Plan-Leerkapazität ergibt sich die Plan-Leerfaktoreinsatzmenge. Multipliziert man diese mit dem Planpreis, erhält man die Plan-Leerkosten. Die Multiplikation des Betriebsbereitschaftskoeffizienten mit der Kapazität ergibt die fixe Plan-Faktoreinsatzmenge. Multipliziert man diese mit dem Planpreis, erhält man die fixen Plankosten. Der fixe Anteil der Plan-

Nutzkosten ergibt sich, indem man den Betriebsbereitschaftskoeffizienten mit der Planbeschäftigung multipliziert.

Betriebsbuchhaltung: Ältere, den Abrechnungsaspekt betonende Bezeichnung für Kosten- und Erlösrechnung.

Betriebsergebnis: Differenz zwischen *Erlösen* und *Kosten* einer Periode. Zur Ermittlung können das *Gesamtkostenverfahren* und das *Umsatzkostenverfahren* angewandt werden. Betriebsergebnis und Erfolg der GuV-Rechnung unterscheiden sich durch *neutrale Aufwendungen* und *neutrale Erträge* einerseits sowie *kalkulatorische Kosten* und *kalkulatorische Erlöse* andererseits. Auf die Mengeneinheit eines Produktes bezogen, ergibt sich das Produkt- bzw. Artikelergebnis.

Betriebsstoffkosten: Wert von *Produktionsfaktoren*, die im Leistungserstellungsprozess verbraucht werden aber nicht in das Produkt eingehen (z. B. Schmiermittel). Der Verbrauch führt zu *Gemeinkosten* (siehe auch *Hilfsstoffkosten* und *Rohstoffkosten*).

Bewertung: Multiplikation der eingesetzten Menge an *Produktionsfaktoren* mit dem Preis pro Mengeneinheit der Produktionsfaktoren. Das Ergebnis sind *Kosten* (wertmäßiger Kostenbegriff).

Bezugsgröße: Spezielles *Bezugsobjekt* zur Messung der Ausprägung von *Kosteneinflussgrößen,* insbesondere der *Beschäftigung*. In der *Prozesskostenrechnung* werden Bezugsgrößen als *Kostentreiber* bezeichnet. Bezugsgrößen, die in der *Kostenstelle* die Messung der Beschäftigung erlauben, werden als direkte Bezugsgrößen bezeichnet. Wenn die Beschäftigung nicht direkt gemessen werden kann, müssen indirekte Bezugsgrößen verwendet werden, die entweder aus wertmäßigen Größen oder aus den Bezugsgrößen anderer Kostenstellen abgeleitet werden. Bei wertmäßigen Bezugsgrößen (z. B. Einzelmaterialkosten, Herstellkosten) spricht man auch von Hilfsbezugsgrößen. Eine Ableitung aus Bezugsgrößen anderer Kostenstellen erfolgt in Hilfskostenstellen, in denen keine direkte Beschäftigungsmessung möglich ist. Der Wert der von den empfangenden Kostenstellen benötigten (innerbetrieblichen) Leistung wird in der liefernden Kostenstelle als Bezugsgröße angesetzt. Die Bezugsgröße hat hier die Einheit „€ Deckung Grenzkosten".

Bezugsgrößenkalkulation: In der *GPKR* angewandtes Verfahren zur *Kalkulation* von *Gemeinkosten*. In der Bezugsgrößenkalkulation wird die Summe aus *primären* und *sekundären* Kosten der *Kostenstelle* durch die Bezugsgrößenmenge dividiert. Ergebnis ist ein Kostensatz mit der Dimension € / Bezugsgrößeneinheit. Durch Multiplikation mit den von einem *Kostenträger* in Anspruch genommenen Bezugsgrößeneinheiten erhält man die jeweiligen Gemeinkosten pro Kostenträgereinheit.

Bezugsobjekt: Allgemein: Ein sachlich und zeitlich abgegrenztes reales Objekt (Einzelding oder Handlung), auf das Kosten (oder Erlöse) verteilt werden, unabhängig davon, nach welchem (*Kosten-*)*Zurechnungsprinzip* diese Verteilung erfolgt. Durch entsprechende Anordnung zusammengehörender Bezugsobjekte (z. B. Produkteinheit, Produktart, Produktgruppe) lassen sich Bezugsobjekthierarchien aufbauen.

Break-Even-Punkt: Schnittpunkt von Gesamterlös- und Gesamtkostenkurve. Kennzeichnet die *Beschäftigung,* ab der ein Gewinn erzielt wird. Im Einproduktfall (bei konstanten Prozessbedingungen) anschaulich als Mindest-Absatzmenge zur Gewinnerzielung zu interpretieren.

Bruttoerlös: Summe der positiven *Erlösteilgrößen.*

Budgetierung: Zuteilung von Kosten an eine *Kostenstelle.* Eine Budgetierung erfolgt häufig für *indirekte Bereiche,* deren Kosten nicht (analytisch) geplant werden können, da keine *Bezugsgrößen* für die Messung der *Beschäftigung* vorhanden sind.

Cash Flow: Differenz zwischen *Einzahlungen* und *Auszahlungen* der Periode. Der Cash Flow stellt eine Maßgröße für den aus dem leistungswirtschaftlichen (Realgüter-)Prozess erwirtschafteten Zahlungsüberschuss dar. Er kann direkt aus der *Finanzrechnung* oder indirekt aus dem Jahresabschluss ermittelt werden.

Deckungsbeitrag: Differenz aus variablen *Erlösen* und *variablen Kosten.* Aus Vereinfachungsgründen wird in der *GPKR* meist auf eine Differenzierung in fixe und variable Erlöse verzichtet und der Deckungsbeitrag als Differenz von *Nettoerlösen* und Grenzselbstkosten (s. *Grenzkosten, Selbstkosten*) gebildet. Der Deckungsbeitrag soll die *fixen Kosten* eines Unternehmens decken und darüber hinaus zur Gewinnerzielung beitragen. In der *REKR* die Differenz zwischen relativen *Einzelerlösen* und relativen *Einzelkosten* eines *Bezugsobjekts.*

Deckungsbeitragsrechnung: Verfahren zur Ermittlung des *Betriebsergebnisses* eines Unternehmens. In der *GPKR* werden in der einfachen Form der einstufigen DB-Rechnung von den *Nettoerlösen* die Grenzselbstkosten subtrahiert, um den *Deckungsbeitrag* zu erhalten. Die *fixen Kosten* werden anschließend en bloc subtrahiert. Die mehrstufige DB-Rechnung spaltet diesen Fixkostenblock weiter auf und rechnet ihn auf verschiedenen Stufen differenzierter einzelnen Bereichen zu (z. B. Produktarten-, Produktgruppen-, Bereichs- und Unternehmensfixkosten). In der *REKR* werden Deckungsbeitragsrechnungen entsprechend den *Bezugsobjekt*hierarchien aufgebaut.

Durchschnittsprinzip: Grundlegendes *Kostenzurechnungsprinzip* in der *Vollkostenrechnung.* Die Kosten werden mithilfe von Kostenschlüsseln auf die *Bezugsobjekte* (*Kostenträger*) verteilt. Eine spezielle Ausprägung ist das Tragfähigkeitsprinzip: Dabei wird unterstellt, dass ein Kostenträger um so mehr Kosten „tragen" kann, je höher die mit ihm erzielten *Erlöse* oder *Deckungsbeiträge* sind.

Eigenmietkosten: *Primäre Kostenart*, die den Wert der Nutzung von Vermögensgegenständen für betriebliche Zwecke, die die Eigentümer in Einzelunternehmungen und Personengesellschaften unentgeltlich zur Verfügung gestellt haben umfasst. Dieser Wert darf im *externen Rechnungswesen* nicht berücksichtigt werden, stellt also keinen *Aufwand* dar. In der *REKR* werden nur die gezahlten Fremdmietzinsen als *Kosten* angesehen.

Einnahme: Rechengröße aus der *Finanzierungsrechnung* (Gegenbegriff: *Ausgabe*). Einnahmen können als positive zeitpunktbezogene Bestandsänderung des Fonds „Netto-Finanzumlaufvermögen" aufgefasst werden, der sich aus „Liquiden Mitteln + Forderungen - Verbindlichkeiten" zusammensetzt.

Einzahlung: Rechengröße aus der *Finanzrechnung* (Gegenbegriff: *Auszahlung*). Einzahlungen können als positive Veränderung des zeitpunktbezogenen Bestandes (Fonds) an „Liquiden Mitteln" aufgefasst werden. Dieser Fonds umfasst „Bargeld + Sichteinlagen".

Einzelerlöse: Allgemein: *Erlöse*, die einem *Bezugsobjekt* (z. B. Endprodukte, Kunden) direkt zurechenbar sind (Gegenbegriff: *Gemeinerlöse).* Üblicherweise werden unter Einzelerlösen Kostenträgereinzelerlöse verstanden, zu denen der größte Teil der Erlöse gezählt wird, obwohl Erlöse überwiegend für paketartig gekoppelte Produkte, d. h. als Gemeinerlöse anfallen.

Einzelkosten: Allgemein: *Kosten*, die einem konkreten *Bezugsobjekt* (z. B. Endprodukte, Aufträge, *Kostenstellen*, Kunden) eindeutig direkt zurechenbar sind. Üblicherweise werden unter Einzelkosten Kostenträgereinzelkosten, als direkt einem *Kostenträger* nach dem *Verursachungsprinzip* zurechenbare Kosten, verstanden (Gegenbegriff: *Gemeinkosten).* Von besonderer Bedeutung sind hierbei vor allem *Fertigungslöhne* und Einzelmaterialkosten. (siehe auch *Kostenzurechnungsprinzipien).*

Einzelmaterialkosten: *Rohstoff-* und Vorproduktkosten (*Einzelkosten*).

Entscheidungsprinzip: *Kostenzurechnungsprinzip*, nach dem einem *Bezugsobjekt* nur diejenigen Faktormengen zugerechnet werden können, deren Einsatz auf die gleiche Entscheidung wie die Existenz des Bezugsobjektes zurückzuführen ist.

Erlös: Rechengröße aus der *Kosten- und Erlösrechnung* (Gegenbegriff: *Kosten*). Am weitesten verbreitet ist der wertmäßige Begriff: Erlöse sind danach bewertete leistungsbezogene Gütererstellung und -verwertung. Nach entscheidungsorientiertem Verständnis sind Erlöse die mit der Entscheidung über ein *Bezugsobjekt* ausgelösten *Einnahmen*. Synonym für Erlös wird z. T. auch noch die Bezeichnung *Leistung* benutzt.

Erlösteilgrößen: Es lassen sich positive und negative Erlösteilgrößen unterscheiden. Positive Teilgrößen sind im Wesentlichen Grundpreis und Aufpreise. Negative Erlösteilgrößen bestehen im Wesentlichen aus den unterschiedlichen Formen von Rabatten (Erlösschmälerungen).

Ertrag: Rechengröße aus dem *externen Rechnungswesen* (Gegenbegriff: *Aufwand*). Er kann als positive zeitpunktbezogene Bestandsveränderung des Fonds „Reinvermögen" = Eigenkapital aufgefasst werden.

Externes Rechnungswesen: (Gegenbegriff: *internes Rechnungswesen*) Umfasst die laufende Finanzbuchhaltung und den hieraus abgeleiteten Jahresabschluss (insbesondere Bilanz, Gewinn- und Verlustrechnung) und dient primär der Information führungsexterner Adressaten (z. B. Aktionäre, Finanzamt). Die Dokumentationsfunktion steht dabei im Vordergrund.

Fertigungskosten: *Fertigungslöhne* + Fertigungsgemeinkosten + *Sondereinzelkosten* der Fertigung

Fertigungslöhne: Teil der Personalkosten, der im Fertigungsbereich für solche Arbeiten anfällt, die an den *Kostenträgern* verrichtet werden (Gegenbegriff: *Hilfslöhne*). In der *GPKR* werden sie, obwohl sie herkömmlicherweise als *Einzelkosten* angesehen werden, rechnerisch wie *Gemeinkosten* behandelt und in den Kostenplänen der *Kostenstellen* (*BAB*) geplant und kontrolliert.

Finanzierungsrechnung: Dient der Sicherung der mittel- bis langfristigen Liquidität (Zahlungsfähigkeit) durch die Gegenüberstellung von *Einnahmen* und *Ausgaben*.

Finanzrechnung: Dient der Sicherung der kurzfristigen Liquidität (Zahlungsfähigkeit) durch die Gegenüberstellung von *Einzahlungen* und *Auszahlungen*. Aus deren Differenz kann der *Cash Flow* auf direktem Wege ermittelt werden.

Fixe Kosten: Allgemein: Kosten, die sich bei Veränderung einer betrachteten Kosteneinflussgröße nicht ändern. Ohne Zusatz jedoch generell im Sinne von *beschäftigungs*fixen Kosten gebraucht.

Gemeinerlöse: Allgemein: *Erlöse*, die für mehrere *Bezugsobjekte* gemeinsam entstehen und nicht einem Bezugsobjekt direkt zugerechnet werden können (Gegenbegriff: *Einzelerlöse*). Bei positiven *Erlösteilgrößen* führen Erlösverbundenheit sowie paketartig gekoppelte Produkte zu Gemeinerlösen. Negative Erlösteilgrößen, wie z. B. Rabatte, fallen überwiegend als Gemeinerlöse an.

Gemeinkosten: Allgemein: Kosten, die für mehrere *Bezugsobjekte* gemeinsam entstehen und nicht einem Bezugsobjekt direkt zugerechnet werden können. Üblicherweise werden unter Gemeinkosten Kostenträgergemeinkosten, als nicht direkt einem *Kostenträger* zurechenbare Kosten, verstanden (Gegenbegriff: *Einzelkosten*). Wichtige Gemeinkosten sind die Kosten des *indirekten Bereichs* (z. B. Verwaltung, Vertrieb, Arbeitsvorbereitung). Als unechte Gemeinkosten werden Kosten bezeichnet, die inhaltlich Einzelkosten darstellen, aber aus Wirtschaftlichkeitsgründen als Gemeinkosten erfasst werden. Dies ist z. B. häufig bei *Hilfsstoffkosten* der Fall.

Gesamtabweichung: In der *Kostenkontrolle* als Differenz von *Istkosten* und *Plankosten* ermittelt. Sie kann im Rahmen der *Abweichungsanalyse* aufgespalten werden.

Gesamtkostenverfahren: Verfahren zur Ermittlung des *Betriebsergebnisses*. Den *Umsatzerlösen* werden die gesamten *Kosten* der Periode gegenübergestellt. Da ein Teil der Kosten (*Herstellkosten*) jedoch nur für die produzierte Menge anfällt, die Umsatzerlöse dagegen für die abgesetzte Menge, werden die, jeweils zu Herstellkosten bewerteten Bestandserhöhungen an fertigen und unfertigen Erzeugnissen sowie aktivierbaren Eigenleistungen den Erlösen und die Bestandsminderungen den Kosten hinzugerechnet. Damit beziehen sich Kosten und Erlöse auf die gleiche Menge (siehe auch *Umsatzkostenverfahren*).

Gleichungsverfahren: Exaktes Verfahren für die innerbetriebliche Leistungsverrechnung. Die gegenseitigen Lieferungen *innerbetrieblicher Leistungen* werden durch ein lineares Gleichungssystem erfasst und so simultan berücksichtigt.

Grenzkosten: Allgemein: Kosten, die mit jeder zusätzlichen Einflussgrößeneinheit zusätzlich anfallen und mit jeder wegfallenden Einheit wegfallen. Formal handelt es sich damit um „Differenzkosten", da der Betrachtung nicht der Differentialquotient sondern der Differenzenquotient zu Grunde liegt. Bei dem in der *GPKR* unterstellten linearem Gesamtkostenverlauf sind die Grenzkosten konstant und daher auch genauso hoch wie die variablen Durchschnittskosten. In der Kostenträgerstückrechnung werden die Grenz*herstellkosten* und die Grenz*selbstkosten* als Kosten pro Kostenträgereinheit ermittelt.

Grenzplankostenrechnung (GPKR): Maßgeblich von Wolfgang Kilger konzipiertes System der Kostenrechnung, das auf einer konsequenten Trennung in *variable* und *fixe Kosten* basiert. Es wird ein linearer Gesamtkostenverlauf unterstellt, sodass die variablen Durchschnittskosten gleich den *Grenzkosten* sind. Im Rahmen der innerbetrieblichen Leistungsverrechnung werden nur die variablen Kostenbestandteile den empfangenden *Kostenstellen* belastet. In der *Kalkulation* werden ebenfalls nur die variablen Kosten den *Kostenträgern* zugerechnet.

Grunderlös: Erlöse, denen *Erträge* in gleicher Höhe (*=Zweckertrag*) gegenüberstehen (siehe auch *Kalkulatorische Erlöse*) .

Grundkosten: Kosten, denen Aufwand in gleicher Höhe (=Zweckaufwand) gegenübersteht (siehe auch *Anderskosten, Zusatzkosten, kalkulatorische Kosten*).

Grundrechnung: Vielfältig auswertbare Sammlung von Geld- und Mengengrößen, insbesondere von *Kosten* und *Erlösen*, die die Basis der *REKR* darstellt. Die Erfassung erfolgt für alle interessierenden *Bezugsobjekte* in Form von (relativen) *Einzelkosten* und *-erlösen*. Auf Grund der Mehrdimensionalität der zu Grunde liegenden Bezugsobjekthierarchien ist auch die Grundrechnung mehrdimensional und damit, anders als die Zurechnung auf *Kostenstellen* und *Kostenträger* im Rahmen konventioneller Kosten- und Erlösrechnungssysteme, nicht in Tabellenform darstellbar. Die Versorgung mit entscheidungsrelevanten Informationen erfolgt im Rahmen von *Auswertungsrechnungen*.

Hauptkostenstelle: *Kostenstellen*, deren Kosten unmittelbar in Form von Kalkulationssätzen auf die Kostenträger verrechnet werden (Gegenbegriff: *Hilfskostenstelle*). Beispiele sind Material- und Fertigungs-, sowie Verwaltungs- und Vertriebskostenstellen.

Herstellkosten: Begriff der Kostenrechnung: *Materialkosten + Fertigungskosten.*

Herstellungskosten: Begriff aus dem *externen Rechnungswesen.* Herstellungskosten sind Aufwendungen für die Herstellung eines Vermögensgegenstandes (§255 HGB). Sie werden im Jahresabschluss zur Bewertung der Bestände an fertigen und unfertigen Erzeugnissen sowie an aktivierbaren Eigenleistungen benötigt. Es handelt sich um mithilfe der Kostenrechnung ermittelte Aufwendungen, sodass sie richtigerweise als Herstellungsaufwand bezeichnet werden müssten. Die Legaldefinition des §255 HGB steht dem jedoch entgegen. Von den Herstellungskosten streng zu unterscheiden ist der Begriff der *Herstellkosten* der Kostenrechnung.

Hilfskostenstelle: *Kostenstellen*, die *innerbetriebliche Leistungen* für andere Hilfs- und *Hauptkostenstellen* erbringen (Gegenbegriff: Hauptkostenstelle). Sie tragen damit nur mittelbar zur Herstellung der Produkte für den Absatzmarkt bei und zählen daher zu den *indirekten Bereichen.* Ihre Kosten werden nicht direkt auf die *Kostenträger*, sondern zuerst auf andere Kostenstellen weiterverrechnet. Beispiele sind Reparatur- und Energiekostenstellen oder Werkskantinen.

Hilfslöhne: Teil der Personalkosten die im Fertigungsbereich für solche Arbeiten anfallen, die nicht an den *Kostenträgern* erbracht werden (Gegenbegriff: *Fertigungslöhne*). Hilfslöhne fallen daher, anders als die Bezeichnung vermuten lässt, auch für hochqualifizierte Tätigkeiten an (z. B. Rüst- und Überwachungsaufgaben). Sie sind *Gemeinkosten* und werden in den Kostenplänen der *Kostenstellen* (*BAB*) geplant und kontrolliert.

Hilfsstoffkosten: Wert von Produktionsfaktoren, die im Leistungserstellungsprozess verbraucht werden und in das Produkt eingehen, allerdings mengen- oder wertmäßig wenig bedeutend sind (z. B. Schrauben, Nieten). Hilfsstoffkosten stellen unechte *Gemeinkosten* dar (siehe auch *Betriebsstoffkosten* und *Rohstoffkosten*).

Identitätsprinzip: Grundlegendes *Kostenzurechnungsprinzip* in der *REKR*. Ausgehend von der Erkenntnis, dass Leistungsentstehung und Kosten die gekoppelte Wirkung des Einsatzes von Produktionsfaktoren sind, lassen sich die mit der Entscheidung über das betrachtete Objekt ausgelösten *Ausgaben* („*Kosten*") einem *Bezugsobjekt* nur dann zurechnen, wenn beider Existenz auf eine gemeinsame Entscheidung zurückgeführt werden kann. Eine Zusammenfassung und Normierung von Entscheidungen, wie sie beim *Verursachungsprinzip* mit dem Konstrukt der *Beschäftigung* vorgenommen wird, sowie die Zurechnung auf Grund indirekter Zusammenhänge, sind mit dem Identitätsprinzip nicht vereinbar.

Indirekte Bereiche: Bereiche im Unternehmen, die nicht direkt in den Leistungserstellungsprozess eingebunden sind (z. B. Verwaltung, Vertrieb, Forschung und Entwicklung sowie *Hilfskostenstellen*).

Innerbetriebliche Leistungen: Leistungen, die nicht für den Absatzmarkt, sondern zum Wiedereinsatz im eigenen Unternehmen erbracht werden, d. h. an andere *Kostenstellen* geliefert werden (z. B. eigenerstellte Energie, eigene Reparaturleistungen). Die Inanspruchnahme dieser Leistungen von anderen Kostenstellen führt zu *sekundären Kosten* und wird im Rahmen der innerbetrieblichen Leistungsverrechnung erfasst.

Internes Rechnungswesen: Dient der Informationsversorgung des Managements (Gegenbegriff: *externes Rechnungswesen*). Durch Abbildung leistungs- und finanzwirtschaftlicher Vorgänge stellt es die Basis für die Beeinflussung dieser Vorgänge durch die Unternehmungsführung dar. Damit verfolgt das interne Rechnungswesen in erster Linie eine Planungs- und Kontrollfunktion. Seine Gestaltung kann rein nach Zweckmäßigkeitsüberlegungen, insbesondere frei von gesetzlichen Vorschriften erfolgen. Wichtige Bestandteile des internen Rechnungswesens sind neben der Kosten- und Erlösrechnung die *Finanz-, Finanzie-rungs-,* und *Investitionsrechnung.*

Investitionsrechnung: Dient der Beurteilung der wirtschaftlichen Vorteil-haftigkeit einer Investition. Sie beruht auf der mehrperiodigen Gegen-überstellung (prognostizierter) *Einzahlungen* und *Auszahlungen* und be-rücksichtigt, mit Ausnahme der einfachen, statischen Verfahren, die zeitliche Struktur der Zahlungsströme.

Istkosten: Innerhalb einer Periode angefallene Kosten, die im nachhinein erfasst wurden. Für diejenigen Kostenarten, deren Mengenkomponente nicht messbar ist (z. B. *Abschreibungskosten*), ist die Ermittlung der Ist-kosten nicht unproblematisch. Sie erfolgt hier, indem die Istkosten gleich den *Sollkosten* gesetzt werden. Dabei wird für die *fixen Kosten,* die dispositionsbedingt überwiegend für mehrere Perioden anfallen, in der konventionellen Kostenrechnung eine anteilige zeitliche Aufteilung vorgenommen, die eine zumeist nicht vorhandene zeitliche Proportiona-lität der fixen Kosten unterstellt. Zu unterscheiden sind die Istkosten als „Istmengen · Istpreise" und die in der *GPKR* verwendeten Referenz-Istkosten, bei denen die *Preisabweichung* bereits abgespalten wurde, sodass diese als „Istmengen · Planpreise" definiert sind.

Kalkulation: s. *Kostenträgerrechnung*

Kalkulatorische Erlöse: Oberbegriff für nicht ertragsgleiche Erlöse (*Anderserlöse, Zusatzerlöse*).

Kalkulatorische Kosten: Oberbegriff für nicht aufwandsgleiche Kosten (*Anderskosten, Zusatzkosten*).

Kosten: Rechengröße aus der Kosten- und Erlösrechnung (Gegenbegriff: *Erlöse*). Im Sinne des am weitesten verbreiteten wertmäßigen Kosten-begriffs stellen sie bewerteten, leistungsbezogenen Gütereinsatz dar. Die Wertkomponente bleibt weitestgehend unbestimmt. Als Wertansätze können zu Planungszwecken Planpreise, zu Dokumentationszwecken Istpreise verwendet werden. Der entscheidungsorientierte Kostenbegriff nach Riebel orientiert sich an Zahlungsgrößen und definiert Kosten als die mit der Entscheidung über das betrachtete Objekt ausgelösten *Aus-gaben* (siehe auch *Identitätsprinzip).* Während der entscheidungsorien-tierte Kostenbegriff auf Grund seines empirischen Gehalts bei der Erfas-sung von Istkosten, anders als der wertmäßige Kostenbegriff, zu eindeu-tigen Werten gelangt, ist die Ableitung von Plankosten problematisch, da diese gerade nicht empirisch nachweisbar sind.

Kostenart: Einteilung der *Kosten* auf Grund der verbrauchten *Produktions-faktor*art (z. B. Personal-, Werkstoff-, Betriebsmittelkosten). Alle Kostenarten werden in einem unternehmensspezifischen Kostenartenplan aufgeführt. Zum Teil auch synonym für *Kostenkategorie*.

Kostenartenrechnung: Als Kostenartenrechnung wird die differenzierte Erfassung und Bewertung des mengenmäßigen Einsatzes an *Produktionsfaktoren* einer Periode bezeichnet. Diese hat vollständig, eindeutig und überschneidungsfrei nach *Kostenarten* zu erfolgen.

Kostenauflösung: Im Rahmen der Kostenplanung in den *Kostenstellen* durchgeführte Auflösung der einzelnen Kostenarten in *fixe* und *variable Kosten*bestandteile (synonym: Kostenspaltung, Kostendifferenzierung).

Kosteneinflussgrößen: Kosteneinflussgrößen weisen einen korrelativ-funktionalen oder kausalen Zusammenhang mit der Höhe der Kosten auf. Von besonderer Bedeutung sind hierbei neben der indirekten Hauptkosteneinflussgröße Faktorqualität die direkten Hauptkosteneinflussgrößen Faktorpreise und Faktormengen. Auf Letztere wirken wiederum als wichtigste Einflussgrößen die *Beschäftigung* (siehe auch *variable Kosten*), die Kapazitäten und sonstige Kosteneinflussgrößen, zu denen auch die Unwirtschaftlichkeit zählt.

Kostenerfahrungskurve: Empirisch fundiertes Modell, das besagt, dass die realen Stückkosten der Wertschöpfung eines Produkts (= gesamte *Selbstkosten* eines Produktes abzüglich Materialkosten) mit der Verdoppelung der im Zeitablauf kumulierten Produktionsmenge um ca. 20%-30% fallen. Dieses Modell stellt jedoch lediglich Kostensenkungspotentiale dar, die nur dann wirksam werden, wenn alle Rationalisierungs- und Innovationsmöglichkeiten ausgeschöpft werden.

Kostenkategorie: Zusammenfassung gleichartiger Kostenbestandteile in Bezug auf ein bestimmtes Klassifikationskriterium, insbesondere unter dem Aspekt der Kostenzurechnung (z. B. *Einzel-* und *Gemeinkosten, variable* und *fixe Kosten, Nutz-* und *Leerkosten*). Um eine eindeutige Zuordnung von Kosten zu gewährleisten, darf jeweils nur ein Kriterium zur Klassifikation der Kostenkategorien herangezogen werden.

Kostenkontrolle: Wichtige Aufgabe der Kostenrechnung. Voraussetzungen sind eine detaillierte *Kostenplanung* sowie die Erfassung der *Istkosten*. Die Kostenkontrolle erfolgt in den *Kostenstellen* und hat die Beseitigung innerbetrieblicher Unwirtschaftlichkeit zum Ziel. Hierzu werden die Istkosten mit den *Sollkosten* im Soll-Ist-Vergleich verglichen und Kostenabweichungen ermittelt, die dann im Rahmen der *Abweichungsanalyse* analysiert werden können.

Kostenplanung: Voraussetzung, um *relevante Kosten* für Entscheidungen ermitteln zu können und um eine aussagekräftige *Kostenkontrolle* zu ermöglichen. Vor der Kostenplanung sind Vorarbeiten zu erledigen, wie

Einteilung des Betriebs in *Kostenstellen*, Auswahl der *Bezugsgrößen* und Festlegung der Planbeschäftigung und damit der Bezugsgrößenmengen. Auf Basis der Bezugsgrößenmengen erfolgt dann die Planung der einzelnen *Kostenarten* je Kostenstelle sowie eine *Kostenauflösung*. So werden zunächst die *Einzelkosten*, dann die *primären* und zuletzt die *sekundären Gemeinkosten* geplant.

Kostenstelle: Ort von Leistungsentstehung und Gütereinsatz. Sie dient ferner der *Kostenkontrolle*. Die Kostenstellen werden in einem Kostenstellenplan festgeschrieben. Nach Art der Abrechnung im *BAB* lassen sich *Hilfs-* und *Hauptkostenstellen* unterscheiden.

Kostenstellenabweichung: Ergibt sich als Differenz von *Normalkosten* und *Istkosten* der *Kostenstelle*. Ist die Differenz positiv, spricht man von einer Kostenstellenüberdeckung, andernfalls von einer Kostenstellenunterdeckung.

Kostenstellenrechnung: Umfasst die Zurechnung der primären Gemeinkosten auf Kostenstellen, die innerbetriebliche Leistungsverrechnung und die Bildung von Kalkulationssätzen. Als formales Hilfsmittel wird der *Betriebsabrechnungsbogen* eingesetzt.

Kostenträger: Spezielles *Bezugsobjekt*. Als Kostenträger werden in konventionellen Kostenrechnungssystemen Produkte bzw. Dienstleistungen oder Aufträge bezeichnet, die zu Gütereinsatz geführt haben, den sie konsequenterweise „tragen" sollen. Problematisch ist die Zurechnung (siehe auch *Kostenzurechnungsprinzipien*).

Kostenträgerrechnung: Sie übernimmt als letzter Teil konventioneller Kostenrechnungssysteme Daten aus der *Kostenarten-* und *Kostenstellenrechnung*. Im Rahmen der Kostenträgerstückrechnung (Kalkulation) werden die *Herstell-* und *Selbstkosten* pro Produkteinheit bzw. Auftrag ermittelt. Im Rahmen der Betriebsergebnisrechnung (Kostenträgerzeitrechnung) werden die Kosten der Periode ermittelt und den Periodenerlösen gegenübergestellt, um das *Betriebsergebnis* der Periode zu berechnen.

Kostentreiber: Bezeichnung für *Bezugsgrößen* in der *Prozesskostenrechnung* (synonym: cost driver, Kostenantriebskraft). Analog dem Verhältnis von Bezugsgröße und *variablen Kosten* in der *GPKR*, wird auch zwischen Kostentreiber und leistungsmengeninduzierten Kosten ein proportionales Verhältnis unterstellt. Die leistungsmengeninduzierten Kosten können dem *Kostenträger* nach dem *Beanspruchungsprinzip* zugerechnet werden.

Kostenzurechnungsprinzipien: Vorschriften zur Umrechnung gegebener Kostenbeträge auf *Bezugsobjekte*, insbesondere *Kostenträger*. Sie beantworten die Frage, welche Kosten(bestandteile) einem bestimmten Bezugsobjekt zugerechnet werden können. Es lassen sich folgende elementare Zurechnungsprinzipien unterscheiden, die grob nach steigendem Umfang zurechenbarer Kosten geordnet sind: *Identitäts-, Entscheidungs-, Verursachungs-, Beanspruchungs-, Durchschnittsprinzip.*

Lebenszykluskostenrechnung: Versuch, auf Grundlage des Modells des Produktlebenszyklus, die gesamten Kosten eines Produktes oder Projektes über dessen gesamte Lebensdauer abzubilden. Neben den *Herstell-*, Verwaltungs- und Vertriebskosten werden auch Vor- und Nachlaufkosten berücksichtigt, die z. B. durch Forschung und Entwicklung (F&E) bzw. Recycling und Entsorgung anfallen.

Leerkosten: Teil der *fixen Kosten*, der auf nicht genutzte Kapazität entfällt.

Leistung: Als Leistung wird zunehmend nur noch die mengenmäßige Ausbringung einer Periode, also die Mengenkomponente des *Erlöses* bezeichnet. In der Literatur existieren zahlreiche andere Definitionen. Insbesondere in älteren Darstellungen wird der Leistungsbegriff anstelle des Erlösbegriffs gebraucht („Kosten- und Leistungsrechnung").

Materialkosten: Summe aus *Einzelmaterial-* und *Materialgemeinkosten.*

Materialgemeinkosten: Summe der *Gemeinkosten*, die in denjenigen *Kostenstellen* anfallen, die für die Bereitstellung, Prüfung, Lagerung und den innerbetrieblichen Transport der für die Produktion benötigten Roh-, Hilfs- und Betriebsstoffe zuständig sind.

Mengenabweichung: Differenz zwischen *Referenz-Istkosten* und *Plankosten*. D. h. der Teil der *Gesamtabweichung* der nach Abzug der *Preisabweichung* übrigbleibt. Von der Mengenabweichung lassen sich im Rahmen der *Abweichungsanalyse Programm-* und *Spezialabweichungen* abspalten. Der verbleibende Rest stellt die *echte Verbrauchs-* bzw. *Restabweichung* dar.

Nettoerlös: Differenz zwischen positiven und negativen *Erlösteilgrößen.*.

Neutraler Aufwand: Der Teil des *Aufwandes*, dem keine Kosten oder Kosten in anderer Höhe gegenüberstehen. Neutrale Aufwendungen umfassen betriebsfremde Aufwendungen, denen niemals Kosten gegenüberstehen, periodenfremde Aufwendungen, die von Aktivitäten anderer Perioden ausgehen und die deshalb in der betrachteten Periode nicht als Kosten erfasst werden, außerordentliche Aufwendungen, bei denen zwar ein Zusammenhang zum Betriebszweck besteht, der Anfall aber zeitlich oder betragsmäßig unvorhersehbar ist (häufig als *Wagniskosten* erfasst) sowie bewertungsbedingt neutrale Aufwendungen, die auf Grund handels- und steuerrechtlicher Vorschriften von den Wertansätzen der Kostenrechnung abweichen (z. B. *Zinskosten für Fremd-kaptial*).

Neutraler Ertrag: Der Teil des *Ertrages*, dem keine *Erlöse* oder Erlöse in anderer Höhe gegenüberstehen. Es lassen sich analog zum *Neutralen Aufwand* betriebsfremder, außerordentlicher, periodenfremder und bewertungsbedingt neutraler Ertrag unterscheiden.

Neutrales Ergebnis: Differenz zwischen neutralen Erträgen und neutralen Aufwendungen einer Periode.

Normalkosten: Durchschnittliche *Istkosten* vergangener Perioden.

Nutzkosten: Teil der *Kosten*, der auf genutzte Kapazität entfällt (Gesamte Kosten minus *Leerkosten*).

Nutzungskoeffizient: Der Nutzungskoeffizient gibt die pro Beschäftigungseinheit genutzte Faktormenge an. Bei seiner Ermittlung kommt das Beanspruchungsprinzip zur Anwendung. Analog zur Zusammensetzung der Nutzkosten aus den fixen Nutzkosten und den proportionalen Kosten, setzt sich der Nutzungskoeffizient aus der Summe von Verbrauchs- und Betriebsbereitschaftskoeffizient zusammen. Das Produkt aus Nutzungskoeffizient und Planbeschäftigung ergibt die Plan-Nutzfaktoreinsatzmenge. Multipliziert man diese mit dem Preis, erhält man die Plan-Nutzkosten. Bei einer linearen Nutzkosten-Beschäftigungs-Funktion entspricht der Nutzungskoeffizient der Grenz-Nutzeinsatzmenge.

Opportunitätskosten und –erlöse: Opportunitätsüberlegungen betreffen allgemein die Auswirkungen einer Entscheidung gegen eine Alternative. In der Kostenrechnung ist der Wert einer nicht genutzten Verwendungsmöglichkeit des *Produktionsfaktors* ein möglicher Wertansatz für den wertmäßigen Kostenbegriff (z. B. *Zinskosten*). Darüber hinaus sind Opportunitätsüberlegungen von besonderer Bedeutung zur Beantwortung der Frage, wie ein Engpass optimal genutzt wird, auf Grund dessen nicht alle gewünschten Alternativen (z. B. Produkte) verwirklicht (produziert) werden können. Hier sind Opportunitätskosten der entgangene Deckungsbeitrag der nicht realisierten Alternative. Opportunitätserlöse sind nicht anfallende Mehrkosten, wenn eine (ungünstigere) engpassumgehende Alternative nicht genutzt wurde. Zu berücksichtigen ist, dass Opportunitätskosten keine *Kosten* und Opportunitätserlöse keine *Erlöse* sind. Sie dürfen daher auch nicht in der *Kalkulation* berücksichtigt werden. Es handelt sich um entgangene Gewinne bzw. um Kostenersparnisse.

Plankosten: Geplante Höhe der Kosten unter Zugrundelegung einer planmäßigen Ausprägung aller *Kosteneinflussgrößen*, insbesondere der *Beschäftigung*.

Preisabweichung: Im Rahmen der *Abweichungsanalyse* ermittelte Differenz aus *Istkosten* (Istmenge · Istpreis) und *Referenz-Istkosten* (Istmenge · Planpreis).

Preisobergrenze: Betrag, zu dem ein *Produktionsfaktor* maximal beschafft werden darf, wenn bei gegebenen Produktions- und Absatzbedingungen sowie einem festen Verkaufspreis kein Verlust erzielt werden soll.

Preisuntergrenze: Kritischer Wert für den Verkaufspreis, bei dessen Unterschreiten die betreffende Produktionsmenge nicht mehr ins Produktionsprogramm aufgenommen werden sollte, um keinen Verlust zu erzielen.

Primäre Kosten: Kosten, die direkt auf den Einsatz von unternehmensextern bezogenen *Produktionsfaktoren* zurückzuführen sind. Sie werden in der *Kostenartenrechnung* erfasst.

Produktionsfaktoren: Sämtliche zur Produktion eingesetzten Güter und Dienstleistungen. Es lassen sich Potentialfaktoren und Repetierfaktoren unterscheiden. Erstere stellen ihr Leistungsvermögen längerfristig zur Verfügung. Letztere sind Verbrauchsgüter, die bei ihrem Einsatz im Produktionsprozess sofort vollständig verbraucht werden. Die Inanspruchnahme von Potentialfaktoren und der Verbrauch von Repetierfaktoren führen über die *Bewertung* zu *Kosten*.

Programmabweichung: Der Teil der Differenz zwischen Soll- und Plankosten, der auf Abweichungen zwischen Ist- und Planausbringungsmenge (Leistungsprogramm) zurückzuführen ist.

Proportionale Kosten: V*ariable Kosten,* die bei Beschäftigungsänderungen eine konstante Änderungsrate aufweisen. D. h. die *Grenzkosten* sind konstant. Wird in der *GPKR* von variablen Kosten gesprochen, so wird immer ein proportionaler Kostenverlauf unterstellt. Mit dieser Voraussetzung sind die prop. Kosten pro Einheit gleich den Grenzkosten.

Prozesskostenrechnung: Plant, verrechnet und kontrolliert Kosten auf Basis von Aktivitäten bzw. Prozessen. Hierbei liegt der Gedanke zu Grunde, dass Kosten für die Durchführung von Aktivitäten anfallen. *Bezugsgrößen (Kostentreiber)*, sind hier die Anzahl der Aktivitäten bzw. Prozesse. Vorteile der Prozesskostenrechnung liegen in einer verbesserten Kontrolle der Gemeinkosten im *indirekten Bereich*, sowie einer verbesserten *Kalkulation* durch prozessorientierte Zurechnung (siehe *Beanspruchungsprinzip*) von Gemeinkosten. Sie ist i. d. R. kein eigenständiges System, sondern als Erweiterung in das System der *Grenzplankostenrechnung* integriert.

Referenz-Istkosten: Istfaktormenge mal Planfaktorpreis. Werden ermittelt, indem von den Istkosten (Istfaktormenge mal Istfaktorpreis) die Preisabweichung subtrahiert wird. Die Differenz zu den Plankosten ist dann als Mengenabweichung zu interpretieren.

Relative Einzelkosten- und Deckungsbeitragsrechnung (REKR): Auf dem entscheidungsorientierten *Kosten*begriff und dem *Identitätsprinzip* aufbauendes Kostenrechnungssystem, das auf Paul Riebel zurückgeht.

Relevante Kosten: Werden auch als entscheidungsrelevante Kosten bezeichnet. Nur diese sind im Rahmen betrieblicher Dispositionen von Bedeutung und können zur Entscheidungsunterstützung herangezogen werden. Für die operative Planung und Entscheidung sind dies lediglich *variable Plankosten*. Als nicht relevant werden solche Kosten bezeichnet, die durch die Aktionsparameter eines Entscheidungsproblems nicht beeinflusst werden können. Ein Sonderfall sind „sunk costs" als Kosten, die auch in zukünftigen Perioden nicht mehr abgebaut werden können (z. B. Kosten für Forschung und Entwicklung).

Restabweichung: Teil der *Mengenabweichung*, der nach Abspaltung der *Beschäftigungsabweichung* übrigbleibt. Die Restabweichung enthält neben der echten *Verbrauchsabweichung* auch alle nicht gesondert ermittelten *Spezialabweichungen*.

Rohstoffkosten: Wert von Produktionsfaktoren, die im Leistungserstellungsprozess verbraucht werden und in mengen- oder wertmäßig bedeutendem Umfang in das Produkt eingehen (z. B. Blech im Automobilbau). Rohstoffkosten stellen *Einzelkosten* dar (siehe auch *Betriebsstoffkosten* und *Hilfsstoffkosten*).

Sekundäre Kosten: Kosten, die durch den Verbrauch innerbetrieblicher Leistungen entstehen (z. B. eigenerzeugte Energie, Eigenreparaturen, innerbetrieblicher Transport, Sozialleistungen). Sie setzen sich aus *primären Kosten* zusammen und werden am Ort ihrer Entstehung, in den *Hilfskostenstellen*, erfasst.

Sekundäre Leitungskosten: *Sekundäre Kostenart*, die zur Leitung einer Kostenstelle bzw. eines Unternehmensbereichs anfällt (z. B. Gehalt des Meisters).

Selbstkosten: Begriff der Kostenrechnung. Hierunter werden die *Herstellkosten* zuzüglich der Verwaltungsgemeinkosten, der Vertriebsgemeinkosten sowie der *Sondereinzelkosten* des Vertriebs verstanden. Selbstkosten können sowohl auf Basis der vollen Kosten, als auch lediglich auf Basis *variabler Kosten* berechnet werden.

Seriengröße: Auftragsmenge, die ohne Unterbrechung durch Rüstvorgänge in einer Produktionsstelle erzeugt wird. Sie wird auch als Los- oder Auftragsgröße bezeichnet und ist eine wichtige *Kosteneinflussgröße*.

Sollkosten: Auf Istbeschäftigung umgerechnete Plankosten (siehe *Kostenkontrolle*)

Sondereinzelkosten: Können einem Auftrag o. ä. direkt zugerechnet werden. Man unterscheidet Sondereinzelkosten der Fertigung (z. B. für ein Spezialwerkzeug) und des Vertriebs (z. B. für Verpackung). Sie werden auf die Kostenträgereinheiten mithilfe des *Durchschnittsprinzips* zugerechnet.

Spezialabweichung: Kostenabweichungen, die sich von der *Beschäftigungsabweichung* abspalten lassen und die durch abweichende Prozessbedingungen (z. B. *Bedienungsverhältnis, Seriengröße*) verursacht wurden. Es lassen sich nur solche Spezialabweichungen ermitteln, für die bereits in der Planung eigene Erfassungsmöglichkeiten (*Bezugsgrößen*) berücksichtigt wurden.

Tertiäre Kosten: Bei Verteilung der fixen Kosten in einem zusätzlichen Schritt, der innerbetrieblichen Leistungsverrechnung auf Fixkostenbasis, entstehende Kosten. Werden den empfangenden Kostenstellen nach dem *Durchschnittsprinzip* zugerechnet.

Umsatzerlöse: *Nettoerlöse* der abgesetzten Leistung (Produkte).

Umsatzkostenverfahren: Verfahren zur Ermittlung des *Betriebsergebnisses*. Den *Umsatzerlösen* werden die auf die abgesetzte Menge bezogenen *Selbstkosten* (Umsatzkosten) der Periode gegenübergestellt. Damit beziehen sich Kosten und Erlöse auf die gleiche Menge (siehe auch *Gesamtkostenverfahren*).

Unternehmerlohnkosten: *Primäre Kostenart*, die den Wert der Arbeitsleistung der Eigentümer in Einzelunternehmungen und Personengesellschaften umfasst. Dieser Wert darf im *externen Rechnungswesen* nicht berücksichtigt werden, stellt also keinen *Aufwand* dar (siehe *Kalkulatorische Kosten*). In der *REKR* gibt es diese Kostenart nicht, da mit ihr keine *Ausgaben* verbunden sind.

Variable Kosten: Allgemein: Zu einer *Kosteneinflussgröße* in einem variablen Verhältnis stehende Kosten. Ohne Zusatz immer im Sinne von *beschäftigungs*variabel verstanden. Obwohl variable Kosten in der Realität in unterschiedlichster Form mit einer Veränderung der Einflussgrößenmenge variieren können (proportional, über-/ unterproportional, progressiv, degressiv, regressiv), wird üblicherweise ein proportionaler Verlauf unterstellt (*proportionale Kosten*).

Verbrauchsabweichung: Teil der Mengenabweichung, der auf unwirtschaftliches Handeln zurückgeführt wird (echte Verbrauchsabweichung). Voraussetzung für die Ermittlung der echten Verbrauchsabweichung ist, dass alle *Kosteneinflussgrößen* bei der Ermittlung von *Spezialabweichungen* berücksichtigt wurden. Ist dies, wie in der Praxis aus Wirtschaftlichkeitsgründen üblich, nicht der Fall, kann nur eine, die echte Verbrauchsabweichung beinhaltende *Restabweichung* ermittelt werden.

Verursachungsprinzip: Grundlegendes *Kostenzurechnungsprinzip* in der *GPKR*. Danach dürfen einem Bezugsobjekt solche Kosten zugerechnet werden, für die sich funktionale Beziehungen zwischen Kostenentstehung und Bezugsobjekt nachweisen lassen. Auf Grund der hier geltenden Annahme eines proportionalen Zusammenhanges zwischen *Beschäftigung* und variablen Kosten und der daraus resultierenden Übereinstimmung von variablen Durchschnittskosten und *Grenzkosten*, wird es auch als Proportional- oder als Marginalprinzip bezeichnet. Für die Anwendung des Verursachungsprinzips reichen dabei auch indirekt funktionale Beziehungen, auf deren Basis die Zurechnung proportionaler *sekundärer Kosten* auf die Kostenträger erfolgt

Vollkostenrechnung: Sammelbezeichnung für Verfahren, bei denen alle Kosten auf die *Kostenträger* verrechnet werden (siehe auch *Durchschnittsprinzip*).

Wagniskosten: *Primäre Kostenart*, die für spezielle Einzelwagnisse (betriebsbedingte Risiken) angesetzt wird, die nicht versichert sind. Sie stellen eine Art „Selbstversicherung" dar (z. B. Lagerverluste durch Schwund, Kosten für fehlgeschlagene F&E, Forderungsausfälle). Die Planung erfolgt mithilfe so genannter Wagnissätze, die sich in der Regel aus den in der Vergangenheit eingetretenen Wagnisverlusten ermitteln. In der *REKR* gibt es keine Wagniskosten, da diese nicht mit *Ausgaben* verbunden sind.

Werkstoffkosten: Sammelbegriff für *Roh-, Hilfs-, Betriebsstoff-,* und Vorproduktkosten.

Zielkostenrechnung: Ziel ist eine umfassende Marktorientierung im Kostenmanagement. Es steht nicht mehr die Frage im Vordergrund, was ein Produkt kosten wird, sondern was es kosten darf. Vom Marktpreis werden die zulässigen Kosten für die einzelnen Produktkomponenten entsprechend der Präferenzen des Kunden abgeleitet.

Zinskosten: *Primäre Kostenart*, die das kostenmäßige Äquivalent der Kapitalbindung (*Opportunitätskosten*) darstellt. Zinsen auf das Eigenkapital dürfen im *externen Rechnungswesen* nicht berücksichtigt werden, stellen also keinen *Aufwand* dar. In der *REKR* werden nur die gezahlten Fremdkapitalzinsen als *Kosten* angesehen.

Zusatzerlöse: *Erlöse*, denen keine *Erträge* gegenüberstehen, z. B. Wert selbstgeschaffener und -genutzter Patente (siehe auch *Anderserlöse, Grunderlöse, kalkulatorische Erlöse*).

Zusatzkosten: Kosten, denen kein Aufwand gegenübersteht, z. B. Unternehmerlohnkosten (siehe auch *Anderskosten, Grundkosten, kalkulatorische Kosten*).

Zuschlagskalkulation: Verfahren der *Kalkulation*, das auf einer Trennung von *Einzel-* und *Gemeinkosten* basiert. Die Gemeinkosten werden auf Grund von prozentualen Zuschlägen auf die Einzelkosten den *Kostenträgern* zugerechnet. Dieses in Systemen der *Vollkostenrechnung* weit verbreitete Verfahren wird auch in der *GPKR* angewandt, wenn keine direkten *Bezugsgrößen* vorhanden sind (siehe auch *Bezugsgrößenkalkulation*).

Zweckaufwand: *Aufwand*, dem *Kosten* (=*Grundkosten*) in gleicher Höhe gegenüberstehen (siehe auch *Neutraler Aufwand*).

Zweckertrag: Erträge, denen *Erlöse* (= *Grunderlöse*) in gleicher Höhe gegenüberstehen (siehe auch *Neutraler Ertrag*).

Stichwortverzeichnis

Durch *Kursivdruck* hervorgehobene Stichwörter sind im Glossar erläutert.

A

Absatzsegment 216
Abschreibungskosten 94;122; 190
Abweichungsanalyse 176
Abwicklungsprozesse 336
Aktiva 11
Andersaufwand 301
Anderserlöse 304
Anderserträge 303
Anderskosten 302
Anlagevermögen 11
Anpassung 63
Artikelergebnis 22
Artikelergebnis(kontroll) rechnung 292
Artikelergebnisrechnung 286
Aufpreis 210
Auftragsgrößen 63
Aufwand 15
  außerordentlicher 302
  betriebsfremder 301
  bewertungsbedingt neutraler 302
  neutraler 301
  periodenfremder 302
Ausbeutegrad 63
Ausgaben 14
Außenfinanzierungspotenzial, strateg. 352
Auswertungsrechnungen 388
Auszahlung 12

B

Basiserlöse 225
Baugruppen 25
Beanspruchungsprinzip 71
Bedienungsverhältnis 63
Bereiche, indirekte 83
Bereitschaftskosten 389
Beschäftigung 61
Beschäftigung-Kosten-Funktion 67
Beschäftigungsabweichung 178; 202; 383
Beschäftigungsgrad 260
Beschäftigungsplanung 90
Bestandsgrößen 4
Bestandsveränderungen 280
Betreuungsprozesse 337
Betriebsabrechnung 21

Betriebsabrechnungsbogen (BAB) 152
Betriebsbereitschaft 99
Betriebsbereitschaftskoeffizient 71; 102
Betriebsbuchhaltung 21
Betriebsergebnis 22; 280
Betriebsmittelkosten 118; 188
Betriebsstoffe 25
Betriebsstoffkosten 116; 118
Bewertung 27
Bezugsgröße
  direkte 84
  indirekte 85
Bezugsgrößenabweichung 203
Bezugsgrößenartenplanung 84
Bezugsgrößenmengenplanung 90
Bezugsobjekt 40; 386
Bezugsobjekthierarchien 47; 387
Bilanz 16
Bonus 212; 228
Break-Even-Point 260
Bruttoerlös 215
Budgetierung 86

C

Cash Flow 12; 352
Controlling 33
Cost driver 328
Cournotscher Punkt 265

D

Deckungsbeitrag 238
  engpassspezifischer 239
Deckungsbeitragsrechnung
  einstufige 285
  mehrstufige 288
Degression der Fixkosten 361
Differenzierungsstrategie 356
Direct Costing 382
Dokumentationsfunktion 4
drifting costs 365
Durchschnittsprinzip 73; 251
Durchschnittswertverzinsung 130

E

Eigenkapital 15
Eigenmietkosten 142
Einheits-€ 92; 94
Einkreissystem 306
Einnahmen 14
Einsatzfaktor 116
Einstandspreissystem 93
Einzahlung 12
Einzelerlöse 217; 225
  relative 387
Einzelkosten 49
Einzelmaterial 188
Einzelmaterialkosten 73; 79; 116
Energie 25
Energiekosten 94; 118; 189
Energiekostenstellen 157
Energie-Verteilungskostenstelle 119
Engpass 239
Engpassplanung 91
Entscheidungen
  operative 236
  strategische 236
Entscheidungs-Einzelkosten 49
Entscheidungs-Gemeinkosten 49
Entscheidungsprinzip 44
Entscheidungsprozess 3
Erfolg 8
  kurzfristiger 22
Erfolgspotenzial 10; 351
Ergebnis, neutrales 311
Ergebniskontrolle 292
Erlös 20
  kalkulatorischer 303
Erlösauflösung 223; 227
Erlöseinflussgrößen 220
Erlöskalkulation 251
Erlöskontrolle 228; 295
Erlösplanung 223
Erlösschmälerungen 212
Erlösstellen 221
Erlösstellenplan 224
Erlösstellenplanung 226
Erlösteilgrößen 210
Erlösteilgrößenplan 224
Erlösträgerplan 224
Ertrag 15
  außerordentlicher 303
  betriebsfremder 303
  bewertungsbedingt neutraler 303
  neutraler 303
  periodenfremder 303
Euro Deckung Grenzkosten 85

F

Faktorkonstellationen 237
Fertigungskosten 245
Fertigungslöhne 79; 111
Fertigungsmaterial 79
Fertigungszeit 62
Finanzbereich 5
Finanzbuchhaltung 16; 300
Finanzierungserfolg 15
Finanzierungsrechnungen 13
Finanzrechnung 12
  strategieorientiert 352
Finanzumlaufvermögen 11
Fixkostendeckungsrechnung, stufenw. 288
Forderungen 11

G

Gehälter 114
Gemeinerlöse 217
Gemeinkosten 51
  geschlossener Perioden 390
  offener Perioden 390
Gemeinschaftskontenrahmen
  der Industrie (GKR) 80; 306
Gesamtkostenverfahren 280
Gewinn und Verlustrechnung 16
Gleichungsverfahren 155
Grenzbeschäftigung 68
Grenzerlöse 222
Grenzkosten 53
  innerbetriebliche Unwirtschaftlichkeit 66
Grenzplankostenrechnung (GPKR) 76
  dynamisch 385
Grunderlös 303
Grundkosten 302
Grundpreis 210
Grundrechnung 388
  der Erlöse 390
  der Kosten 389
  der Potenziale 391
  der Mengen 391
Gütererstellung 20
Güterverwertung 20

H

Halbfabrikate 25
Halbzeuge 25
Handelswaren 25
Hauptkostenstellen 84
Hauptprozess 328

Hauptprozesskostensatz 329
Herstellungskosten 313
Hilfs- und Betriebsstoffe 188
Hilfsbezugsgrößen 85
Hilfskostenstellen 84
Hilfslöhne 112
Hilfsstoffe 25
Hilfsstoffkosten
homo oeconomicus 33

I

Identitätsprinzip 387
Industriekontenrahmen (IKR) 80; 307
Informationen, relevante 236
Innenfinanzierungspotenzial, strateg. 352
innerbetriebliche
   Leistungsverrechnung 152
innerbetriebliche Leistung 27
Intensität 62
Investitionsplanung, strateg. 353
Investitionsrechnung 31; 370
Isokapazitätsgerade 60
Isterlöse 304
Istkosten 176; 304
   sekundäre 191
Istkostenrechnung 376

J

Jahresabschluss 16
Just in Time 132

K

Kalkulation
   entwicklungs- und konstruktions-
      begleit. 357
Kalkulationssatz 167
Kapazität 59
Kapazitätsauslastungsabweichung 347
Kapazitätsplanung 91
Kapital 11
Kapitalerhaltung 355
Kapitalkosten 94; 127
Kombinationskostenarten 98
Kontraktprinzip 219
Kontrollfunktion 5
Kosten 20
   beschäftigungsinduzierte 61
   der Betriebsbereitschaft 99
   fixe 52
   kalkulatorische 302

primäre 27; 109
proportionale 96
relevante 235
sekundäre 27; 151
tertiäre 163
variable 52
Kostenarten 27
Kostenartenplan 78
Kostenartenrechnung 311
Kostenauflösung 98
Kostenbegriff
   wertmäßiger 21
   entscheidungsorientierten 387
Kosteneinflussgrößen 52; 58
Kostenerfahrungskurve 359
Kostenführerschaftsstrategie 356
Kostenkategorie 52; 73
Kostenkontrolle 175
Kostenmanagement, strateg. 371
Kostenplanung 77
Kostensenkungspotenziale 358
Kostenstelle 50
Kostenstellenabweichungen 199
Kostenstellenplan 81
Kostenstellenrechnung 311
Kostenstellen-Soll-Ist-Vergleich 198
Kostenstellen-Überdeckung 379
Kostenstellen-Unterdeckung 379
Kostensteuern 137
Kostenträger 50
Kostenträger-Beschäftigung-Funktion 67
Kostenträger-Kosten-Funktion 67
Kostenträger-Nutzkosten-Funktion 71
Kostenträgerplan 88
Kostenträgerrechnung 311
Kostentreiber 328
Kostenverursachung
   heterogene 65
   homogene 64
Kostenzurechnungsprinzipien 41

L

Lebenszykluskostenrechnung 361
Leerkapazität 61
Leerkosten 61; 326
Leerkostenumlage 327
Leistung 20
Leistungsbereich 5
Leistungs-Cash-Flow 13
Leistungskosten 389
leistungsmengeninduziert 323
leistungsmengenneutral 323

Leistungsprogramm 62
Leistungsverbundenheit;absatzwirtsch. 217
Leitsätze für die Preisermittlung aufgrund
    von Selbstkosten (LSP) 380
Leitungskosten, sekundäre 154
Leitungskostenstellen 160
Liquide Mittel 11
Liquidität 7
lmn-Umlage 327
lmn-Zuschlagssatz 327

M

Marktsegmente 221
Maschinenbelegung 63
Materialgemeinkosten 73; 247
Materialkosten 245
Mehrarbeitszuschläge 114
Mehrerlöse 211
Mengenabweichung 178; 202
Mengengefälle 116
Mindererlöse 214
Mischkostenarten 100

N

Nachlaufkosten 362
Nettoerlös 215
Nominalgüter 5
Normalkostenrechnung 379
Nutzkapazität 61
Nutzkosten 61
Nutzungsdauer 126
Nutzungskoeffizient 71; 102

O

Opportunitätserlöse 241
Opportunitätskosten 239

P

Paketpreis 211
Passiva 11
Periodenerfolg 14
Personalkosten 93; 110; 187
Planerlöskalkulation 251
Plan-Jahresabschlüssen 354
Plankosten 176
Plankostenrechnung 376
    flexible 383
    starre 383
Planung der Faktorpreise 92

Planungsfunktion 4
Plausibilitätsprinzip 73
Potenzialfaktoren 23; 59
Preis-Absatz-Funktion 265
Preisabweichung 177; 185
Preisobergrenze 272
Preisplanung 264
Preisuntergrenzen 267
Produktergebnis 22
Produktionsfaktor 22
Produktionsfunktion 57
Programmabweichung 181; 202; 231
Programmierung, lineare 243; 257
Programmplanung 252
Prozessbedingungen 62
Prozesse, programmbezogene 338
Prozesskalkulation 335
Prozesskostenrechnung 319; 367
Prozesskostensatz 327

R

Rabatte 212
Raumkostenstellen 161
Realgüter 5
Rechnungswesen
    betriebliches 4
    externes 16
    internes 20
Reinvermögen 15
*Relativen Einzelkosten- und Deckungsbei-
tragsrechnung (REKR)* 386
Reparatur- und Instandhaltungskosten 121; 189
Reparatur- und Instandhaltungskostenstel-
len 158
Repetierfaktoren 23; 59
Restabweichung 178; 202
Restdeckungsbeitrag 289
Restwertverzinsung 129
Risikoprofile 353
Rohstoffe 25
Rohstoffkosten 115

S

Seriengröße 181
Skonto 214
Sollkosten 98; 193
    optimale 181
Sondereinzelkosten 79; 143
Sozialkosten 113

Sozialkostenstellen	157	Ziele, betriebliche	7
Sozialzuschlag, kalkulatorischer	93	*Zielkostenrechnung*	364
Spezialabweichung	181; 203	Zielkostenspaltung	365
Stromgröße	4	*Zinskosten*	127
Substanzerhaltung	355	Zugangsmethode	185
Sunk costs	144; 237	Zulagen	113
		Zusatzaufträge	267
T		*Zusatzerlöse*	304
		Zusatzfaktoren	26
Target costs	365	*Zusatzkosten*	303
Target price	364	Zusatzlöhne	112
Target profit	365	*Zweckaufwand*	301
Tätigkeiten, repetitive	321	*Zweckertrag*	303
Tätigkeitsanalyse	320	Zweikreissystem	307
Teilprozess	321		
Totalerfolg	14		
Tragfähigkeitsprinzip	73		
Transportkostenstellen	160		

U

Umsatzerlöse	20; 209
Umsatzkostenverfahren	283
Unternehmerlohnkosten	143
Unternehmungsführung, strateg.	351

V

Varianten	319; 368
Verbindlichkeiten	11
Verbrauchsabweichung	383
echte	178
global	195
Verkaufspreis, optimaler	266
Vermögen	11
Verrechnungserlöse	20; 209
Versicherungskosten	138
Vertriebsabrechnungsbogen (VAB)	229
Verursachungsprinzip	67
Vollkostenrechnung	375
Vorlaufkosten	362
Vorleistungsprozesse	337
Vorprodukte	25
Vorproduktkosten	115

W

Wagniskosten	141
Werkstoffe	25
Werkstoffkosten	93; 115
Werkzeugkosten	120; 189

Z